AWS 系统管理员学习指南

(第 2 版 · SOA-C01)

[美] 萨拉 · 佩洛特(Sara Perrott)
布雷特 · 麦克劳林(Brett McLaughlin) 著
姚 力 译

清华大学出版社
北 京

北京市版权局著作权合同登记号 图字：01-2021-4600
Sara Perrott，Brett McLaughlin
AWS Certified SysOps Administrator Study Guide: Associate (SOA-C01) Exam, 2nd Edition
EISBN：978-1-119-56155-2

图书在版编目(CIP)数据

AWS系统管理员学习指南：第2版：SOA-C01 / (美)萨拉・佩洛特 (Sara Perrott)，(美) 布雷特・麦克劳林 (Brett McLaughlin) 著；姚力译. —北京：清华大学出版社，2021.8
书名原文：AWS Certified SysOps Administrator Study Guide: Associate (SOA-C01) Exam, 2nd Edition
ISBN 978-7-302-58821-4

I. ①A… II. ①萨… ②布… ③姚… III. ①云计算—工程技术人员—自学参考资料 IV. ①TP393.027

中国版本图书馆CIP数据核字(2021)第161988号

责任编辑：王 军
封面设计：孔祥峰
版式设计：思创景点
责任校对：成凤进
责任印制：丛怀宇

出版发行：清华大学出版社
网 址：http://www.tup.com.cn，http://www.wqbook.com
地 址：北京清华大学学研大厦 A 座 邮 编：100084
社 总 机：010-62770175 邮 购：010-62786544
投稿与读者服务：010-62776969，c-service@tup.tsinghua.edu.cn
质 量 反 馈：010-62772015，zhiliang@tup.tsinghua.edu.cn
印 装 者：小森印刷霸州有限公司
经 销：全国新华书店
开 本：170mm×240mm 印 张：24.25 字 数：517 千字
版 次：2021 年 8 月第 1 版 印 次：2021 年 8 月第 1 次印刷
定 价：98.00 元

产品编号：083297-01

致　谢

一本书对作者来说可能是一种爱的付出，作者的背后一般都有一个强大的团队，他们的共同努力使该书的面世成为现实。首先，我要向 Wiley 团队表示感谢，他们付出了很多努力，把本书从手稿变成现在摆在你面前的图书。我要感谢本书的编辑 Adaobi Obi Tulton，她督促我们工作，并帮助润色了文字。另一个值得提及的是技术编辑 John Mueller，他的悉心指导和敏锐使本书质量变得更出色。

我还要感谢我的经纪人 Carole Jelen 和我的同事们，为了帮助我完成本书，他们忍受了我的加班要求。

——Sara Perrott

Sara 说的是事实，她说除了作者外，很少有人知道要写好一本书需要得到很多帮助。在本书中，Sara 既是一个了不起的作家，也是一个当我感到无助时向我伸出援助之手的人！她将本书变得更有价值，如果没有她的帮助，本书就不会出现在你面前。

Adaobi 也值得大篇幅的赞扬。我从她那里收到有用的评论和温柔的示意：“听着，我真的需要那一章，Brett。”我收到的每一封来自 Adaobi 的邮件都是那么的及时，而且正是我所需要的。

另外，我还要感谢整个 Wiley 团队，感谢我们的技术编辑 John，还有我和 Sara 的经纪人 Carole。我们还可以再合作一次！

——Brett McLaughlin

作者简介

Sara Perrott 是一名具有系统和网络工程背景的信息安全专家。她通过讲授与 Windows 服务器、Amazon Web Services、网络和虚拟化相关的课程，以及在当地社区学院需要时开设的其他课程，来分享她对信息技术的热爱。她喜欢在公共活动中发表演讲，她在 2019 年的 RSA 大会上发表过演讲。Sara 也喜欢做技术编辑和技术校对，并有幸参与了这类工作的一些项目。

当 Sara 不工作或者不写作的时候，她喜欢和丈夫一起玩魔兽世界游戏，制造机器人，玩她的火腿收音机。她也喜欢跟她的两只哈巴狗玩耍。

Brett McLaughlin 在科技领域工作和写作超过 20 年。现在，Brett 将工作重心放在云计算和企业计算上。他很快就成为一个值得信赖的人士，通过将令人困惑的云概念转化为清晰的、高管级别的愿景，帮助公司执行向云的迁移，尤其是 Amazon Web Services。他是位于得克萨斯州奥斯汀的电子商务平台公司 Volusion 的首席技术官(CTO)。在入职 Volusion 之前，Brett 曾为 NASA 的地球科学计划和 RockCreek 集团的金融平台领导过大规模的云迁移。

除了从事技术方面的工作外，Brett 还是一位天赋异禀的作家和视频教育家。除了为 Wikey 提供的众多 AWS 特定项目外，他最近还完成了超过 12 小时的认证培训，也是 Wikey 的认证培训，目前正在为 LinkedIn Learning 准备两个基于云的入门课程。他是 AWS 认证的解决方案架构师、业务专家。

技术编辑简介

John Mueller 是一名自由撰稿人和技术编辑。他用自己的心血写作，迄今已出版了 114 本书并发表了 600 多篇文章。主题从网络到人工智能，从数据库管理到编程。他目前撰写的一些书籍包括数据科学、机器学习和算法的讨论。他的技术编辑技能帮助 70 多个作者完善了他们的手稿内容。John 为各种杂志提供技术编辑服务，提供各种咨询，并撰写认证考试题。

前　　言

任何参加过 AWS 认证考试的人都会告诉你通过考试并不容易。对准备参加 AWS Certified SysOps Administrator-Associate 考试的人来说，选择正确的学习资料至关重要。

为了通过考试，你必须了解 AWS 生态系统中的各项服务，这些服务能够执行系统管理工作。《AWS 系统管理员学习指南(第 2 版 • SOA-C01)》是你认证之旅的绝佳资源。除本书外，Sybex 还提供了 AWS Certified SysOps Administrator-Associate Exam Practice Tests。该测试提供与本书资料相关甚至本书讨论范畴之外的各种内容，以确保充分备考。我推荐的其他资料是 AWS 文档(通常以 HTML 和 PDF 格式提供)和常见问题解答(FAQ)。

在参加考试之前，你应当已经拥有 AWS 的动手实践经验。本书中的练习将有助于将这些经验进一步应用于实践。第一次注册 AWS 账户时，你可以获得 12 个月的免费级别访问。这意味着，只要继续使用符合条件的免费功能，并且不超过指定的小时数或使用量，你就可以在 AWS 中练习构建自己的基础架构。你可以通过控制台完成练习，也可以使用 AWS 命令行界面(Command-Line Interface，CLI)进行练习。虽然你不需要成为 AWS CLI 专家就可以通过考试，但你对它应该足够熟悉，了解常用 AWS CLI 命令的格式。

我强烈建议你把这本书通读一遍。在每一章的结尾，暂停一下，花点时间复习内容，测试对所学内容的理解。读完此书以后，注册本书，充分利用网上提供的练习测试和抽认卡(flashcard)。这些学习助手将确保你具备通过考试所必需的知识。

注册考试时，可以选择 PSI 或者 Pearson Vue 考试中心。截至本书撰写时，助理考试的费用是 150 美元。考试题一般是多选或多项回答题。应试者需要在 130 分钟内完成考试。

在了解了基础知识和推荐的资源后，下面回顾一下本书的内容编排。

第 I 部分：AWS 基础

本书的第 I 部分首先介绍需要知道和理解的基本主题，然后深入讲解后续的内容。这些主题包括责任共担模型(Shared Responsibility Model)和访问 AWS 资源的各种方法。

第 II 部分：监控和报告工具

本书的第 II 部分集中描述 AWS 的监控和报告工具。你将了解更多有关 Amazon

CloudWatch、AWS CloudTrail、AWS Config 和 AWS Organizations 的内容。本部分的每一章都详细介绍了这些主题的内容。

第 III 部分：高可用性

在本书的第III部分，重点介绍高可用性服务和创建高可用性架构，还讨论 AWS 的数据库受管服务、Amazon Relational Database Service(关系数据库服务、RDS)和 Auto Scaling(自动缩放)。

第 IV 部分：部署和供给

在本书的第IV部分，我们将介绍 Virtual Private Cloud(虚拟私有云，VPC)伙伴节点(peering)和堡垒(bastion)主机。还将介绍 AWS Systems Manager 的所有组件，这些组件使其成为一个有价值的部署和供给实用工具。

第 V 部分：存储和数据管理

在本书的第 V 部分，我们着眼于简单存储服务(Simple Storage Service，S3)、Glacier 和 Elastic Block Store(弹性块存储，EBS)。还将研究数据安全和加密以及数据生命周期管理。

第 VI 部分：安全性与合规性

在本书的第VI部分，重点介绍安全性和合规性主题。首先介绍身份和访问管理(Identity and Access Management，IAM)，然后从安全性和合规性角度介绍报告和日志记录。在这一部分的最后，将介绍备考所需了解的附加安全工具。

第 VII 部分：网络

本书的第VII部分讨论网络主题。首先介绍网络基础、Virtual Private Cloud(VPC)和网络地址转换(Network Address Translation，NAT)，最后介绍 DNS 服务和 Route 53。

第 VIII 部分：自动化和优化

本部分也是最后一部分，讨论自动化和优化。我们将讨论基础设施即服务(Infrastructure as a Service)，并详细介绍 AWS CloudFormation。Elastic Beanstalk，也就是 AWS 的平台即服务(Platform as a Service，PaaS)功能，也会在该部分的讨论之列。

本书内容

本书涵盖备考 AWS Certified SysOps Administrator-Associate 考试所需了解的以下主题。

- 第 1 章“AWS 系统操作简介”：概述 AWS 基本内容及其提供的服务。此外，还讨论系统操作以及与 AWS 及其资源交互的各种方式。
- 第 2 章“Amazon CloudWatch”：讨论如何在 AWS 中使用 Amazon CloudWatch 进行监控。它讨论了监控和指标的类型，并阐述 Amazon CloudWatch 是如何工作的。
- 第 3 章“AWS Organizations”：讨论 AWS Organizations 以及如何使用此功能集中管理 AWS 账户的各个层面，包括 AWS 多账户的集中计费。
- 第 4 章“AWS Config”：讨论使用 AWS Config 如何管理 AWS 账户中资源的变更。
- 第 5 章“AWS CloudTrail”：探讨 AWS CloudTrail，并解释如何使用它监控 AWS 账户中的 API 调用。
- 第 6 章“Amazon Relational Database Service”：讨论 AWS 受管数据库服务。除讨论支持的数据库引擎外，还讨论如何实现可扩展性和高可用性。
- 第 7 章“自动缩放”：涵盖有关自动缩放的所有知识，包括如何指定 EC2 以外的容量和服务，这些都可以利用自动缩放的优势。
- 第 8 章“中央、分支和堡垒主机”：在该章中，你将学习 VPC 伙伴节点的所有知识，包括使用中央和分支架构。你还将了解堡垒主机，包括它们的基础功能以及可在哪些场景中使用它们。
- 第 9 章“AWS Systems Manager”：介绍 AWS Systems Manager 的组件，这些组件会成为你“兵器库”中非常有用的工具。该章还涵盖了 Run 命令、补丁管理器、参数存储库、会话管理器和状态管理器。
- 第 10 章“Amazon Simple Storage Service(S3)”：介绍 S3 和 Glacier、生命周期管理、加密和版本控制。还讨论存储网关以及在何种场景下使用它们。
- 第 11 章“Elastic Block Store(EBS)”：阐述 EBS 的功能以及 EBS 的几种类型，还涵盖了 EBS 卷的加密功能。
- 第 12 章“Amazon Machine Image(AMI)”：讨论 AMI、AMI 权限、AMI 存储，以及与 AMI 相关的常见管理任务。
- 第 13 章“IAM”：介绍 AWS 的用户、组、角色和策略管理，还讨论了其他认证服务。
- 第 14 章“报告和日志”：介绍 AWS 各种报告、监控和日志工具。这包括更多关于 CloudWatch、CloudTrail 和 AWS Config 的内容。
- 第 15 章“附加安全工具”：介绍考试中可能出现的其他安全工具，包括

Amazon Inspector 和 Amazon GuardDuty。

- 第 16 章“虚拟私有云(VPC)”：介绍网络基础知识，然后讨论 AWS 网络和路由。
- 第 17 章“Route 53”：讨论 DNS、Route 53，以及由 Route 53 提供的各种路由策略。
- 第 18 章“CloudFormation”：讨论通过基础设施即服务实现自动化，以及 AWS 如何通过 CloudFormation 模板和堆栈实现基础设施自动化。
- 第 19 章“Elastic Beanstalk”：在该章中，你将学习 Elastic Beanstalk，以及在不必关心网络和实例配置的情况下，如何运行自己的 Web 应用。

交互式在线学习环境和试题库

一些开发好的工具可以帮助你通过 Amazon Certified SysOps Administrator-Associate 考试。这些工具都是免费的，下载网址为 www.wiley.com/go/sybextestprep。只需要注册本书就可以获取以下电子资源。

- **练习考试**：两套 50 题的练习考试，供你考查所学的知识。这些问题与每章末尾的复习题不同。
- **抽认卡**：有 100 张抽认卡，可供你测试对 AWS 术语和概念知识的理解。如果第一次没有正确回答，那就再试一次！这些卡片旨在强化书中所学的概念。
- **词汇表**：在整本书中的关键术语放在了词汇表中。词汇表的最大优点就是可搜索！

考试目标

AWS Certified SysOps Administrator-Associate 考试是为系统管理员设计的，这些管理员至少已经拥有 AWS 一年的工作经验。理想情况下，应试者应具备部署资源和管理现有资源的经验，以及执行基本操作任务(如故障排除、监控和使用报告工具)的经验。

通常来说，在参加这次考试之前，你应该具备以下技能。

- 至少一年的 AWS 系统管理经验。
- 具有 AWS 实操经验，包括 AWS Management Console、AWS CLI 和 AWS SDK。
- 了解与 AWS 网络基础设施相关的网络概念和方法。
- 了解如何监控系统的性能和可用性。
- 了解基本的安全性和合规性要求，以及有助于审计和监控的 AWS 内部工具。
- 能够在功能性的 AWS 环境中解释架构文档。

目标图

下表提供了考试中每个知识点的列表、每个知识点的权重值，以及每个知识点内容所在的章节。

知识点	考试所占比例/%	章号
知识点 1：监控和报告工具	22	
1.1 使用 AWS 监控服务创建和维护指标及警报		2, 3, 4, 5, 14
1.2 认识并区分性能和可用性指标		2, 14, 16
1.3 根据性能和可用性指标执行必要的修正步骤		2, 5, 14
知识点 2：高可用性	8	
2.1 基于用例实现可扩展性和弹性		1, 6, 7,12, 16, 17, 18, 19
2.2 认识和区分 AWS 的高可用性和弹性环境		1, 6, 7, 10, 11, 12, 13, 15, 16, 17, 18, 19
知识点 3：部署和供给	14	
3.1 确定并执行提供云资源所需的步骤		1, 6, 7, 10, 11, 12, 13, 16, 17, 18, 19
3.2 确定并修正部署问题		4, 5, 6, 9, 11, 12, 14, 16, 17, 18, 19
知识点 4：存储和数据管理	12	
4.1 创建和管理数据保留期		10, 11
4.2 确定并实施数据保护、加密和容量规划需求		10, 11, 12
知识点 5：安全性与合规性	18	
5.1 实施和管理 AWS 安全策略		1, 4, 9, 13, 15
5.2 实施 AWS 访问控制		1, 3, 4, 9, 10, 12, 13, 15
5.3 区分责任共担模型中的角色和职责		1, 13, 15
知识点 6：网络	14	
6.1 应用 AWS 网络功能		1, 16, 17
6.2 实施 AWS 连接服务		16, 17
6.3 收集和解释网络故障排除的相关信息		5, 14, 16
知识点 7：自动化和优化	12	
7.1 使用 AWS 服务和特性来管理和评估资源利用率		1, 2, 7, 8, 14, 19
7.2 采用成本优化策略有效利用资源		3, 7, 11, 19
7.3 自动化手动或可重复的过程，以最小化管理开销		2, 4, 5, 7, 8, 9, 12, 18, 19

评估考试

1. 判断题：可用性区域(Availability Zone，AZ)是 AWS 环境中最大的地理区域。
   A. 正确　　B. 错误
2. 以下哪些不是 AWS 的有效区域？
   A. us-west-2　　B. cn-north-1
   C. ap-northeast-2　　D. eu-northeast-1
3. 以下哪个选项是对 CloudWatch 警报的最佳描述？
   A. 当报告的事件超出定义的阈值时，发出警报
   B. 当报告的指标超出定义的阈值时，发出警报
   C. 应用关闭时会发出警报
   D. 当 AWS 服务出现问题时会发出警报
4. 以下哪些不是 CloudWatch 事件的组件？
   A. 事件　　B. 规则　　C. 指标　　D. 目标
5. 在 CloudWatch 中，用来描述收集相关指标的容器的术语是什么？
   A. 命名空间　　B. 存储桶　　C. 指标容器　　D. 容器主机
6. 以下哪些不是 AWS Organizations 提供的好处？
   A. 整合和部署安全策略　　B. 整合用户管理
   C. 整合账单　　D. 整合 Amazon EC2 实例
7. 对于 AWS 和 AWS Organizations，组织的最佳描述是什么？
   A. IAM 用户账户集合　　B. 内部互联网络的集合
   C. 商业实体的集合　　D. AWS 账户的集合
8. 在 IAM 中，将用户账户分组到一个组中。在 AWS Organizations 中，对以下哪些项目在 AWS 账户中分组？
   A. 容器　　B. 组织单位　　C. 安全组　　D. 派发组
9. 哪个 AWS 服务为 AWS 系统和本地数据中心提供配置管理？
   A. Amazon Inspector　　B. AWS Config
   C. AWS Organizations　　D. AWS Systems Manager
10. 判断题：AWS Config 中的规则用于告诉 AWS Config，如果配置不正确时该怎么做。
   A. 正确　　B. 错误
11. 在一个 AWS 账户中可以为 AWS Config 创建多少个自定义规则？
   A. 25　　B. 50　　C. 75　　D. 100
12. 在 AWS CloudTrail 中的追踪(trail)有什么作用？
   A. 告知 AWS CloudTrail 需要记录哪些事件，但不说明这些事件日志的存放地点

B. 告知 AWS CloudTrail 需要记录哪些事件以及这些事件日志的存放地点

C. 告知 AWS CloudTrail 记录所有事件

D. 告知 AWS CloudTrail 在哪里存储日志

13. 你想要确保新的区域(region)自动启用 AWS CloudTrail，同时你正在监控管理和数据事件。实现这一目标的最佳方法是什么？

A. 使用默认选项，即所有区域追踪，并选择要记录的事件

B. 启用所有区域追踪，而不是默认的单个区域追踪

C. 使用默认选项，即所有区域追踪和记录所有事件

D. 不能在区域级别设置 AWS CloudTrail

14. 用户或管理员需要被授予哪些权限才能使用 AWS CloudTrail？(选择两项)

A. AWSCloudTrailUser

B. AWSCloudTrailFullAccess

C. AWSCloudTrailAdmin

D. AWSCloudTrailReadOnlyAccess

15. 判断题：Amazon RDS 的默认设置具有成本效益。

A. 正确　　B. 错误

16. 需要确保数据库能够在一个可用性区域发生故障时存活。满足这一要求的最佳解决方案是下列中的哪一项？

A. Amazon RDS 默认提供此功能，只需要为备用实例选择所需的可用性区域

B. Amazon RDS 默认提供此功能，无须做任何额外的事情

C. 在 EC2 实例上安装 DBMS 并启用 Multi-AZ 配置

D. 使用具有 Multi-AZ 配置的 Amazon RDS

17. 判断题：Multi-AZ 用于灾难恢复，而读副本用于提高性能。

A. 正确　　B. 错误

18. 自动缩放组中的实例何时进行健康检查？

A. 当实例正在运行状态

B. 当实例在预备状态

C. 当实例在服务中(InService)状态

D. 当实例在挂起状态

19. 以下哪个选项没有包含在启动配置中？

A. AMI 的 ID　　B. 主机名

C. 实例类型　　D. 一个或多个安全组

20. 判断题：VPC 伙伴节点使用转递信任。

A. 正确　　B. 错误

21. 堡垒主机应该位于哪里？

A. 公有子网　　B. 私有子网

C. 一个独立的子网　　D. VPN 连接的后端

22. 为了使 AWS Systems Manager 监控、安装软件和配置系统，以下哪项是正确的？

A. 系统必须是 Linux
B. 系统必须是 Windows
C. 系统必须在 AWS 环境中
D. 系统必须安装 SSM 代理

23. 在 AWS Systems Manager 中，以下哪个不是有效的文档类型？

A. 命令
B. 策略
C. 安全
D. 自动化

24. 以下哪些存储产品归类为对象存储？(选择两项)

A. Amazon EFS
B. Amazon Glacier
C. Amazon S3
D. Amazon EBS

25. S3 中的对象大小的最大值是多少？

A. 500GB
B. 1TB
C. 5TB
D. 无限大

26. s3.amazonaws.com 属于以下哪个区域？

A. us-east-1
B. us-east-2
C. us-west-1
D. us-west-2

27. 以下产品哪个是块存储解决方案？

A. Amazon EFS
B. Amzon Glacier
C. Amazon S3
D. Amazon EBS

28. 终止 EC2 实例时，如何确保根卷不会被删除？

A. 将有关卷的“终止时删除”标志设置为 false
B. 将有关卷的“终止时删除”标志设置为 true
C. 不需要执行任何操作，因为 EC2 实例终止时根卷不会被删除
D. 无法阻止根卷被删除

29. 在不同类型的 EBS 卷中，哪种类型的 IOPS 最高？

A. 通用型 SSD
B. 供给型 IOPS SSD
C. 吞吐量优化型硬盘驱动器(HDD)
D. 冷 HDD

30. 以下哪种类型的 AMI 不是可访问类型？

A. 公有
B. 共享
C. 私有
D. 独立

31. 判断题：当需要确保在实例终止后数据保持持久性时，实例支持的 AMI 是一个很好的解决方案。

A. 正确
B. 错误

32. 在 IAM 中设置权限时，AWS 在大多数情况下推荐以下哪种策略？

A. 安全
B. 受管
C. 内联(inline)
D. 网络

33. 为了创建允许用户安全连接 AWS CLI 和 AWS API 的访问密钥，应当使用 AWS CLI 的什么命令？

A. aws iam create-security-key
B. aws ec2 create-access-key
C. aws iam create-access-key
D. aws ec2 create-security-key

34. 以下哪个产品可以用来监控 AWS Lambda 函数的调用？

A. AWS CloudTrail　　B. Amazon CloudWatch
C. AWS Systems Manager　　D. Amazon GuardDuty

35. 以下哪一项不是 Amazon CloudWatch 中的有效状态？
A. ALARM　　B. OK
C. STANDBY　　D. INSUFFICIENT_DATA

36. 如果在 Amazon CloudWatch 中缺少数据点，并且希望确保 Amazon CloudWatch 不考虑未捕获的数据点，那么应该选择以下哪个设置？
A. NotBreaching　　B. Breaching　　C. Ignore　　D. Missing

37. 以下哪些选项是 AWS Inspector 可以使用的评估方式？(选择两项)
A. 安全评估　　B. 网络评估　　C. 漏洞评估　　D. 主机评估

38. 以下哪项不是 Amazon GuardDuty 监控的活动类型？
A. 恶意内部攻击　　B. 侦查　　C. 实例泄露　　D. 账户泄露

39. AWS 网络中最大且最基本的组件是什么？
A. 网络访问控制列表(NACL)　　B. 子网
C. Virtual Private Cloud(VPC)　　D. 安全组

40. 以下哪项是 AWS 中 IPv4 VPC 的有效 CIDR 表示法？
A. /26　　B. /8　　C. /12　　D. /29

41. 以下哪项是 AWS 中 IPv6 VPC 的有效 CIDR 符号？
A. /64　　B. /32　　C. /28　　D. /56

42. DNS 使用哪个网络端口进行查询？
A. 123　　B. 389　　C. 53　　D. 88

43. 以下哪一项 DNS 记录类型用于将 IP 地址解析为主机名？
A. A　　B. PTR　　C. CNAME　　D. NS

44. 以下哪种类型的记录用于将流量路由到 AWS 资源，如 Amazon S3 存储桶？
A. Alias　　B. CNAME　　C. A　　D. PTR

45. 在 CloudFormation 模板中使用了哪些语言？(选择两项)
A. XML　　B. JavaScript　　C. JSON　　D. YAML

46. 在 CloudFormation 模板中，哪个组件是唯一必需的组件？
A. 描述　　B. 资源
C. 元数据(metadata)　　D. 参数

47. 如果需要将用户数据传递到 CloudFormation 模板中，需要以下哪个内置函数？
A. Fn::Cidr　　B. Fn::GetAtt
C. Fn::ImportValue　　D. Fn::Base64

48. 以下哪一个不是 Elastic Beanstalk 的 3 种架构模型之一？
A. 双实例部署　　B. 单实例部署
C. 负载均衡器和自动缩放组　　D. 仅自动缩放组

49. 建立 Elastic Beanstalk 时，包含构建平台所需的所有配置文件和脚本的 zip 文件的名称是什么？

A. 平台定义文件　　B. 平台归档

C. 平台配置文件　　D. platform.yaml

50. 判断题：平台定义文件的名称是 packer.yaml。

A. 正确　　B. 错误

评估考试答案

1. B. 区域是 AWS 中最大的地理区域。区域可能包含两个或多个可用性区域。

2. D. eu-northeast-1 不是有效区域。欧洲地区只包括中部和西部。虽然不需要记住考试中的所有区域，但你应该知道有效的名称是什么。us-west-2 是美国西部(俄勒冈州)，cn-north-1 是中国(北京)，ap-northeast-2 是亚太地区(悉尼)。

3. B. 当报告的指标超出定义的阈值时，将发出警报。警报并不一定是坏的，事实上，它们可以用来触发良好的事件。例如，当自动缩放事件中的 CPU 使用率超过 90%时。

4. C. 事件、规则和目标都是 CloudWatch 事件的组件。指标用于衡量 CloudWatch 中的统计数据，但是 CloudWatch 事件是 CloudWatch 的一个单独产品。

5. A. 命名空间是在 CloudWatch 中收集相关指标的容器。AWS 提供了许多服务，你可以创建自定义命名空间。存储桶使用在 Amazon S3 而不是 Amazon CloudWatch 中。指标容器在 AWS 中不是一个实际的东西。容器主机用于支持使用 Docker 等软件的容器。

6. D. AWS Organizations 有很多功能。最常用的功能是统一的用户管理、计费以及存储和部署安全策略的中央仓库。它对整合 Amazon EC2 实例没有提供帮助。

7. D. AWS Organizations 内部的组织是 AWS 账户的集合。IAM 用户账户仍在 IAM 中管理。在这种情况下，组织不是相互关联的网络或业务的集合。

8. B. AWS 账户在 AWS Organizations 中被分为组织单位。这些组织单位通常用于对相似资源(如生产 OU 和开发 OU)进行分组。

9. B. AWS Config 同时为 AWS 系统和本地数据中心系统提供配置管理。Amazon Inspector 用于漏洞评估。AWS Organizations 用于合并账单、账户和策略。AWS Systems Manager 不执行配置管理，尽管它的确与 AWS 配置有关联。

10. B. AWS Config 中的规则用于决定所需或允许的配置是什么。如果某个规则被破坏，则说明某些配置不正确。规则并未指定要采取的操作。

11. B. 在一个 AWS 账户中，在 AWS Config 中可创建多达 50 个自定义规则。

12. B. 在 AWS CloudTrail 中，追踪表示要记录哪些事件以及将它们存储在哪里。日志通常存放在 Amazon S3 存储桶中。

13. A. 默认情况下，所有区域追踪都是启用的。你可以对想要 AWS CloudTrail 追踪的内容进行更改，这些设置将应用于所有区域。默认情况下，AWS CloudTrail 只记录管理事件，因此还需要选择记录数据事件。

14. B，D. 对于创建追踪的管理员需要 AWSCloudTrailFullAccess 权限，需要查看追踪的用户和存储日志数据的 S3 桶需要 AWSCloudTrailReadOnlyAccess 权限。

15. B. Amazon RDS 的默认设置不一定具备成本效益。最好调整设置以满足你的具体用例。

16. D. Amazon RDS 包含一个支持 Multi-AZ 的配置选项。它在另一个可用性区域中创建一个备用实例，在主实例出现故障时可以接管该实例。创建数据库时必须选择它。

17. A. Multi-AZ 用于灾难恢复，因为备用实例不会占用任何数据流量，除非主实例发生意外。读副本用于提高读取性能。

18. C. 当自动缩放组中的实例处于服务中状态时，会对这些实例进行健康检查。

19. B. 启动配置没有设置主机名。启动配置通常包含用于实例的 AMI ID、实例类型、连接实例所需的密钥对、实例的安全组以及需要连接的存储驱动器。

20. B. VPC 伙伴节点使用非转递信任。信任必须在 VPC 之间通过手动设置。

21. A. 堡垒主机必须由互联网访问，因此它必须位于公有子网中。

22. D. 为了让 AWS Systems Manager 监控、安装软件或配置系统，必须在系统上安装 SSM 代理。除了 AWS 系统以外的本地系统上的 Windows 和 Linux 都受支持。

23. C. AWS 系统管理器有 3 种有效的文档类型：命令、策略和自动化。

24. B, C. Amazon Glacier 和 Amazon S3 都是对象存储的类型。对象存储将条目存储为对象，这些对象都可以通过 API 访问。

25. C. 存储在 S3 中的对象大小可达 5 TB。

26. A. 美国东部(北弗吉尼亚州)被称为 us-east-1，它使用的是 s3.amazonaws.com 的区域。所有其他区域都在 s3 URL 中明确标识。例如，us-east-2 使用 URL s3.us-east-2.amazonaws.com。

27. D. Amazon EBS 是 AWS 提供的块存储解决方案。

28. A. 要防止在 EC2 实例终止时删除根卷(默认行为)，必须将“终止时删除”标志设置为假(false)。

29. B. 在所有 EBS 存储选项中， 供给型 IOPS SSD(固态硬盘)提供了最高数量的 IOPS。

30. D. AMI 有 3 种可访问性类型：公有、共享和私有。公有可供所有人使用，共享可供已被授予访问权限的 AWS 账户使用，私有仅可供 AMI 所在的 AWS 账户使用。

31. B. 实例支持的 AMI 适用于短期工作负载。实例终止时存储将被销毁。当需要在实例终止后保持存储时，使用 EBS 支持的 AMI。

32. B. AWS 建议可用于多个用户、组和/或角色的受管策略。

33. C. 在 AWS CLI 中，可以使用命令 aws iam create-access-key 为用户创建访问密钥。

34. A. AWS CloudTrail 可用于监控 AWS Lambda 事件，包括函数调用。

35. C. Amazon CloudWatch 有 3 种有效的报警状态。它们是 ALARM、OK、

INSUFFICIENT_DATA。

36. D. 如果使用了“Missing”，Amazon CloudWatch 在决定是否应更改报警状态时，不会考虑丢失的数据点。

37. B, D. AWS Inspector 提供网络评估和主机评估。网络评估不需要安装代理；但是，主机评估需要安装 Amazon Inspector 代理。

38. A. AmazonGuardDuty 对恶意内部攻击不进行监控，但会识别特定的可疑活动，如病毒安装。Amazon GuardDuty 监控侦查活动、实例泄露和账户泄露。

39. C. Virtual Private Cloud(VPC)是 AWS 网络最大且最基本的组成部分。VPC 中包含子网、NACL 和安全组。

40. A. IPv4 VPC 地址介于/16 和/28 之间。

41. D. 虽然 IPv4 VPC 可以使用不同网络大小的范围，但 IPv6 VPC 只能使用/56。

42. C. 正常的 DNS 查询使用 UDP/53，而 IPv6 或 DNSSEC 签名查询使用 TCP/53。123 是 NTP 的端口，389 是 LDAP 端口，88 是 Kerberos 端口。

43. B. PTR 记录用于将 IP 地址解析为主机名。

44. A. 在 AWS 中，别名记录用于将数据流路由到 AWS 资源。它很容易与 CNAME 记录混淆，在 AWS 中，它们执行两个独立的功能。

45. C, D. CloudFormation 模板可以用 JSON 或 YAML 编写。

46. B. 虽然在 CloudFormation 模板中可以使用多个组件，但只有资源是唯一必需的组件。

47. D. 当用户数据传递到 CloudFormation 模板时，它必须以 Base64 进行编码。因此需要使用 Fn::Base64 函数。

48. A. 双实例部署与 Elastic Beanstalk 架构模型不能一起使用。

49. B. 平台归档文件是一个 zip 文件，它包含在 Elastic Beanstalk 中构建平台所需的所有配置文件和脚本。

50. B. 平台定义文件名为 platform.yaml。

目　录

第Ⅲ部分 高可用性

第Ⅳ部分　部署和供给

第Ⅴ部分　存储和数据管理

第Ⅵ部分　安全性与合规性

第 I 部分

AWS 基础

第 1 章

AWS 系统操作简介

本章涵盖的 AWS Certified SysOps Administrator-Associate 考试主题包含但不局限于以下内容：

✓ **知识点 2.0　高可用性**

- 2.1　实现基于用例的可扩展性和弹性
- 2.2　识别和区分 AWS 高可用性和弹性环境

包括以下内容：

  - 选择 AWS 服务和最佳实践来构建高可用性和可扩展的架构
  - 确定可以自动扩展服务，以及需要管理员干预的服务

✓ **知识点 3.0　部署和供给**

- 3.1　确定并执行提供云资源所需的步骤

包括以下内容：

  - 熟悉多层架构
  - 在哪里获取文档并帮助进行 AWS 部署

✓ **知识点 5.0　安全性与合规性**

- 5.1　实施和管理 AWS 安全策略
- 5.2　实施 AWS 访问控制
- 5.3　区分责任共担模型中的角色和责任

包括以下内容：

  - 云模型在安全和访问控制方面的优势
  - AWS 如何清楚地描述你、SysOps 管理员，以及 AWS 作为云的维护者的角色

✓ **知识点 6.0　网络**

- 6.1　使用 AWS 网络功能特点

包括以下内容：

  - AWS 提供的网络和故障排除服务
  - Amazon Virtual Private Cloud(Amazon VPC)基础

✓ **知识点 7.0　自动化和优化**

- 7.1　通过 AWS 服务和特性来管理和评估资源利用率

包括以下内容：

  - AWS 如何定义云并为应用托管和操作提供完整的生态系统
  - AWS 提供了哪些受管服务，以及这些受管服务的基础知识

如果没有云的工作经验，你就不能称自己是一名称职的系统管理员。作为最大的云提供商，学习它的 Amazon Web Services(AWS)云基础设施的内部工作原理以及如何管理其资源和服务具有强大的市场竞争优势。本书将提高你的 AWS 技能，并确保在了解 AWS 如何工作的同时，顺利通过 AWS Certified SysOps Administrator-Associate 考试。

本章涵盖：

- AWS 可用性区域及其相应的 API 端点服务
- 按服务类别将 Amazon 平台的多项服务进行划分
- 系统操作(SysOps)的具体内容，以及 SysOps 问题如何出现在考试中
- 责任共担模型，该模型定义了 AWS 及其客户的责任
- AWS 服务级别协议以及针对考试需要了解的内容
- 如何与 AWS 进行交互，以及你可以使用的服务
- 当需要 AWS 支持或需要其他资源时，你该怎么做

1.1　AWS 生态系统

AWS 的核心是一个虚拟化平台。图 1.1 显示了一个简单的 AWS 资源堆栈，其范围从 AWS 维护的物理服务器到实际的“云中服务器”。

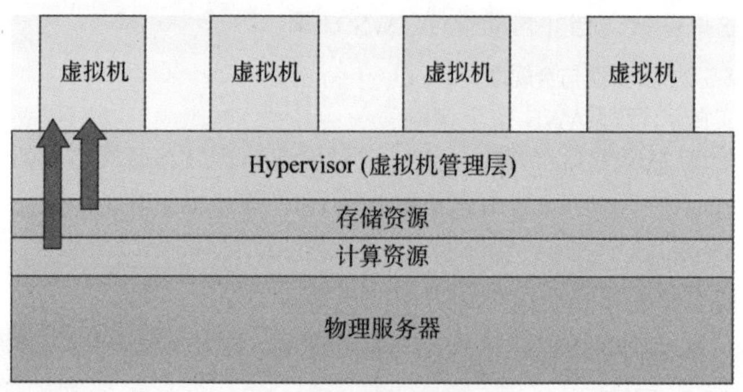

图 1.1　AWS 虚拟化平台

尽管 AWS 和云的价值是不言而喻的，但一般来说，将本地或物理硬件转换为虚拟模型是不够完整的。很多时候，云引入了新的范例(如 spot 实例)，并用新的范例补充了熟悉的概念(如网络访问控制列表有点像防火墙，但不是直接替换)。将某些关键资源看成虚拟化的物理设备是有帮助的，但是不要过于较真地持有这种想法，并在需要时对其进行调整，这样可以更好地利用云模型。

1.1.1　AWS 服务模型

AWS 不仅提供了计算能力，相同的虚拟化也适用于存储、数据库、分析、网络、

移动和开发工具，以及管理这些服务。这些服务的总和构成 AWS 生态系统。图 1.2 只显示了 AWS 提供的服务类别。

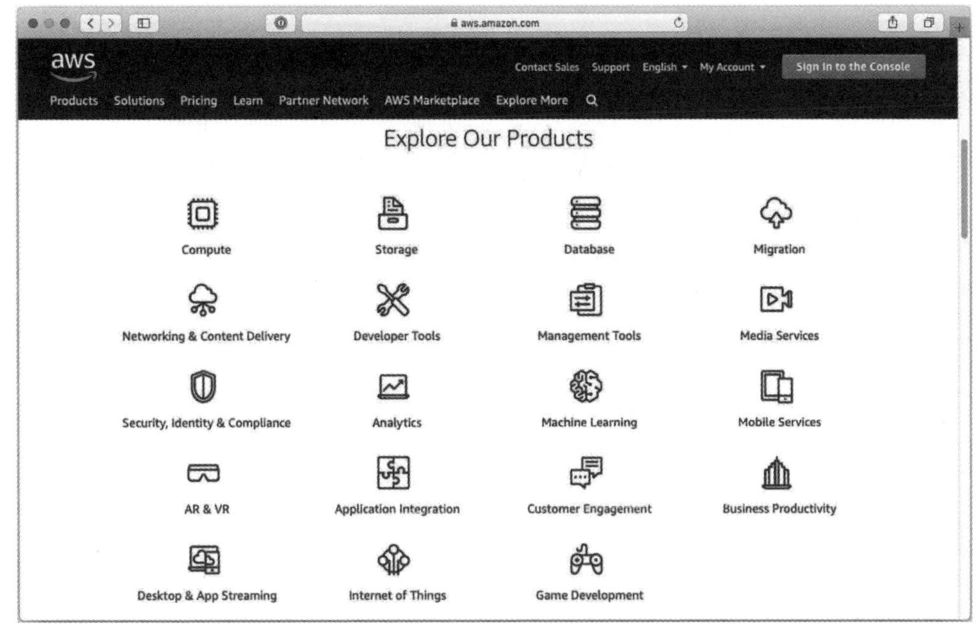

图 1.2　AWS 提供了大量的服务，我们按类别进行组织

作为系统操作管理员，你的工作是管理这些服务组合的部署。这意味着需要了解核心服务和它们之间的相互关系，以及如何部署、运行、扩展和最终关闭(并且可能重新启动)这些服务。你不仅需要负责“让事情运转起来”，还要在决策中运用最佳实践。

注意：
后续各章将介绍所有核心服务，特别是它们各自涉及的系统管理和操作的层面。然而，AWS 一直在添加更多的服务，并且你经常会被测试这些服务大概是做什么的。在考试前最好浏览一下这个列表，至少阅读一下有关服务的描述，因为这些内容对你而言是新内容。

1.1.2　AWS 全球业务

AWS 还在世界各地维护数据中心。这些数据中心不是直接提供使用，而是经过抽象后通过可用性区域和区域提供的。可用性区域(简称 AZ)是特定地区(一种伪数据中心)上的 AWS 抽象。可用性区域组成更大的地理区域。

区域的数量比可用性区域多，而且这两种区域的数量都在不断增长。需要仔细考量实例启动在哪个区域和 AZ 上面，因为它们的定价不同，并且还会因为客户的地理位置造成延迟。表 1.1 显示了所有当前(非政府)区域的列表，以及每个区域的名称和端点地址。

表 1.1　当前可公开访问的 AWS 区域

区域名称	区域	端点
US East (Ohio)	us-east-2	apigateway.us-east-2.amazonaws.com
US East (N. Virginia)	us-east-1	apigateway.us-east-1.amazonaws.com
US West (N. California)	us-west-1	apigateway.us-west-1.amazonaws.com
US West (Oregon)	us-west-2	apigateway.us-west-2.amazonaws.com
Asia Pacific (Mumbai)	ap-south-1	apigateway.ap-south-1.amazonaws.com
Asia Pacific (Seoul)	ap-northeast-2	apigateway.ap-northeast-2.amazonaws.com
Asia Pacific (Osaka-Local)	ap-northeast-3	apigateway.ap-northeast-3.amazonaws.com
Asia Pacific (Singapore)	ap-southeast-1	apigateway.ap-southeast-1.amazonaws.com
Asia Pacific (Sydney)	ap-southeast-2	apigateway.ap-southeast-2.amazonaws.com
Asia Pacific (Tokyo)	ap-northeast-1	apigateway.ap-northeast-1.amazonaws.com
Canada (Central)	ca-central-1	apigateway.ca-central-1.amazonaws.com
China (Beijing)	cn-north-1	apigateway.cn-north-1.amazonaws.com.cn
China (Ningxia)	cn-northwest-1	apigateway.cn-northwest-1.amazonaws.com.cn
EU (Frankfurt)	eu-central-1	apigateway.eu-central-1.amazonaws.com
EU (Ireland)	eu-west-1	apigateway.eu-west-1.amazonaws.com
EU (London)	eu-west-2	apigateway.eu-west-2.amazonaws.com
EU (Paris)	eu-west-3	apigateway.eu-west-3.amazonaws.com
South America (São Paulo)	sa-east-1	apigateway.sa-east-1.amazonaws.com

在这些区域中，可能有 6 个可用性区域，通过 us-east-1a 之类的名称(每个区域名称后面附加一个数字和字母后缀)来标识。

提示：

许多 AWS 服务都有关于它们如何跨可用性区域和区域运行(以及它们是否运行)的具体细节。SysOps 管理员的一个重要角色是正确地配置资源，使其具有高可用性和冗余性。当遇到有关跨 AZ 或区域设置服务的说明或详细信息时，应特别注意。

此外，这是 AWS 考试中最常见的问题。你会多次被问及如何跨区域设置 Amazon Relational Database Service(Amazon RDS)和 Amazon 简单存储服务(Amazon S3)、跨可用性区域设置 DynamoDB，以及如何在区域内分配 Amazon Virtual Private Cloud。所以请特别关注这些主题！

1.2 AWS受管服务

AWS既是一个云服务提供商，也是一个服务提供商。除了它提供的基础设施外，AWS还提供了许多受管服务。这些服务是SysOps管理员理解、配置、操作和优化工作的核心部分。表1.2简要概述了各种AWS服务类别；表1.3显示了这些类别中的(当前)受管服务。

表1.2 AWS服务类别

类别	功能
计算	计算服务本质上是云中的计算机。任何主要目的是为应用提供CPU时间的服务都是计算服务：实例、容器和所有其他提供处理能力的服务。你可以在这里找到Amazon弹性计算云(Amazon EC2)实例、Amazon弹性容器服务(Amazon ECS)容器和Lambda等
网络和内容分发	这应该是不言而喻的：Amazon VPC和Route 53(用于DNS)等网络服务都属于这一类
存储	AWS提供了多种具有许多子类别的存储服务。这里最值得关注的是用于对象存储的S3和用于网络连接存储(NAS)格式存储的Amazon弹性文件系统(Amazon EFS)。注意，存储不包括数据库服务
数据库	AWS提供多样化的数据解决方案：DynamoDB(AWS NoSQL引擎)和RDS(AWS Relational Database Service)是其中最流行的
迁移	这是一个较新但正在增长的类别。它包括从本地环境迁移到AWS的工具
管理工具	这是一个不断增长的类别，包括监控、日志记录、扩展、配置和其他任何可以用来管理应用和AWS账户的功能
安全、身份与合规	此类别包含用于管理身份验证和授权、加密数据以及处理服务之间交互的服务
开发工具	AWS正在加大力度提供以AWS为中心的开发工具，包括编辑器、版本控制和部署
媒体服务	此类别的主页中，AWS包含处理任何与媒体转码和格式转换相关的操作，并将它们发送到各种平台的客户端
分析	分析是AWS对其平台上不断增长的数据集的产品策略。此类别包含用于商业智能、脱机处理和搜索的工具
更多……	随着服务本身的增加，分类列表也在不断增长。还有一些小的类别经常被重新编排，如媒体服务、游戏开发、物联网等

这些类别中的每一类都有很多服务，如表1.3所示。请注意，这张表并非详尽无遗的，即使是，它也会在本书出版和你的阅读之间的几个月内过时！

提示：

不要太担心类别本身。AWS有时会更改或添加类别，而服务通常会随着服务的使用和用途的轻微变化而从一个类别移到另一个类别。

表 1.3 AWS 核心服务(按类别)

类别	服务	功能
计算	弹性计算云(EC2)	EC2 是大多数应用的基本构建块。EC2 实例是具有各种大小的 CPU、内存、存储和网络接口的虚拟服务器。在 EC2 上运行 Web 服务器和应用进程实例
	Elastic Container Service(ECS)	ECS 是用于管理和维护容器(特别是 Docker)的 AWS 解决方案。容器可以创建和上传，按比例运行，设置为增长和收缩，通常比完整的 EC2 实例更优化
	Lambda	Lambda 是 AWS 的无服务器架构，已经成为现代 Web 应用的核心组件之一。Lambda 在不必配置服务器或计算能力的情况下运行代码，还可以附加到由 CloudWatch 等服务生成的事件中
	Elastic Load Balancing	弹性负载均衡传入的网络流可以在多个 Web 服务器之间定向，以确保单个 Web 服务器不会被淹没而其他服务器使用不足，或者数据流不会定向到失败的服务器
	Elastic Beanstalk	Beanstalk 是一个受管服务，它将 AWS 计算和网络基础设施的供给抽象出来。你只需要推送应用代码，Beanstalk 就会在后台自动启动和管理所有必需的服务
网络和内容分发	Virtual Private Cloud (VPC)	VPC 是 AWS 的另一个核心组件。当构建自己的 AWS 内容分发环境时，VPC 包含子网，附属互联网网关，通过网络 ACL(NACL)提供安全层，它是理解 AWS 如何处理网络的关键
	CloudFront	CloudFront 是 Amazon 的全球分布式内容交付网络(CDN)。CloudFront 在世界各地提供边缘节点，它们用来缓存内容并为其提供服务，而无须追溯源发端服务器
	Route 53	AWS 现在提供一个完整的 DNS 服务，它还可以充当域注册商。Route 53 提供了许多路由策略，这些策略控制数据流如何从互联网流向你的 AWS 资源
	Direct Connect	可以使用 Direct Connect 在本地数据中心和基于 AWS 的 VPC 之间建立直接通道。这个功能虽然需要特殊的硬件，但带来的益处是巨大的
存储	简单存储服务(S3)	S3 和 EC2 一起是最基本的 AWS 服务。S3 提供了多种风格的对象存储，着重在数据的持久性和可用性。可以使用生命周期策略自定义 S3，以处理热、温和冷数据，并将这些数据轻松、安全地提供给互联网。还可以在 S3 上托管静态网站
	Glacier	Glacier 是 S3 的一个伪类别，主要用于归档存储。Glacier 恢复时间较长，但由于 Glacier 的总体成本非常低，因此它是理想的长期存储解决方案
	Elastic Block Store(EBS)	EBS 是一个虚拟硬盘。EBS 卷连接到 EC2 实例并提供存储。这种存储不是长久的，也不会取代 S3，但如果数据无须存储在 S3 或数据库中，可以加快读写速度
	存储网关	存储网关是一个相当复杂的服务，它提供多种混合存储的解决方案，它的目的一般是随着时间的推移将数据迁移到云上。存储网关具有本地数据中心设备，可以模拟磁带库和 NAS 系统，还可以本地存储和缓存复制到 S3 中的数据

(续表)

类别	服务	功能
数据库	关系数据库服务(RDS)	RDS 是用于管理关系数据库的 AWS 服务。在 RDS 上可以运行众多 SQL 数据库引擎，如 MySQL、Microsoft SQL Server、Oracle、Amazon 自己的 Aurora、PostgreSQL 和 MariaDB。尽管仍然可以在 EC2 实例上安装数据库，但 RDS 是更好的选择
	DynamoDB	DynamoDB 是 AWS 提供的 NoSQL 产品，它快速、完全可扩展，不需要用户配置，非常适合存储 JavaScript 对象表示法(JSON)文件、对象元数据或任何不需要表连接或关系的内容
	ElastiCache	ElastiCache 提供数据缓存，通常位于数据库前端以提高性能。它同时支持 Redis 和 Memcached 缓存引擎，ElastiCache 也是高可配置的
	Redshift	Amazon Redshift 是在线分析处理(OLAP)的解决方案。它还非常适合商业智能和对大型数据集的查询，理想情况下运行时不需要较长的响应时间
迁移	Snowball	Snowball 是著名的迁移工具。Snowball 是一种物理设备，它允许将庞大的数据(通常超过 5～10 TB)轻松地传输到 S3。Amazon 将设备发送给你，你将数据加载到设备上并将其送回，然后将数据加载到 S3 存储桶中
	数据库/服务器迁移服务	这两个服务允许将现有数据库或虚拟机相对直接地迁移到 AWS 管理的资源中
管理工具	CloudWatch	CloudWatch 为 AWS 服务提供了一个功能全面、集成化的监控解决方案。你可以轻松地对资源进行分组，并从单个仪表板中进行监控，同时在满足某些阈值的条件下触发事件
	CloudFormation	CloudFormation 是 AWS 中非常重要但使用不多的工具之一。它允许一个完整的 AWS 资源堆栈的模板化部署，易于重复并在版本控制中存放
	CloudTrail	CloudTrail 是一个 API 跟踪服务。它记录事件和 API 调用，以便进行实时或事后分析
	Config	AWS Config 将变更管理添加到你的环境中。这是 AWS 对 Puppet 或 Chef 等服务的模拟，它确保在不知情的情况下不会发生任何更改
	自动缩放	在当前运行的实例无法满足需求时，可以轻易地将 EC2 实例分组并增加数量(或扩大)。随着请求的减少，可以终止(或缩小)未使用的实例
	Trusted Advisor	Trusted Advisor 是一项服务，它提供对 AWS 环境进行基本但关键的改进建议。并且经常会捕获安全漏洞和应该实施的最佳实践
安全、身份与合规	身份和控制管理(IAM)	如果 EC2 和 S3 是应用的基本构建块，那么 IAM 就是账户本身的构建块。IAM 提供用户、组、权限和角色定义，开发人员、管理员、经理、财务审计员甚至 AWS 资源都将使用这些定义
	Cognito	Cognito 是一个相对较新但非常流行的服务，它通过用户池和身份池为 AWS 应用提供单点登录(SSO)，你可以对数百万数量的用户进行分组和管理
	AWS Organizations	最近添加到 AWS 服务中，Organizations 提供多账户管理，并提供许多整合计费功能

(续表)

类别	服务	功能
媒体服务	弹性转码器	弹性转码器提供了媒体文件的简单转码，以便在不断更新的用户设备上的各种媒体播放器上正确地播放
	Kinesis	Kinesis 提供流数据的管理处理和捕获。它是一个新的学科，Kinesis 可以接收来自智能手机、安全摄像头和其他任何“始终开启”并通过流媒体提供高数据量的数据
分析	Athena	Athena 是一个专注于快速查询数据的工具，通常是在大型数据集中使用。由于其独特的关注点，它比其他更广泛使用的工具(如关系数据库)更快、更便宜
	Elastic MapReduce (EMR)	EMR 是一个 Web 服务，它通过分片、集群和细致的配置处理大量数据源

让我们面对现实吧：你可能跳过整张表。虽然它包含了很多信息，但是读起来很无聊，并且你可以随时查阅……但是在 AWS 认证考试备考中你不能有这个想法。AWS 在每次考试中都会问一些与主题无关的问题(例如，SysOps 考试中关于 Kinesis 的问题或解决方案架构考试中关于 SageMaker 的问题)，这是一个“众人皆知”的事情。虽然这些问题并不深入，但回答它们确实需要熟悉 AWS 服务。请仔细阅读列表，以便在这些服务出现在考试中时能够识别它们。

1.3 什么是系统操作

SysOps 是系统操作的缩写，SysOps 管理员用 AWS 的定义基本上就是云服务的操作员。这意味着需要理解并能够回答有关以下深入问题，如将应用从代码库转移到 AWS，并将该代码变为运行在跨越各种自定义和 AWS 提供的服务上的应用程序、管理大规模运行的应用，以及在需要时清理整个应用。

AWS 考试的主要原则包括以下方面：

- 部署服务，特别是使用 AWS 提供的工具，如 CloudFormation。
- 构建可扩展性、高可用性和冗余。这些因服务不同而异，需要了解这些差异，并知道如何缩放 EC2 实例集群，就像如何正确使用自动缩放组和 Multi-AZ RDS 配置一样(如果到这里还不理解，不必担心，你很快就会明白)。
- 为特定的用例选择正确的服务，包括对可靠性、功能性，特别是成本产生影响的因素。
- 将现有的本地资源和应用安装迁移到云中。

几乎 75%的 SysOps Administrator-Associate 考试都是情景驱动的，而不是简单地选择术语定义或选择 AWS 限制或策略名称。这与现实场景进行了挂钩：作为一名系统操作实践管理员，最重要的工作是理解特定的状况，并确定正确的 AWS 工具和技术，以实现可伸缩性、高可用性和成本。

提示：
由于考试的情景驱动性，最好的准备就是实践经验。通常，你会对某个特定的场景感到陌生，不过可以运用在工作中所学到的知识，通过推理找到解决方案。学习这本书和参加实践考试都是必不可少的，但还是应当尽可能地获取更多的 AWS 实际工作经验。

理解系统操作管理员职责的两种有用机制是 AWS 责任共担模型和 AWS 服务级别协议。

1.3.1　AWS 责任共担模型

如果对云环境负担 100%的责任，你就会遇到真正的问题。

AWS 没有为客户提供很多东西。例如，虽然可以在 EC2 实例上升级操作系统，但不能升级 DynamoDB 实例的操作系统。你不能从 VPC 中去掉某个组件并进行替换，尽管你已经确认问题是由于坏的路由引起的。

AWS 责任共担模型是 AWS 描述什么是你的问题，什么是 AWS 的问题。显然，许多问题将跨越 AWS 和你的领域，但是了解这些界限对于有效的故障排除是必不可少的。

简单来说，责任共担模型指明 AWS 需要保证云自身的安全和不间断运行。物理硬件、存储、网络和受管服务是 AWS 保持运行和提供服务所必需的。不过，你放入云中的其他事项是你的责任。这意味着需要维护自己安装的操作系统、数据、跨网络移动数据，以及数据的安全性。图 1.3 总结了这个模型，数字表示每个区域的可用性区域。

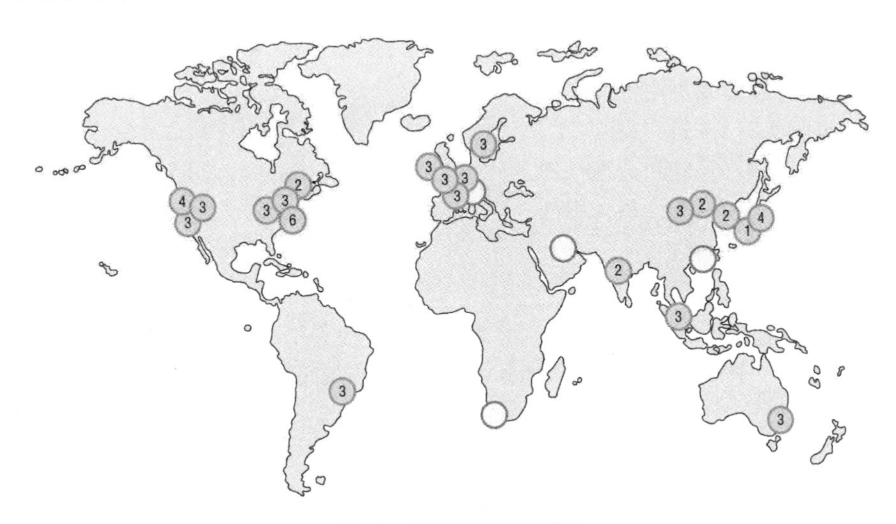

图 1.3　AWS 责任共担模型

注意：

记住关于这点以及常见的一个考试题的方法是：AWS 负责云的操作和安全，而你负责云中的操作和安全。

1.3.2　AWS 服务级别协议

AWS 为大多数服务提供服务级别协议(Service Level Agreements，SLA)。这些 SLA 通常可以在 https://aws.amazon.com/[servicename]/sla/网址进行查阅，例如，S3 的 SLA 在 https://aws.amazon.com/s3/sla/，Lambda 的 SLA 在 https://aws.amazon.com/lambda/sla/。

比记住各种 SLA 的细节更重要的是，你应该熟悉在责任共担模型中的思路：AWS 保证服务以某种方式运行，并且它们以某种百分比的时间持续运行。作为 SysOps 管理员，你的工作是了解问题何时属于你和应用，以及何时由于问题属于受影响服务的 SLA，而应该通知 AWS。

注意：

唯一需要花时间记忆的是 S3 的 SLA。考试中经常出现各种与 S3 存储类别的持久性和可用性相关的问题。

1.3.3　7 个知识点

最后，应该记住 SysOps Administrator-Associate 考试涵盖的 7 个知识点。虽然这些只是一个考试结构，但在确保你在准备和操作云应用时涵盖了所有基础知识的同时，使用这个有用的检查列表。

- 知识点 1：监控和报告工具
- 知识点 2：高可用性
- 知识点 3：部署和供给
- 知识点 4：存储和数据管理
- 知识点 5：安全性与合规性
- 知识点 6：网络
- 知识点 7：自动化和优化

本书是按照这些思路通过几大部分来组织的，除了第 I 部分(包含本章)外的每一部分都对应于一个知识点，而这一部分中的章节与该知识点相关。

1.4　使用 AWS

幸运的是，AWS 非常自豪地支持它们的系统。这意味着你将始终拥有多个工具和支持层，用于管理正在运行的 AWS 系统，并在问题的原因不明显时进行故障排除。需要熟悉所有可用的资源，因为在 AWS 环境中没有“一刀切”的工具。

1.4.1　AWS 管理控制台

使用 AWS 时，你最好的朋友永远是 Web 浏览器。AWS 提供了一个命令行界面、编程访问和多种支持通道，但你的大部分时间将花在 AWS 管理控制台上面，这是一个可访问的 Web 界面，它几乎支持了所有 AWS 操作。图 1.4 显示了初始登录时的基本控制台。

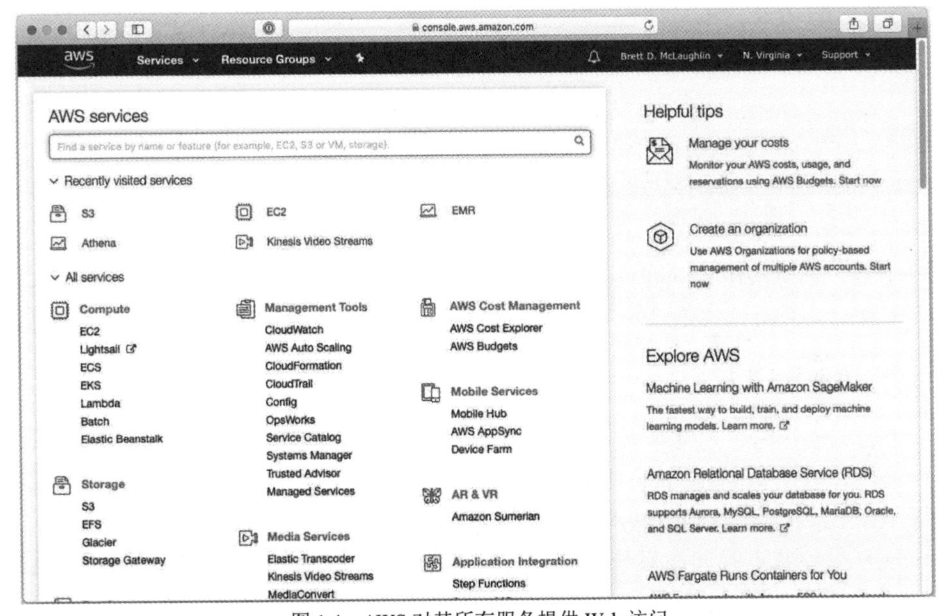

图 1.4　AWS 对其所有服务提供 Web 访问

警告：

注意术语“控制台”，因为它与程序员和 AWS 开发人员中的术语可能“相同”(具有多重含义)。AWS 管理控制台实际上是一个基于 Web 的应用；这使它几乎与开发人员通常所说的“控制台”意思完全相反：它们指的是命令行界面，如 UNIX shell、macOS 或 Windows 终端。虽然没有理由不使用“控制台”一词，但要知道，如果没有上下文(例如“AWS 控制台”或“AWS 管理控制台”)，那么它的含义有时可能会混淆。

你可对每个服务进行深入研究。例如，图 1.5 显示了 S3 部分，其中有几个已经创建的 S3 存储桶(注意，一个生产环境中会有比这里更多的 S3 存储桶)。

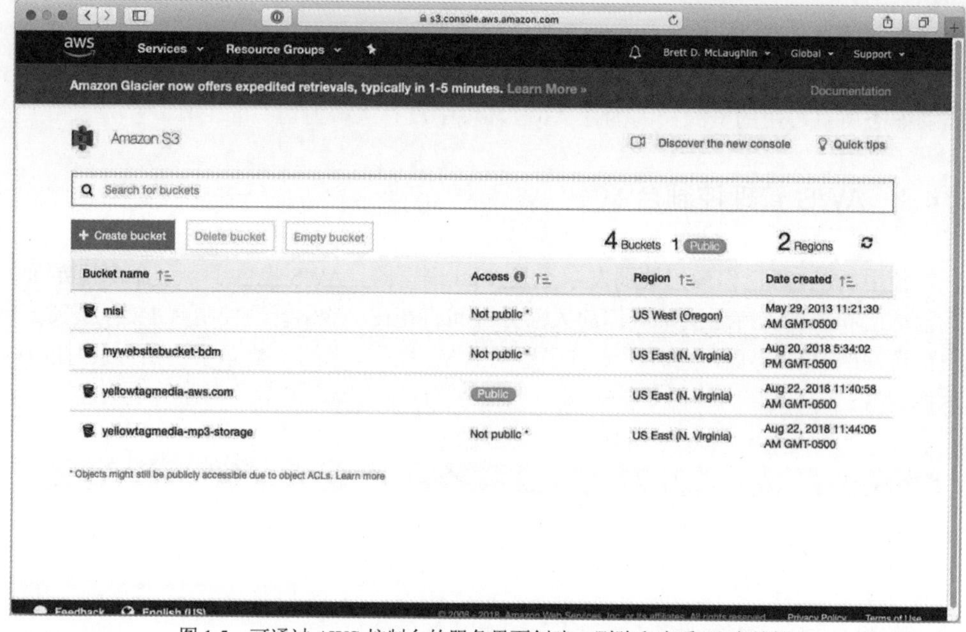

图 1.5　可通过 AWS 控制台的服务界面创建、删除和查看 S3 存储桶

之后，你逐步在 CloudWatch 上构建一套自己的带有书签的仪表板，包括常用的命令和脚本。但在大多数情况下，基于 Web 的控制台访问是最方便的。

1.4.2　AWS CLI

在部署应用时，通常希望与它们进行快速交互。

最终，除了 CloudWatch 等工具提供的功能外，你还会执行一些常见的任务。这就是 AWS CLI(命令行界面)发挥作用的地方。

现在应该花点时间在系统上安装 AWS CLI。访问 https://docs.aws.amazon.com/cli/latest/userguide/installing.html 获取最新的安装说明。将它连接到你的 AWS 账户上，这样你就可以准备好跟着本书中经常出现的示例进行练习了。

提示：

让人感到意外的是，AWS 在各种考试中，尤其是在助理级别，并没有对 CLI 提出很多问题。事实上，并没有如你所想的那些具体的“你将如何在控制台或命令行上执行此特定操作”等问题。实际的考题更具理论性，主要是确认你正确理解了 AWS 的工作原理。感觉这里的假设是，如果知道自己要做什么，那么使用搜索引擎找到执行“什么”的确切命令是更简单的办法。

不过，还是应当使用 CLI 完成示例，因为了解如何与各种 AWS 服务进行交互对加强理解整个 AWS 知识体系大有裨益。

1.4.3　AWS SDK

尽管控制台和 CLI 要做的大部分工作是操作管理，但有时你或开发人员可能需要以编程的方式与 AWS 进行交互。这就是 AWS SDK(软件开发工具包)的由来。AWS 提供了 9 种语言的 SDK，从 Java 到.NET 再到 Python 等。可通过 https://aws.amazon.com/tools/ 访问这些工具以及其他开发工具。

1.4.4　技术支持和在线资源

AWS 最终是一个服务组织。对于考试和实际的 AWS 体验，你应该知道如何联系 AWS，以及得到何种响应的期望值。AWS 清楚地定义了不同类型的客户联系支持的事宜，以及他们可能等待回复的时间。

AWS 的第一道防线是他们的一套支持计划。然而，对于那些月支持计划预算不高的客户，也可以在网上获得大量信息。

1.4.5　支持计划

AWS 提供了 4 种不同的支持计划，考试时经常会被问到这些计划，因此这不仅仅是补充性信息。

每个账户都登记在基本计划中。此计划主要通过文档、白皮书和 AWS 支持表格提供客户服务。还可以提交账单疑问和产品支持的问题。

基本计划的上一层是开发计划，初始费用是 29 美元/月。账户持有者可以访问云支持助理(注意，访问权限有限)。除了基本计划外，此计划可以帮助进行故障排除，尽管响应时间并不是很快。

从开发者级别开始，如果每月花费 100 美元(或者更多！)就成为商业计划。此计划提供更快的响应时间、无限的用户、个人帮助和故障排除以及 API 支持。对于任何重要的生产系统，该计划都应被视为可接受的最低支持级别。

最后一个是最大的计划，即企业支持计划。这些都是定制的价格，对小公司帮助不大。然而，对于大型组织，可以获得非常快速的响应，包括联系 AWS 架构师、技术客户经理(TAM)和支持专员。当然，这些是需要付费的；这个计划费用大约是每月从 15 000 美元起开始递增。

有关 AWS 支持计划的更多信息，请访问 https://aws.amazon.com/premiumsupport/compare-plans/。

1.4.6　其他支持资源

在网上可以找到数以千计的 AWS 资源，以下是一些网址。

- AWS 为用户提供论坛和社区，经常可以找到精彩的讨论(https://forums.aws.amazon.com)。
- 所有 AWS 文档，从 https://aws.amazon.com/documentation/开始。
- 当选择 AWS 产品或服务时，AWS 产品和服务的常见问题解答页面，例如 S3 常见问题解答的网址是 https://aws.amazon.com/s3/faqs。

1.4.7　主要考试资源

还需要为一些重要的页面添加书签，这些页面对通过 AWS Certified SysOps Administrator-Associate 考试起着重要的作用。

- 所有与 AWS 及其操作路径相关的信息都在 https://aws.amazon.com/training/path operations/中。
- 需要在 AWS 认证页面注册一个免费账户，然后开始认证之旅(如果还没有)：www.aws.training/certification?src=certification。
- AWS Certified SysOps Administrator-Associate 考试的主页位于 https://aws.amazon.com/certification/certified-sysops-admin-associate/。

1.5　本章小结

如果之前还没有意识到 AWS 的服务范围，那么希望你已经开始意识到，并且你已经了解一个优秀的 SysOps 管理员重任在肩。虽然拥有大量的管理工具、支持渠道，甚至 AWS 的 SLA，但你仍然需要学习如何协调和智能地使用这些资源。当一个系统运行不正常时，人们往往会失去耐心，但通常这正是最需要你的时候。仔细阅读每一章，你会很快掌握各种 AWS 服务。

1.6　考试要点

识别和定义 AWS 受管服务　AWS 提供了数量惊人的受管服务和设施。你会被询问到这些信息，因此需要熟悉这些服务和它们的基本功能。最好经常复习，因为 AWS 不断地向其功能库中添加新服务。

熟悉 AWS 责任共担模型　AWS 提供了云中责任制内容的明确指导。你可能会被问及这一点，特别是作为客户，哪些方面的安全是由你负责的，而哪些方面是由 AWS 负责的。

区分不同的 AWS 支持计划 你将被问及 4 个支持计划。你不需要知道详细信息，只需要识别这 4 个支持计划的名称及其基本用途。

练习 1.1

使用 AWS CLI

使用网址(https://docs.aws.amazon.com/cli/latest/userguide/cli-chap-install.html)的安装说明在本地系统上安装和配置 AWS CLI。使用 version 选项验证 CLI 是否正常工作。

```
$ aws --version
aws-cli/1.16.78 Python/3.6.5 Darwin/18.2.0 botocore/1.12.68
```

由于 CLI 和 Python 的版本不同，你看到的返回内容可能与上面的结果略有不同。在这里，唯一的要求是安装 Python 版本 3.x。尽管 CLI 可以与 Python 2.x 一起使用，但该 Python 版本已逐步淘汰。你的 CLI 版本可能比显示的版本要新，但是 AWS 一般情况下不会删除早期版本的功能。

只要运行此命令没有报错，就说明可以使用 CLI。

练习 1.2

为 AWS 账户配置 AWS CLI

在实际 AWS 服务中使用 CLI 时，需要向 CLI 提供 API 密钥、安全密钥和区域。登录到 AWS Management Console，单击用户名，然后选择 My Security Credentials，查询或生成这些凭证。可以通过 CLI 的 configure 命令启动此过程：

```
$ aws configure
AWS Access Key ID [None]: YOUR KEY HERE
AWS Secret Access Key [None]: YOUR SECRET KEY HERE
Default region name [None]: us-east-1
Default output format [None]:
```

如果不确定，可以不填写输出格式。

配置完成后，可以列出所选项。

```
$ aws configure list
     Name                    Value             Type    Location
     ----                    -----             ----    --------
                           profile        <not set>    None None
access_key     ****************QEBQ shared-credentials-file
secret_key     ****************TSxN shared-credentials-file
    region                us-east-1      config-file    ~/.aws/config
```

练习 1.3

使用 CLI 列出 S3 存储桶

作为 CLI 的快速测试，可使用 s3 ls 命令列出当前所有 S3 的存储桶。

```
$ aws s3 ls
2013-05-29 12:21:30 misi
2018-11-15 10:23:54 my-cloudtrial-account-logs
2018-08-20 18:34:02 mywebsitebucket-bdm
2018-11-14 10:33:02 yellowtagmedia-access
2018-11-12 10:19:30 yellowtagmedia-aws.com
2018-08-22 12:44:06 yellowtagmedia-mp3-storage
```

很明显，在你的 AWS 环境中的输出结果与上面不同。

练习 1.4

使用 CLI 创建一个新的 S3 存储桶

最后，确认可以使用 s3api 命令和 create-bucket 子命令创建一个 S3 存储桶。

```
$ aws s3api create-bucket --bucket created-with-cli
{
   "Location": "/created-with-cli"
}
```

需要使用自己的存储桶名称，因为 S3 存储桶的名称是全局的。但是，你可以验证由 s3 的 ls 子命令创建的存储桶。

```
$ aws s3 ls
2018-12-19 10:46:21 created-with-cli
2013-05-29 12:21:30 misi
2018-11-15 10:23:54 my-cloudtrial-account-logs
2018-08-20 18:34:02 mywebsitebucket-bdm
2018-11-14 10:33:02 yellowtagmedia-access
2018-11-12 10:19:30 yellowtagmedia-aws.com
2018-08-22 12:44:06 yellowtagmedia-mp3-storage
```

1.7 复习题

附录中有答案。

1. 你的任务是为一个大型组织管理多个 AWS 账户。以下哪个 AWS 服务提供批量账户管理合并计费的功能？

A. AWS 身份和访问管理(IAM)　　B. AWS Organizations

C. AWS Trusted Advisor　　D. AWS Billing Manager

2. 以下哪个 AWS 服务用来监控应用以及它们与 API 进行交互的方式？

A. CloudTrail　　B. APIWatch　　C. CloudWatch　　D. APITrail

3. 你是一家拥有多个云应用的公司的新员工。公司目前没有对应用进行监控。你先考虑的第一个添加到云设置中的服务是什么？

A. CloudTrail　　B. CloudWatch

C. Trusted Advisor　　D. System Monitor

4. 以下哪个 AWS 工具允许应用的资源根据需求而增长和收缩?

A. 弹性负载均衡　　B. 弹性计算

C. 自动缩放　　D. Route 53

5. 以下哪些 AWS 工具是 EC2 实例的可延展集群的一部分？(选择两项)

A. 弹性负载均衡　　B. CloudFront

C. 自动缩放组　　D. Lambda

6. 以下哪些是 AWS 的存储服务？(选择两项)

A. EBS　　B. EC2　　C. RDS　　D. VPC

7. 哪个 AWS 服务提供用户、组、角色和策略？

A. 身份和授权管理　　B. 身份和访问管理

C. 信息和授权管理　　D. 身份和认证管理

8. 以下哪些说法正确？(选择所有正确答案)

A. AWS 负责云的安全　　B. AWS 负责云中的安全

C. 你(客户)负责云的安全　　D. 你(客户)负责云中的安全

9. 谁负责区域和可用性区域的安全？

A. AWS　　B. 客户

C. 账户所有者　　D. 责任由客户和 AWS 共享

10. 以下哪项是包含子网和实例的 AWS 的基本网络组件？

A. VPC　　B. VPN

C. CLI　　D. Elastic Beanstalk

11. 你的任务是创建一组统一的部署脚本。使用哪个 AWS 工具来标准化应用部署和配置？

A. CloudFront　　B. CloudFormation

C. JSON　　D. CloudLaunch

12. 以下哪一项不是 AWS 支持计划？

A. 免费　　B. Basic　　C. Developer　　D. Enterprise

13. 以下 AWS 组件的哪个选项可以充当本地应用中防火墙的模拟？

A. 网络 ACL　　B. 互联网网关

C. Amazon VPC　　D. CloudFormation 模板

14. 以下哪个工具通过终端或命令提示管理和 AWS 资源进行交互？

A. AWS 终端　　B. AWS CLI

C. AWS TLI　　D. AWS CloudFormation

15. 你的任务是为公司创建一个网络环境，然后将 Web 应用迁移到 AWS 中。以下哪些 AWS 服务对创建这个环境最重要？(选择两项)

A. AWS CloudFormation　　B. Amazon EC2

C. Amazon VPC　　D. Amazon RDS

16. 你的任务是准备一份关于 AWS 相对于本地数据中心系统优势的报告。作为报告的一部分，需要解释 AWS 在发生停机时处理服务的响应度。需要咨询哪项以提供统计和响应时间？

A. Amazon VPC　　B. AWS 责任共担模型

C. AWS CloudFormation　　D. AWS 服务级别协议(SLA)

17. 你的任务是准备一份关于 AWS 相对于本地数据中心系统优势的报告。作为报告的一部分，需要解释当前架构的哪些部分不再由你的公司负责维护。需要咨询哪项以提供统计和响应时间？

A. Amazon VPC　　B. AWS 责任共担模型

C. AWS CloudFormation　　D. AWS 服务级别协议(SLA)

18. 以下哪项代表 AWS 服务运行的独立地理区域？

A. 可用性区域　　B. 区域

C. 边缘节点　　D. 计算机中心

19. AWS 区域中有几个可用性区域？

A. 2　　B. 3

C. 5　　D. 根据地区和 AWS 资源需求而变化

20. 以下哪项可以作为 AWS 的虚拟数据中心？

A. 计算机中心　　B. 区域

C. 可用性区域　　D. 边缘节点

第 II 部分

监控和报告工具

第 2 章

Amazon CloudWatch

本章涵盖的 AWS Certified SysOps Administrator-Associate 考试主题包含但不局限于以下内容：

✓ **知识点 1.0　监控和报告工具**
- 1.1　使用 AWS 监控服务创建和维护指标及警报
- 1.2　认识并区分性能和可用性指标
- 1.3　根据性能和可用性指标执行必要的修正步骤

✓ **知识点 7.0　自动化和优化**
- 7.1　使用 AWS 服务和特性来管理和评估资源利用率
- 7.3　自动化手动或可重复的过程，以最小化管理开销

在本章中，你将学习 Amazon CloudWatch 的工作方式，并了解它的 3 个关键组件：事件、目标和规则。你还将了解这些组件与本书第Ⅳ部分的关系：CloudWatch 警报。将所有这些组合在一起，就可以为 AWS 资源提供一个坚实的监控解决方案。

本章涵盖：

- AWS 如何定义“监控”，AWS 虚拟化如何提供帮助以及在不同时间哪些资源能或不能进行监控；
- AWS CloudWatch 的结构：事件、警报以及这两个强大机制之间的联系；
- 如何监控计算资源，如 EC2 实例；
- 如何监控存储，从 S3 到 RDS 再到 DynamoDB，除了简单的“我的磁盘占用量”指标以外，AWS 还提供了哪些指标；
- AWS 提供了哪些报告、汇总以及对这些监控指标响应的解释，它们如何成为你工作(和工作区)的一部分。

当忘记特定指标的名称或如何创建自定义报警时，不要忘记查看重要的 AWS 文档链接。

Amazon CloudWatch 是 SysOps 管理员使用的最重要的工具之一。无论是在确保不会出错，还是在不可避免的情况下做出响应，CloudWatch 都提供了你所负责应用的一个视窗。从 CPU 使用率和网络延迟等基础指标到精心编制的特定于应用的指标，CloudWatch 都将是你的好伙伴。实际上，它就是应用的医生：CloudWatch 应当是你查看应用是否健康的第一站。

2.1 AWS 监控

AWS 是一个基于虚拟化资源的云平台。正如第 1 章所述，这有很多优点，并且贯穿本书，但它同时也存在一些缺点。由于无法访问数据中心、物理硬件或存储和网络设备的机架，因此无法“检查”事物是否正常工作。你有一个基于 Web 的控制台，一个命令行，一些 API 等，但是看不到闪烁的灯光，也看不到包的嗅探器和接线板。

简言之，它们在 CloudWatch 中。现在，与 AWS 的其他部分一样，CloudWatch 没有为物理设备和本地数据中心操作提供直接的模拟。但它确实提供了一个用于管理指标的坚固系统。最终，AWS 的前提条件是，作为一名系统操作管理员，你不必像关心指标那样关心所有的指示灯和电缆，指标会告诉你一些事情的执行的目标数字情况，以及该数字能接受的阈值是多少。

几乎每一个 AWS 服务和资源都为 CloudWatch 提供了指标，CloudWatch 成为收集所有指标的信息库。它提供了一些用来浏览大量收集数据的工具，然后查看特定应用“一切正常”的阈值。

注意：

在实际使用中看到 CloudWatch 这个词时，要格外小心。尽管 AWS 和试题将这个术语专门用作对服务的引用，并将它与其他受管服务和向其报告的工具区分开。但在实际使用中，它通常指的是更多的服务。你经常会看到 CloudWatch 作为一个通用术语，意思是“CloudWatch(服务)，包括它收集的数据和报告以及这些报告的使用”。它通常是一个含义甚广的术语。这些需要注意。

2.1.1 监控是事件驱动的

AWS 中的所有监控都是事件驱动的。一个事件(稍后它将成为一个 CloudWatch 的事件，一个围绕同一概念的更正式的含义)简单说是“在 AWS 中发生并被捕获的一些事情”。不是每个事件都需要进行响应，当然，你肯定也不想这样做。很多事情根本不能永远记住，并且很多事件只有在特定的上下文中才值得关注。

但是当 AWS 中发生了一些事情时，它会创建一个事件。例如，当创建新的 EBS 卷时，将触发 createVolume 事件，该事件的结果可能是可用，或者是失败。此事件和它的结果会发送到 CloudWatch，也就是 AWS 信息库。图 2.1 显示了此事件在运行系统中的流程。

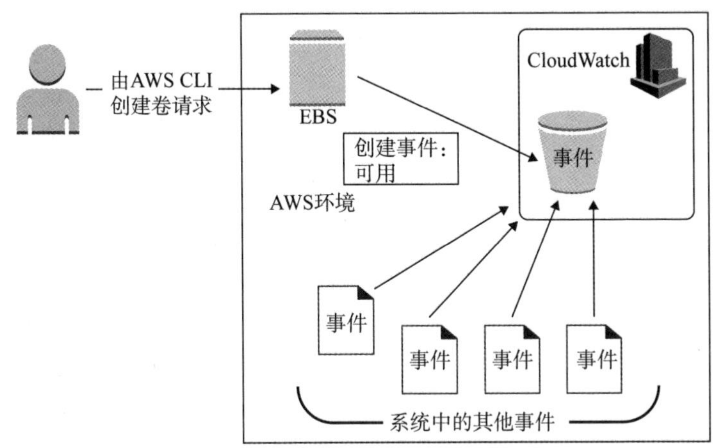

图 2.1　事件是由 AWS 环境中的响应操作而触发的，通常伴随着报告结果

2.1.2　监控是可定制的

尽管 AWS 预定义了几乎数不清的多种类型的事件，但有时还需要进行定制。例如，你可能想知道特定队列的查询数何时达到某个阈值，因为在该阶段应当使用业务逻辑。这些自定义指标可以被轻松定义。

此外，一旦定义，自定义指标就像预定义指标一样。这些自定义指标与标准化指标一起添加到事件信息库中，然后可以进行分析和解释。

你甚至可以构建在混合环境中报告本地应用和系统的指标，从而得到所有相连系统的完整蓝图，而不仅仅是云中的系统。最终，你将看到一幅如图 2.2 所示的图片：CloudWatch 集成到整个系统的深层结构，它提供了可以满足需求的监控。

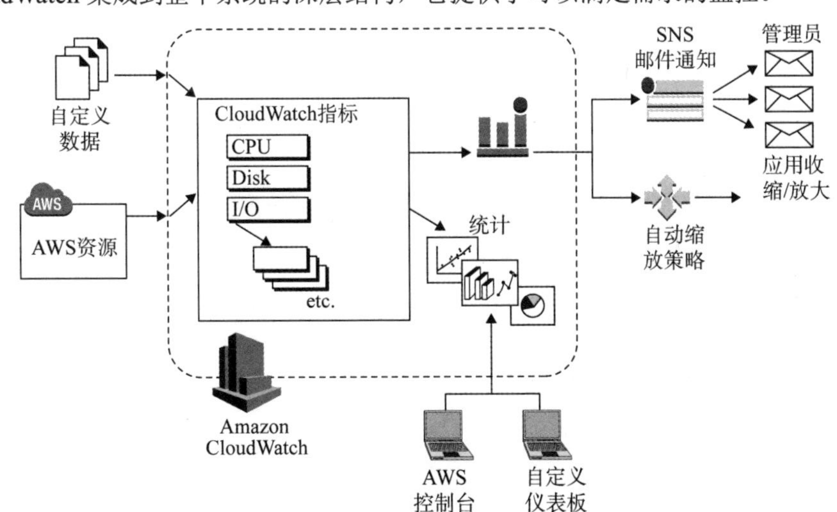

图 2.2　CloudWatch 将云和本地部署系统上的预定义和自定义指标聚合到运行系统的统一视图中

注意：

值得一提的是 CloudWatch 的一个重要限制：它在 AWS 管理程序(Hypervisor)下运行，就是指它在 AWS 的虚拟层下运行。这意味着它可以报告诸如 CPU 使用率和磁盘 I/O 之类的事情……但它看不到在该层之上发生了什么。

这意味着 CloudWatch 无法告诉哪些任务或应用进程正在影响性能。它只能报告在 Hypervisor 层可以直接看到的信息，或者能报告给它的事情。这就是为什么它不能告知磁盘使用情况，除非自己编写检查磁盘使用情况的代码并将该指标发送给 CloudWatch。

这是一个重要的话题，时常会出现在考试中。你可能被问到默认情况下，CloudWatch 是否能报告内存或磁盘的使用情况；答案是不能。

2.1.3　监控可以驱动操作

AWS 监控难题的最后一部分是在指标报告了超出预定义的“一切正常”阈值的值或结果之后发生的事情。这种情况发生时，会触发警报。警报不一定等同于“出了什么事”；相反，可以将警报视为指示会发生什么事。这个“什么事”可以是运行 Lambda 中的一段代码，或者向自动缩放组发送消息以进行收缩，或者通过 AWS SNS 服务发送电子邮件。

简言之，AWS 中的监控不仅仅是为了你(SysOps 管理员)，其实它是查看仪表板并做出的实时决策。并且，监控的设置方式是在不查看仪表板的情况下触发操作。如你在本章和后面的章节中看到的，你的工作角色的一部分是定义这些操作。当 CPU 使用率超过 75%时会发生什么？或者当 DynamoDB 实例的请求队列堆积到一定数量时会发生什么？监控可以驱动这些操作。

2.2　CloudWatch 的基本术语和概念

AWS 引入了许多术语，这些术语在 CloudWatch 中代表特定的含义。你已经看过了一些，比如警报和指标。需要理解这些术语，这样才能理解 CloudWatch 或有关的考试题。

2.2.1　CloudWatch 是基于指标和事件的

CloudWatch 收集指标。指标是可以跟踪的任何东西，通常是离散的：数字、百分比或值。从形式上讲，AWS 文档上说，指标是一组按时间顺序排列的数据点，指标随着时间不断进行报告。AWS 定义了许多指标，还可以自定义指标。

警告：

在理解 AWS 时，尽量保持指标和事件的离散性。事件是预先定义的，是发生的事情，比如网络接口接收的字节。指标是对事件或该事件的某个方面的衡量，例如在指定时间段内接收了多少字节。事件和指标是相关的，但不是同义的。

2.2.2　警报显示可通知的变更

除了指标以外，还有警报。CloudWatch 警报启动操作。你可以设置报警，以便在报告结果值超出阈值或结果集的指标时做出响应。例如，当 EC2 实例上的 CPU 使用率到达 80%时，可以设置警报，也可以设置下限警报，例如，当相同的 CPU 使用率小于 50%时。

2.2.3　事件和 CloudWatch 事件级别较低

CloudWatch 非常依赖事件。事件是发生的事情，通常与系统级别的指标更改或向 CloudWatch 报告有关。然后，事件可以像警报一样触发进一步的操作。

事件通常以数据流的方式传输到 CloudWatch；它们基本是从各种低层 AWS 资源进行报告。另外，或许会添加一点混淆——CloudWatch 事件(CWE)是此系统事件流的特定名称。因此 CloudWatchEvents(术语)是事件(这次是小写的 event)到达 CloudWatch 系统的正式机制。

2.2.4　CloudWatchEvents 包含 3 个组件

在 CloudWatchEvents 中，事件由 3 个关键的组件构成：事件、规则和目标。事件是被报告的事情，是事件发生的代理。规则是与传入事件相匹配的表达式。如果发现与事件匹配，则将事件路由到目标进行处理。目标是另一个 AWS 组件，通常是 Lambda 或自动缩放组中的一段代码，或者可能是应该发送的电子邮件。

2.2.5　在警报和事件之间选择

如果一直跟着本书的思路，你理应会有点困惑。指标可以理解，但事件如何与警报相关？它们具体代表什么？什么时候使用警报，什么时候使用事件？

简言之，警报是用于监控账户上报告的与应用相关的任何指标。它们通常可以用来处理弹性负载均衡(ELB)上的请求延迟，或者是 RDS 实例上重要查询的吞吐量。警报是为了满足特定应用需求。

事件描述 AWS 资源中的更改。把它们看作日志，用来报告应用的总体运行状况。

换言之：警报表明一个职业足球运动员由于疲劳程度增加，因此跑得变慢。这是他与技能相关的特定功能。事件表明同一个运动员在街上行走时血压很高。这是一个与他的功能无关的健康的普遍指标。

警报和事件都很重要，需要同时监控它们。

2.2.6　什么是命名空间

CloudWatch 中的另一个重要概念是命名空间。命名空间只是一个关于 CloudWatch 指标集合的容器。因为众多的指标可能代表同一个目的，例如 EC2 实例、RDS 实例和 DynamoDB 实例上的 CPU 利用率，所以 AWS 提供命名空间来区分它们。

AWS 提供了许多预定义的命名空间，都以 AWS/[service]开头。因此，AWS/EC2/CPUUtilization 是 EC2 实例的 CPU 利用率，而 AWS/DynamoDB/CPUUtilization 是相同的但针对 DynamoDB 的指标。命名空间包含一个很长的列表，并随着服务的添加而增加。有关最新的列表，请查看 https://docs.aws.amazon.com/AmazonCloudWatch/latest/monitoring/aws-services-cloudwatch-metrics.html。

我们还需要自己的命名空间。当创建自定义指标时，可以将该指标放置在 AWS 命名空间或者自己创建的命名空间中。例如，可以创建 Media/photos 命名空间来报告应用的媒体套件中照片的使用情况。

提示：

保持命名空间的特定性、实用性和简洁性。YourCompany/PerformanceMetrics/Network 是一个很容易理解的命名空间，不需要超过 30 秒的输入或 14 次鼠标单击就可以在控制台中进行导航。YourCompany/Mercury/TPIO 是一个很模糊的命名空间，因为它使用代码名(可能 Mercury 指的是系统或应用)和缩写(TPIO 代表什么意思？)。第一个例子是一个合适的命名空间，而后者不是。

2.2.7　到第 10 层维度

你可以为指标提供多达 10 个维度。维度是帮助标识指标的名称/值对。对于 EC2 实例上报告的指标，可能具有 InstanceId=1-234567 维度和 InstanceType=m1.large 维度。这些配对提供了指标的附加信息，这些信息有助于将指标与其他类似指标(可能在不同实例或不同类型上)进行区分。

2.2.8 统计聚合指标

将术语“统计”添加到不断增长的 CloudWatch 词汇表中。统计和它听起来一样：一个随着时间的推移给你某种特定指标(或多个指标)的值。CloudWatch 提供了一些有用的默认统计信息，如表 2.1 所示。

表 2.1 AWS 提供的 CloudWatch 指标的统计

指标名称	描述
Minimum (最小)	在一段时间内，报告的最小值
Maximum (最大)	在一段时间内，报告的最大值
Sum (总和)	提供一段时间内所有报告指标值的总和
Average (平均)	一段时间内的平均值，即 Sum/SampleCount
SampleCount (抽样计数)	此统计集的报告数据点总数
pNN.NN	提供指定百分比的值，例如 p99.99 或 p50

统计数据是随时间报告的，因此需要指定该时间段(稍后将详细介绍)。还可以基于维度(或多个维度)选择所有指标的子集。例如，你可能希望在维度 Domain=Rockville 和 Environment=Prod 的实例上报告所有指标的平均值。

2.3 监控计算能力

EC2 提供了所有在 AWS 预定义指标中最容易解释和实用的指标。实例指标记录过去 15 个月的数据，用来便捷地访问历史数据。

注意：

所有实例指标都以 5 分钟为增量提供给 CloudWatch。通过启用详细监控，可将此频率改为一分钟增量。

通过控制台可以激活详细监控。选择你的实例，然后选择 Actions | CloudWatch Monitoring | Enable Detailed Monitoring。

2.3.1 EC2 实例指标

首先，应该了解，如果你想要看到所有的 EC2 相关指标的列表，那么会有一页接一页的一张表。包括 CPU 信用的指标、实例自己的 CPU 和磁盘 I/O 的指标，还有状态检查等。可以通过 https://docs.aws.amazon.com/AWSEC2/latest/UserGuide/viewing_metrics_with_cloudwatch.html 查看所有可用的 EC2 指标。

所幸的是，这些都是可以通过简单的查询找到的。你应当掌握一些常用的指标，在备考中会经常用到。首先，应该熟悉实例指标的使用，如表 2.2 所示。

表 2.2　EC2 实例的预定义实例指标

指标名称	描述
CPUUtilization	EC2 实例的基本指标之一。它告知当前正在使用的已分配计算单元的百分比
DiskReadOps	报告所有可用实例存储卷的已完成读操作的计数
DiskWriteOps	DiskReadOps 的对应项，它报告所有可用实例存储卷的已完成写操作的计数
DiskReadBytes	报告所有可用实例存储卷的读字节数
DiskWriteBytes	报告实例存储卷的所有可用写字节总数
NetworkIn	所有网络接口上接收的总字节数
NetworkOut	实例上所有网络接口发送的总字节数
NetworkPacketsIn	实例上所有网络接口接收的数据包数。仅适用于基本监控
NetworkPacketsOut	通过实例上的所有网络接口发送的数据包数。也仅适用于基本监控

2.3.2　EC2 EBS 指标

EBS 卷也包含了与计算相关的指标。这似乎有点奇怪；EBS 卷不是存储吗？这是当然，但很多时候，EBS 卷的指标跨越了计算指标与存储指标之间的界限。表 2.3 中的指标与 EBS 相关，并报告存储卷，但需要根据 EBS 卷所属的实例进行报告。

表 2.3　EBS 预定义实例指标(注意实例类型要求)

指标名称	描述
EBSReadOps	连接到实例的所有 EBS 卷完成的读操作的计数
EBSWriteOps	在指定时间段内完成对指定实例的写操作的计数
EBSReadBytes	连接到报告实例的所有卷中的读字节数。注意，这是字节计数，而不是读操作的总数(在 EBSReadOps 中)
EBSWriteBytes	在指定时间段内从 EBS 卷读的所有字节的计数
EBSIOBalance%	供突发存储桶中剩余的 I/O 信用的百分比，仅用于基本监控
EBSByteBalance%	剩余吞吐量信用的百分比，与 EBSIOBalance%一样，仅用于基本监控

注意：
这些 EBS 指标特别适用于以下实例类型：C5、C5d、M5、M5a、M5d、R5、R5a、R5d、T3 和 z1d。

2.3.3　ECS 指标

通过 Elastic Container Service 添加容器后，现在有了一整套新的指标标准与 SysOps 管理员相关。这些指标在 AWS/ECS 命名空间中可用，它们提供了有关运行的集群而不是特定容器的信息。表 2.4 所示的命名空间中显示了几个关键指标。

表 2.4　报告给 CloudWatch 的基于容器的指标

指标名称	描述
CPUReservation	为运行的集群预留的 CPU 单元的百分比，与集群中所有容器实例的总体 CPU 单元相关。这有助于确定 EC2 的启动类型
CPUUtilization	与 ECS 使用的所有 CPU 单元相比，集群使用的 CPU 单元的百分比。注意，这是使用值，而不是预留值
MemoryReservation	当前运行的 ECS 任务预留内存的百分比
MemoryUtilization	ECS 任务使用内存的百分比。像 CPUUtilization 一样，这是实际使用值，而不是预留值

2.4　存储监控

当从计算转移到存储时，CloudWatch 指标的范畴扩展得更快。在计算中，实际上主要就是实例和容器，在存储中，有 S3、DynamoDB 和 RDS 作为存储解决方案的中心支柱。

还可以包括 RedShift 和 Elastic MapReduce(EMR)，然后是 CloudFront 和 ElastiCache，虽然它们不算是真正的存储，但是与之密切相关。

说到这里，互联网是你的朋友：可以按照服务简单地查找一个或一组指标值。输入 AWS CloudWatch ElastiCache 就可以快速获得所需内容。然而，有些指标应该出现在你的头脑中，这样自己可以随时使用，当然，也是为了通过 AWS 考试。

2.4.1　S3 指标

S3 有很多指标，多到不太合理地反复出现在书中。表 2.5 给出了最常见的指标。这些都存在于 AWS/S3 命名空间中。

表 2.5　日常存储和请求的 S3 指标

指标名称	描述
BucketSizeBytes	与每天存储桶大小有关的指标。BucketSizeBytes 提供存储在特定存储桶中的数据量(字节)

(续表)

指标名称	描述
NumberOfObjects	存储桶中的所有存储类的对象总数
AllRequests	此指标和以下指标与向我们的存储桶发出的请求相关。AllRequests 是对一个存储桶发出的 HTTP 请求的总数，不分类型
GetRequests	对存储桶的 GET 请求总数。对其他请求也有类似的指标：PutRequests、DeleteRequests、HeadRequests、PostRequests 和 SelectRequests，每一个都对应于不同的请求类型
BytesDownloaded	对存储桶的请求下载的总字节数
BytesUploaded	上传到存储桶的总字节数。具体来说，这些是包含请求体的字节
FirstByteLatency	已完成请求的每个请求时间，基于第一个字节(毫秒)
TotalRequestLatency	从请求的第一个字节到最后一个字节所用的时间(毫秒)

2.4.2　RDS 指标

与 S3 一样，RDS 的指标也比要记住的多得多。表 2.6 提供了一些关键指标，对于认证考试，值得记住它们。

表 2.6　提供给 CloudWatch 的 RDS 指标

指标名称	描述
DatabaseConnections	正在使用的数据库连接数
DiskQueueDepth	等待访问磁盘的 I/O 请求数
FreeStorageSpace	可用于存储的字节数
ReadIOPS	平均每秒磁盘读取数。有相应的 WriteIOPS
ReadLatency	磁盘读/写操作所用的平均时间。写对应的是 WriteLatency
ReplicaLag	这是一个实用指标。它报告主数据库实例的读副本滞后于源实例的时间量

不过，在使用 RDS 时，与其他指标标准相比存在一些差异。RDS 是一个受管服务，因此不能设置指标的频率或在基本指标和详细指标之间进行切换。结果是，RDS 每分钟向 CloudWatch 发送指标，而且它是不可配置的。

2.4.3　DynamoDB2 指标

你应该对存储指标有个初步认知：AWS 中有很多存储指标。不过，这是有逻辑的。AWS 中的大多数存储都是受管的，也就是说对它们很少进行直接访问。AWS 意识到这一点，因此通过发送大量信息，使你能获知受管服务中发生的情况。

DynamoDB 指标在 AWS/DynamoDB 命名空间中。这与其他多数受管服务类似，它们每分钟都会被报告，并且不可配置。这些指标还有一个问题：只有当它们非零时，才会向 CloudWatch 报告。因此如果不注意的话，这会影响平均值的准确性。

表 2.7 列出了你应该熟悉的 DynamoDB 指标的非详尽列表。

表 2.7　报告给 CloudWatch 的 DynamoDB 指标

指标名称	描述
ConsumedReadCapacityUnits	已消耗的读取量单位个数。有助于跟踪已使用的吞吐量，这通常是在设置数据库时提供的吞吐量
ConsumedWriteCapacityUnits	这是 ConsumedReadCapacityUnits 的配套指标。它提供已消耗的写入单位
ProvisionedReadCapacityUnits	为读取表或索引而设置的单位数
ProvisionedWriteCapacityUnits	提供用于写入表或索引而设置的单位数
ReplicationLatency	提供一个副本表的 DynamoDB 数据流中出现的项与另一个副本中出现项之间消耗的时间
SystemErrors	一段时间内 DynamoDB 报告的 HTTP 500 错误数

表 2.7 罗列的名称可以更多。但是，此列表中的指标非常重要，你至少应当能识别它们。

提示：
备考时，最佳做法是确保理解所使用的术语，而不是仅记住 DynamoDB、S3 或 RDS 指标名称的细节。了解“延迟”“吞吐量”和“供给”的含义，这样通常可以通过推理来解决考试问题。

2.5　CloudWatch 警报

现在你已经有了自己的指标，它们都同时涌入 CloudWatch。那么接着怎么样？如何处理这些数据？一般来说，你想先被提醒然后再进行处理。当然，无论是在云中还是在云外，一个关键的最佳实践是尽可能地实现自动化。建立一个替你完成任务的系统要比自己动手做要好得多。

在监控方面，警报提供了一个框架。可以创建一组“正常”值，附加一个警报，然后响应该警报。

2.5.1　创建一个警报阈值

当指标值超出认为“正常”的一组值时，警报会被触发。可以将特定值设置为高值或低值，或一个可接受的值的范围。例如，假设你想在任何实例报告其使用的 CPU 超过 85%时通过自动缩放组添加实例，然后在所有实例报告的 CPU 利用率低于 60%时减少实例个数。

EC2 实例报告以下指标：AWS/EC2 命名空间中的 CPUUtilization。可以查看此指标并将该指标的报警阈值设置为 85。还可以指定指标必须高于该阈值的周期数；只有当 CPU 在 85%以上超过 4 个时间段时，才希望向外扩展。

提示：

需要跟随监控的频率来设置好的警报。基本的监控报告每 5 分钟一次，因此只要有超过阈值的两个连续指标就足够了，最多可能 3 个。但是，如果使用的是详细监控，那么将每分钟收到一份报告，这样你可能需要 5 到 6 份连续的报告。

值得注意的是，CloudWatch 总是希望两个连续的值高于/低于或在一个阈值内。它没有打算在报告单个值后就触发警报。

2.5.2 发出警报

一旦设置了阈值，CloudWatch 就会处理剩下的事情。新的警报在指定时间可以处于 3 种状态之一：OK (正常)、ALARM (警报)和 INSUFFICIENT_DATA (数据不足)。这些都是一目了然的。当警报进入 ALARM 状态时，可以启动一个处理操作。

但这不是唯一能够创建处理操作的机会。实际上，可以在报警返回 OK 状态时设置其他操作(比如前面示例中提到的自动缩放组中的回缩操作)。

2.5.3 响应警报

当警报启动动作时，你可以做些事情。这些事情包括一系列的操作：发送电子邮件、提供新实例或更新 ELB。基本上，在 AWS 中可以做的任何操作，都可以用来响应警报。

通常，你会调用代码。AWS Lambda 的一个优点是，在不需要大量开销的情形下运行代码，从而使整个 CloudWatch 警报框架更加实用。

2.6 CloudWatch 事件

到目前为止，讨论的重点是 AWS 受管服务和你自己使用的 EC2 实例、EBS 卷等资源报告的指标。这些指标告知资源是如何为应用服务的，以及应用进展情况反过来影响总体供给和成本的情况。但这只是 AWS 环境的一部分。

还需要在不考虑应用的情况下，知道系统运行状况如何。如果某些资源不正常或无法全力以赴地工作，或者某个资源的状态正在发生改变，则必须知道这些。你还可能需要对它们或相关资源进行更改。

这就是 CloudWatch 事件的来源。注意，Amazon CloudWatch 事件(有时缩写为 CWE)与发送给 CloudWatch 的指标不同。CloudWatch 事件有自己的一组构造，其操作方式与 CloudWatch 略有不同。但这是管理环境的关键，因此不能打折扣。

2.6.1 事件

事件是 AWS 环境中的更改。现在，如前所述，事件是整个 CloudWatch 事件结构的一部分。你必须小心地区分；这意味着 CloudWatch 事件包含一些事件，这些事件可能相当容易混淆。

事件可以通过以下 4 种不同的方式之一生成。

- AWS 资源改变状态。例如，EC2 实例从挂起到运行，或者数据库实例从运行到终止。
- 出现 API 调用和控制台登录。这些是通过 CloudTrail(主要关注日志和 API 调用)报告的，但会作为事件出现。
- 在代码中生成事件。这是两个世界的融合，但是应用代码可以将事件推送到 CloudWatch 事件进行处理。
- 计划触发。可以重复使用 cron 式样的调度来触发事件。

所有这些都是简单的工具，允许在事情发生时添加行为。规则就是在这种情况下出现的。

2.6.2 规则

规则是事件和目标之间的连接物。规则与传入事件匹配，如果有匹配，则将事件发送到指定的目标。然后，目标可以开始处理、评估事件、发送电子邮件或做任何你想要的事情(很快会看到，这类似于 CloudWatch 中的指标警报)。

规则还可以过滤事件的某些部分，或与事件一起发送附加的信息。它通过 JavaScript 对象表示法(JSON)来实现。实际上，JSON 是用于所有这些连接的语言，因此规则可以简单地添加或过滤传递给目标的 JSON。

2.6.3 目标

目标处理由规则发送的 JSON 数据，该数据是由一个或多个事件的匹配产生。通常是一个 JSON 流向所选的几个目标。

典型的目标包括 EC2 实例、Lambda 函数(这个是常用的)、ECS 任务、步骤函数、简单队列服务(SQS)队列和简单通知服务(SNS)主题。这些目标使用 JSON 做什么实际上取决于你。可以通过电子邮件发送消息，放大或缩小自动缩放组，或提供更多实例。

在到达目标时，可以开始考虑进一步的处理，就像前面讨论的接收到 CloudWatch 警报时一样。尽管应用指标引发警报的机制不同于事件匹配规则，它被转发到目标，但一旦采取行动，系统将以相同的方式进行处理。实际上，没有理由不能让由报警触发的同一个 Lambda 函数作为目标使用。

2.7　本章小结

CloudWatch 是一个意义重大的工具。虽然简单来说“CloudWatch 是 AWS 的监控解决方案”，但是要学习并最终掌握它还远远不止这些。需要了解 CloudWatch 提供的各种功能，以及掌握 AWS 提供的默认指标。使用 CloudWatch 的大部分工作涉及组建和解释这些默认值。

不过，仅仅靠它还不够。随着应用的复杂度越来越高，使用 CloudWatch 也会变得越来越复杂。通常可能还需要微调自定义指标解决针对特定应用的监控问题。你还会发现，CloudWatch 是解决问题的关键工具之一。在不确定实例为什么没有响应时，根据它抛出一些与 CPU 和网络相关的指标，可以尝试分析在高峰和低负载时发生了什么。

最后，所有讨论的这些都集中在仪表板和报告中。AWS 将这项工作变得更加简单，但是你应该熟悉通过资源组对资源进行分组，然后构建仪表板以便于查看。一个需要几秒钟以上来定位和理解的指标的价值并不高。

2.8　复习资源

Amazon CloudWatch：

`https://aws.amazon.com/cloudwatch/`

Amazon CloudWatch 事件：

`https://docs.aws.amazon.com/AmazonCloudWatch/latest/events/WhatIsCloudWatchEvents.html`

Amazon CloudWatch 日志：

`https://docs.aws.amazon.com/AmazonCloudWatch/latest/logs/WhatIsCloudWatchLogs.html`

CloudWatch 自定义仪表板：

```
https://aws.amazon.com/blogs/aws/
cloudwatch-dashboards-create-use-customized-metrics-views/
```

发布 CloudWatch 指标的 AWS 服务：

```
https://docs.aws.amazon.com/AmazonCloudWatch/latest/monitoring/
aws-services-cloudwatch-metrics.html
```

2.9 考试要点

识别 CloudWatch 最佳用例。CloudWatch 是一个监控服务，它是故障排除的第一道防线。你负责收集和跟踪指标并设置警报，包括从简单的指标(如 CPU 使用率)到应用优化的自定义指标。

复述 CloudWatch 事件的核心组件。CloudWatch 中的事件包含事件本身、目标和规则。事件标识环境中的更改、目标处理事件和规则匹配事件并将其转移到目标。把这 3 个概念弄清楚，就可以解决更多概念性的试题了。

识别 CloudWatch 指标的名称。考试中将询问有关默认 AWS 监控 CPU、状态、磁盘、网络(但不包括内存)以及各种指标的名称。虽然记住所有这些很困难，但在考试之前，你应该复习 AWS 定义的指标名称。

解释 CloudWatch 警报的工作原理。警报是监控指标并在特定阈值下触发的组件。然后，此警报本身可以触发处理操作，例如自动缩放组放大或运行 Lambda 函数。你应该能够描述这个过程并认识到它的作用。

列出并解释 CloudWatch 警报的 3 种状态。警报可以有 3 种状态：正常(OK)、警报(ALARM)和数据不足(INSUFFICIENT_DATA)。OK 表示指标值在定义的阈值之内；ALARM 表示由于指标值在定义的阈值外或已超过定义的阈值，因此警报被“触发”。INSUFFICIENT_DATA 是显而易见的：表示还没有足够事项进行报告。

在管理程序(Hypervisor)之上创建自定义指标。这很微妙，但很重要：CloudWatch 对影响性能的特定任务一无所知，因为应用都位于 AWS 虚拟层之上。这就是 CloudWatch 没有提供在 Hypervisor 之上的内存指标的原因。你可以创建自定义指标，但它们需要一个代理，并且它们比在该虚拟层下交互的指标受到更多的限制。

2.10 练习

在 CloudWatch 中获得预定义指标和自定义指标以后，接着事件涌入 CloudWatch，你很快发现跟踪这些指标是一件令人头疼的事情。因为每个指标都位于不同的位置，这意味着需要花费大量时间在屏幕之间进行切换，或者运行大量 CLI 命令。

处理这个问题的最好方法是创建一个仪表板，将基本指标都放在这里。在本节中，你将针对这个功能进行练习。

注意：

这个实验假设已经有一些资源在你的 AWS 环境中运行。否则，你就没什么可报告的了。如果没有任何资源，你可以在完成书后的练习后再回到本实验。

另一个思路是利用这个机会创建一些新的 EC2 实例和 S3 存储桶，并在存储桶之间来回移动数据。考虑连接实例并修改它们。任何造成交互的操作、网络 I/O 或 CPU 使用等都非常适合本节的指标。

练习 2.1

创建一个自定义的 CloudWatch 仪表板

(1) 登录到 AWS Management Console。

(2) 在 Services 页面，选择左侧的 Dashboards 链接。应该看到一个空的仪表板，如图 2.3 所示。

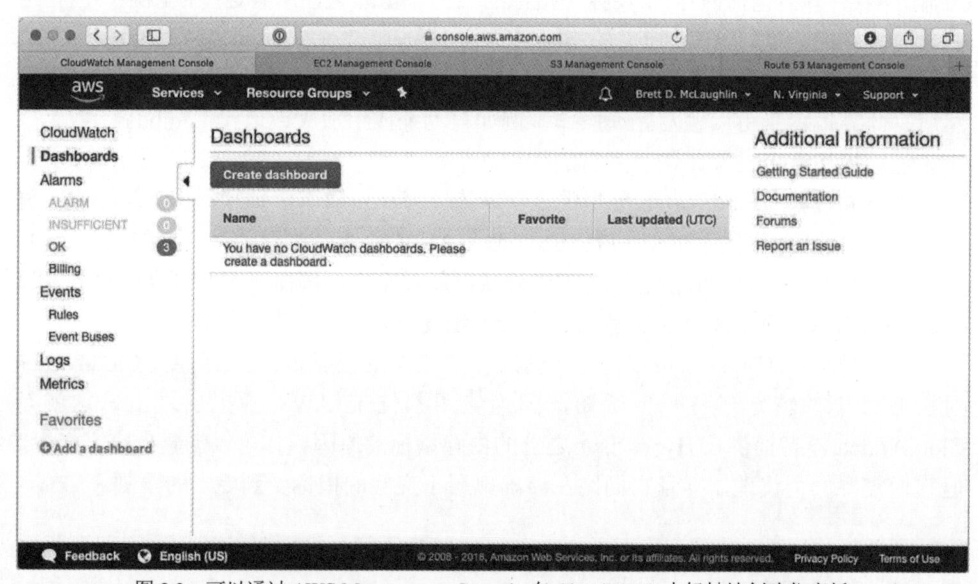

图 2.3 可以通过 AWS Management Console 在 CloudWatch 中轻松地创建仪表板

(3) 单击 Create dashboard 按钮，然后为仪表板选择一个名称。这会在 CloudWatch 中创建一个仪表板。

(4) 接下来，必须选择要添加到仪表板的指标，其中包括如图 2.4 所示的几个选项。

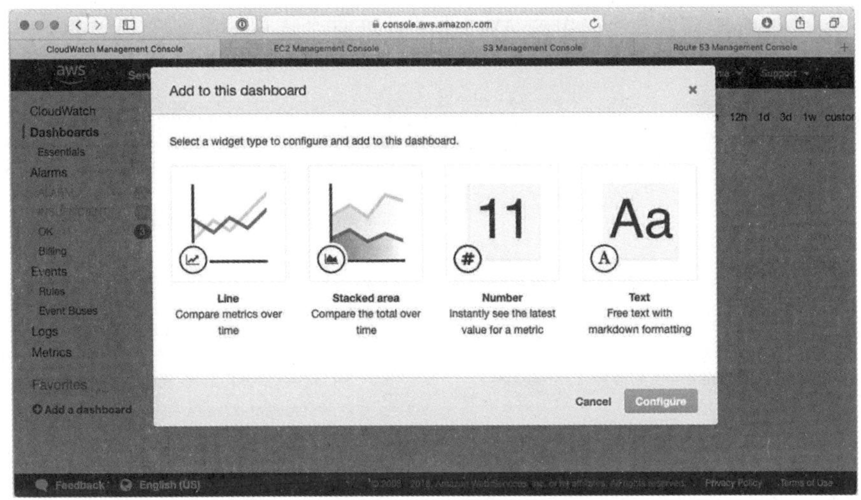

图 2.4　CloudWatch 仪表板可以包含许多指标以及查看这些指标的格式

现在，先单击 Cancel 按钮。

(5) 再次单击 Dashboards 链接，在列表中可以看到你刚才建立的新仪表板(此时列表中可能只有一个)，如图 2.5 所示。

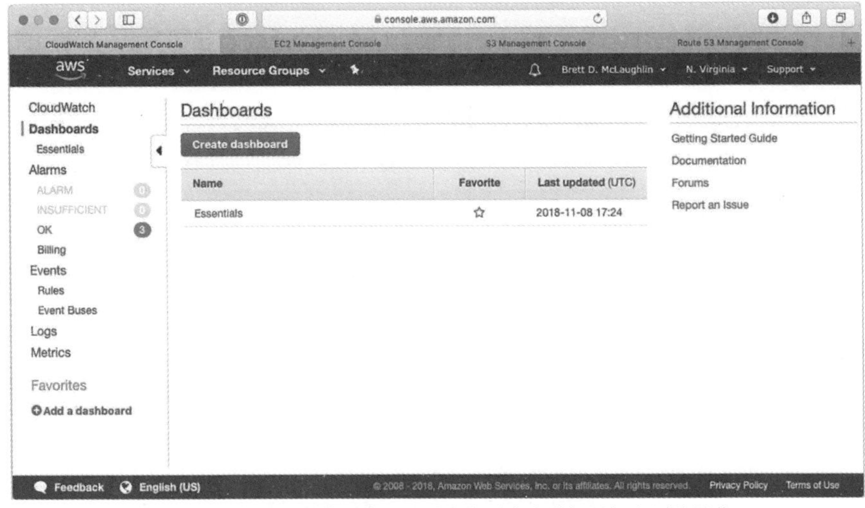

图 2.5　仪表板的完整列表，可以在此列表中进行添加和删除操作

练习 2.2

添加 EC2 行指标

(1) 单击你定制的仪表板，然后单击 Create Widget 按钮。选择 Line 选项，然后单击 Configure。

(2) 在底部可以看到一个空白图和一些指标的选项，这些都是按照 AWS 资源进行组织的。图 2.6 显示了一个简单的 AWS 账户，在这个账户中只包含几个 EC2 实例和 S3 存储桶。

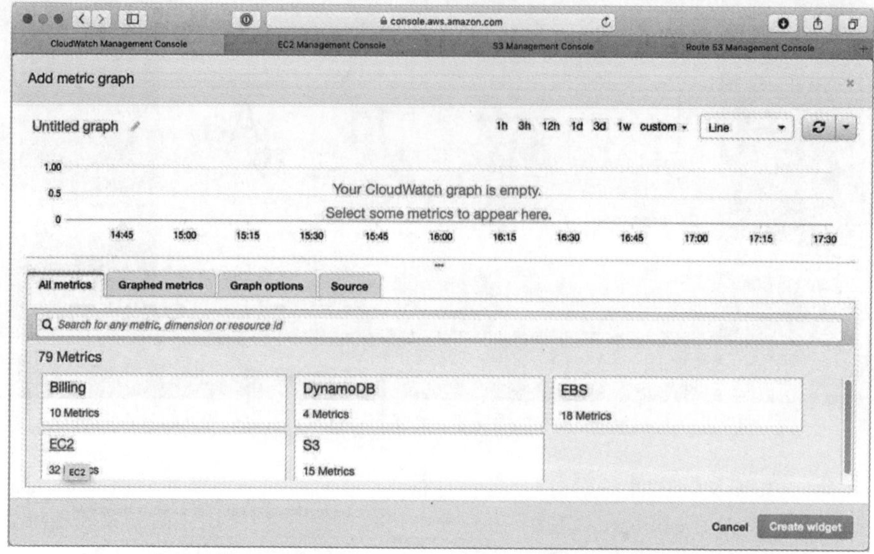

图 2.6　你的屏幕可能看起来有些不同。因为你只能看到自己账户中资源的选项

(3) 选择 EC2 选项，然后选择 Per-Instance Metrics。在这里有很多选择，可以筛选指标。这里，假设你有几个 EC2 实例，在搜索框中输入 **CPU**，按 Enter 键，然后为所有可用实例选择 CPUUtilization。图 2.7 中显示了两个实例。

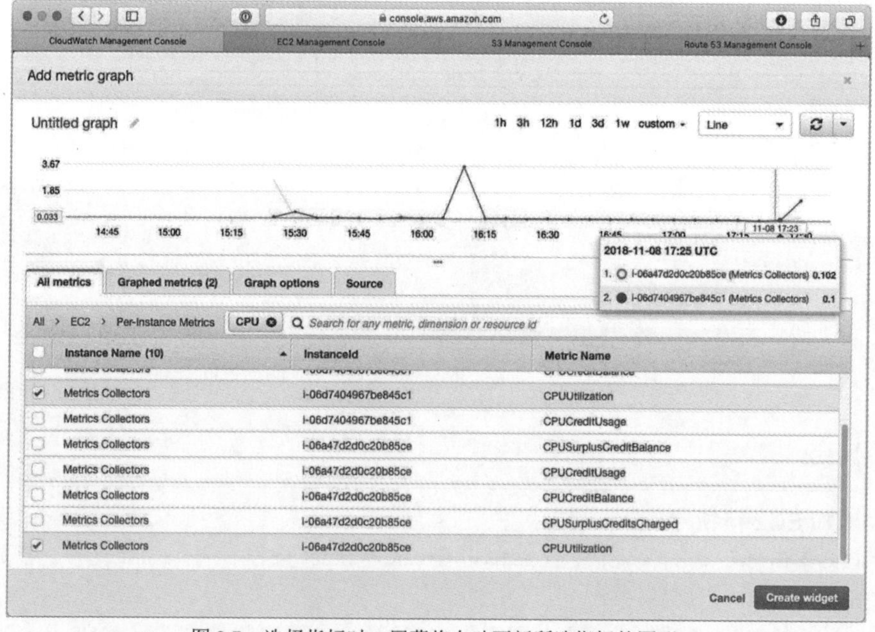

图 2.7　选择指标时，屏幕将自动更新所选指标的图形

(4) 现在单击 Create Widget，你会看到添加到仪表板的新的小部件(如图 2.8 所示)。注意，即使在这里，图表也会在新的仪表板上实时显示指标。

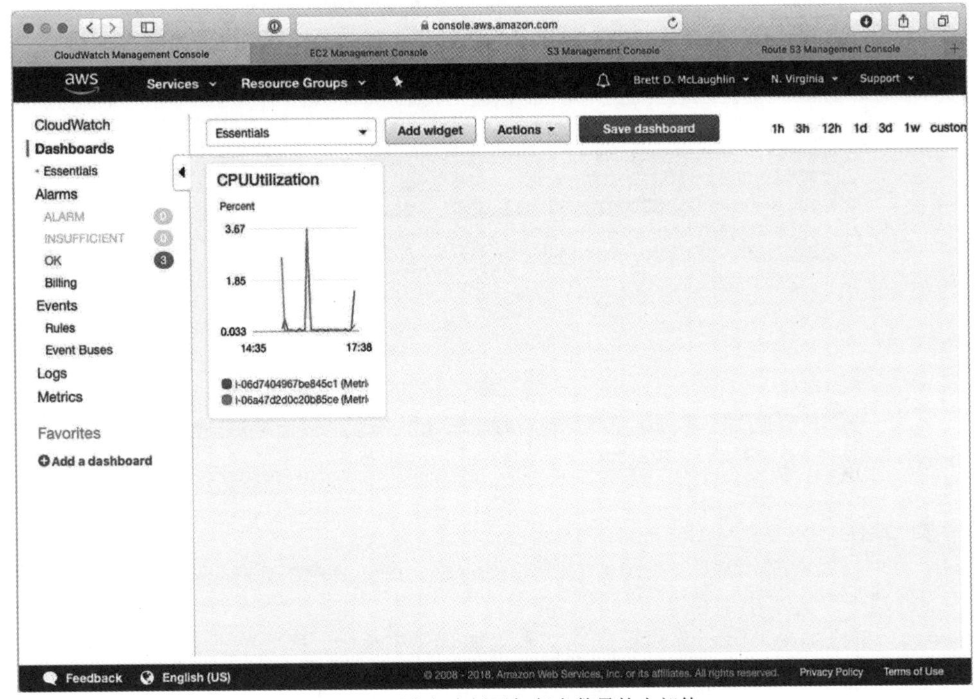

图 2.8　可以向仪表板添加任意数量的小部件

(5) 最后，单击 Save Dashboard。这是一个重要的步骤，经常被忽略！如果不单击 Save Dashboard，则会丢失仪表板的更新。

练习 2.3

给小部件命名

回顾之前的图例，这些小部件的标题真的没那么有用：如果不知道它在报告什么的话，“NetworkIn，NetworkOut”这种名称就不太友好。索引用一个实用的方式命名小部件是个好主意。

(1) 在主仪表板屏幕上，选择要重命名的小部件，然后查找小部件标题右侧旁边的 3 个垂直点。图 2.9 突出显示了这个小部件。

(2) 单击子菜单中的 Edit 选项。

(3) 当图标出现后，单击小部件的名称，输入新名称，然后按 Enter/Return 键。

现在，这个小部件有了一个更具可读性和帮助性的名称。

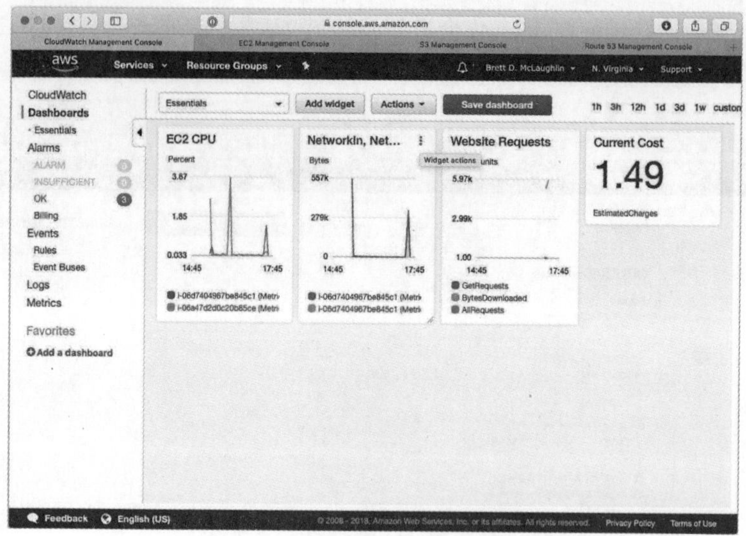

图 2.9　3 个垂直点用于小部件操作

练习 2.4

创建一个文本小部件

(1) 可以轻松地将标签和解释性文本添加到仪表板中。再次单击 Add Widget 并选择 Text widget，然后单击 Configure。

(2) 可以通过定制的基于文本的内容来填充小部件。有一些格式化示例可以简化此过程。

(3) 保存小部件。图 2.10 显示了一个简单示例，阐明了 3 个指标小部件之间的关系。

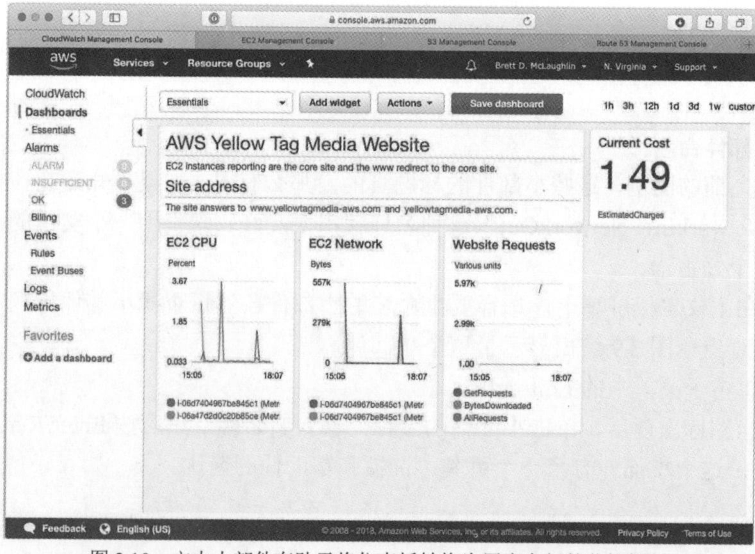

图 2.10　文本小部件有助于将仪表板转换为用户友好的监控机制

2.11 复习题

附录中有答案。

1. CloudWatch 默认指标收集的频率是多少？

A. 30 秒　B. 1 分钟　C. 5 分钟　D. 10 分钟

2. 查看哪个 CloudWatch 指标确定在 EBS 卷上交付了多少可用的每秒输入/输出操作(IOPS)？

A. ReadWriteThroughputPercentage　B. ThroughputPercentage

C. VolumeConsumedReadWriteOps　D. VolumeThroughputPercentage

3. CloudWatch 指标 VolumeIdleTime 报告什么？

A. 在一段时间内未提交读或写操作的总分钟数

B. 在一段时间内未提交读或写操作的总秒数

C. 在一段时间内卷等待实例完成数据传输的总分钟数

D. 在一段时间内卷等待实例完成数据传输的总秒数

4. 使用哪个 CloudWatch 指标可以查看停滞的 EC2 实例使用了多少可用 CPU？

A. CPUUsage　B. ComputeUtilization

C. CPUUtilization　D. ReadWriteUtilization

5. 为什么在 CloudWatch 中使用资源组？

A. 需要监控位于多个区域中的 EC2 实例

B. 需要监控位于多个可用性区域中的 EC2 实例

C. 需要通过一个仪表板监控 EC2 实例、S3 存储桶和 ECS 集群

D. 需要监控一组 EC2 实例和 S3 存储桶上的非默认指标

6. 你想要对 EC2 实例启用详细监控。应该遵循什么步骤？

A. 停止实例，选择 Enable Detailed Monitoring，然后重新启动实例

B. 选择实例并选择 Enable Detailed Monitoring

C. 停止实例，终止实例，创建新实例，选择 Enable Detailed Monitoring，然后启动新实例

D. 快照实例，从快照创建新实例，在新实例上选择 Enable Detailed Monitoring，然后启动新实例

7. 在 AWS 中使用什么机制将资源分组到资源组中？

A. 资源上的用户定义标记　B. 资源上用户定义的 IAM 角色

C. 资源名称中的共享特征　D. 资源所有权

8. 以下哪项不是 CloudWatch 的默认指标？

A. 内存使用　B. CPU 使用　C. 磁盘使用　D. 网络 IO

9. CloudWatch 在更新标准指标状态时的执行频率的颗粒度是什么？

A. 30 秒　B. 1 分钟　C. 90 秒　D. 5 分钟

10. CloudWatch 提供了哪些不同级别的监控？(选择两项)

A. 免费　　B. 基本　　C. 频繁　　D. 详细

11. 以下在 EC2 实例上的哪些选项是默认的 CloudWatch 监控指标？(选择两项)

A. CPU　　B. 内存　　C. 吞吐量　　D. 状态

12. 关于 CloudWatch 如何监控由 AWS 管理控制台中创建的自动缩放组与通过 CLI 创建的自动缩放组，以下哪项是正确的？

A. 使用 CLI 创建的自动缩放组会使用基本监控，而使用控制台创建的组使用详细监控

B. 使用 CLI 创建的自动缩放组会使用详细监控，而使用控制台创建的组使用基本监控

C. 无论创建方法如何，默认情况下自动缩放组都使用基本监控

D. 无论创建方法如何，默认情况下自动缩放组都使用详细监控

13. 以下哪项不能使用自定义 CloudWatch 指标？

A. 根据并发连接指标的收缩自动缩放组

B. 根据组接收的请求数放大自动缩放组

C. 根据组中活跃线程数放大自动缩放组

D. CPU 使用率低时收缩自动缩放组

14. 你有一个自定义的 CloudWatch 指标，它监控进入 DynamoDB 实例的请求的网络峰值。每小时的第 3 分钟、第 4 分钟、第 5 分钟都会看到周期性的尖峰。一位开发人员认为“罪魁祸首”是由一个从 EC2 实例触发的长时间运行的进程。在不影响系统性能的情况下，如何最佳地验证开发人员的假设？

A. 将指标收集频率增加到每 10 秒一次，查看峰值是否持续存在，还是仅在第 3、第 4 和第 5 分钟内的特定时间发生

B. 将指标收集频率增加到每 10 秒一次，并添加一个额外的指标监控由 EC2 实例网络接口发出的字节数

C. 添加额外的指标监控由运行进程的 EC2 实例中发出的字节数，并查看实例中发出的字节与 DynamoDB 实例中的接收字节之间是否存在对应关系

D. 关闭实例上的进程，查看 DynamoDB 实例上是否仍然出现网络尖峰

15. 你已经对所有标准指标启用了 CloudWatch 的详细监控。指标多久报告一次？

A. 30 秒　　B. 1 分钟　　C. 5 分钟　　D. 10 分钟

16. 高分辨率指标多久报告一次？

A. 30 秒　　B. 1 分钟　　C. 1 秒　　D. 1 毫秒

17. 以下哪项不是触发 CloudWatch 事件的原因？

A. 预设的计划会触发事件

B. EC2 实例启动

C. 一个用户登录 AWS 工作台

D. EC2 实例上的代码向 REST API 发出请求

18. 以下哪项是 AWS 预定义事件的前缀？

    A. AMZ　　B. AWS　　C. Amazon　　D. AMZN

19. 除了易于定义的 CloudWatch 警报外，以下哪项需要自定义编程实现监控？

    A. 网络使用量增加到分配容量的 80%或更多

    B. 网络延迟增加到超过 10 毫秒

    C. 网络输出降至 0 字节

    D. 在给定的一小时内，网络使用率下降了 50%以上

20. 以下哪项将 CloudWatch 事件连接到目标？

    A. 规则　　B. 触发器　　C. 指标　　D. 输出

第3章

AWS Organizations

本章涵盖的 AWS Certified SysOps Administrator-Associate 考试主题包含但不局限于以下内容：

✓ **知识点 1.0　监控和报告工具**
- 1.1　使用 AWS 监控服务创建和维护指标及警报

✓ **知识点 5.0　安全性与合规性**
- 5.2　实施 AWS 访问控制

✓ **知识点 7.0　自动化和优化**

✓ **知识点 7.2　采用成本优化策略有效利用资源**

AWS Organizations 是一个监控解决方案，提供了对实体 AWS 账户的监控。在第 2 章“Amazon CloudWatch”中，看到了 CloudWatch 如何在单个账户中提供资源监控：包括实例、存储桶和负载均衡器。但在当今的云时代，大多数大中型组织都拥有多个 AWS 账户。

这提出了不同类型的监控挑战。

虽然身份和访问管理(IAM)提供了组、角色、权限和用户，并提供管理这些结构的工具，但是跨账户的用户管理一直是 AWS 的一个长期遗留问题。管理多个账户的账单也存在这个问题。AWS Organizations 是近来由 AWS 提供的解决这些常见问题的服务。

本章涵盖：

- AWS Organizations 的核心概念：组织单元、服务控制策略和合并计费
- AWS Organizations 的优势，特别是与跨账户预算和折扣相关的优点
- 与 IAM 的关系以及跨账户的用户管理
- AWS Organizations 为什么是比标记更好的资源管理解决方案
- 通过服务控制策略在跨账户级别管理权限

3.1　管理多账户

在 AWS 和云提供商的早期，大多数组织只有一个账户，或者每个办公室最多只有一个账户。这使得跨账户管理充其量只是一个小问题。应用部署到单一账户，使用

AWS IAM(身份和访问管理)，多个用户可以访问单一账户。

然而，随着云在技术组织中作为近乎标准化的固定结构，以及当今在非技术组织中的主要力量，多账户变得越来越普遍。一个组织的办公室拥有多个账户，大型组织拥有 10 个、20 个甚至更多的个人 AWS 账户，这并不罕见。这些给管理带来了令人头疼的问题。

每个账户都有自己的一组 IAM 用户，每个用户都有不同的资源权限。除此之外，每个账户都有 EC2 实例、S3 存储桶、DynamoDB 实例和自动缩放组……此列表还在继续。即使在一个账户管理这些都不是小事；更何况是跨多个账户进行管理。

AWS Organizations 正是针对这些问题。它为跨账户管理策略提供了自带的 AWS 解决方案。这些策略可以应用于账户本身，并通过集中的工具和界面跨账户添加权限和进行管理。

3.1.1 AWS Organizations 整合用户管理

AWS Organizations 工具为用户创建和管理提供了 API。可以使用此 API 创建用户和账户，然后将这些账户添加到组中。这本身并不具有革命性，但是这些新用户和组可以关联策略来定义他们的权限。

这些策略很重要，它们提供了一种机制指明用户或组可以跨账户执行的操作。这意味着你可以确保整个组织的开发人员能够访问他们需要的服务，而不必根据每个账户调整或创建策略。这也意味着对策略的更改将影响所有(在本例中)开发人员，而不需要对组织的每个账户执行这些步骤。

提示：

尽管 AWS Organizations 在很大程度上被描述为多用户管理工具，但是它最强大的功能其实是对用户组和跨账户权限提供标准化。对于管理不超过 10 个账户的中小型组织尤其如此。

创建组并在多个账户中以统一的方式使用这些组及其关联权限是非常有好处的。你很快发现，有了 AWS Organizations，追踪与访问相关的问题和排除与权限相关的问题会更快、更省事。

3.1.2 AWS Organizations 合并账单

还可以通过 AWS Organizations 合并所有账单。虽然策略和权限管理对 AWS SysOps 管理员来说足以令人心满意足，但是财务经理长期以来一直需要解决跨账户的计费问题。因此，为多个账户设置一种单一的支付方法是大有益处的。

不过，这里的另一个重要的好处是，各账户的费用是汇总的。最后，考虑到所有账户的总和，较高的支出可能会使AWS提供更大的折扣。如果10个账户单独收费，这些数量折扣可能不适用，但如果这些账户进行叠加后，折扣就适用了。

注意：
在考试中，你几乎肯定会被问到这些问题。AWS考试的一部分是为了推销服务，可以在认证解决方案架构师和认证 SysOps 管理员中找到的每个考试、实践考试和学习指南-助理考试都有与 AWS Organizations 合并账单相关的问题。这对 AWS 和客户来说是一件大事，这也意味着这对考试来说也是一件大事。

3.2 AWS Organizations 核心概念

与大多数AWS服务一样，AWS Organizations 将一些核心概念加入自己的技术术语中。SysOps 管理员考试不太关注 AWS Organizations 的内部，因此你可能会被问到一些关于合并计费的问题，然后可能会被问到一些关于这些关键概念的问题。

3.2.1 组织是一个账户的集合

AWS Organizations 是工具本身的名称。但在它里面，一个组织是AWS账户的集合。可以将这些账户作为一个单元进行管理，对它们进行分组，对这些组使用权限，并且通常会像对待IAM中的用户一样对待账户。

一个公司拥有多个组织是非常罕见的，为了应对考试，应该考虑 AWS Organizations 中的一个组织是对“现实世界”中的一个组织的映射，因此一个组织是与一个公司关联的所有账户的集合。每个账户都有自己的资源、服务、账单等。

另外，重要的是认知即使账户可以共享一个组织，但是每个账户的资源不能以任何方式进行混用。服务、实例、资源和应用都通过账户界限保持独立，即使这些账户位于同一组织中。

3.2.2 组织拥有一个主账户

使用 AWS Organizations 时，需要考虑一件事情：一个组织需要一个主账户。此账户是组织的所有者，可以创建其他账户、将现有账户移入或移出组织，以及将策略附加到账户(稍后将详细介绍)。

主账户也是付款的源账户。它有时被AWS称为“付款人账户”并负有支付责任。同时它不具备灵活性；不能更改组织内的主账户。

作为最佳实践，主账户除了管理账单和权限外，不应拥有自己的AWS资源和服务。它应该是一种空的“管理账户”，只处理付款、权限管理和为组织生成账单。

注意：

AWS 称组织中主账户以外的账户为成员账户。因此，对任何组织，都有一个主账户，其他附加账户都是成员账户。

3.2.3　跨账户管理组织单位

AWS Organizations 中做得比较好的一件事是避免将其术语与 IAM 混淆。因此，AWS Organizations 将一组账户称为组织单元，而不是将其称为“组”(group)，因为这个术语在 IAM 中已经有了定义。

一个组织单位或者更典型叫法 OU，它只是一个分类。你可能有一个生产 OU，其中所有账户都提供生产资源。也可以把你的研发账户放在 R&D OU。这些 OU 提供了成员账户的逻辑组织。

注意：

你可能从目录服务器中知道术语“组织单元”，特别是在轻量级目录访问协议(LDAP)中。它们的概念是相同的：在一个较大组织中共享相同目的或角色的一组账户。

OU 可以嵌套。比如，你有一个东海岸账户，在其下，有一个测试和生产的 OU。图 3.1 是账户层次结构的一个例子。

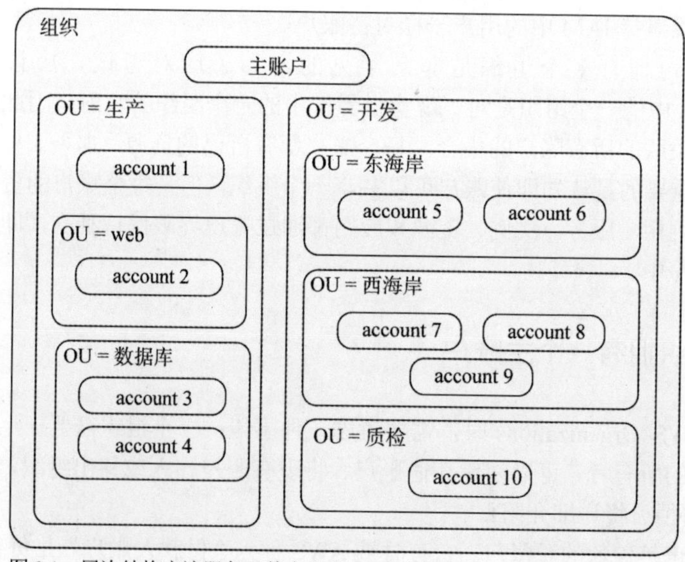

图 3.1　层次结构应该服务于整个组织，而不需要在命名或方法上保持一致

注意，在图 3.1 中，OU 并不总是代表同一件事。可以按照环境(生产和开发)、功

能(Web 和数据库)和位置(东海岸和西海岸)进行分组。只要这些 OU 是适当的，它们的命名并不需要遵循最佳实践。

3.2.4　使用服务控制策略

你应该已经熟悉 IAM 对策略的使用。策略控制权限。例如，IAM 中有一个策略，允许对名为 myPhotoStorage 的 S3 存储桶进行读写。

```
{
   "Version": "2012-10-17",
   "Statement": [
      {
         "Effect": "Allow",
         "Action": ["s3:ListBucket"],
         "Resource": ["arn:aws:s3:::myPhotoStorage"]
      },
      {
         "Effect": "Allow",
         "Action": [
            "s3:PutObject",
            "s3:GetObject"
         ],
         "Resource": ["arn:aws:s3:::myPhotoStorage/*"]
      }
   ]
}
```

AWS Organizations 提供了类似的概念，称为服务控制策略。与策略一样，服务控制策略(SCP)控制权限。然而，SCP 可以应用于整个账户，或者更常见的是，应用于组织单位(OU)。最简单的是将此与已经了解的有关 IAM 用户、组和策略的信息联系起来，如图 3.2 所示。

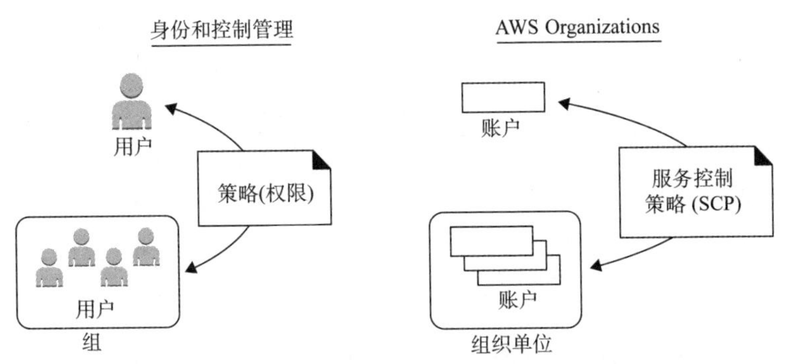

图 3.2　AWS Organizations 的概念几乎直接映射到 IAM 用户、组和权限

1. 为账户创建实用的 SCP

通过 IAM 策略获得的权限与 AWS Organizations 的服务控制策略(SCP)之间存在

一些明显区别。构建 IAM 策略通常作为允许一个用户或服务访问另一个服务或该服务功能的某些子集；例如，前面显示的 IAM 策略允许访问特定的 S3 存储桶。

服务控制策略构建账户范围和理想情况下的多账户范围权限。下面是 AWS 文档中的一个示例，它限制了 VPC 到互联网网关的连接。结果是 VPC 不能更改为面向公开的网络：

```
{
  "Version": "2012-10-17",
  "Statement": [
   {
     "Effect": "Deny",
     "Action": [
       "ec2:AttachInternetGateway",
       "ec2:CreateInternetGateway",
       "ec2:AttachEgressOnlyInternetGateway",
       "ec2:CreateVpcPeeringConnection",
       "ec2:AcceptVpcPeeringConnection"
     ],
     "Resource": "*"
   }
  ]
}
```

这是一个强大的组织范围内的策略，因为它可以仅使用在私有的开发组织单元，确保所有账户仅关注开发而不是生产。

2. 尽可能避免与 IAM 重叠

如果使用 AWS Organizations 做所有事情，甚至包括属于应该 IAM 做的事情，那么就会落入一个陷阱。如果权限是组织范围内的关注点，那么它应该作为 SCP 放在 AWS Organizations 中。如果权限应用于一个账户中的特定用户或实例，那么应当使用 IAM 策略进行保留。你会发现，当排错压力很大时(也许你的服务器意外离线)，这种分离处理会帮助你找到所需的东西。

另一种思考方法是说“新的权限应该应用于特定账户还是某类账户？”。如果需要确保生产实例不能关闭详细监控，那么 SCP 是一个很好的候选；它适用于一类账户。如果需要确保波士顿的测试组能够读取测试环境中的实例日志，这看起来像是一个组织问题，但实际上它不是。这应该是应用于特定账户用户的权限，而不是该账户中的所有用户！

警告：

AWS Organizations 对跨账户的组和权限的一致性非常有帮助，但如果不小心，它与 IAM 的潜在重叠是非常难控制的。当同时使用 AWS Organizations 和 IAM 时，你应当知道正确处理两者。

3.3 AWS Organizations 与合并计费

合并计费对 AWS Organizations 来说并不新鲜；它一直都是 AWS 的产品。但是，合并计费功能现在已经转移到 AWS Organizations 结构和服务中。将付款选项分配给主账户，之后该账户处理组织内所有成员账户的付款。

3.3.1 合规性的优势

这里还有潜在的合规性优势。通过主账户可以确保付款满足任何监管要求，而不是独立对待每个成员账户。组织单位(OU)也可以通过对不同的合规性或监管问题的账户进行分组来提供帮助。

3.3.2 AWS Organizations 优于标记

值得注意的是，在 AWS Organizations 之前，甚至在 AWS Organizations 刚刚推出时，处理多账户记账的主要机制都是标记。将实例或存储桶等资源分配标记，然后基于这些标记生成账单。通过这种方式，账户和财务经理获得了一种"伪 OU"。

标记的问题是它不够全面。即使标记了所有实例、存储桶和顶级资源，但 AWS 为其提供的许多服务和流程并不明显。它变成了一个追逐未标记资源的游戏，标记它们，然后找到更多未标记的资源……。这根本不是一个有趣的游戏。使用 AWS Organizations 是一个更简单的解决方案。

AWS Organizations 没有任何成本，因此它是"百利而无一害"。AWS 通常会根据总体支出提供折扣，因此通过 AWS Organizations 合并成员账户账单可以减少费用。

警告：
注意，AWS 账单通过 AWS Organizations 的主账户进行支付，但它不会反映组织结构。到编写本书为止，除非通过账户和标记，不然你是看不到账单的。

3.4 本章小结

AWS Organizations 将 IAM 管理的服务管理、资源管理以及 AWS 架构上升为一个抽象的级别。IAM 提供对一个账户的管理，而 AWS Organizations 提供对一个账户和多个账户的管理。

使用组织、组织单位和服务控制策略，可以模拟 IAM 用户、组和策略(或权限)。

将成员账户组织到由主账户控制的组织中，然后将这些账户按照组织单元(类似于组)进行分组，并将服务控制策略分配给这些组织单元。这是所有 AWS Organizations 的内容，还包括账单。

通过合并账单，可以从所有账户的合并支出中获益。它的优势是，可以将付款合并到一个主账户中，并在日益增加支出水平的情况下，从 AWS 获得批量折扣。

3.5　考试要点

解释 AWS Organizations 如何简化多账户管理。AWS Organizations 取代了诸如标记资源的笨拙解决方案。它提供了合并账单和集中支付功能。

认识到合并计费的好处。通过合并多个账户的成本，你的组织会获得在其他情况下无法获得的批量折扣。在许多情况下，通过主账户的集中支付还可以减少付款次数。

定义主要的 AWS Organizations 术语：主账户、组织单元和服务控制策略。每个组织都有一个主账户，理想情况下，它只用来处理策略、账户管理和付款。所有其他账户均为成员账户。成员账户可以分组为组织单位，然后又可以进一步的分层。一个组织单元可以包含其他组织单元，一个成员账户可以同时存在于多个组织单元中。服务控制策略是应用于组织单位的权限。

解释如何跨账户应用权限。应用于组织单位的服务控制策略会影响该组织单位内的所有账户。这些策略可以授予或限制对 AWS 服务或资源的访问。最佳做法是仅对跨账户权限使用服务控制策略，而对单个账户内的权限使用 IAM 策略。

3.6　练习

完成下面的两个练习，需要两个独立的 AWS 账户。一个账户将是主账户，另一个账户将是成员账户。以下练习假设你可以访问 AWS 中的两个账户。

练习 3.1

创建一个 AWS 组织

在本练习中，将创建一个包括两个 AWS 账户的 AWS 组织。

(1) 登录到 AWS Management Console。

(2) 向下滚动到 Management & Governance，然后选择 AWS Organizations。

(3) 单击 Create Organization，然后在弹出的对话框中单击 Create Organization。

(4) 导航到发送到主账户的记录的电子邮件地址的验证电子邮件。验证电子邮件地址后，就可以继续。

(5) 单击蓝色的 Add Account 按钮。

(6) 选择 Invite Account。

(7) 输入第二个 AWS 账户的根用户的电子邮件地址，然后单击 Invite。状态显示为 Open。

(8) 使用第二个 AWS 账户的根用户身份登录。

(9) 单击 Services，向下滚动到 Management & Governance，然后选择 AWS Organizations。

(10) 单击屏幕左侧显示 Invitations 1 的链接。

(11) 单击 Accept，然后单击 Confirm。

第二个账户现在通过 AWS Organizations 连接到第一个账户。

现在可以继续练习 3.2。

练习 3.2

定义和使用 SCP

在本练习中，你将创建一个 SCP，该 SCP 阻止一个账户被授予访问 AWS Lambda 的权限，并将其应用于第二个 AWS 账户。

(1) 在 AWS Organizations 控制台中，单击 Policies。

(2) 单击蓝色的 Create Policy 按钮。

(3) 输入策略名称，例如，No Lambda Access。

(4) 在策略部分，向下滚动并选择 Lambda。

(5) 选中 All Actions 复选框。

(6) 选择 Add Resource。对于以下选项，使用如下选择。

- AWS Service: Lambda
- Resource Type: All Resources
- Resource ARN: *

(7) 单击 Add Resource。

(8) 单击 Create Policy。

(9) 导航到 Organize Accounts。

(10) 单击 Enable/Disable Policy Types 区域中的 Enable。

(11) 选中第二个账户旁边的复选框。

(12) 单击 Service Control Policies 旁边的箭头。

(13) 单击 No Lambda Access SCP 旁边的 Attach。

现在，SCP 被使用。

3.7 复习题

附录中有答案。

1. 你负责 12 个不同的 AWS 账户。你的任务是对客户的降低成本进行监控，并推荐 AWS Organizations 及其合并计费功能。可以用下列哪些项支持你的论点是否应该使用 AWS Organizations？(选择两项)

A. 如果这些账户都在 AWS Organizations 中，则账户之间的通信不收取数据传输费用

B. 多个账户可以合并，通过合并，可以获得折扣，这样会降低所有账户的总成本

C. 所有账户都可以单独追踪，并通过一个工具进行

D. AWS Organizations 中的所有账户在合并后会收到 5%的总账单折扣

2. 以下哪些项不是 IAM 的组件？(选择两项)

A. 用户　B. 角色　C. 组织单位　D. 服务控制策略

3. 什么是 AWS Organizations 的 OU ？

A. 编排单元　B. 组织单位　C. 业务单位　D. 紧急提议

4. 什么是 AWS Organizations 的 SCP？

A. 服务控制策略　B. 服务控制权限

C. 标准控制权限　D. 服务转换策略

5. AWS Organizations 的 SCP 应用于以下哪种结构？

A. 服务控制策略　B. IAM 角色

C. 组织单位　D. SAML 用户存储

6. 以下哪项最接近 IAM 权限文档的概念？

A. 服务控制策略　B. 服务组件策略

C. 组织单位　D. 组织政策

7. 服务控制策略可以应用于以下哪些构件？(选择两项)

A. 用户　B. 组织单位　C. 账户　D. 一个组

8. 以下哪项不是 AWS Organizations 的特性？

A. 多账户管理　B. 批量创建账户

C. 合并账单　D. 多账户权限

9. 可以使用哪个工具减少或消除对开发账户对 EC2 实例的 SSH 访问？

A. IAM　B. CloudTrail

C. AWS Organizations　D. Trusted Advisor

10. 作为公司的安全策略，可以使用哪个工具减少或消除对所有 EC2 实例的 SSH 访问？

A. IAM　B. CloudTrail

C. AWS Organizations D. Trusted Advisor

11. 使用 AWS Organizations 而不是资源标记作为计费管理主要机制的最佳理由是什么？

A. 一个 AWS 账户中只能标记 100 个资源

B. 只能标记 AWS 账户中的计算资源

C. 资源标记是短暂的，并且在资源重新启动时丢失

D. 由于 AWS 系统有底层服务，因此标记通常不够全面

12. 以下哪项不是 AWS Organizations 合并计费的优势？

A. 你会收到所有账户的一张账单

B. 你会收到所有账户中资源的综合使用报告

C. 你会获得在所有账户的区域间数据移动的折扣

D. 你会根据所有账户的使用情况获得批量折扣

13. 你的组织有 14 个不同的账户，最近都转移到 AWS Organizations 进行管理。其中 3 个账户使用保留实例，每个账户中的实例以不同的价位购买。将这些账户迁移到 AWS 转移后，这些保留实例的收费是多少？

A. 每个账户继续保留现有的实例小时价格

B. 所有账户使用最低小时价格

C. 所有账户使用所有账户的平均小时价格

D. 实例的每小时价格需要由 AWS 账户技术账户经理(TAM)重新计算

14. 在为组织建立标准化开发、测试和生产账户时，可以使用以下哪些项？(选择两项)

A. 组织单位 B. 服务控制策略

C. 合并账单 D. 资源标记

15. 在为组织集中开发、测试和生产账户的计费管理时，可以使用以下哪项？(选择两项)

A. 组织单位 B. 服务控制策略

C. 合并计费 D. 资源标记

16. 一个组织应该有多少主账户？

A. 至少一个 B. 正好一个

C. 两个或更多 D. 组织中每个区域一个

17. 一个组织应该有多少个成员账户？

A. 至少一个 B. 正好一个

C. 两个或更多 D. 组织中每个区域一个

18. 一个账户可以属于多少个组织单位？

A. 正好一个 B. 一个或多个

C. 每个账户拥有资源的区域一个 D. 组织中每个账户一个

19. 一个组织单位可以属于另外多少个 OU？

A. 0，因为不允许嵌套 OU　　B. 正好一个
C. 一个或多个　　D. 组织中每个账户一个

20. 你为一家公司的多个 AWS 账户负责。他们目前有 8 个账户，每个账户每月收到一张账单。他们希望每月收到一张账单。实施此变化需要以下哪些步骤？(选择两项)

A. 建立 AWS Organizations
B. 打开合并账单
C. 创建服务控制策略并将其应用于组织的所有账户
D. 从可用账户中选择主账户，或创建新的主账户

第4章

AWS Config

本章涵盖的 AWS Certified SysOps Administrator-Associate 考试主题包含但不局限于以下内容：

✓ **知识点 1.0　监控和报告工具**

- 1.1　使用 AWS 监控服务创建和维护指标及警报

✓ **知识点 3.0　部署和供给**

- 3.2　确定并修正部署问题

✓ **知识点 5.0　安全性与合规性**

- 5.1　实施和管理 AWS 安全策略
- 5.2　实施 AWS 访问控制

✓ **知识点 7.0　自动化和优化**

✓ **知识点 7.3　自动化手动或可重复的过程，以最小化管理开销**

与 AWS Organizations 一样，AWS Config 并没有为云提供独特或新颖的功能。相反，它解决了 SysOps 管理员的一个常见需求：配置管理。配置管理在这里是一个基于工具的过程，用于管理环境中的资源和服务。在 AWS 定义中，这些资源和服务是使用的实例、容器、数据库、队列和其他部分。

在本地部署企业应用中，有一些最佳的配置管理选项，本章将开始讨论这些工具及其在系统中的角色。然后，了解这些工具如何转换为 AWS，以及它们所涉及的术语在云环境中的含义如何改变。最后，你会看到规则和配置项如何成为 AWS Config 和 AWS 配置管理方法的关键组件。

本章涵盖：

- 配置管理在企业应用中的作用
- 本地配置管理和云配置管理的区别
- AWS Config 用例，以及它们如何被 AWS Config 处理
- AWS Config 中的规则和触发器
- 配置项以及与它们所引用资源的关系

4.1　管理配置更改

曾经有一段时间，“应用”是一个单一的服务器，包含软件提供的 Web、业务逻辑和数据库服务。高可用性意味着将两台服务器通过网络连在一起。在真正的大型企业中，可能有一个负载均衡器(甚至两个！)把它们捆绑在一起。

当然，现在听起来像是计算的黑暗时代。现今，通常会有多个 Web 服务器(每个服务器都有专用硬件，或至少是大型的虚拟机)、应用服务器、数据库服务器、额外虚拟硬件上的分片和缓存、负载均衡器、日志记录和监控。每个组件通常是冗余的，这意味着重复的硬件物理或虚拟，每个组件都有复杂的配置。“开箱即用”的时代一去不复返了。

注意：

如果对刚读到的一些术语不熟悉，没有关系。本书详细介绍了 AWS 如何为应用提供这些组件，以及在大多数情况下(比如分片和搜索)，这些服务是如何操作的。

结果呢？在运行的应用中进行大量的设置和配置。更糟糕的是，此配置需要保持同步，如果一个 Web 服务器更改配置以处理新的安全补丁或子网，那么所有 Web 服务器都需要相同的更改。数据库服务器、负载均衡器、SMS 网关......也是如此，此列表还在继续。

对于像你一样的系统操作管理员来说，这确实是一个很糟糕的情况。除了所有运行的机器以外，现在还有一个配置的问题。你必须保持所有系统同步，使用最新的软件进行更新(在组织认为可以接受的范围内)，并按照安全、网络、合规性和使用策略运行。

这就是配置管理的范畴，是在你管理的系统中建立和维护一致性的过程。你必须保持这些系统的良好运行和正确的补丁，并且必须确保 Web 服务器 A 看起来与 Web 服务器 B 和 C 相同(除非你明确要求两个服务器彼此不同)。

4.1.1　关于持续

任何配置管理解决方案的部分困难是朝着持续化的方向发展。对于开发人员来说，有一个向持续集成的方向发展的趋势，在持续集成中，测试针对每次代码提交运行，而在持续部署中，部署或者是针对每个代码提交进行，或者是一天至少进行多次。

提示：

你可能将“持续”看作“进展”的同义词，从字面上看，任何部署、测试等看作“持续”是不准确的。术语“持续”在这些相关含义中，意味着是一个周期性的过程，在当前部署(或测试、评估或监控)和下一个部署之间的非活动周期相对较小。

在这些持续不断的环境中，软件和硬件可能在一天内进行数百次的更改。此外，这些更改不能影响运行中服务于大用户负载服务的应用。

对于 SysOps 管理员而言，应该增加几个持续的术语：持续监控和持续评估。持续监控是一个连续的过程，通过它可以观察系统发生了什么，特别是当它与它们的配置相关时。例如为那个虚拟机分配了多少内存？Web 服务器和数据库服务器之间的路由表是什么样子的？

对于增加的持续评估，它从持续监控中获取信息，并确定它是否正确，记住每个组织对“正确”的定义可能有所不同。

这样，一个好的配置管理解决方案会采用持续监控和持续评估。此外，它应该为开发团队启用持续集成，特别是持续部署，因为它可以确保所依赖的系统正在运行并配置正确。

4.1.2　本地解决方案

尽管讨论本地解决方案并将它与云产品进行比较并没有太大用处，但在配置管理方面进行比较却是值得探讨的。在企业应用中，有两种产品已成为配置管理的同义词：它们是 Puppet(www.puppet.com)和 Chef(www.chef.io)。值得一提的不仅仅是因为它们是实用的工具，而且是因为许多组织将它们集成在应用的结构中，而不想在云迁移后简单地“抛弃它们”。

这两种工具都提供驻留在物理机或虚拟机上的代理，并将配置向管理服务器报告。当发生变更后，管理服务器可以很容易地通知管理员(也就是你)。此外，这两种工具都提供了自动撤销未经授权的变更的功能。对于超出预定义参数范围的授权更改，它们也可以执行同样的操作。

这些工具提供了可靠的配置管理，同时也揭示了配置管理的困难性。例如通常要花费数千小时对组织的安全性和合规性策略定义正确的配置。

幸运的是，尽管存在一些严格的许可顾虑，但这两个产品都可以在 AWS 环境中启用。请记住，云是有弹性的，只要账单可以负担，就可以按需启动尽可能多的实例，然后可以将一些 Puppet 或 Chef 设置直接迁移到 AWS。对于这两种工具，AWS OpsWorks 提供了一个特定的 AWS 集成工具，这个工具和 Chef 与 Puppet 一起工作。

注意：

AWS OpsWorks 很少出现在认证考试中。对于考试需要知道的是，如果有 Chef 或 Puppet 代码，OpsWorks 提供了一个在 AWS 上基本不变的途径直接使用该代码。

4.1.3　云中的配置

如果还没有配置管理解决方案，或者正在云中构建作为初始平台的配置管理解决方案，那么你会需要一个配置管理解决方案。在这些情况下，没有充分的理由使用 Puppet 或 Chef。这就是考虑使用 AWS Config 的原因；它提供了一个 AWS 自带选项，不需要之前没有的配置管理经验。

AWS Config 提供了持续监控和持续评估，以及附带的所有变更管理和故障排除功能。AWS Config 提供的这些功能可以跨账户和区域，这是一个可用于组织设置的非常好的工具(如果还没有了解使用 AWS Organizations 的原因，请参阅第 3 章“AWS Organizations”，了解更多相关内容)。

注意：

AWS Config 在全球范围内可用，但启用时基于每个区域。这允许更加细粒度地管理与资源配置相关的成本。

4.2　AWS Config 用例

到目前为止，配置管理被视为一种功能集群：维护有效的配置、确保合规性、提供一定级别的安全性等。但是，作为 SysOps 管理员以及在考试中的某些情况下，你应该能够区分这些不同的配置管理细节，并理解 AWS Config 每个部分的功能。

4.2.1　中央配置管理

首先也是最重要的是，AWS Config 在一个地方提供了对所有 AWS 资源的配置管理。这也适用于所有账户。思考如图 4.1，一个包含多个账户的组织，每个账户都有多个资源，其中每个资源都有配置数据。

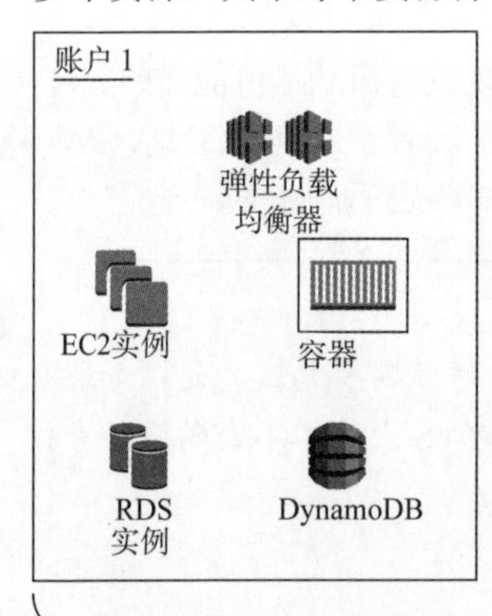

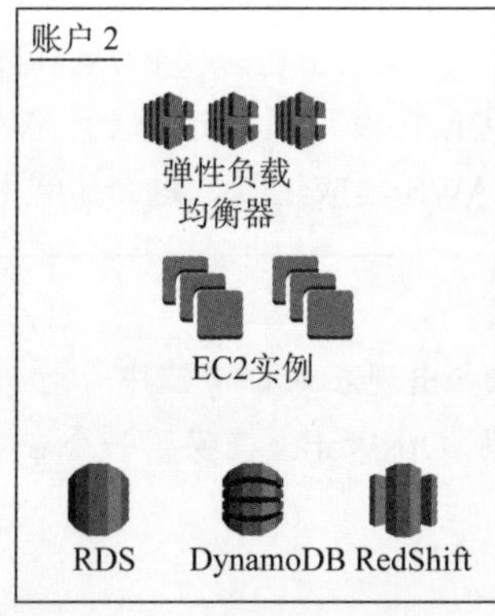

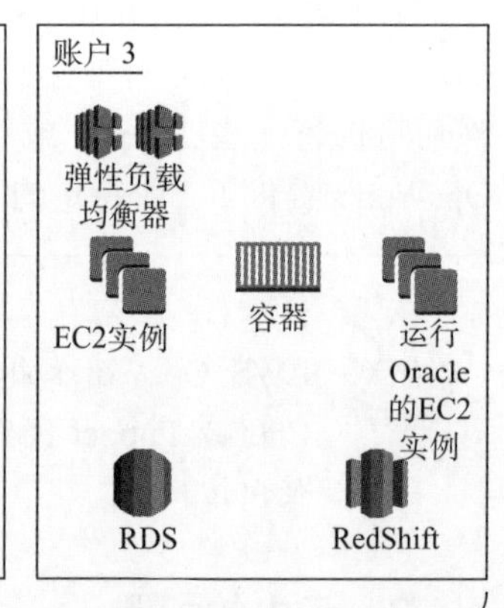

整个组织

图 4.1　在一个大型企业组织中，可能跨多个账户中拥有许多资源

即使在每个账户中都有一个不错的配置管理工具，还是必须协调跨账户的配置。AWS Config 通过将跨账户配置合并到单个账户来解决此问题，如图 4.2 所示。

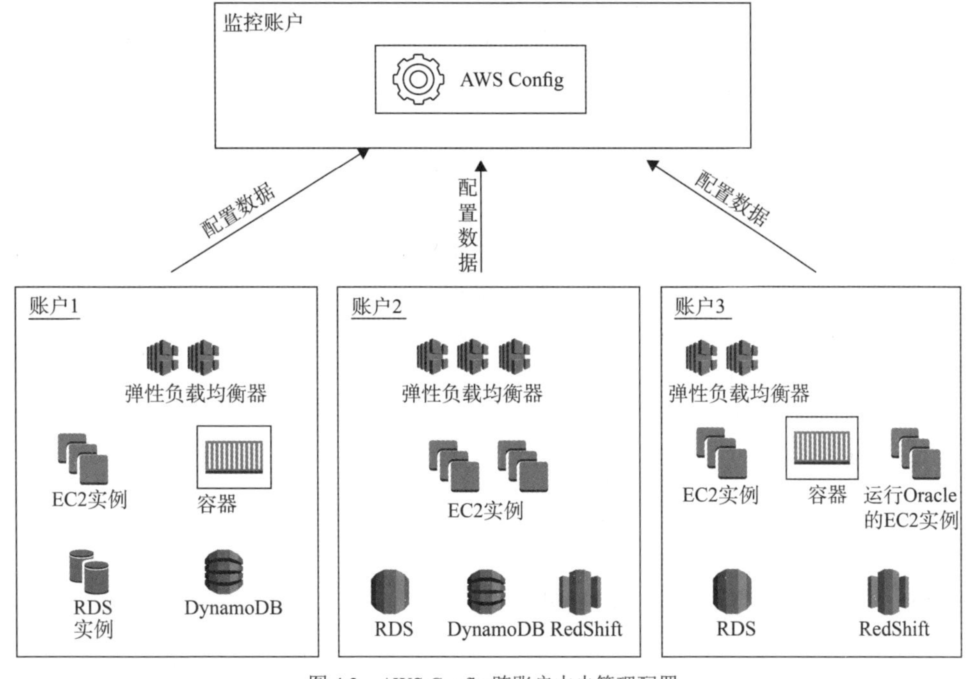

图 4.2　AWS Config 跨账户中央管理配置

提示：

一些 SysOps 管理员使用 AWS Organizations 中组织的主账户作为配置合并数据的账户。不过，这种方法不是一个好的想法，因为这个监控账户将增长。你很快发现这个账户会包含 AWS Config、CloudWatch、CloudTrail 等工具。考虑专门为监控创建一个账户，并通过 IAM 将该账户锁定，以供自己和其他 SysOps 管理员使用。

这对 SysOps 管理员来说是一个巨大的福音。多账户中的实例对 Web 内容提供服务是很常见的。需要确保所有这些实例(无论账户如何)保持一致的配置。AWS Config 提供的就是这个功能。

4.2.2　审计跟踪

AWS Config 还提供有关审计需求的帮助。虽然一般认为审计与 AWS CloudTrail 是一回事，AWS Config 也起辅助的作用。因为 AWS 将配置视为代码并存储历史配置数据，所以你拥有环境的完整资源配置历史。甚至可以将这些更改与 AWS CloudTrail 提供的日志关联起来，为资源及其配置更改的完整事件驱动提供了历史记录。

这样，你不但知道一个资源是什么时候发生更改的，而且还知道是谁更改的，以及在哪里更改的，等等。这对于任何政府组织或 ITIL 报告都是必不可少的。作为设置 AWS Config 的一部分，你可以获得所有这些信息，因此将 AWS Config 添加到基准 AWS 环境监控设置中是意义非凡的。

4.2.3　作为安全的配置

如我们在前面“审计跟踪”一节中已经提到的，配置历史提供了超出对系统实时访问的一个安全层。IAM 用户和角色倾向于为特权用户提供较广的访问。这些用户也是最有经验的操作员。遗憾的是，这意味着如果出了问题，最好的工程师是最有可能被指责的人。但是，如果能够提供一个更改者的 IP 地址、时间、更改的确切内容，以及更改的资源数量，那么情况会好得多。在处理未经授权的更改时，这种清晰的处理方式可以帮助隔离一个破坏，或者可能是一个无意的更改，并快速进行补救。

4.3　AWS Config 规则和应答

了解了 AWS Config 的使用方式之后，就必须掌握如何使用规则、评估这些规则并采取补救措施。幸运的是，AWS Config 非常简单，它提供的规则可以满足大部分需求。

4.3.1　规则是理想的配置

AWS Config 中的规则只是资源的理想配置。它描述属性，这个属性可以是特定值或一组值。应该把规则看作是一个允许的状态，而不是一个期望的状态。换句话说，一条被打破的规则意味着某些事情是错误的或不正确的，而不仅仅是次优的。

警告：

可以在窄范围内定义配置项的允许值。本质上，可以把“允许值”和“最佳值”变成一个“完美值”，然而，这种方法往往会产生负面的影响。记住，AWS Config 的目标不是为了提供性能指标或确保系统以最佳方式运行；这些是 CloudWatch 擅长的领域。

AWS Config 保证系统符合组织的策略和安全状态。一个破坏的规则告诉你的是不合规，而不仅仅是要检查配置项。

4.3.2　配置项表示特定配置

规则在指定的时间点评估资源的配置。资源本身通过配置项提供配置信息。配置项(CI)是针对特定资源报告的属性和该属性的值(或多个值)。

配置项包括了表 4.1 列出的几个关键信息。

表 4.1　配置项构件

构件	目的	包含的信息
元数据	有关配置项本身的信息(不是被报告的资源)	捕获 CI 时的版本 ID、CI 的状态(捕获时是否没有问题)以及指示特定资源的 CI 顺序的状态 ID
资源属性	描述报告的资源上的各种可配置项	资源的 ID、资源的键值对、资源类型、资源的 ARN(Amazon 资源名)、资源所在的 AZ 以及资源的创建时间
关系	详细说明此资源与其他资源的关系	关系，例如附加到被报告的 EC2 实例上的 EBS 资源的关系卷的 ID
资源的当前配置	指定时间内的实际配置	调用资源的 DescribeVolumes API 返回的数 据。这些信息因资源类型而异

4.3.3　评估规则

编写规则时，AWS Config 根据配置项属性中报告的值对该规则进行评估。如果值不匹配，则认为该规则已损坏，并将配置报告标记为不符合。然后发送通知，AWS Config 仪表板将报告该不符合项。

1. AWS 提供预置规则

AWS 提供了数百个可应用于资源的预置规则。例如，图 4.3 显示了在一个简单的账户中启用 AWS Config 时可用的各种规则，其中包含几个实例、S3 存储桶、静态网站和 DNS 条目。

当然，这些规则中有许多是针对“永远在线”的 AWS 服务，如 CloudWatch 和 CloudTrail，以及各种 AWS 开发工具，例如 CodeDeploy 和 CodePipeline。不过，这些预置规则可以让你快速入门，避免自己编写代码来实现基本的配置管理。

2. 自己编写规则

如果 AWS 的规则不能满足你的需求，那么可以自己编写。在 AWS Config 中定义一个规则，然后将该规则与编写的 AWS Lambda 函数相关联。此函数需要评估 AWS Config 传递给函数的配置项，并报告配置是否符合要求。

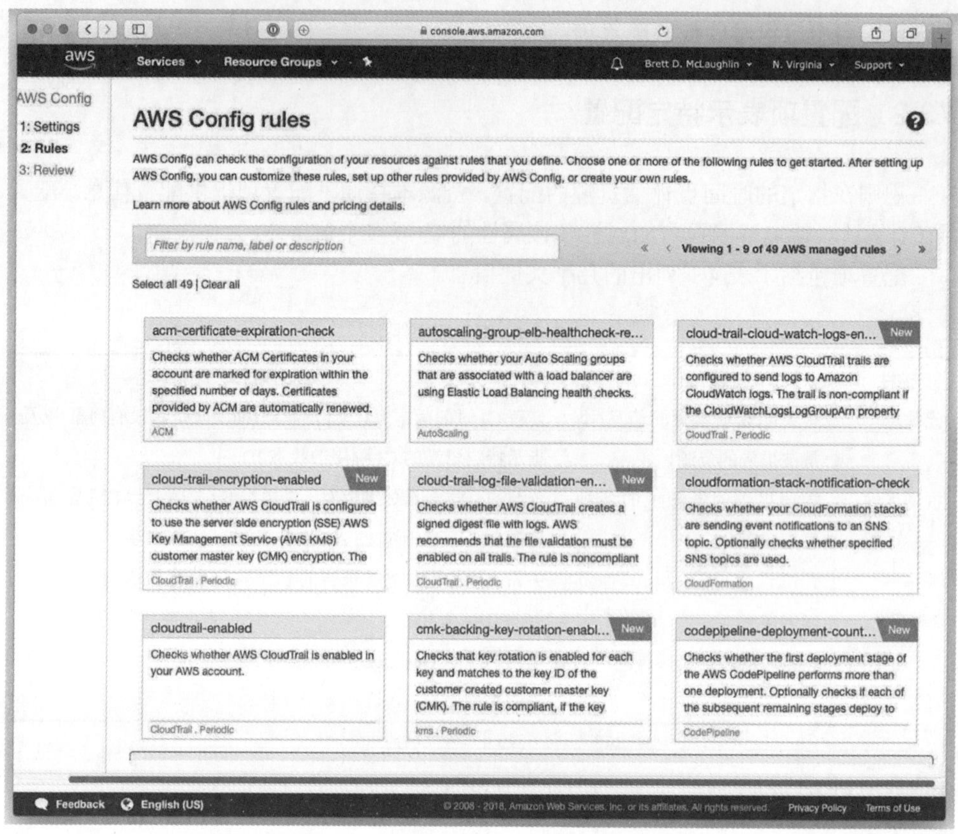

图 4.3　AWS Config 附带了许多预置规则。注意，在这个示例中，有 49 个可用的受管规则，这只是个起点！

注意：

默认情况下，可以在单个 AWS 账户中创建 150 个规则。若需要，可以联系 AWS 来提高此限制。

例如，下面是一个 Java 函数的片段，该函数检查根 IAM 账户上启用的多级身份验证(MFA)。

```
// Evaluates whether the AWS Account published in the event has an MFA device
   assigned.
private ComplianceType getCompliance(AmazonIdentityManagement iamClient) {
    GetAccountSummaryResult result = iamClient.getAccountSummary();
    Integer mfaEnabledCount = result.getSummaryMap().get(MFA_ENABLED_PROPERTY);
    if (mfaEnabledCount != null && mfaEnabledCount > 0) {
        return ComplianceType.COMPLIANT; // The account has an MFA device assigned.
    } else {
        return ComplianceType.NON_COMPLIANT; // The account does not have an
        MFA device assigned.
    }
}
```

请注意，该函数从 AWS Config 接收一个配置项，然后返回一个 COMPLIANT(符合)或 NON_COMPLIANT(不符合)的报告结果。这就是所有规则的本质，不管是自定义还是其他：都是用这两种状态之一来评估和应答。

注意：

一些自定义规则在 AWS 支持的信息库中，位于 https://github.com/awslabs/aws-config-rules 网站。事实上，之前的示例规则也来自这个信息库。

3. 触发器的两种评估方法

因此，现在有了一个规则，然后 AWS Config 通过配置项进行报告。是什么触发了评估？这里有两个选择。

- 定期触发器：设置 AWS Config 在指定频率下对规则进行评估。可以将此频率设置为 1 小时、3 小时、6 小时、12 小时或 24 小时。
- 更改触发器：设置 AWS Config，以便在报告资源的配置更改时对规则进行评估。

对于更改触发器，可以通过标记、资源类型或资源 ID 缩小此触发器对资源的使用范围。这可以保证整个环境不会被更改通知所淹没。

可能你想要使用这两种方法的组合。那么通常可以先使用更改触发器，然后在其中添加定期的合规性检查和报告。

4.4　AWS Config 还是 AWS CloudTrail

表面上很容易混淆 AWS Config 和 AWS CloudTrail，特别是由于两者都执行审计功能。不过，如果只注意名称的话，把两者分开并不是那么困难。

- AWS Config：配置
- AWS CloudTrail：API 跟踪

AWS Config 用来处理资源的配置。的确，它提供了审计跟踪，但跟踪是特定于这些配置的。AWS CloudTrail 与配置无关；它将 API 调用的跟踪记录到资源中。同样，它提供了审计信息，但这些信息与 API 调用和日志有关，而不是与为这些 API 调用提供的响应有关。

认证考试中，总会看到与 AWS Config 相关的关键字“配置”和与 AWS CloudTrail 相关的“日志”或“API”。记住这些关键词，就会记住每个服务之间的区别。

4.5　本章小结

AWS 的确将很多配置管理从“不可能管理”的范围中去掉，变为“在管理控制台上单击几个按钮”(或者，如果愿意，“在 CLI 中输入一些命令”)，这样，很容易让人觉得云计算中的配置管理问题已经解决了。但事实并非如此。即使有了仪表板和简单的管理界面，中等规模的 AWS 环境也可以轻松地拥有数百个实例；超过 10 个自动缩放组；多个 RDS、DynamoDB 和 RedShift 配置；50 个或更多的 S3 存储桶；以及遍布全球的 VPC。没有任何一个 Web 控制台能把这种程度的配置管理变得简单。

AWS Config 并不能解决所有问题，但它确实提供了一个简单、有用的框架，用于保证不想改变的事情是不会发生改变的。如果 AWS Config 只是在实例更改时提供通知触发器，那么它会是一个有用的服务。

再加上规则、周期性触发器、配置实例，以及监控 RDS 等受管服务和容易变更服务(如 EC2)等能力，你拥有了一个相当强大的工具。虽然 AWS Config 很可能在认证考试中只出现几个问题，但是作为一个高效的系统操作管理员还是很值得学习的。

4.6　复习资源

AWS Config:

`https://aws.amazon.com/config/`

AWS Config 开发者指南:

`https://docs.aws.amazon.com/config/latest/developerguide/WhatIsConfig.html`

GitHub 上 AWS Config 的规则信息库：

`https://github.com/awslabs/aws-config-rules`

4.7　考试要点

解释 AWS Config 在监控中的用途，特别是在 CloudWatch 和 CloudTrail 中的区别。 CloudWatch 监控运行应用的状态。CloudTrail 日志提供审计跟踪，尤其是对 API 调用。AWS Config 与这两种不同，它关注的是资源的配置，而不是它们的运行状态。任何影响资源设置及其与其他 AWS 资源的交互都在这个范畴里面。

列出 AWS 配置的好处。 AWS Config 在不需要第三方工具的情况下提供集中的配置管理。它还提供了配置的审计跟踪，一种与 CloudTrail API 审计跟踪类似的配置。有了这两个功能，AWS Config 可以确保始终显示和评估对环境的更改，从而为应用增加了一层安全性和合规性保障。

解释 AWS Config 规则。规则通常简单地说明一个或多个配置，配置的某个部分应该在一组值之内。当更改超出配置允许的阈值时，规则被打破。

解释如何评估 AWS Config 规则。通常，规则上有相关的代码，它们包含评估该规则的定义。如果自定义一个规则，可以编写代码来评估配置并报告配置是否遵守或打破自定义规则。然后将此代码作为 Lambda 函数附加到规则。

描述触发规则评估的两种方式。两种触发类型导致 AWS Config 需要规则评估：基于更改的触发器和定期触发器。基于更改的触发器在环境发生更改时评估配置。定期触发器以预设定的周期评估配置。

4.8　练习

练习 4.1

创建用于存储配置信息的新的 S3 存储桶

使用 CLI 设置 AWS Config 很简单。不过，有几个先决条件。需要一个地方来存放配置信息。使用 CLI(在第 1 章“AWS 系统操作简介”中设置)创建一个用于此目的的 S3 存储桶。

```
$ aws s3api create-bucket --bucket yellowtagmedia-configuration
{
    "Location": "/yellowtagmedia-configuration"
}
```

注意，S3 存储桶名称是全局的，而且必须是唯一的，因此请确保使用自己的存储桶名称。

练习 4.2

为配置更改通知创建新的 SNS 主题

还需要一个新的 SNS(Amazon 简单通知服务)主题用于 AWS Config。虽然还没有介绍该内容，但是可以使用 CLI 和 sns 命令以及 create-topic 子命令创建主题。

```
$ aws sns create-topic --name yellowtagmedia-configuration-notice
{
    "TopicArn": "arn:aws:sns:us-east-1:XXXXXXXXXX:yellowtagmedia-configuration-
    notice"
}
```

记录本主题完整的 Amazon 资源名称(ARN)；很快就会用到它。

可以通过 Web 浏览器登录到 AWS 控制台验证此主题是否存在。前往 SNS 部分并从左侧菜单中选择 Topics。新的主题应该会出现。单击 Create Subscription，选择 Email 作为协议，就可以创建对此主题的订阅。然后输入有效的电子邮件地址。

练习 4.3

为 AWS Config 服务创建一个新的 IAM 角色

最后，需要一个针对 AWS Config 服务适当权限的 IAM 角色。虽然可以使用 AWS CLI 来完成，但有点复杂；因此，在本例中，使用控制台是一个更好的选择。

在 Web 浏览器中打开 AWS 控制台，登录并前往 IAM 部分。从左侧菜单中选择 Roles，然后单击 Create role 按钮。使用 AWS 服务作为受信任标识类型的默认值。然后选择 Config 作为使用此角色的服务。此页面设置如图 4.4 所示。

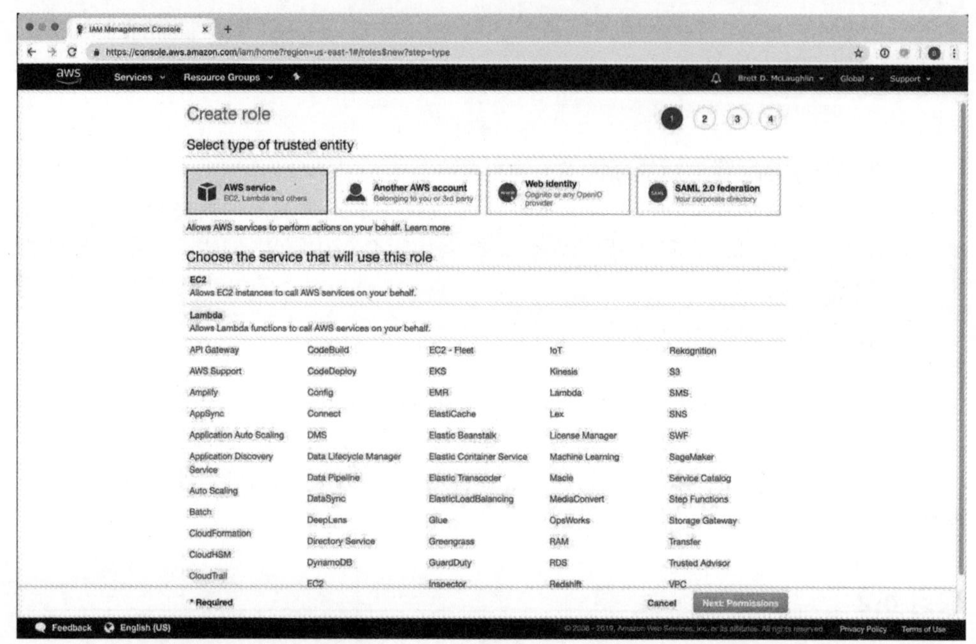

图 4.4　应当看到所有可用的 AWS 服务。在此处选择 Config，请选择 Config 用例，然后单击 Next 按钮

选择基本的 Config-Customizable 用例，然后单击 Next: Permissions(基本的 Config 用例不适用于此设置)。请注意在使用该服务时同时使用 AWS Organizations 和 AWS Config 选项。

可以单击以下几个屏幕。会看到需要附加预先创建的 AWSConfigService RolePolicy，并且可以选择向角色添加标记。查看这些选项，如图 4.5 所示命名角色，然后创建角色。

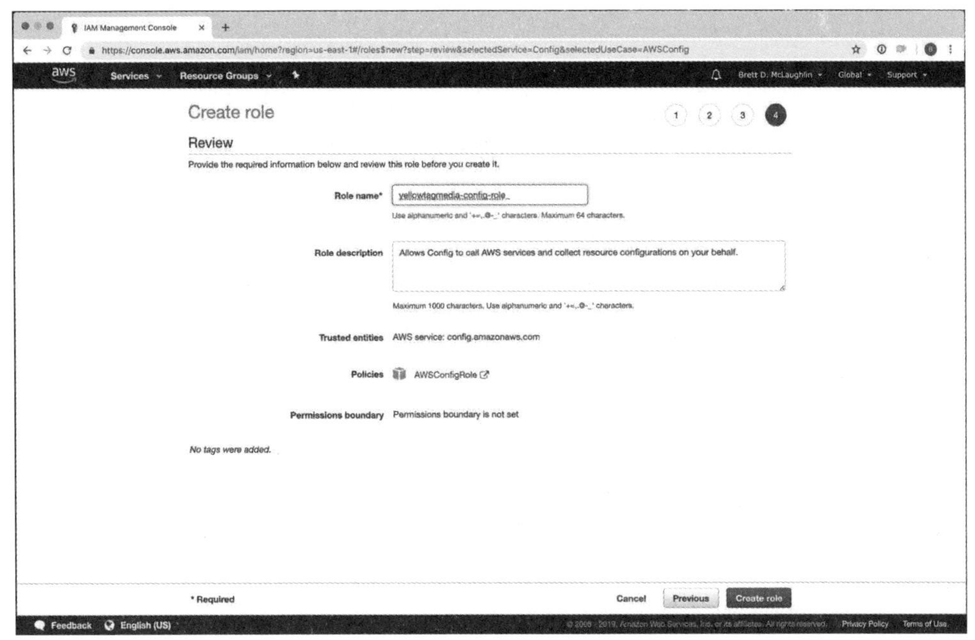

图 4.5　到此，AWS Config 可以使用新角色

练习 4.4

授予新角色访问 S3 存储桶的权限

现在你有了一个角色，但它需要权限才能访问之前创建的配置存储桶。既然你已经在控制台完成 IAM 操作，那么就直接通过控制台完成。

在控制台的主 IAM 屏幕上，选择 Roles，然后选择刚才创建的角色。在 Permissions 选项卡上，单击最右侧的 Add Inline Policy 按钮。选择 JSON 选项卡，然后输入以下策略。

```
{
  "Version": "2012-10-17",
  "Statement":
    [
     {
       "Effect": "Allow",
       "Action": ["s3:PutObject"],
       "Resource": ["arn:aws:s3:::yellowtagmedia-configuration/AWSLogs/YOUR_
        AWS_ACCOUNT_ID/*"],
        "Condition":
        {
          "StringLike":
        {
          "s3:x-amz-acl": "bucket-owner-full-control"
        }
    }
```

```
    },
    {
      "Effect": "Allow",
      "Action": ["s3:GetBucketAcl"],
      "Resource": "arn:aws:s3:::yellowtagmedia-configuration"
    }
  ]
  }
```

这是访问 S3 存储桶的标准 AWS IAM 角色策略，需要做一些更改。在两个地方用你自己的 S3 存储桶名称替换粗体文本，并使用自己的 AWS 账户 ID 更新账户 ID。然后单击 Review Policy 按钮。

现在可以命名策略(如图 4.6 所示)并创建它。

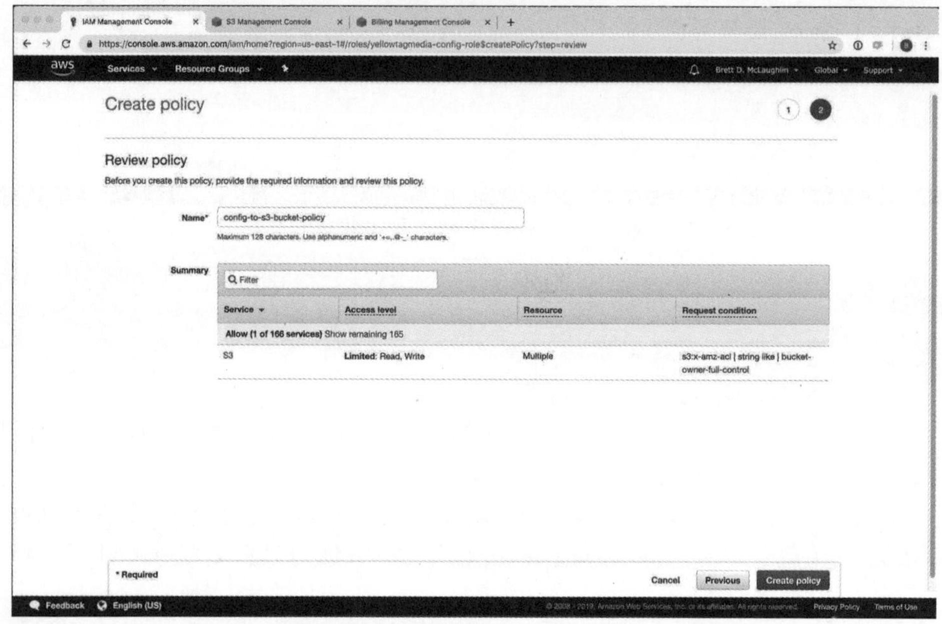

图 4.6　创建此定制策略也会将其添加到自定义 IAM 角色中

遗憾的是，这不是最后一步。现在，还需要一个类似的策略启用此角色，用来使用新创建的 SNS 主题。不过，这是一个相似的配置过程。

将另一个内联策略添加到 IAM 角色。

```
{
  "Version": "2012-10-17",
  "Statement":
   [
    {
      "Effect":"Allow",
      "Action":"sns:Publish",
      "Resource":"arn:aws:sns:us-east-1:XXXXXXXXXXXX:yellowtagmedia -configuration
       -notice"
```

```
        }
      ]
    }
```

使用之前创建的 SNS 主题的 ARN 更新这里的 ARN，然后创建新策略。

最后，应该看到类似于图 4.7 的内容：AWS Config 可以使用的角色。

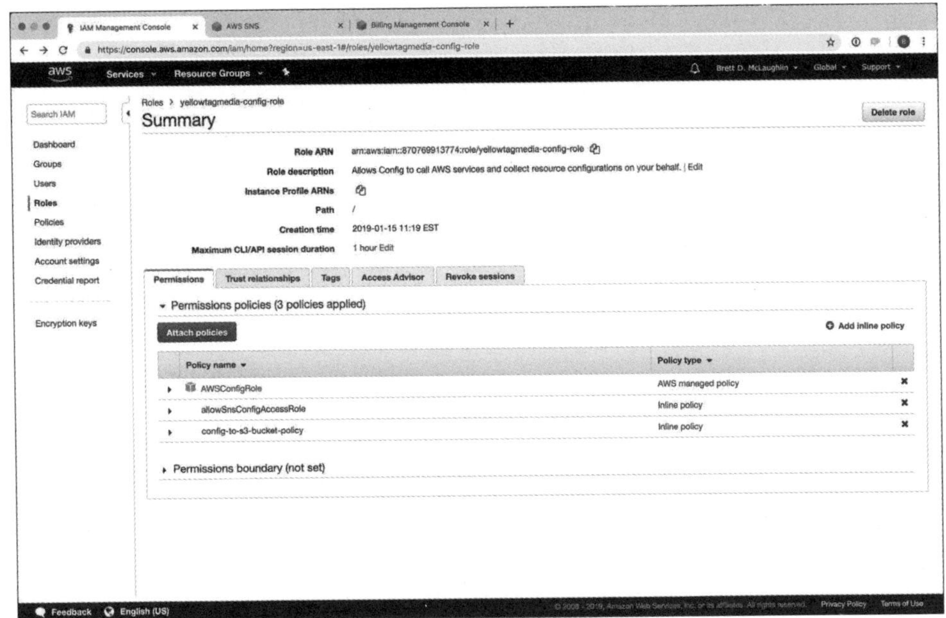

图 4.7 现在，你应该拥有了一个 IAM 角色，该角色具有访问 S3 存储桶、SNS 主题和跨越所有 AWS 资源监控配置的自定义策略

练习 4.5

打开 AWS Config 并将其指向创建的资源

现在终于可以回到控制台了。这里是关联所有选项的地方。组合使用 configservice 命令与 subscribe 子命令，然后提供创建的 S3 目标存储桶、SNS 主题和 IAM 角色。

```
$ aws configservice subscribe --s3-bucket yellowtagmedia-configuration
--sns-topic arn:aws:sns:us-east-1:XXXXXXXXXXX:yellowtagmedia-configuration-notice
--iam-role arn:aws:iam::XXXXXXXXXXXXX:role/yellowtagmedia-config-role
{
    "Location": "/yellowtagmedia-configuration"
}
```

确认 ARN 正确，否则会出错。期望以下这样的应答：

```
Using existing S3 bucket: yellowtagmedia-configuration
Using existing SNS topic: arn:aws:sns:us-east-1:XXXXXXXXXX:yellowtagmedia-
configuration-notice
Subscribe succeeded:
```

```
Configuration Recorders: [
    {
        "name": "default",
        "roleARN": "arn:aws:iam::XXXXXXXX:role/yellowtagmedia-config-role",
        "recordingGroup": {
            "allSupported": true,
            "includeGlobalResourceTypes": false,
            "resourceTypes": []
        }
    }
]

Delivery Channels: [
    {
        "name": "default",
        "s3BucketName": "yellowtagmedia-configuration",
        "snsTopicARN": "arn:aws:sns:us-east-1:XXXXXXXX:yellowtagmedia-
        configuration-notice"
    }
]
```

如果已经通过电子邮件订阅了 SNS 主题，就立刻会知道结果；大量的电子邮件会涌入。就在我撰写本段内容时，已有超过 51 封电子邮件涌入我的账户。

现在，AWS Config 向 S3 存储桶和 SNS 主题报告对环境的所有更改，订阅该主题的任何人都会收到这些通知。

练习 4.6

关闭 AWS Config

AWS Config 是付费服务。如果让它连续运行，几乎肯定会超过 AWS 免费账户的限制。为了停止记录事件，使用 stop-configuration-recorder 子命令。

```
$ aws configservice stop-configuration-recorder --configuration-recorder-name default
```

如果更极端一点，可以删除录制器。

```
$ aws configservice delete-configuration-recorder --configuration-recorder-name default
```

这确保不会因为测试功能而为服务付费。

4.9 复习题

附录中有答案。

1. AWS Config 提供以下哪些项？(选择两项)

   A. 持续部署　　B. 持续集成　　C. 持续监测　　D. 持续评估

2. 已经设置了 AWS Config，并且想要在发生更改时通知系统管理员。应该将 AWS Config 连接到什么服务？

A. AWS CloudTrail　　B. AWS CloudWatch

C. SNS　　D. S

3. AWS Config 在哪里存储它监控的各种服务的配置？

A. RDS　　B. S3　　C. DynamoDB　　D. EFS

4. 以下哪些项不是云中资源的配置项的一部分？(选择两项)

A. 资源与其他资源之间的关系图

B. 与资源相关的 AWS CloudWatch 事件 ID

C. 特定于资源的配置数据

D. 有关连接资源的元数据

5. 你有一个 EC2 实例的配置项。以下哪些项可以是此实例配置项的一部分？(选择两项)

A. 创建 EC2 实例的用户　　B. EC2 实例的实例类型

C. 捕获配置项的时间　　D. EC2 实例运行了多久

6. 你已经创建了一个自定义规则并希望将其添加到 AWS Config 中。需要做什么确保对规则的评估？

A. 创建一个 EC2 实例并上传代码以评估该实例的规则

B. 创建一个 Lambda 函数并上传代码以计算该函数的规则

C. 将评估规则的代码粘贴到 AWS 管理控制台中的 Add Evaluation Rule 框中的规则

D. 创建一个 CloudFormation 模板，添加代码对模板中的规则进行评估

7. 以下哪些项是 AWS Config 规则的触发器类型？(选择两项)

A. 配置更改　　B. 循环　　C. 周期性　　D. 重复的

8. 以下哪些项是 AWS Config 提供的资源配置历史记录的一部分？(选择两项)

A. 更改资源人的记录

B. 对 REST API 的 API 调用的源 IP 地址

C. 更改 EBS 卷大小的源 IP 地址

D. 指定日期内 AWS 控制台登录次数

9. 如何配置 AWS Config 以防止对资源的不合规更改？

A. 在 AWS Config 部分中的 AWS 管理控制台中打开“确保符合性”

B. 使用 AWS CLI 启用 AWS 配置中的“确保符合性”选项

C. 编写 AWS 配置规则以防止进行更改

D. 不能使用 AWS 配置阻止更改

10. 如何在 AWS 账户上启用 AWS 配置？

A. 整个账户一次

B. 账户中每个区域一次

C. 可以多次打开或关闭 AWS Config，基于区域进行配置

D. 可以多次打开或关闭 AWS Config，该启用适用于整个账户

11. 持续整合指的是什么？

A. 将代码持续集成到版本信息库中，通常使用自动测试以确保新代码不需要衰减测试

B. 将配置更改持续集成到 AWS 中，通常使用自动测试以确保新配置不需要衰减测试

C. 将新的开发实践持续集成到一个团队中，特别是测试和部署团队

D. 将新版本持续集成到特定环境中，通常部署完成后的自动测试

12. 默认情况下，在一个 AWS 账户中可以创建多少个规则？

A. 25　　B. 50　　C. 100　　D. 150

13. 在 AWS Config 中创建新规则需要以下哪些项？(选择两项)

A. 规则是基于变更触发的还是定期的

B. 被监控资源的 ID 或类型

C. 在资源上匹配的标记键

D. 将规则通知发送到的目标

14. 以下哪些项是定期规则允许的频率？(选择两项)

A. 5 分钟　　B. 1 小时　　C. 12 小时　　D. 48 小时

15. 你最近添加了一些 AWS Config 规则，以确保资源是合规的。但是，尽管添加了这些规则，你仍然收到来自合规性团队的通知，指出资源配置不正确。这个问题的根源可能是什么？

A. 配置规则可能处于非活动状态。创建规则后，必须将该规则设置为活跃以确保资源合规。

B. 你的合规规则与组织合规团队的合规要求不匹配。确保规则与要求匹配。

C. 减少 AWS Config 中的合规检查时间间隔。减少非合规性资源的不合规定时间。

D. AWS Config 规则不能防止资源不合规。他们只能在问题发生时发出通知。需要使用 Lambda 或其他方法编写代码，才能将资源还原为合规性

16. 已经在 AWS Config 中创建了 3 个与 CloudTrail 相关的规则。此规则检查你的 AWS 账户中是否启用了 CloudTrail，是否将 CloudTrail 配置为使用服务器端密钥，以及是否为所有跟踪打开了文件验证。在你的环境中，CloudTrail 已启用并使用服务器端加密，但未对所有跟踪执行文件验证。你希望此规则集的评估返回什么结果？

A. 合规

B. 部分合规

C. 不合规

D. 你会收到两个合规评估和一个不合规评估

17. 以下哪个选项 AWS Config 没有提供答案？

A. “昨晚 8 点，我的 AWS 资源是什么样子的？”

B. “我的 AWS 资源应该是什么样子，才能符合我的组织策略？”

C. “谁调用了 API 用来修改此资源？”

D. “哪些 AWS 资源不符合我预设的组织策略？”

18. 你应该使用以下哪些服务通过 AWS Config 跨多个账户和区域监控所有资源？(选择两项)

A. 合并账单　　B. AWS Organizations

C. 多账户多区域数据聚合　　D. 多账户授权和聚合

19. 以下哪些步骤是跨多个 AWS 账户聚合配置数据所必需的？(选择两项)

A. 创建一个用于存储信息的 S3 存储桶

B. 从其他 AWS 账户的 AWS Config 服务对存储桶使用 IAM 策略以允许对其写入

C. 使用 AWS 日志聚合器服务跨不同账户聚合日志

D. 为通知设置 SNS 主题

20. 最近，你的 AWS 成本显著上升，并且与 AWS Config 服务有关。当打开 AWS Config 时，发现大量你不熟悉的规则和配置项。如何确定是谁将这些规则添加到 AWS Config 中？

A. 你不能；因为只有管理员可以访问 AWS Config，所有访问都被认为有效且未记录

B. 需要检查 S3 中自动生成的 AWS Config 日志

C. 需要检查 CloudTrail，因为对 AWS Config 的 API 访问与对任何其他具有 API 的资源都有日志记录

D. AWS 控制台显示所有规则创建者的历史记录

第5章

AWS CloudTrail

本章涵盖的 AWS Certified SysOps Administrator-Associate 考试主题包含但不局限于以下内容：

✓ **知识点 1.0 监控和报告工具**

- 1.1 使用 AWS 监控服务创建和维护指标及警报
- 1.3 根据性能和可用性指标执行必要的修正步骤

✓ **知识点 3.0 部署和供给**

- 3.2 确定并修正部署问题

✓ **知识点 6.0 网络**

- 6.3 收集和解释网络故障排除的相关信息

✓ **知识点 7.0 自动化和优化**

- 7.3 自动化手动或可重复的过程，以最小化管理开销

到目前为止，你拥有了使用 CloudWatch 的应用监控，是拥有了使用 AWS Organizations 的账户管理，以及使用 AWS Config 跨账户的配置管理。那么，管理和监控领域还剩下什么呢？好吧，结果是有一个很大的问题要解决：API 调用的日志记录。

在一个典型的多层应用中，也就是在一个典型的现代应用中，层之间以及与应用客户端之间的大多数通信都是通过大量的 API 调用方式进行的。监控的一个关键部分是记录这些 API 调用并理解它们。与 CloudWatch 监控资源监控状况的方式相同，CloudTrail 监控资源通信的使用和适当的行为。CloudTrail 是一个简单的受管 AWS 服务。

本章涵盖：

- API 在 AWS 中的含义
- API 在良好应用设计中的作用
- CloudTrail 如何使用跟踪表示账户活动并提供该活动的可跟踪性
- AWS CloudTrail 的类型，包括所有区域和单个区域的跟踪
- 使用 CloudTrail 进行监控，特别是作为 SNS 通知源

5.1 API 日志是数据的跟踪

云技术强烈建议疏松耦合式(decoupled)架构和分布式架构。这意味着你不想要

Web 服务器、业务逻辑和数据库服务器都存放在单个硬件上(即使该硬件是纯虚拟的，如在 AWS 中)。将这些组件进行分离并让它们通过内部网络进行通信，这对于扩展和性能来说，是一个更典型、更好的想法。因此不管你是否意识到，好的应用设计都是关于一组通过 API 进行通信的组件。

正如自定义应用可以发布 API 一样，几乎所有 AWS 的受管服务都提供 API。RDS 发布 API。EC2 实例通过 API 发布元数据，Elastic Container Service 是基于 API 的，这里仅举了几个例子。这意味着即使在更简单的应用中，代码和 AWS 服务之间也会发生大量的通信。

这种通信就是 AWS CloudTrail 的全部内容。如果能够处理这些通信，就能够监控应用的实时运行状况和活动并做出反应。

5.1.1 跟踪到底是什么

CloudTrail 的所有功能都是基于跟踪(trails)的概念。跟踪只是一种特定的配置，它指明要记录的事件(API 调用、资源间通信等)以及将这些事件的日志放在哪里。

注意：

如果还没有注意到，AWS 在术语上进行重复的名声有点不好。这里有 CloudTrail trails(跟踪)、CloudWatch Event event(事件)，还有更多这种风格的双重术语。当它们出现在考题中时，很容易栽跟头，但这种命名也没有什么原因。只要记住 AWS 是这样处理命名的，就可以了。

因此，可以将 CloudTrail 视为包含跟踪，并且每个跟踪将记录的特定事件放到特定的地方。通常，该地方就是一个 S3 存储桶。图 5.1 显示了一条简单的跟踪，它跟踪对一个指定 S3 存储桶的日志访问(yellowtagmedia-aws.com，它托管一个静态网站)，并将已登录的访问存储在一个新的 S3 存储桶(yellowtagmedia-access)中。

1. 跟踪可以跨区域工作

跟踪有两种类型。第一种是适用于所有区域的跟踪。你指定一个跟踪，然后 CloudTrail 将该跟踪应用于所有区域。日志仍存放在你选择的 S3 存储桶中。

注意：

默认情况下，跟踪跨区域。

把跟踪设置在所有区域是比较理想的，因为只需一个配置就可以一致地应用于所有区域。还可以从一个 S3 存储桶中获取所有区域的日志。

图 5.1　跟踪记录特定类型的活动，并将该活动作为日志文件存储在指定的 S3 存储桶中

提示：

如果在新区域中启动资源，那么应用于所有区域的跟踪会自动应用于该新区域。不需要任何配置就可以获得跟踪配置，这是跨所有区域跟踪的另一个好处。

2. 跟踪可以在一个区域内工作

也可以创建仅应用于一个区域的跟踪。使用这种方法的理由并不多，因为在通常情况下，如果要在一个区域中记录某种类型的活动，则可能需要在所有区域中进行记录。这里的主要用例是，排除一些非常具体的问题——也许某组实例接收异常流量，或者出现了破坏活动。在这些情况下，可能希望只对指定区域进行记录，以及记录大量详细的操作、事件和 API 调用。

在单区域中，它与跨区域跟踪的工作原理几乎相同。所有活动都记录在一个 S3 存储桶中。然后，可以检查日志并在 CloudTrail 仪表板上查看跟踪。

注意：

对于跨区域和单区域跟踪来说，可以将日志输出到任何 S3 存储桶，而不必考虑存储桶所在的区域。

3. 一个区域，多个跟踪

你可以拥有跨所有区域的一个跟踪，也可在单个区域中拥有一个追踪事件跟踪。之后，对于这两种跟踪类型(跨区域和单个区域)，可以有多个跟踪。实际上，这是较典型的，你可能想要一个对 S3 访问的跟踪，以及另外一个对 Lambda 函数的访问跟踪。

你可能还想通过多个跟踪进行类似内容的报告，然后创建对同种日志的变体。比较常见的是跟踪记录开发人员对上层 API 的使用情况，以了解他们自己的绩效和改进任务，或者出于安全或合规性原因建立与相同 API 使用情况的另一个更详细的跟踪。AWS 允许为每个区域创建最多 5 条跟踪，可以联系 AWS 支持人员来提高此限制。

注意：

一条跨越不同区域的跟踪计算在每个区域中所允许的最多 5 条跟踪之一。例如，在达到限制之前，可以在一个区域中有 3 个跨区域跟踪和 2 个单区域跟踪。

5.1.2 CloudTrail 流程

建立跟踪后，CloudTrail 就会开始捕获和存储日志的两个步骤。图 5.2 说明了这个过程。

图 5.2　CloudTrail 持续捕获活动并将该活动的日志存储在 S3 存储桶中

尽管这很有帮助，但 AWS 希望你随后通过 CloudWatch 将警报和检查添加到这个过程中。图 5.3 显示了在将日志存放到 S3 之后，AWS 建议的后续操作和检查步骤。

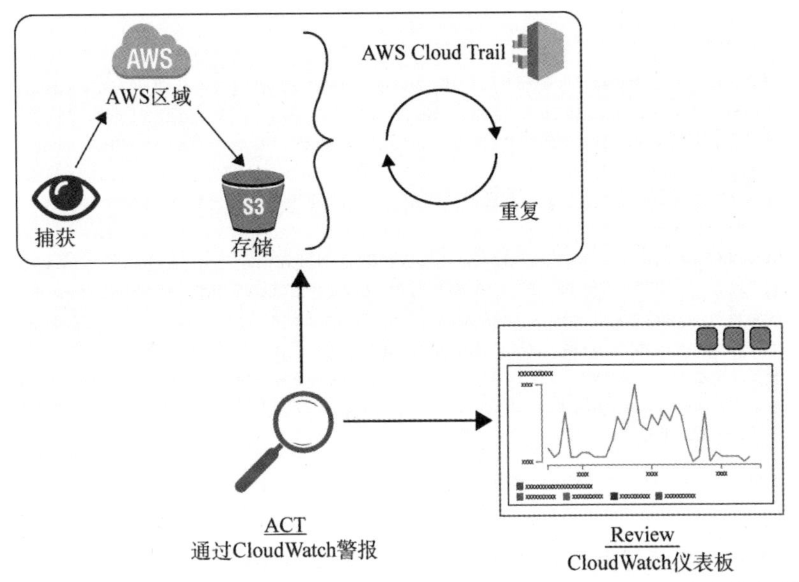

图 5.3 应当从 CloudTrail 提供的存储以外构建自己的管道，用来进行操作和分析

5.2 CloudTrail 作为监控工具

到现在你已经看到了 CloudTrail 的捕获部分，是时候开始真正使用它生成的日志了。一旦有了日志，就可以查看它们，并且使用类似 Amazon Athena 的工具进行分析，还可以在 CloudWatch 中解释它们，甚至发出警报。

5.2.1 查看 CloudTrail 日志

CloudTrail 将日志放在指定的 S3 存储桶中，并按照路径进行组织。你会获得存储桶的名称，它是你设置跟踪时指定的任意前缀，然后是一个名为 AWSLogs 的文件夹。在这个目录下，包括 AWS 账号，然后是一个名为 CloudTrail 的文件夹。从那里，日志被组织到其他文件夹中：区域、年份、月份和日期。在最后一个文件夹中，可以找到实际的日志。

例如，日志的完整路径看起来类似 yellowtagmedia access/AWSLogs/860645612347/CloudTrail/us-east-1/2019/01/04。访问这个日志虽然需要多层导航，但它使得定位变得更容易(对操作人员和 AWS 工具来说)。单个文件的名称类似 860645612347_CloudTrail_us-east-1_20181114T1530Z_B8HMwFSVHtT5dEYn.json.gz，这又是一个较长的路径。日志以 gzip 方式进行压缩以减少空间；你可以使用任何标准解压工具进行解压(大多数操作系统会自动处理)。

最后，可以直接打开这个文件然后看到……很多信息。以下是一小部分具有代表性的内容。


```
{"Records":[{"eventVersion":"1.05","userIdentity":{"type":"AWSAccount","
principalId":"","accountId":"ANONYMOUS_PRINCIPAL"},"eventTime":"2018-11-
15T08:06:52Z","eventSource":"s3.amazonaws.com","eventName":"HeadObject",
"awsRegion":"us-east-1","sourceIPAddress":"109.86.212.239","userAgent":"[Gohttp-
client/1.1]","requestParameters":{"bucketName":"yellowtagmedia-aws
.com","key":"index.html"},"responseElements":null,"additionalEventData":{"xamz-
id-2":"q1ANAIW7skRD/aYAGS927dfjA/27SBRm0fD3WfRHX1YUZgXIaiHmwF6vxpl4RTE09
6+o+8="},"requestID":"C56525332834B6C6","eventID":"16a423d1-a9a3-482c-a981-
754dd81edc9a","readOnly":true,"resources":[{"type":"AWS::S3::Object","ARN":"arn
:aws:s3:::yellowtagmedia-aws.com/index.html"},{"accountId":"860645612347","type
":"AWS::S3::Bucket","ARN":"arn:aws:s3:::yellowtagmedia-aws.com"}],"eventType":"
AwsApiCall","recipientAccountId":"860645612347","sharedEventID":"25429b5
f-ec72-4b3d-9908-709f31232cb9"}]}
```

注意：

如果担心我的神志不正常的话，放心，这些不是实际的 AWS 账户 ID。

如果不确定在看什么，那也没有关系。这里有很多有用的信息，但现在，只要知道 API 的每一次访问都会产生这样的信息。事件的时间、有关事件的信息(在本例中，访问 S3 存储桶上托管的静态文件)、AWS 账户所有者的详细信息等。然而，所有这些信息对于监控和响应特定事件是非常强大和实用的。

5.2.2　将 CloudTrail 和 SNS 连接在一起

向 CloudTrail 添加一些自动监控的第一步是设置一个跟踪，当跟踪向 S3 写入新日志时，它会通过 Amazon SNS 发出通知。这很简单，因为当创建一个跟踪时，会有这个选项。只要告诉 CloudTrail 发出通知就可以了。

但是，请记住，由于有许多跟踪，因此日志将被大量写入 S3，并且回忆一下上节中每次访问捕获多少日志。例如，如果要跟踪对 S3 存储桶的所有读访问，并且有经常被访问的存储桶，那么 SNS 通知就没有太大意义。需要选择何时发送通知；这可能开销很大，而且会给管理员制造“噪声”，而最终被忽略。

假设有一个发送安全或合规性管理事件通知的跟踪。只需要在发生异常或不允许事件发生时，才接收通知。

5.2.3　有时 CloudTrail 处理权限

如果使用 CloudTrail 的跟踪创建工具来创建一个 S3 存储桶和一个 SNS 主题，那么一切都会“神奇地”发生。尽管 CloudTrail 需要 IAM 权限才能写入 S3 和在 SNS 中创建新通知的权限，但这些都由CloudTrail工具提供。

但是，如果在事后设置了S3或SNS访问权限，你可能需要自己设置一些权限甚至所有权限。对于SNS尤其如此；可以在AWS的在线文档中找到几个IAM策略示例：https://docs.aws.amazon.com/sns/latest/dg/AccessPolicyLanguage_UseCases_Sns.html。

还需要为要使用CloudTrail的用户设置IAM权限。系统已经预设置了两个关键策略。

- AWSCloudTrailFullAccess 权限向需要创建跟踪的用户提供。通常是SysOps管理员。
- AWSCloudTrailReadOnlyAccess 权限必须提供给能够查看跟踪和带有日志的S3存储桶的人员。

5.3 本章小结

与AWS Organizations和AWS Config一样，AWS CloudTrail不十分复杂。一旦你掌握了术语所述的基本知识和跟踪处理的方法，那就非常简单。不过，CloudTrail的强大之处并不在于它的复杂性。而是在和CloudWatch、AWS Organizations和AWS Config一起使用时，由它描述的AWS环境和在该环境中运行应用的更加完整的轮廓。

对于测试，确保了解跟踪的基本知识，当涉及API调用或资源间通信时，CloudTrail通常是合适的工具，并且能够区别CloudTrail的日志和其他系统日志之间的异同。记住这些，你就不会有问题了。

5.4 复习资源

AWS CloudTrail：

`https://aws.amazon.com/cloudtrail/`

API参考(是的, CloudTrail拥有自己的API)：

`https://docs.aws.amazon.com/awscloudtrail/latest/APIReference/Welcome.html`

5.5 考试要点

区分 **CloudWatch、CloudTrail和AWS Config**。简言之，CloudWatch用于实时性能和环境的健康监控。CloudTrail监控AWS环境中的API日志和事件。AWS Config监控环境的配置。三者都提供合规性、审计和安全性功能。

描述两种类型的跟踪：跨区域和单区域。跨区域跟踪在账户的所有区域都起作用。

所有日志都放在一个 S3 存储桶中。单区域跟踪仅适用于一个区域，可以将日志放在任何 S3 存储桶中，无论该存储桶的所在区域位置。

解释跨区域跟踪如何在新的区域中自动运行。跨区域跟踪将自动开始捕获任何新区域中的活动，这些区域是在没有任何用户干预的情况下建立在环境中的。新活动的日志与现有区域的日志放在同一个 S3 存储桶中，并无缝地聚合在一起。

描述对 CloudTrail 日志进行操作和监察的最佳实践。仅仅打开 CloudTrail 并创建一些跟踪是远远不够的。你应该设置与这些跟踪相关的 CloudWatch 警报，并可能通过 SNS 发送事件。还应该通过 CloudWatch(不是 CloudTrail！)仪表板不断地查看日志，该仪表板上有与 S3 中 CloudTrail 日志相关的警报。此外，还可能需要考虑使用类似 Amazon Athena 的工具来深入分析大型日志文件。

5.6　练习

在开始使用这个工具之前，很多 CloudTrail 概念都显得有点深奥。之后，你会发现它们很简单。在本节中，你将创建一个跟踪来监控 S3 存储桶，然后查看创建的日志。

练习 5.1

为记录 S3 写访问创建新的跨区域跟踪

在本练习中，你准备在 AWS CloudTrail 中创建一个跨区域跟踪。它将被配置为记录 Amazon S3 存储桶的写入事件。

(1) 登录到 AWS Management Console。

(2) 在 Services 页面，选择 Management Tools 标题下的 CloudTrail。

(3) 从左侧菜单中选择 Trails。

(4) 单击 Create Trail 按钮。

(5) 输入跟踪的名称，如 **All_S3_Write_Access**。

(6) 确认保留 Apply Trail To All Regions 的默认选择。这就确保这个跟踪捕获所有区域中所有存储桶中的 S3 写活动。

(7) 对于 Read/Write 事件，请选择 Write Only。它仅捕获对 S3 的写入，这个是重点。在这个阶段，你的设置应该类似于图 5.4。

(8) 向下滚动并选中 Select All S3 Buckets In Your Account 选项。

(9) 为日志创建一个新的 S3 存储桶，并给新的存储桶命名。

(10) 打开 Advanced 选项并输入 logs 作为日志的前缀。此时，控制台应该类似于图 5.5。

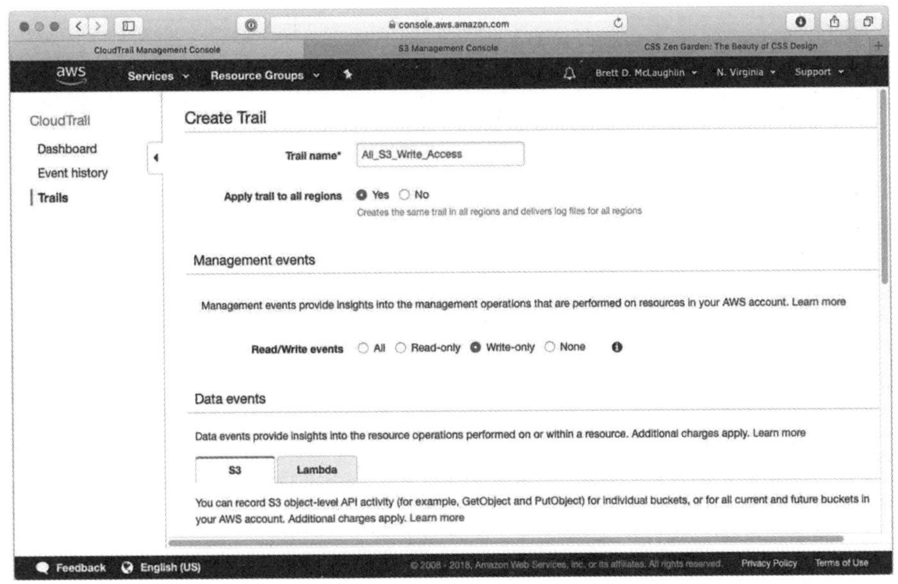

图 5.4　在所有区域创建一个新的 CloudTrail 跟踪，捕获所有 S3 存储桶的写事件

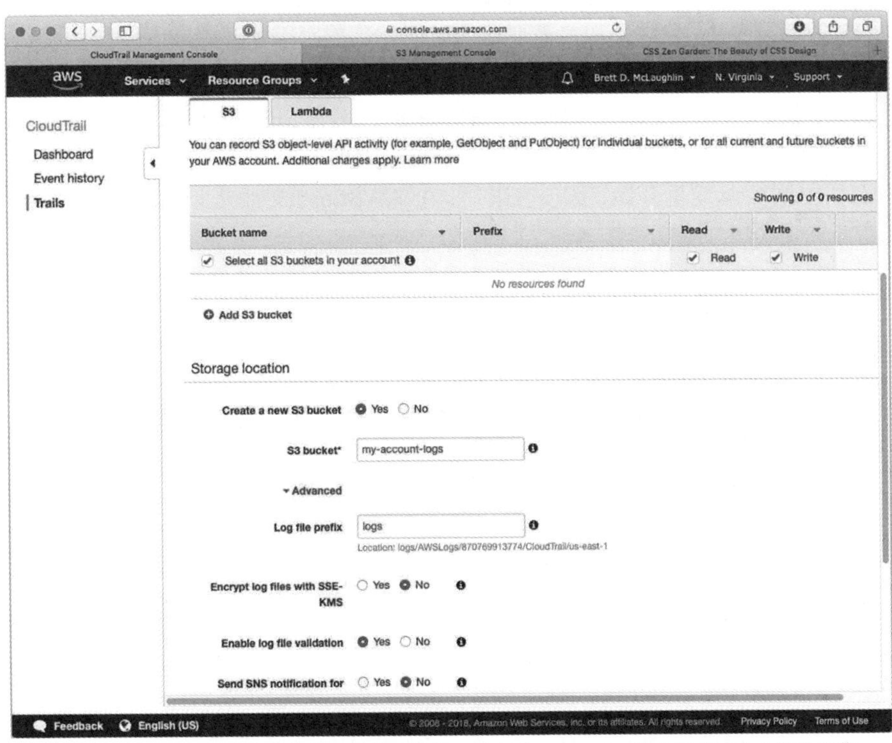

图 5.5　创建一个跟踪非常简单。只需要提供一些名称，CloudTrail 会完成其余大部分工作

(11) 保留其余选项的默认值，然后单击 Create Trail。图 5.6 显示了 CloudTrail 跟踪部分，其中创建的跟踪处于活跃状态。

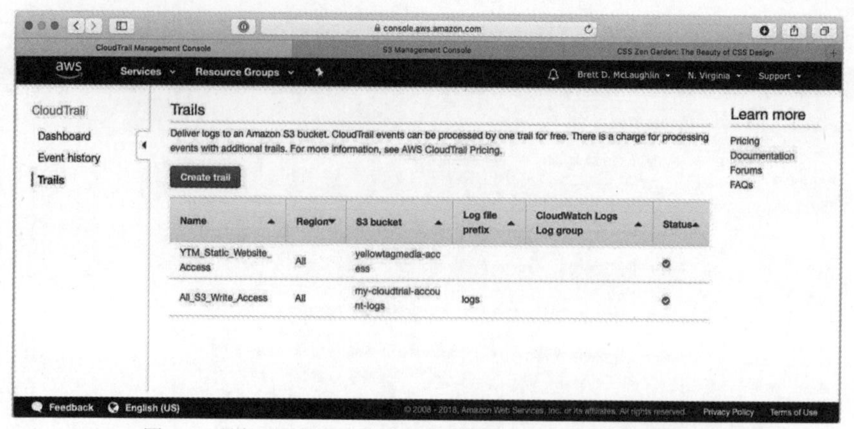

图 5.6　所有活跃的跟踪都显示在控制台的 CloudTrail 跟踪部分

练习 5.2

查看 CloudTrail 日志

在本练习中，你会发现查看 AWS CloudTrail 日志是一件多么简单的事情。

(1) 等待至少 15 分钟；通常需要这个时间，新的跟踪才开始向 S3 写入日志。然后转到 AWS 管理控制台的 S3 部分。

(2) 选择你在创建跟踪时选择的存储桶名称[练习 5.1 的步骤(9)]。

(3) 导航到 logs/folder[如果在练习 5.1 的步骤(10)中输入了不同的前缀，那么这里可能有所不同]。从这里开始，选项有限：一个 AWSLogs 文件夹，然后是一个账户名，然后是一年、一个月和日期。

(4) 然后，选择任何日志；日志的数量会根据跟踪以及它的活跃时间而变化。你应该看到类似图 5.7 的内容。

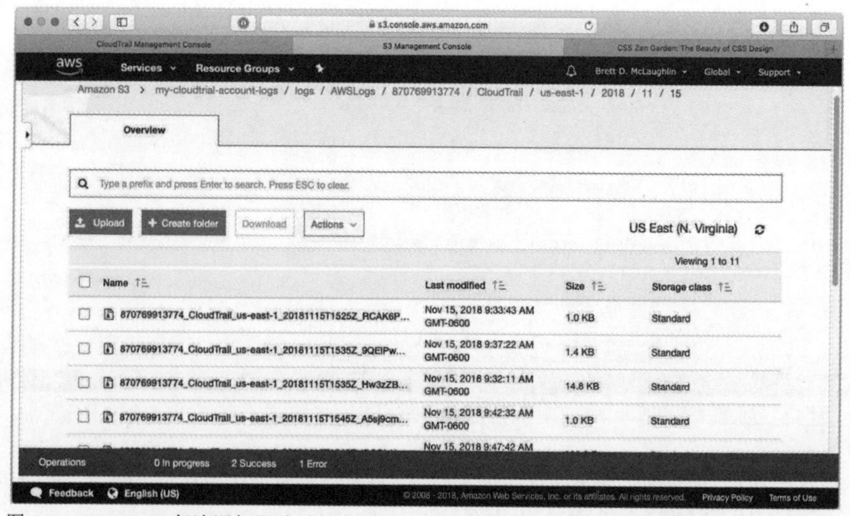

图 5.7　CloudTrail 每次添加跟踪时都会写到一个新文件中。每个新文件都存放在 S3 存储桶中

(5) 可以下载这些日志。也可以单击每个日志获取文件的元数据，如图 5.8 所示。

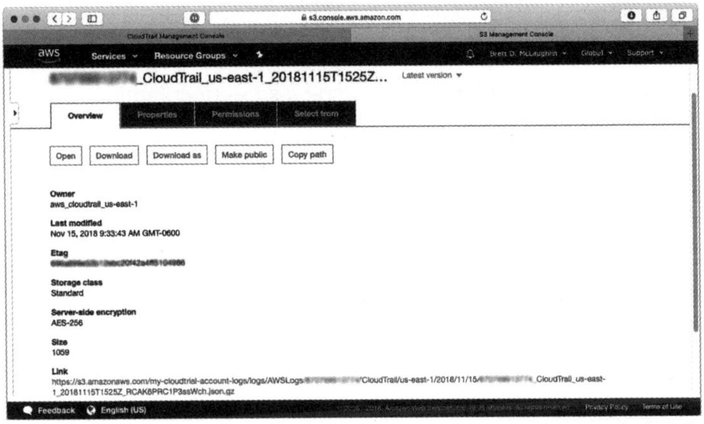

图 5.8　文件的元数据提供文件的基本信息，以及文件的写入时间和加密信息

练习 5.3

设置跟踪写入日志时的自动通知

在本练习中，将设置 Amazon SNS，以便在 AWS CloudTrail 跟踪写入日志时随时发送通知。

(1) 返回CloudTrail 仪表板，选择 Trails 部分。单击你的跟踪，找到 Storage Location 部分，然后单击 Edit 图标。

(2) 选择 Send SNS Notification 旁边的 Yes 选项。

(3) 选择 Yes 创建新的 SNS 主题，然后对它进行命名。

(4) 确认保存对跟踪的更改。

(5) 导航到控制台中的 SNS 部分并选择左侧的 Topics 选项。现在应该能看到你的新主题，如图 5.9 所示。

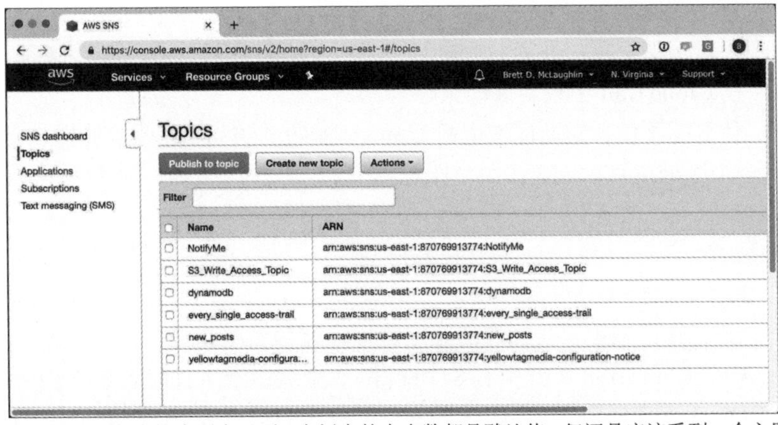

图 5.9　你所有的主题都在这个列表里面。本例中的大多数都是默认值，但还是应该看到一个主题，名称是在步骤 3 中输入的。在本例中，我的主题被命名为 every_single_access-trail

(6) 此时，可以使用多种方式订阅此主题：如通过应用、苹果的推送通知服务或者谷歌的云消息服务。有关设置这些服务的更多信息，请访问 https://aws.amazon.com/blogs/aws/push-notifications-to-mobile-devices-using-amazon-sns/ 或者 https://docs.aws.amazon.com/sns/latest/dg/sns-mobile-application-as-subscriber.html。

5.7 复习题

附录中有答案。

1. 使用哪个 AWS 工具监控应用的性能？

A. CloudWatch
B. CloudTrail
C. AWS Config
D. AWS Organizations

2. 使用哪个 AWS 工具审核应用的 API 使用情况？

A. CloudWatch
B. CloudTrail
C. AWS Config
D. AWS Organizations

3. 使用哪个 AWS 工具审核 AWS 环境配置的更改？

A. CloudWatch
B. CloudTrail
C. AWS Config
D. AWS Organizations

4. 管理层担心有太多人使用 AWS Config 工具，这可能违反安全协议。使用什么工具来审核 AWS Config 工具的使用情况？

A. CloudWatch
B. CloudTrail
C. AWS Config
D. AWS Organizations

5. 你已经用默认设置创建了一个跟踪记录对 Lambda 函数的访问。目前在美国东部 2 和美国西部 1 有此功能。你准备在 US East 1 中启动一个新的 Lambda 函数，并希望 CloudTrail 日志访问该函数。需要做什么？

A. 更新跟踪配置将 US East 1 添加为要监控的区域
B. 更新跟踪配置，并为 US East 1 中记录的事件提供一个 S3 存储桶
C. 在 CloudTrail 中重新启动跟踪
D. 什么都不做。对新区域中新 Lambda 函数的访问将由现有跟踪自动处理

6. 在一个区域中可以创建多少个跟踪？

A. 3 个
B. 5 个
C 20 个
D. 在一个区域中，可拥有的跟踪数目没有预设限制

7. 在 AWS CloudTrail 配置中有 8 个跟踪。3 个适用于所有地区，并将日志存放在 EU West 1 的 S3 存储桶中。2 个跟踪在 EU West 2 的单个区域中，它们在 EU West 2 的 S3 存储桶中存放日志。另外一个在 EU West 1，使用与跨地区跟踪相同的 EU West

1 存储桶。最后，在 US West 2 有一个跟踪。需要在哪个地区寻找存放 US West 2 跟踪日志的 S3 存储桶？

A. US West 2　　B. EU West 1
C. EU West 2　　D. 你喜欢的任何地区

8. 在 AWS CloudTrail 配置中有 8 个跟踪。3 个适用于所有地区，并将日志存放在 EU West 1 的 S3 存储桶中。两个跟踪在 EU West 2 的单个区域中，它们在 EU West 2 的 S3 存储桶中存放日志。另外一个在 EU West 1，使用与跨地区跟踪相同的 EU West 1 存储桶。最后，在 US West 2 有一个跟踪。如果要在所有地区使用这些跟踪，那么在 EU West 2 可以创建多少个跟踪？

A. 0 个　　B. 1 个　　C. 2 个　　D. 3 个

9. 在 AWS CloudTrail 配置中有 8 个跟踪。3 个适用于所有地区，并将日志存放在 EU West 1 的 S3 存储桶中。两个跟踪在 EU West 2 的单个区域中，它们在 EU West 2 的 S3 存储桶中存放日志。另外一个在 EU West 1，使用与跨地区跟踪相同的 EU West 1 存储桶。最后，在 US West 2 有一个跟踪。你尝试创建可以在所有区域中运行的一个新的跟踪，但出现错误。是什么原因阻止创建这条跟踪？

A. 你已经创建了跨区域跟踪的最大数(3 个)
B. 你已经为单个账户创建了最大跟踪数(7 个)
C. 你已经在 EU West 1 中创建了最大跟踪数(5 个)
D. 你已经在 EU West 2 中创建了最大跟踪数(5 个)

10. AWS 基于环境中的特定事件发出警告和警报的系统是什么？

A. SQS　　B. SNS　　C. SWF　　D. CloudTrail

11. 以下哪些服务可以作为解决方案的一部分，用于监控 AWS 应用的 API 层和非 AWS 服务之间潜在的不安全交互？(选择两项)

A. SNS　　B. SWF　　C. CloudWatch　　D. CloudTrail

12. 以下哪些服务可用于检测在 AWS 中运行应用的潜在安全漏洞？(选择两项)

A. CloudWatch　　B. CloudTrail　　C. Trusted Advisor　　D. SWF

13. 你负责将本地数据中心迁移到 AWS 的云环境。系统当前有许多自定义脚本，用于处理系统和应用日志以进行审核。可以使用什么 AWS 受管服务替换这些脚本并减少实例运行这些自定义流程？

A. CloudWatch　　B. CloudTrail　　C. Trusted Advisor　　D. SWF

14. 你刚开始在一个新的组织中使用现有的 AWS 账户。需要在这些账户上设置 CloudTrail 的什么功能？

A. 打开 CloudTrail 服务
B. 为 CloudTrail 服务创建一个新的跟踪
C. 什么都不做；CloudTrail 已经自动打开并记录活动
D. 启用 AWS Organizations 并设置允许 CloudTrail 访问的服务控制策略

15. CloudTrail 不支持以下哪项服务？
    A. Amazon Athena
    B. Amazon CloudFront
    C. AWS Elastic Beanstalk
    D. 以上所有服务 CloudTrail 都支持
16. 将跟踪应用于所有区域时，会创建多少个真正的跟踪？
    A. 所有区域都使用一个跟踪
    B. 配置为自动缩放组的跟踪将根据所有区域的总体自动增长和收缩
    C. 为每个区域创建一个跟踪，并在默认区域中创建主跟踪
    D. 为每个区域创建一个跟踪
17. 以下哪项不是加密和保护 CloudTrail 创建的日志文件的选项？
    A. S3 服务器端加密(SSE)
    B. S3 KMS 受管密钥(KMS)
    C. S3 MFA 删除
    D. 客户管理密钥
18. 以下哪项没有在与 CloudTrail 记录的活动相关联的事件中？
    A. 谁提出的请求
    B. 请求的操作的参数
    C. 请求者的用户名
    D. 请求的服务返回的响应
19. 你已经为 CloudTrail 日志文件打开了 SSE-KMS 加密。在另一个应用中处理这些日志文件还需要执行哪些步骤？
    A. 使用 Lambda 设置解密管道
    B. 在 AWS CloudTrail 中启用自动解密
    C. 将 KMS 密钥上传到 AWS CloudTrail
    D. 不需要采取任何步骤，因为日志自动解密
20. 为确保账户中的安全组和网络访问控制列表(NACL)没有发生更改。如果有人试图通过 CLI 修改或删除安全组或 NACL，你会使用哪些服务来创建警报？(选择两项)
    A. SNS
    B. AWS Config
    C. AWS CloudTrail
    D. AWS CloudWatch

第 Ⅲ 部分

高 可 用 性

第6章

Amazon Relational Database Service

本章涵盖的 AWS Certified SysOps Administrator-Associate 考试主题包含但不局限于以下内容：

✓ 知识点 2.0　高可用性

- 2.1　基于用例实现可扩展性和弹性
- 2.2　认识和区分 AWS 的高可用性和弹性环境

✓ 知识点 3.0　部署和供给

- 3.1　确定并执行提供云资源所需的步骤
- 3.2　确定并修正部署问题

Amazon Relational Database Service 通常称为 Amazon RDS(甚至简化为 RDS)，是一种可延展的受管服务，用于在云中为应用提供一个关系型数据库。虽然服务的受管特性显著提高了操作的易用性，但 Amazon RDS 的真正优势在于它的可扩展性。众所周知，数据库在监控、备份、垂直上下扩展(在 AWS 术语中是横向内外扩展)等方面盛名难副，并且很难为不断变化的负载进行优化。Amazon RDS 对关系型数据库的这些大多数功能实现了“开箱即用”。

功底深厚的 AWS 系统管理员不仅有 Amazon RDS 上的工作经验，而且还积极地维护着至少一个 RDS 实例。由于 AWS 在 Amazon RDS 家族中提供了众多的数据库类型和选项，因此需要了解在自己的环境中如何正确地使用 Amazon RDS 的常见配置和用例。

本章涵盖：

- Amazon RDS 在可延展应用架构中的作用
- 在 Amazon RDS 中设置多AZ(可用区)配置
- 为 Amazon RDS 配置读副本
- 在 Amazon RDS 配置中区分高可用性和灾难恢复

6.1　使用 Amazon RDS 创建数据库

Amazon RDS 提供的主要服务是可扩展性。通过 RDS，数据库扩容会变得相对容易(关于“相对”这个词后面还有更多的内容要说)。可扩展性分为以下几个种类。

- 能够在可容忍情况下增加 RDS 存储。
- 能够在不大量招聘管理员的情况下管理额外的 RDS 存储。
- 不需要庞大的基础设施就能集成一些功能，用来增强 RDS 的性能和使用性。

这里必须记住，“可扩展性”不只适用于表、列或模式的绝对数量。它适用于数据库在整个应用架构中的角色，特别是随着组织的需求增长，非常简单地扩展这些数据库。

6.1.1 Amazon RDS 对比你自己的实例

没有什么可以阻止你使用自己的 EC2 实例，如通过 SSH 直接登录到该实例中并在该实例上手动安装数据库。事实上，如果知道自己在做什么，可以获得非常接近 Amazon RDS 实例的配置。

然后，当系统变得繁忙时，你就要维护这个数据库。你需要监控数据库、管理表空间以及对数据库和实例进行升级。基本上，你“拥有”了那个实例和它上面的所有东西。换句话说，除非你有成为 21 世纪初的数据库管理员的特殊抱负，否则你会花很多时间做一些你可能不想做的事情。

这就是 Amazon RDS 的用武之地。虽然并不能完全消除管理和操作的负担，但它大大减少了管理和操作的负担。你可以在几分钟内启动一个 Amazon RDS 实例，然后很快地将它连接到一个应用。你只要配置最基本的选项(用例、实例类、需要提供的存储和 I/O 的多少)，然后由 AWS 执行其余操作。在确认设置之前，你甚至会得到一个成本估算明细(见图 6.1 和图 6.2)。

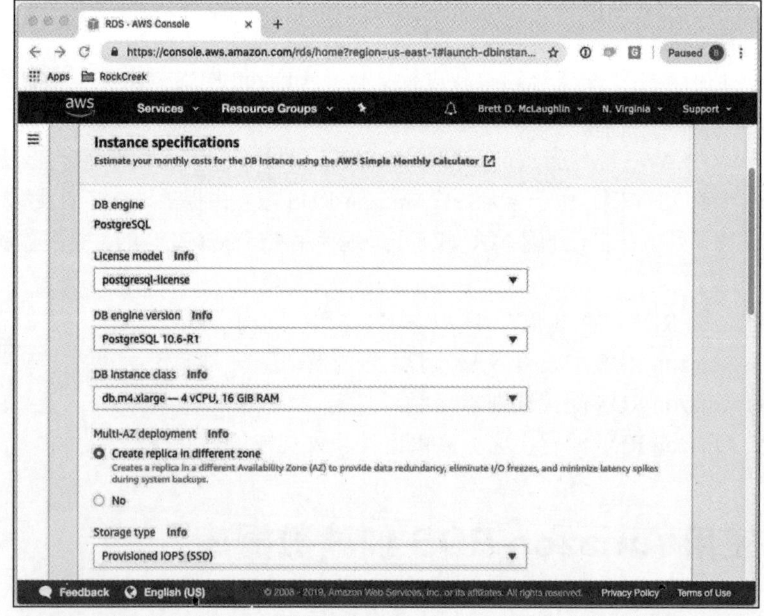

图 6.1 设置 RDS(这里使用 PostgreSQL)，只需要不到 5 分钟

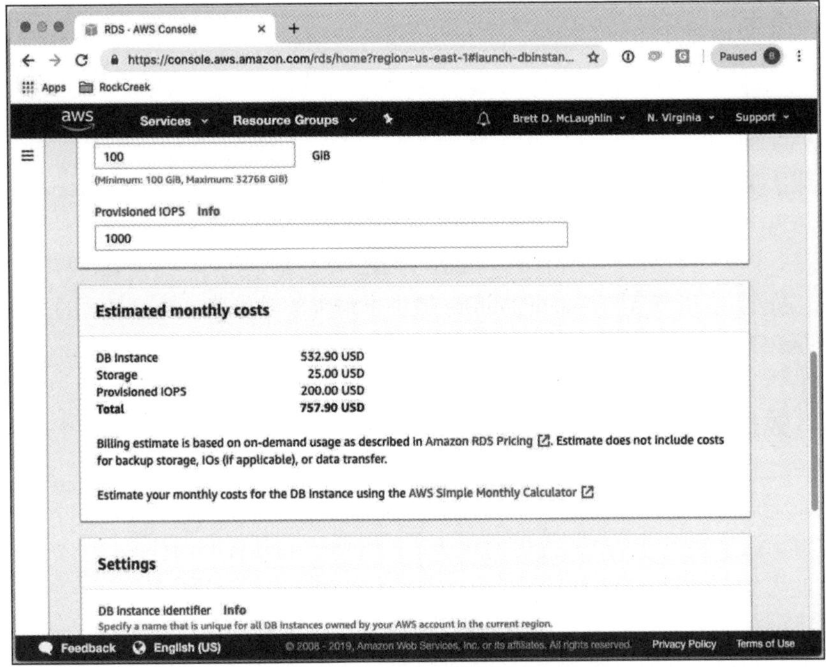

图 6.2　在锁定选择之前，AWS 会为你的选择提供每月估算成本

注意：

在使用 Amazon RDS 时，你实际上也在使用 AWS 实例。与 DynamoDB 这样的服务不同，即使在 Amazon RDS 受管服务的范畴内，你也需要与诸如实例大小和其他一些实例配置参数进行交互。

警告：

虽然 AWS 通常提供相当合理的默认值，但 Amazon RDS 并不总是这样。PostgreSQL 的默认生产用例通常每月花费近 800 美元，而开发/测试用例也是价格不菲的 400 美元。你可能会做相当多的设置调整，使成本与预算和预期吻合。

尽管 Amazon RDS 提供更昂贵的数据库选项和更大的实例，但它可以不费吹灰之力而迅速生成一个数据库(或数据库集群)。当然，你在扩展数据库时会增加这些成本。

6.1.2　所支持的数据库引擎

Amazon RDS 支持关系数据库类型中大多数常见的数据库引擎。

- Amazon Aurora
- PostgreSQL

- MySQL
- MariaDB
- Oracle
- Microsoft SQL Server

在大多数情况下，这些引擎的功能都与其托管版本中的功能相同。此外，每个引擎的设置基本相同，主要差异与供应商的关键参数有关。

但是，你会看到并不是所有的 Amazon RDS 特性都适用于所有的数据库引擎。一般来说，Amazon RDS 对 Amazon Aurora 提供了最大的功能集，紧随其后的是 MySQL 和 PostgreSQL。

6.1.3 数据库配置和参数组

Amazon RDS 使用数据库参数组存放实例的配置值。创建新实例时，会使用默认的参数组。这个组包含 AWS 提供的默认值，这些值通常针对所使用的实例大小和引擎进行过优化。

你还可以创建自己的数据库参数组并设置自己的配置值。这在需要一组与 AWS 默认值不匹配的标准值来设置多个实例时非常有用。你可以在 Amazon 控制台的 RDS 页面上选择 Placement Groups 选项，图 6.3 显示了能获取的现有默认组的列表。图 6.4 显示了创建自己的参数组后可以设置的选项。

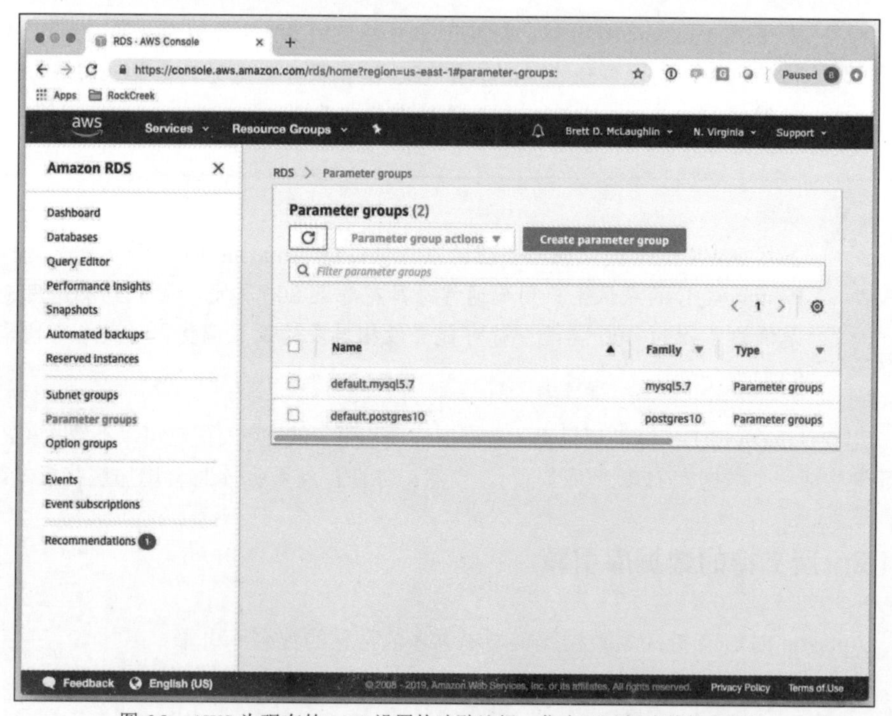

图 6.3 AWS 为现有的 RDS 设置构建默认组，你也可以创建其他参数组

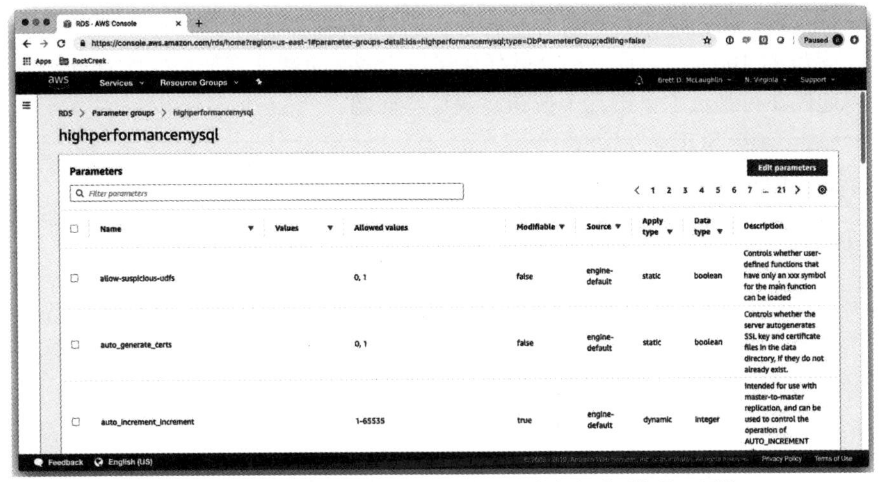

图 6.4 实际上设置参数组时，创建实例时的任何选项都是可用的

6.1.4 Amazon RDS 可扩展性

Amazon RDS 的可扩展性并不意味着 AWS 会负责所有事情。尽管 DynamoDB 在这方面提供了选项，但是 AWS 提供了快速、轻松地增加数据库实例大小的能力。你可以直接选择一个数据库并单击几次鼠标更改其实例大小。图 6.5 在 Amazon Web 控制台中显示了这一点。

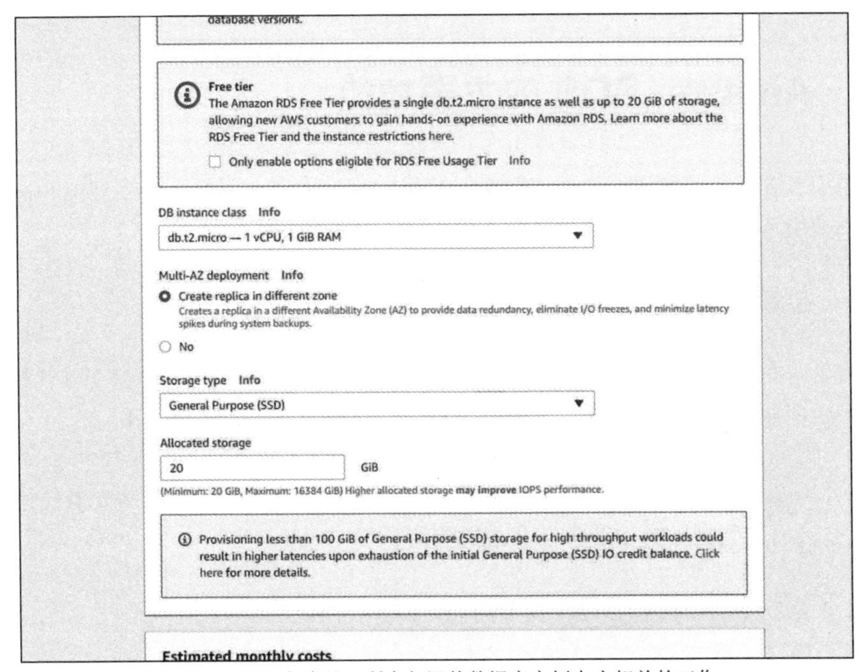

图 6.5 AWS 负责处理所有与调整数据库实例大小相关的工作

需要了解的是，这里你要进行干预，否则 AWS 会很快让数据库达到其配置存储和 I/O 容量的 100%，而且它不会做任何事情来减少负载或增加数据库容量。不过，你可以通过在控制台中单击几个按钮解决这些问题。

注意：

你还可以设置读副本，它将随着应用需求的增长而提高性能；这将在本章稍后部分介绍。

因为 AWS 需要你的干预来扩展，所以最好将 Amazon RDS 的可扩展性考虑为支持长期增长。如果以每天甚至每周都需要增长的方式调整和配置数据库，那么很快你就会倍感挫折。在这些情况下，最好使用像 DynamoDB 这样的选项，它可以无缝地扩展，并且不需要用户干预(尽管需要付出一定的成本)。

最终，Amazon RDS 作为一个受管服务，它介于管理你自己的安装了数据库服务器的 EC2 实例和像 DynamoDB 这样的受管服务之间。你需要管理实例，但是配置和扩容要比自己手动管理流程简单得多。

警告：

对于认证考试，必须了解并认识到 Amazon RDS 既是一个受管服务，也是一个需要认知和调整实例大小的服务。你可能会被问到运行在特定实例大小上的 RDS 数据库的相关内容以及如何提高性能。你需要知道增加实例大小是一个可能的选项，就像添加读副本一样。

6.2 Amazon RDS 的主要功能

使用 Amazon RDS 设置一个(或多个)数据库后，你会立刻得到许多功能和益处。如果不使用 Amazon RDS，则这些都需要手动干预或设置。

6.2.1 扩展 Amazon RDS 实例

除了前面提到的易于扩展功能外，还可以获得实例扩展的其他一些关键优势。

- 可以独立地扩展实例的内存、存储、CPU 和每秒 I/O 操作(IOPS)。
- 这些扩展选项会减少停机时间，如果使用多 AZ 设置，则更是如此。
- Amazon RDS 会处理新 RDS 实例的补丁和故障检测，并且继续处理任何扩展以后的数据库实例的补丁和故障检测。

6.2.2 备份 Amazon RDS 实例

Amazon RDS 提供了两种不同的数据库备份和恢复选项。

- 打开自动备份。这允许对实例执行基于时间点的恢复。Amazon RDS 会对数据库进行完整的每日快照并捕获事务日志，默认保留期为 7 天。
- 随时执行数据库的手动快照并根据需要保存这些快照。

在这两种情况下，都可以通过 AWS CLI 或 Web 控制台从快照中恢复数据库。

6.2.3 保护 Amazon RDS 实例安全

Amazon RDS 的部分优势是在使用该服务时可以“免费”获得更高的安全性。

- 当安全性或可靠性更新可用时，实例会自动进行修补，确保数据库实例更加安全，不必手动干预。
- 通过 IAM 轻易地对数据库实例进行访问控制。
- Amazon RDS 实例可以在私有 VPC 中启动并设置为使用 SSL，所有这些都是标准实例设置的一部分。

6.3 多AZ 配置

Amazon RDS 的一个关键特性是多AZ 配置。顾名思义，它的功能是跨多个可用性区域的 Amazon RDS 数据库的配置。此选项用非常简单的方式为 Amazon RDS 提供灾难恢复支持。

6.3.1 创建一个多AZ 部署

设置多 AZ 配置非常简单。在创建 RDS 实例时，只需要单击 Create replica in different zone 选项，如图 6.6 所示。Amazon RDS 将负责剩下的事情。

启用多 AZ 后可完成如下事项。

- 在与主数据库实例分离的可用性区域中创建额外的数据库实例。
- 设置从主数据库实例到附加数据库实例的同步复制。
- 在主实例出现问题的情况下，提供从主实例到从属实例的自动故障转移。

从上面的列表中认识到这些功能都是为灾难恢复而设计的，这非常重要。除非主实例失败，否则从属数据库实例永远不会处于活跃或可访问状态。如果希望提高性能，那可以考虑调整数据库实例的大小或创建读副本。

警告：

在考试中你肯定会被问到关于多AZ 和读副本的问题。通常，AWS 喜欢确保你了解多AZ 配置用于灾难恢复，而读副本用于性能。它将通过建议添加多 AZ 设置以提高读取容量或添加读副本以防止数据丢失来检查你对这些概念的理解。你需要在这些解决方案的措辞中快速地认识到问题所在。

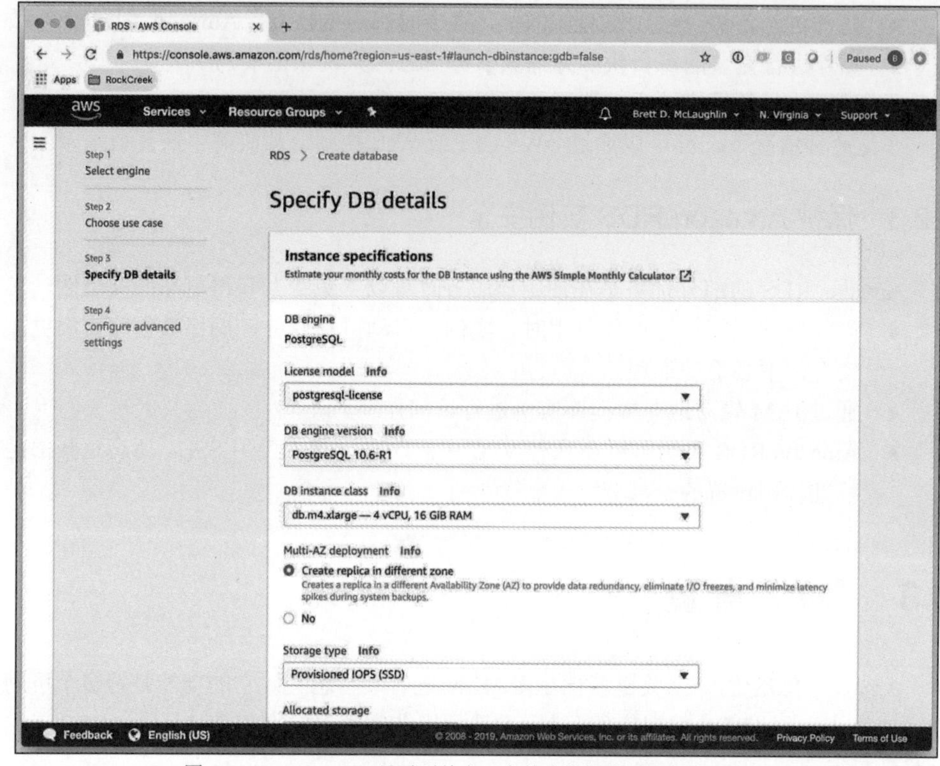

图 6.6 Amazon RDS 只需要单击一个单选按钮来设置多 AZ 配置

6.3.2 故障转移到从属实例

Amazon RDS 在考虑以下主实例故障时启动到从属数据库实例的故障转移。这些问题包括：

- 失去与主实例的网络连接；
- 主实例上的存储卷磁盘故障；
- 数据库实例本身的故障；
- 主实例上的整体可用区故障。

在这些情况下，从属实例都会联机并激活。对于 Aurora，此故障转移不到一分钟，对于其他数据库引擎，则不到两分钟。

注意：

Amazon Aurora 在 Amazon RDS 领域实际上提供了许多优势。这些将在稍后关于 Amazon Aurora 的部分中进一步讨论。一般来说，如果不考虑其他因素(如团队的熟悉程度或许可成本)，则 Aurora 是 Amazon RDS 最新安装的绝佳选择。

故障转移完成后，从属服务器将接管所有数据流。它的数据状态应该是最新的，因为有了多AZ 设置后就会发生同步复制。为配合这个变化，AWS 会更新 DNS，将指向上一个主实例(该实例现在已经发生故障)的条目变为指向从属实例。此时，从属实例被视为主实例。

注意：
在故障转移情况下，不会更改 IP 地址。主实例的 IP 地址保持不变，从属实例的 IP 地址也保持不变。只有 DNS 的更改才会影响数据流的重定向；这种情况下，CNAME 记录会更新为使用之前从属实例的 IP 地址。AWS 有时会在考试时询问这一点，因此要清楚在故障转移时到底发生了什么更改。

6.4　读副本

对多 AZ 故障转移和灾难恢复功能的补充是使用一个(或几个)读副本，以提高性能。正如多AZ 为故障转移提供额外的数据库实例一样，读副本也为读性能提供额外的实例。当数据库绝大部分是只读数据时，这是扩展 Amazon RDS 实例的首选方法。

6.4.1　复制到读副本

读副本设置以后，数据会异步复制到其中。当写入主数据库实例时，更新的数据最终也会在所有副本上进行更新。由于读副本(很明显)是只读的，因此只有主实例和复制过程才能对其进行更改。

大多数读副本设置在与主实例相同的区域中。在这些情况下，应用基本上看不到复制。但是，也可以在主实例之外的其他区域中创建读副本。此时，Amazon RDS 会建立一个安全通道用于复制。这种情况下的延迟可能比主实例所在区域中的副本的延迟稍长一些。

注意：
多数情况下，跨区域复制所需的额外时间是没有意义的。位于主实例区域外的应用在访问主实例时会有类似的延迟。这种情况下，应用在访问同一区域中的读副本时会看到较少的延迟，但只有在更新时才会出现延迟。不过，由于这对于使用数据的应用来说可以忽略，因此对应用用户来说基本上是一个净收益。

6.4.2 连接到读副本

我们需要引导应用使用读副本。Amazon RDS 会创建一个 DNS 端点，然后在应用中使用该端点。这一点很重要：如果不告诉应用使用读副本，那读副本就不会被使用。

6.4.3 读副本的要求和限制

由于读副本的特殊性，因此在使用时必须考虑以下几点。

- 读副本仅适用于 MySQL、PostgreSQL、MariaDB 和 Aurora。
- 不能将读副本放在弹性负载均衡器之后。
- 对于 MySQL 和 PostgreSQL 最多可以使用 5 个读副本，对于 Amazon Aurora 最多可以使用 15 个读副本。
- 在某些情况下(特别是 MySQL)，可以创建读副本的读副本。
- 不能创建读副本的数据库快照。

6.5 Amazon Aurora

这里特别值得一提的是 Amazon Aurora。尽管本书和 AWS 认证考试通常是与供应商无关的，但是 Amazon Aurora 跨越了数据库供应商和 AWS 受管服务之间的界限。而且，也因为它与 AWS 开发团队紧密相连，所以它与 Amazon RDS 非常匹配。

Amazon Aurora“免费”提供了大量冗余和可扩展性，特别是以下这些支持。

- 专门针对数据库负载的固态硬盘存储。
- 在 3 个可用区内六向自动复制。
- 自动容错：在数据写入失败之前，最多可以有 2 份数据副本失败；在数据读取失败之前，最多可以有 3 份数据副本失败。
- 存储是“自愈”的：数据块和磁盘出现故障时会自动更换。

Aurora 本身也提供了与 MySQL 和 PostgreSQL 的特定兼容性。因此，可以在 AWS 文档中找到有关 Aurora MySQL 和 Aurora PostgreSQL 的参考。这些版本的 Aurora 是 MySQL 和 PostgreSQL 的替代品，鼓励用户在不更改任何 MySQL 或 PostgreSQL 特定代码或表特性的情况下利用 Aurora 特性。

因为 Aurora 总是在可用性区域之间进行复制，所以这实际上意味着 Amazon Aurora 是自动多AZ 配置的。这可能会引起一些混淆。请记住，通过使用 Aurora，你可以获得许多故障转移和冗余功能，这些功能通常需要在非 Aurora 数据库实例上进行多AZ 配置获得。

6.5.1　Aurora 卷

Amazon Aurora 处理存储的方式与普通 Amazon RDS 数据库略有不同。Aurora 的数据存储在一个集群卷中，这是一个基于 SSD(固态硬盘)技术的虚拟卷。这个集群卷是虚拟的并跨越多个可用性区域。

Aurora 实例所在的每个可用性区域随后使用该数据或该数据的副本，即使可用性区域变得不可用时，也可以确保高可用性。这些集群还会自动增加大小，这使它们成为目前唯一一种可以进行任何自动扩展的 Amazon RDS 实例类型。这些卷可以增长到 64 TB。

6.5.2　Aurora 副本

Aurora 处理副本的方式也与平常略有不同。与读副本一样，Aurora 副本只支持读取操作。一个主实例最多可以有 15 个副本(加上主实例本身总共 16 个数据库实例)。它们也可以跨越可用性区域。

每个副本在 RDS 设置中继承与主实例相同的优势。副本是自我修复的，可以从崩溃中恢复，如果需要，甚至可以升级为主实例。

6.6　本章小结

就利用 AWS 的价值主张而言，Amazon RDS 在许多方面处于中间地带。与在实例上手动安装数据库相比，它的配置和管理更加容易，调整大小也比典型的数据库实例容易得多。然而，即使使用 Amazon Aurora，它也不是一个不需要维护的解决方案；只是 AWS 中的受管服务需要的监控和干预要少得多。

也就是说，除非有定制的插件或非常特殊的要求，否则在 AWS 上安装关系数据库基本上不是一个好的想法。Amazon RDS 减少了 SysOps 管理员的管理开销，这意味着你有更多时间关心与应用和平台持续运行相关的其他问题。

在管理 RDS 和回答有关 RDS 的问题方面，需要了解实例大小及其管理，而不是 AWS。你可以添加读副本和设置多 AZ，并且知道哪个选项在何时更合适。这两个功能不完全相同并且是不能互换的，如果不能轻易地将它们区分开，那你的工作和考试都会不顺利。

6.7　复习资源

Amazon RDS：

https://aws.amazon.com/rds/

Amazon Aurora：

https://aws.amazon.com/rds/aurora/

AWS 数据库主页：

https://aws.amazon.com/products/databases/

AWS RDS 扩展文档：

https://aws.amazon.com/blogs/database/scaling-your-amazon-rds-instance-vertically-and-horizontally/

6.8 考试要点

解释 Amazon RDS 对数据库实例的使用。Amazon RDS 通过在实例上设置数据库提供数据库实例。这听起来似乎显然易见，但重要的是要认识到实际上实例已被使用，并且你与 AWS 在这些实例上共同承担责任(与 DynamoDB 进行比较，DynamoDB 将这些实例控制完全隔离开来)。AWS 会修补你的实例，但你需要调整它们的大小并处理它们自己以及周边的安全性。

了解 Amazon RDS 如何处理弹性和可伸缩性。Amazon RDS 不是一个弹性服务。数据库实例的大小不能迅速或按需进行调整。添加读副本是最接近弹性的选项。Amazon RDS 允许轻松地调整实例大小来处理可伸缩性，而不需要大量开销。

了解 Amazon RDS 支持的数据库引擎。Amazon RDS 支持 Amazon Aurora、MySQL、MariaDB、PostgreSQL、Oracle 和 SQL Server。一般来说，Amazon Aurora 的功能最强，紧随其后的是 PostgreSQL 和 MySQL。

解释与高可用性相关的读副本和多AZ 设置之间的区别。读副本是主数据库实例的副本，可以位于相同或不同的可用性区域以及相同或不同的区域。这些副本是只读的，可以提高应用的读取性能。多AZ 设置用于灾难恢复，包括添加一个备用实例，该实例从主实例复制到另一个可用性区域(但与该实例位于同一区域)中。如果主实例失败，备用实例将成为主实例。

解释如何使用读副本提高性能。最多可以将 5 个读副本添加到 MySQL、MariaDB 或 PostgreSQL 类型的 Amazon RDS 数据库，而 Aurora 实例最多可以有 15 个读副本。这些副本是只读的，并且具有与主实例不同的连接字符串和 DNS 解析。它们通过提供额外的读取容量明显提高性能。

定义 Amazon Aurora 的主要特性，作为 MySQL 和 PostgreSQL 的替代数据库。Amazon Aurora 是一种特殊类型的关系数据库。它为每个实例提供高达 64TB 的存储空间，最多可以包含 15 个读副本，并且具有容错和自我修复功能。它还自动处理备份(如所有 Amazon RDS 实例所配置的那样)并在至少 3 个可用区域之间进行复制。此外，它还提供了针对 MySQL 和 PostgreSQL 的替换版本。

6.9 复习题

附录中有答案。

1. 以下哪项是 Amazon RDS 最容易实现的？
   A. 数据库的可延展性
   B. 数据库的弹性
   C. 数据访问的自动可扩展
   D. 对数据库的网络访问
2. Amazon RDS 与自动缩放组相似之处在哪里？
   A. Amazon RDS 和自动缩放策略都将通过添加实例以响应不断增长的需求
   B. 当达到与使用相关的数据流阈值时，Amazon RDS 和自动缩放策略都会触发警报
   C. Amazon RDS 和自动缩放策略都为应用提供弹性
   D. 以上说法都不对
3. 关于通过 Amazon RDS 创建的数据库，以下陈述哪项不正确？
   A. 由于是 Amazon RDS 管理数据库实例，因此数据库使用率永远不会达到 100%
   B. 数据库实例需要由客户确定大小，而不是由 Amazon RDS 自动处理
   C. Amazon RDS 收费的一部分与选择的数据库实例的大小有关
   D. Amazon RDS 数据库配置比在实例上手动安装数据库简单得多
4. Amazon RDS 何时修补受管数据库实例？
   A. 每月一次
   B. 每次有新的软件补丁可用时
   C. 每次与安全性或实例可靠性相关的修补程序可用时
   D. 从不；由用户负责打补丁
5. 如何限制对 Amazon RDS 实例的访问？(选择两项)
   A. 通过 IAM 角色限制资源对数据库实例的访问
   B. 通过 NACL 限制对数据库所在 VPC 的访问
   C. 通过在实例上运行的数据库中设置用户权限
   D. 通过使用堡垒机限制对数据库实例的直接访问
6. 以下哪些是 Amazon RDS 支持的备份方法？(选择两项)
   A. 自动每小时快照
   B. 自动每日快照
   C. 用户随时启动的快照
   D. 在数据库实例设定的维护期内由用户启动的快照

7. Amazon RDS 备份默认的保留期是多久？
   A. 3 天
   B. 7 天
   C. 10 天
   D. 此值在实例创建时设置
8. 关于读副本，以下哪项不正确？
   A. 复制以异步方式进行
   B. 默认情况下，备份在副本上配置
   C. 副本可以提升为主实例
   D. 可以在与主实例相同的可用性区域中创建读副本
9. 关于多AZ 配置，以下哪项不正确？
   A. 复制同步发生
   B. 默认情况下，备份在备用实例上配置
   C. 备用实例可以提升为主实例
   D. 可以在与主实例相同的可用性区域中创建备用实例
10. 关于多AZ 配置，以下哪项不正确？
   A. 复制以异步方式进行
   B. 默认情况下，备份在备用实例上配置
   C. 备用实例可以提升为主实例
   D. 复制以同步方式进行
11. 使用多AZ 设置时，如果主数据库实例无法访问，则会自动发生以下哪些情况？(选择两项)
   A. DNS CNAME 更改为指向备用实例
   B. 备份从备用实例切换到主实例
   C. 备用实例被提升为主实例
   D. 主实例重新启动
12. 以下哪项是减少数据库实例读负载的最佳解决方案？
   A. 将读副本添加到数据库
   B. 向数据库中添加多AZ 配置
   C. 在第二个区域中创建新的数据库，并且在原始数据库和新数据库之间建立复制
   D. 在第二个可用性区域中创建新的数据库，并且在原始数据库和新数据库之间建立复制
13. 以下哪些选项是允许部署读副本的选项？
   A. 与主实例相同的可用性区域
   B. 与主实例不同的区域
   C. 与主实例相同的区域
   D. 以上都是
14. 在部署多AZ 配置中的备用实例时，下列哪些选项是允许的？

A. 与主实例相同的可用性区域

B. 与主实例不同的区域

C. 与主实例相同的区域

D. 以上都是

15. 以下哪些项是读副本的好用例？(选择两项)

A. 显示大量待售商品的网站的数据库实例

B. 专注于报告的数据仓库的数据库实例

C. 将大量用户添加到邮件列表的网站的数据库实例

D. 保证即使网络连接丢失，应用还可以继续运行的数据库实例

16. Amazon Aurora 中表的最大大小是多少？

A. 16 TB　　B. 32 TB　　C. 64 TB　　D. 128 TB

17. Amazon Aurora 可以直接替换哪些数据库引擎？(选择两项)

A. MariaDB　　B. SQL Server　　C. MySQL　　D. PostgreSQL

18. 使用 RDS 时，AWS 会自动处理以下哪些项？(选择两项)

A. 修补数据库服务器

B. 优化 RDS 实例接收的查询

C. 创建符合组织长期保留要求的备份

D. 定期进行时间点备份

19. 假定你在生产和开发环境中使用 Amazon RDS 实例。两个实例都在 db.t3.small 实例上运行。最近，尽管开发一直没有问题，但是生产环境出现性能下降的趋势，特别是在向生产实例写入新数据时。你会考虑改变什么解决这个问题？

A. 在生产数据库之前设置 ElastiCache 以缓存请求

B. 升级生产数据库以使用更大的实例类型

C. 在生产实例上设置读副本

D. 为生产数据库提供额外的网络带宽

20. 如果使用多AZ 设置，在从一个 RDS 实例到另一个实例的故障转移场景中，不会发生以下哪种情况？

A. 所有请求都将从失败的实例重新路由到新实例

B. DNS 条目指向新实例

C. 活跃实例的 IP 地址可以更改

D. 在切换到新实例之前，失败数据库中正在进行的活动会完成

第7章

自动缩放

本章涵盖的 AWS Certified SysOps Administrator-Associate 考试主题包含但不局限于以下内容：

✓ 知识点 2.0 高可用性

- 2.1 基于用例实现可扩展性和弹性
- 2.2 认识和区分 AWS 的高可用性和弹性环境

✓ 知识点 3.0 部署和供给

- 3.1 确定并执行提供云资源所需的步骤

✓ 知识点 7.0 自动化和优化

- 7.1 通过 AWS 服务和特性管理和评估资源利用率
- 7.2 采用成本优化策略有效利用资源
- 7.3 自动化手动或可重复的过程以最小化管理开销

Amazon Web Services(AWS)的大部分业务都建立在一个基本原则上：可伸缩性。与其他方面相比，AWS 业务更为核心的一点是，它能够延展以满足需求，然后在需求减少时缩小规模以降低成本。这个说起来容易，但是实现起来非常困难，自动缩放功能是 AWS 为用户提供对这个过程的控制所采取的方法。

虽然许多 AWS 受管服务会自动垂直伸缩(例如 Lambda、DynamoDB 和简单邮件服务)，但其他许多服务不会这样做。例如，你的 EC2 实例组不会神奇地增长以满足需求。尽管你可以启动 100 个实例来处理激增的流量，但当流量激增结束时，AWS 不会减少实例个数。

在这些情况下，自动缩放就显得至关重要。自动缩放提供了一种机制，可以定义策略向上和向下扩展实例(主要是 EC2 实例)，还提供了其他许多 AWS 功能，以满足需求、降低成本和最终为应用提供 AWS 众所周知的可扩展性。

本章涵盖：

- 自动缩放基础知识，包括关键术语和基本原则
- 自动缩放策略中最小容量和预期容量的重要区别
- 启动配置、Amazon 机器镜像(AMI)和启动新实例作为自动缩放的一部分所需的组件
- 启动模板和启动配置之间的区别以及为什么偏向使用其中一个
- 引起缩放事件的各种触发器

7.1 自动缩放的术语和概念

自动缩放听起来很简单，即启用这个功能后，就可以根据容量需求进行自动调整。不过，这个过程还有很多细节，在有效设置自动缩放之前，需要清楚地了解其中涉及的概念。

自动伸缩意味着处理可伸缩性，并且在这个过程中帮助管理成本，但如果管理不当，则可能会造成巨大的开支。例如，在垂直或水平放大实例组之后而没有进行正确的缩小设置，等到了月底，你会发现已花费额外的数千美元。

7.1.1 自动缩放组

自动缩放中最基本的概念是自动缩放组。所谓自动缩放组就是一组自动缩放的事项。因此，在典型情况下，自动伸缩组是一组 Amazon 弹性计算云(EC2)实例。该组可以有零个实例，一般至少有一个实例，并且可以增长到指定的最大值。

一个组包含许多属性，稍后会介绍这些属性：最小值、最大值、预期容量等。因此，自动缩放是 AWS 中的服务或工具，而自动缩放组是该服务在实践中的一个具体案例。通常会看到自动缩放组是由每个实例的正方形表示，组的成员周围有长虚线，以及一组箭头，如图 7.1 所示。

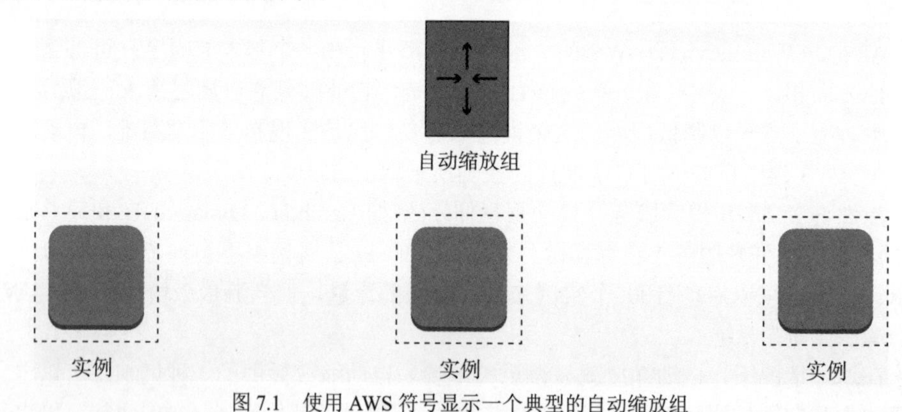

图 7.1 使用 AWS 符号显示一个典型的自动缩放组

7.1.2 缩小和放大

自动缩放这个词汇中的所有内容都是围绕着向外扩大和向内缩小而展开的。向外扩大通常被视为“向上扩展”，向内缩小则被视为“回缩”或“向下扩展”。换句话说，向外扩展会增加集群的边界，向内扩展会缩小这些边界。图 7.2 以简单的形式显示了这一点。

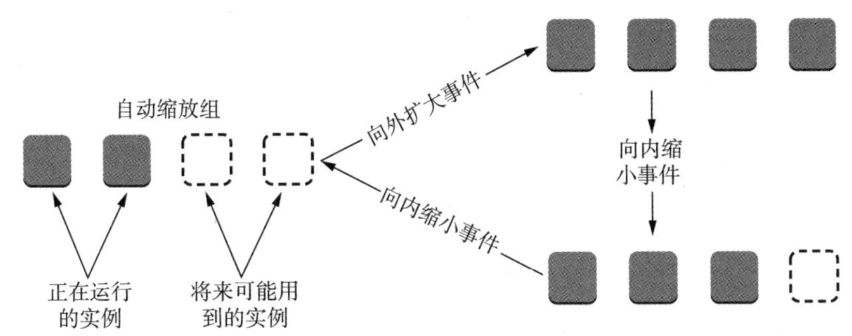

图 7.2 自动缩放组中的一组或一集群实例可以向外扩大和向内缩小，所有这些都基于触发器和配置

提示：

最好将实例集群看成一条水平线，而不是一个没有组织的分组。这样就容易记住，向外扩大意味着服务器队列的宽度增加(向外)，向内收缩意味着服务器队列的宽度缩小(向内)。

需要理解的另外一个重点是，当向外扩展时，是使用相同的事物向外扩展。换句话说，如果有一个向外扩展的 EC2 实例集群，那么你会得到更多的 EC2 实例。当向内收缩时，会获得更少的 EC2 实例。集群是同质的；它们都是同一类型。

7.1.3 EC2 以外的缩放

当听到或读到“自动缩放”时，无论是在会议室还是在认证考试中，你几乎总是可以将其解释为“自动缩放 EC2 实例”。事实上，现在有一个特定的服务，即 Amazon EC2 自动缩放服务。它用来处理 EC2 实例，但与自动缩放的功能几乎等同。

尽管这在实践中是正确的，但事实上却并非如此。AWS 提供了许多附加的自动缩放选项。任何时候如果没有缩放 EC2 实例，你都可以使用“应用自动缩放API”，它允许为非 EC2 实例设置自动缩放功能。你可以缩放以下内容。

- Amazon ECS 服务；
- Amazon EC2 现场队列；
- Amazon EMR 集群；
- Amazon AppStream 2.0 队列；
- 为 Amazon DynamoDB 表和某些二级索引提供的读/写容量；
- Amazon Aurora 副本；
- Amazon SageMaker 端点。

它们的表现形式并不总是完全相同，尤其是当服务需要更多的管理时。例如，扩展 EC2 集群比扩展 Amazon Aurora 副本提供更多的控制和选项。

一般来说，相同的概念适用于 EC2 自动缩放和应用自动缩放 API。不过，这些参数可能会发生改变。

注意：

对于认证考试来说，通常不会询问哪些服务可以通过应用自动缩放 API 进行伸缩，但考试随时都可能更改。当然最终可能会有更多的服务添加到应用自动缩放 API 中，这样这个问题变得更加不太可能出现；AWS 倾向于避免那些很快就过时的问题。

最好了解这些服务是可以通过自动缩放进行扩展和缩小的，这样如果一个问题提到(在特定上下文中)扩展 Aurora 读实例或 ECS 集群，你就不会受阻。

7.1.4 最小容量、最大容量和预期容量

在配置自动缩放组时，可以说最关键的概念是自动缩放组的最小容量、最大容量和预期容量。前两个非常简单：最小值是希望组中拥有的最小实例个数，最大值是想要支持的最大实例个数。

换句话说，自动缩放组总是有一些实例等于或大于最小值和小于或等于最大值。例如：

- 最小值为 0，最大值为 5，则自动缩放组可以有 0、1、2、3、4 或 5 个实例。
- 最小值为 1，最大值为 1，则自动缩放组始终只有一个实例。
- 最小值为 5，最大值为 10，……

花点时间仔细考虑最小值是必要的。这通常是自动缩放组在其最低使用率时的“休眠状态”(稍后将讨论一些例外情况)，因此要找出保持运行实例的最少个数。因为这与团队的最低成本相关，所以不能轻视。

如果设置最小值为 5，那你会一直支付至少 5 个实例的费用。从规则上说，可以将最低理想值设置为 0。如果没有负载，你的成本可以降到零。

设置最大值显得稍微不那么重要，因为可以在看到负载的具体表现以后，再增加这个数值。一般来说，较高的最大值不会对成本产生负面影响，因为达到该最大值表示需要额外的容量。

预期容量有点棘手，因为与最小或最大容量不同，它不是静态值。自动缩放组的预期容量是该组的目标实例数；它是该组当前正在寻求提供的数量。如果预期容量大于组中的实例数，则组将向外扩展。如果预期容量较小，则组将向内缩小。

因此，当开始构建一个被动自动缩放组时，预期容量是关键概念。如果负载指标值变高，通常会增加预期容量；如果负载指标值反映不需要太多实例，则通常会减少容量。而且，正如你所猜测的那样，预期容量的最小值应该等于组的最小值，它的最大值应该等于组的最大值。

7.1.5 自动缩放组的自动缩放

说一个自动缩放组自动缩放似乎有点愚蠢，但这是需要了解的一个关键点。在任

何时候，如果自动缩放组的实例数与其预期容量不同，则会发生缩放事件。

提示：

这句话有一些例外。自动缩放和 CloudWatch 是启动缩放事件的两种主要机制，它们定期执行检查。这些检查很频繁，但可能在检查之前关闭预期容量值一两分钟，然后再发生缩放事件。

自动缩放经常对组内的实例执行健康检查。如果实例不正常，则终止该实例并启动一个新实例，尽量将运行的实例个数保持为预期容量值。如果手动停止一个实例或添加另一个实例，则自动缩放也会通过启动一个新实例或关闭一个实例自动调整组。

注意：

健康检查仅在处于 InService 状态的实例上进行。当实例启动或关闭时，不会执行健康检查，这样可以防止假的故障。

这意味着手动调整自动缩放组的大小无法通过手动添加或删除实例来有效完成。相反，可以手动更新预期容量，然后让自动缩放组自动添加或删除实例以满足新的预期容量。

提示：

预期容量的基本形式很简单；它也是必要的，并且几乎与自动缩放的每个方面都有关联。到目前为止，这里的重点是了解预期容量与自动缩放组的最小值和最大值之间的关系，并且知道它是组中的目标实例数。然后，你会逐步了解各种触发器和警报如何通过它动态调整组的大小。

7.1.6 自动缩放实例需要维护

EC2 实例不是受管服务，它必须像任何其他实例一样进行维护。自动伸缩提供了一种维护手段将实例从 Inservice 状态转换到 Standby 状态。当实例转变为 Standby 状态时，会发生以下情况。

- 实例保持 Standby 状态，直到手动更改为其他状态。
- 自动缩放组将预期容量减 1。
- 与自动缩放组关联的负载均衡器不再发送数据流到这个实例。

当实例返回 InService 状态时，会发生以下情况。

- 预期容量加 1。
- 实例注册到自动缩放组的负载均衡器中。

7.2 启动配置

自动缩放的基本思想是可以方便地在组中添加或删除实例。移除实例很简单，但如何确保添加的实例与现有实例更接近一种类型呢？这就是启动配置所提供的东西：实例配置模板(AWS 术语)。启动配置通常包括如下内容。

- 用于实例的 AMI 的 ID；
- 实例类型；
- 连接实例的密钥对；
- 一个或多个安全组；
- 块设备映射。

这些是你应该掌握的信息，因为它们是启动组中原始实例所需的信息。换句话说，启动配置只是捕获最初在组中创建实例的方式，然后它允许 AWS 自动缩放功能启动更多相同配置的实例。

注意：

尽管考试中不总是区分 EC2 自动缩放和更通用的术语“自动缩放”，但启动配置仅适用于 EC2 自动缩放。受管服务、数据库和其他非基于实例的自动缩放组不需要相同的信息，尽管这些不同的选项每个都有类似的一些标准信息。

7.2.1 EC2 实例是启动配置模板

如果简单地通过指定一个 EC2 实例来创建一个新的自动缩放组，那么 AWS 将基于该实例的属性创建一个启动配置。这通常是创建自动缩放组的最简单方法：创建一个实例，然后让 AWS 完成工作。

不过，以这种方式创建启动配置时，注意以下几个关键点。

- 自动缩放组没有应用于该组的原始 EC2 实例的标记，需要手动标记这个组。
- 在实例 AMI 中指定的实例的任何 EBS 卷或块映射都成为启动配置的一部分。但是，在启动后如果有任何设备连接到实例，则它们不会成为启动配置的一部分。

警告：

这个很重要。由于容易忘记这个细节，你可能会绞尽脑汁，试图找出为什么不能从一个完全有效的实例中获得块映射。解决方法最后还是回到用作模板实例的 AMI；AMI 是关键，而不是当前运行实例的状态。这也是一道棘手但很重要的考试题。

- 启动配置或自动缩放组中不包含实例的负载均衡器信息。它们在独立的流程中处理负载均衡信息。

7.2.2 一个自动缩放组拥有一个启动配置

每个自动缩放组通常有且仅有一个启动配置(有一个可能的例外，下一节中将提到)。你找不到具有两个启动配置的自动缩放组，因为自动缩放的整个思路就是一致性地创建更多相同的组件。

不过，这里不太显而易见的是，创建启动配置并附加到自动缩放组后，就不能再修改该启动配置。你必须创建一个新的启动配置(可以在现有的启动配置基础上)，然后再应用到自动缩放组。

但这实际上造成了一个古怪的问题：组中启动的新实例与旧实例不匹配。它们将基于新的启动配置。这可能会让人困惑。有几种方法可以减少出现这个问题的可能。

- 使用新的启动配置创建一个全新的自动缩放组，然后关闭旧组。
- 将组的预期容量设置为0，分配新的启动配置，然后增加预期容量。
- 分配一个新的启动配置，然后手动终止旧实例。

这些步骤都不是必需的，但它们的目的都是尽量保持自动缩放组内构件的一致性。

7.2.3 启动模板：版本化的启动配置

包含启动配置的自动缩放组的一个不同之处是它带有启动模板。AWS建议使用启动模板来启动配置，但如果不先掌握启动配置的概念，就很难理解启动模板。

启动模板包含启动配置中的所有信息：AMI ID、实例类型、密钥对信息、块映射等。但是，启动模板是版本化的，它们允许从一个基础模板中创建多个版本。你可以在不同的组中使用这些版本，存放较旧的配置并还原为这个配置，甚至可以在不同版本中更改块映射或网络配置，同时共享通用的AMI ID和密钥对。

就像从一个实例中创建启动配置一样，也可以从启动配置中创建启动模板。此外，近年来，AWS启动模板的一些功能并不适用于启动配置，例如使用不受限制的T2实例和在自动缩放组中与按需实例一起使用现场实例。

7.3 自动缩放策略

与AWS中的大多数功能一样，实现自动缩放可以有多种方法。每种缩放方式都称为自动缩放策略，并且每种方式都略有不同。

7.3.1 手动缩放

手动缩放与自动缩放在术语上有点矛盾；如果使用手动缩放，则自动缩放组中唯一真正自动的部分是创建新的实例。在这个策略中，你可以通过 AWS 控制台或 CLI 增加或减少预期容量，之后由组对创建或删除实例进行响应。

你也可以直接在自动缩放组中附加和解除实例。这种情况下，预期容量根据手动操作进行变化。如果添加实例，预期容量加 1；如果删除实例，预期容量减 1。这是手动缩放与其他方式相比的不同之处。

警告：

将实例附加到现有的自动缩放组时，该实例必须使用系统中存在的 AMI 运行。它不能是另外一个自动缩放组的一部分，并且必须在目标自动缩放组允许的可用区域中运行。

7.3.2 计划缩放

计划缩放比手动缩放稍微复杂一些。在这个策略中，你提供一个特定的时间和一个预期容量来设置自动缩放组。自动缩放将根据该计划调整预期容量，然后创建或删除实例以匹配更新的预期容量。

注意：

你还可以按计划调整自动缩放组的最小值或最大值。这有可能不会使组中实例个数实际发生更改。

计划调度有一些限制，但它们相当极端。例如，对于自动缩放组，只能有 125 个计划操作。实际上，不容易达到这个上限，因此它们也不会出现在考试中。

如果想超出静态的计划，其他策略会更合适。但是，对于已知的工作负载峰值或批处理，计划扩展是一个完美的选择。

7.3.3 动态缩放

动态缩放是目前最常用的缩放策略，它支持许多子策略。所有这些都基于 AWS 环境中的事件并对这些事件做出反应。

目标跟踪缩放允许设置特定的指标(如 CPU 使用率)和值(如 80%)。然后，自动缩放组会根据策略尝试添加或删除实例。因此，可以设置一个策略，在使用率达到 80%时添加实例，直到不再满足目标指标值(例如使用率降至 70%)。你也可以设置下限，这样在使用率低于 50%时删除实例。

你可以设置步进缩放策略以逐步增加多个而不是单个实例。除了指定增加或减少一个特定的值(例如增加两个实例)，还可以设置百分比，将组的大小增加 10%或 20%。这使得步进缩放对大小不相同的组来说非常有价值。

步进缩放包括许多重要参数。

- ChangInCapacity：当发生缩放时，增加或减少 ChangInCapacity 中指明的实例数量。
- ExactCapacity：缩放到指定数量。可以指明，如果 CPU 利用率达到 80%，则精确地扩展到 10 个实例。
- PercentChangeCapacity：基于与当前组大小相关的百分比的缩放。对于一个 8 个成员的组来说，25%的容量变化是添加或删除两个实例。

注意：
大于 1 的百分比值向下舍取，因此 8.7 将舍取为 8 个实例。介于 0 和 1 之间的值舍取为 1，介于 0 和-1 之间的值舍取为-1。小于-1 的值将向上舍取，因此-8.2 将向上舍取到-8(减少 8 个实例)。

7.3.4　冷却期

自动缩放的一个棘手事情是缩放事件的触发与事件完成所需时间之间的关系。通常，一个实例(或多个实例)在扩展启动或缩小关闭时都需要时间。在此期间，可能会发生其他触发事件并请求更多实例。很快你就会发现这会导致失控。本来只需要一个实例处理请求的增加，结果可能会导致 3 个或 4 个实例启动，所有这些都是对单个事件触发器的响应。

为避免这种情况，AWS 自动缩放使用了冷却期。在此期间，不会触发其他事件。它的思路是，已经触发的实例可以完成启动或关闭。然后，当周期结束后，可以安全地查看是否需要触发更多缩放事件。此冷却期在简单的缩放策略中始终处于打开状态，并且在所有策略中配置。

默认的冷却时间为 300 秒(5 分钟)并应用于简单缩放中的所有缩放事件。你也可以将此时间段用于其他缩放策略或自定义配置。

提示：
一个好的冷却期会根据组中实例的典型启动和关闭时间进行调整。如果实例运行一个启动脚本，从请求到运行的时间是 4 分钟，那么一个好的冷却期可以是 4.5～5 分钟。太长的时间会阻碍组尽快扩展，过短的时间会导致错误的触发事件。

7.3.5　实例按序终止

发生缩放事件时，自动缩放组不会随机选择要终止的实例。相反，它使用几种排序方法之一。默认情况下，实例将根据以下条件按顺序终止。

① 实例最多的 AZ 中的实例被终止。

② 将使整个组和任何与按需或现场实例相关的分配策略保持一致的实例被终止。

③ 具有最旧启动模板的实例被终止。

④ 具有最旧启动配置的实例被终止。

⑤ 最接近下一个计费小时的实例被终止。

⑥ 随机终止一个实例。

每个条件都在前一个条件之后进行判断。换句话说，如果一个 AZ 中有多个“额外”实例(条件①)，则应用下一个条件(条件②)来确定删除哪个实例。

注意：

你可以在控制台或 CLI 中通过设置实例的状态来保护该实例不受向内缩小事件的影响。这样该实例就不在上述评估条件列表考虑之内。

你也可以从以下选项中手动设置自己的终止策略。

- OldestInstance：组中最早的实例首先终止。
- NewestInstance：组中最新实例首先终止。
- OldestLaunchConfiguration：具有最旧启动配置的实例首先终止。
- OldestLaunchTemplate：与 OldestLaunchConfiguration 相同，但查找的是启动模板，然后终止。
- ClosestToNextInstanceHour：终止组中最接近下一个计费小时的实例。
- AllocateStrategy：适用于有现场和按需实例的情况，并且尽可能使组中的实例与现场和按需实例之间的分配策略保持一致。
- Default：简单地使用默认标准。

7.4 当自动缩放失败时

虽然自动缩放功能十分强大和实用，但是只有它的配置正确时才真正有用。遗憾的是，很多方法导致自动缩放发生错误。以下是一些常见的错误。

- 冷却期时间太短，当不再需要该操作时，实例继续内外缩放。
- 最小值设置得太高，当不需要运行这些实例时，就会产生成本。
- 最小值和最大值之间差别不够大，因此无法充分利用缩放的价值。
- 使用的缩放策略与自动缩放组的大小无关。组大小越大，就越倾向于通过更大的数量或使用基于百分比的缩放方式来更改容量。

在设置自动缩放组时，当然还有很多其他出错的方式。不过，最重要的是，你应该不断检查并调整自动缩放组。如果在创建组后就忘记不管它，它可能会正常地运行，但它可能不是在最佳状态下运行。

提示：
许多考题都集中在关于自动缩放的糟糕设置上，如预期容量与最小值混淆、冷却期太短或者容量的变化不能反映系统的需求等。你对调整自动缩放组越熟悉，就越有可能在考试中快速、清晰地回答有关自动缩放的问题。

7.5　本章小结

自动缩放可以说是需要了解的关于 AWS 最重要的事情之一，这体现在实际实践和参加 AWS 认证考试中。尽管行业的大趋势是倾向于无服务器技术，如 API 网关、Lambda、DyanmoDB、GraphQL 等，但你可能永远不会发现 SysOps 管理员在日常工作中处于不受虚拟服务器影响的境地。如果能够很好地缩放资源，你会节省成本并延长所负责应用的价值和生命周期。

此外，自动缩放很容易出错。一个自动缩放组只有在它的启动配置、模板和容量设置正确后才有用，这些都是你必须设置的。把这些都做对了，那么你的应用可能会变得无趣和可预测；但如果把它们弄错了，很可能你会在半夜接到一位高管的电话，他想知道为什么公司前端速度变慢，或者说前端应用根本没有响应。

一个好的自动缩放策略是长期动态的。你需要对它进行监控并经常调整以确保健康。合理地减小实例大小并使用多个自动缩放组，你的应用和管理层会为此感激不尽。

7.6　复习资源

Amazon 自动缩放：

https://aws.amazon.com/autoscaling/

AWS 管理工具博客(很多缩放相关的主题)：

https://aws.amazon.com/blogs/mt/

AWS EC2 实例缩放文档：

https://aws.amazon.com/ec2/autoscaling/

AWS 自动缩放入门：

https://docs.aws.amazon.com/autoscaling/plans/userguide/auto-scaling-getting-started.html

7.7 考试要点

了解自动缩放组如何放大和缩小。从本质上说，自动缩放组根据需求增长(向外扩展)和缩小(向内收缩)。最具功用的缩放组都为缩放过程调整了策略，并且仔细设置了组大小和弹性的控制参数。

知道自动缩放组具有最小容量、最大容量和预期容量。组不能超出其最小值进行收缩或超出其最大值进行扩展。预期容量是指在任何给定时间打算运行的实例个数。当预期容量增加时添加实例，当预期容量减少时删除实例。

了解自动缩放组对外部触发器的反应。自动缩放组参数虽然可以手动更改，但是修改自动缩放组预期容量的最常见用例是通过外部触发器，例如当 CloudWatch 警报关闭时。该警报可能正在监控实例的 CPU 使用率，当阈值超出时，它会通知自动缩放组向外扩展。

解释如何手动控制自动缩放组中的实例。你仍然可以手动停止、启动和更改实例的状态。最常见的情况是，将实例置于 Standby 状态以进行维护。自动缩放组会对这些更改做出反应。如果删除实例，则启动一个新实例；如果添加实例，则删除另一个实例。如果一个实例处于 Standby 状态，组的预期容量减 1(这个是默认状态，可以被覆盖)。

了解启动配置和启动模板如何为启动新实例提供可重复的设置。启动配置和启动模板都可用于指明启动新实例的关键参数，如密钥对、安全组、网络设置和块存储映射等都可以在启动配置或启动模板中捕获。启动模板还提供版本控制，它是目前存储实例启动信息的首选方法。

解释如何通过默认和自定义策略终止和缩放实例。每个自动缩放组的缩放策略和终止策略都是可以配置的。两者的默认配置都存在，并且都是可预测的，通常经过调整可以维护组所提供的配置，这样在可能的情况下节省开支。

7.8 练习

这些练习基于这样的假设：你已建立一个基本网络，并且至少有两个子网，每个子网分配到不同的可用性区域。在这个例子中，我将使用 Private 1(10.0.10.0/24)和 Private 2(10.0.11.0/24)。

练习 7.1

创建启动配置

创建自动缩放组的第一步是创建启动配置。启动配置用于配置要使用的 AMI、网络、角色和要添加的任何引导数据。

(1) 登录 AWS Management Console。

(2) 在 Compute 下选择 EC2。

(3) 从 EC2 Dashboard 菜单中向下滚动到 Auto Scaling，然后选择 Launch Configurations 选项。

(4) 单击蓝色的 Create Launch Configuration 按钮。

(5) 需要选一个 AMI 并且选择你想要的类型。在本练习中，我将选择 Amazon Linux 2 镜像。单击所需图像旁边的 Select 按钮。

(6) 选择所需的实例类型，这里选择 t2.micro。单击 Next:Configure Details 按钮。

(7) 输入 StudyGuideLC 作为名称。单击 Next:Add Storage 按钮。

(8) 单击 Next:Configure Security Group 按钮。

(9) 单击 Review 按钮，然后单击 Create Launch Configuration 按钮。

(10) 选中复选框并单击 Create Launch Configuration 按钮，确认你有权访问密钥对。

(11) 在 Creation Status 屏幕上，你会看到 Successfully created launch configuration: StudyGuideLC 消息，单击 Close 按钮。

完成这些步骤后，就拥有了一个启动配置。现在让我们创建一个自动缩放组。

练习 7.2

创建自动缩放组

在本练习中，将创建一个向上扩展的自动缩放组。

(1) 从 EC2 Dashboard 菜单的 Auto Scaling 下，选择 Auto Scaling Groups 选项。

(2) 单击 Create Auto Scaling Group 按钮。

(3) 在 Create Auto Scaling Group 屏幕上，保留默认的 Launch Configuration 选项，并且选中在上一个练习中创建的启动配置旁的复选框，如图 7.3 所示。

(4) 单击 Next Step 按钮。

(5) 对你的组进行命名，此处命名为 StudyGuideASG。

(6) 设置两个实例作为组大小。

(7) 在 Network 下选择你的 VPC。

(8) 单击 Subnet，然后选择可用于多个可用性区域的子网，在本例中为 Private 1 和 Private 2。

(9) 单击 Next:Configure Scaling Policies 按钮。

(10) 选择 Use Scaling policies to adjust the capacity of this group。选择在 1～4 个实例之间缩放。

(11) 单击蓝色超链接 Scale the Auto Scaling Group using step or simple scaling policies。

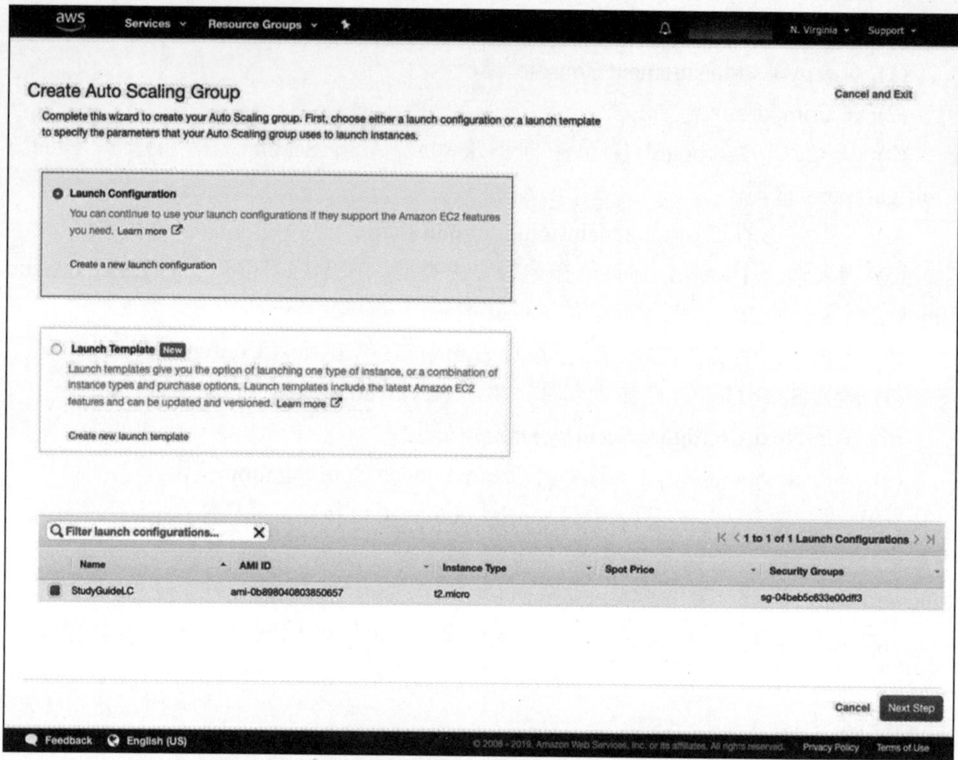

图 7.3 需要选择前面步骤中的启动配置才能使用 Launch Configuration 选项

(12) 在 Increase Group Size 下单击 Add New Alarm 按钮(如图 7.4 所示)。

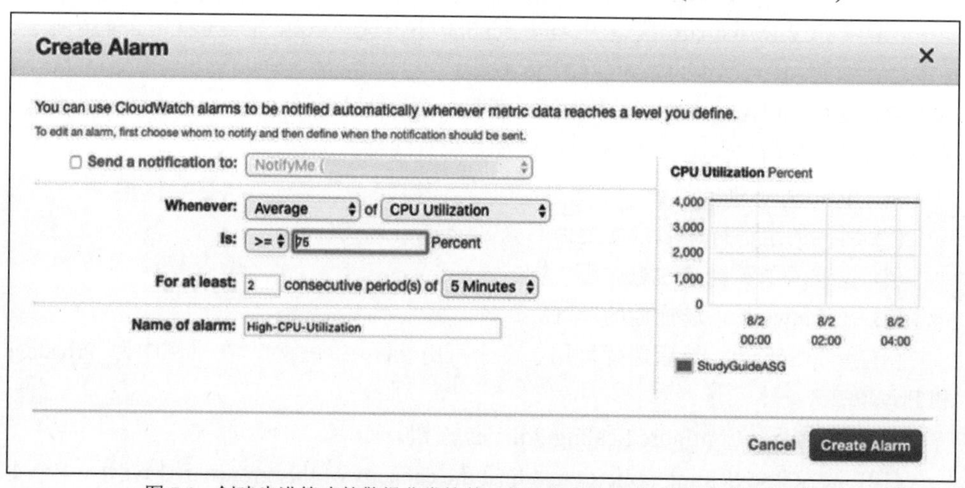

图 7.4 创建步进策略的警报非常简单，你只需要决定自动缩放评估的内容

(a) 取消选中 Send a notification to 复选框。

(b) 设置 Whenever 为 Average Of CPU Utilization。

(c) 设置 Is≥75%。

(d) 设置 For at least 为 2 consecutive periods of 5 Minutes。

(e) 设定报警名称为 High-CPU-Utilization。

(f) 单击 Create Alarm 按钮。

(13) 在 Instances Need 栏输入 300。

(14) 在 Decrease Group Size 下单击 Add New Alarm 按钮。

(a) 取消选中 Send a notification to 复选框。

(b. 设定 Whenever 为 Average Of CPU Utilization。

(c) 设置 Is 为≤40%。

(d) 设置 For at least 为 2 consecutive periods of 5 Minutes。

(e) 设定报警名称为 Low-CPU-Utilization。

(f) 单击 Create Alarm 按钮。

(15) 对于 Take The Action 选择 Remove One Instance When 40 >= CPUUtilization > -Infinity 选项。

(16) 单击 Next:Configure Notifications 按钮。

(17) 单击 Next:Configure Tags 按钮。

(18) 单击 Review 按钮。

(19) 单击 Create Auto Scaling Group 按钮。

(20) 向导完成后，单击 Close 按钮。

如果在这些练习之前没有创建任何 Amazon EC2 实例，那么你会发现现在有一个实例已生成，这是因为最小容量设置为 1。

完成此练习后，在清理环境时，请记住先删除自动缩放组，然后终止实例。如果先终止实例，则自动缩放组会启动另一个实例，因为它不再满足最小容量要求。

7.9 复习题

附录中有答案。

1. EC2 自动缩放组可以包含以下哪项？

A. 按需实例

B. 现场实例

C. 容器

D. A 和 B 但不是 C

2. 以下哪些项是启动配置的一部分？(选择两项)

A. AMI ID

B. EBS 卷映射

C. NFS 装载点

D. 用于连接的 IAM 组

3. 自动缩放组的最小值为 2，最大值为 5，预期容量为 3。如果网络已在运行组的 VPC 中达到峰值容量，则组中有几个正在运行的实例？

A. 2

B. 5

C. 3

D. 没有足够的信息来回答这个问题

4. 为什么要选择使用启动模板而不是启动配置？(选择两项)

A. 你想要直接从现有 EC2 实例创建模板

B. 你想要创建共享重要信息但略有不同的模板副本

C. 你想要在自动缩放组中同时使用按需实例和现场实例

D. 你想要有一个具有多个启动模板的组

5. 假定有一个为运行 Web 服务器的 EC2 实例提供服务的自动缩放组。你已将 CloudWatch 设置为监控网络流量并以 80%的阈值将组扩大。执行 CloudWatch 触发器时，自动缩放组的哪个参数会改变？

A. 最小值

B. 最大值

C. 预期容量

D. ScaleBy 值

6. 以下哪项不能指定为启动模板的一部分？

A. 安全组

B. 密钥对

C. AMI ID

D. 目标可用区

7. 以下哪项不是启动模板必需的参数？

A. 安全组

B. 密钥对

C. AMI ID

D. 这些都不是必需的

8. 你负责一个高价值的 Web 应用，该应用应该“始终可用”。它目前由一个自动缩放组支持，该组运行的预期容量为 50 个实例。基于这些信息以及确保应用响应性的需要，你可能会实施什么自动缩放策略？

A. 简单缩放

B. 使用 ExactCapacity 的动态缩放

C. 使用 ChangeInCapacity 的动态缩放

D. 使用 PercentChangeInCapacity 的动态缩放

9. 你有一个 EC2 实例的自动缩放组，它提供 Web 内容服务。Web 流量增加，通过自动缩放创建其他实例，但没有数据流向这些实例。以下哪项可能导致这种现象？

A. 新实例使用与现有实例不同的密钥对启动

B. 下一个实例在与现有实例不同的可用性区域中启动

C. 新实例使用与现有实例不同的安全组启动

D. 新实例还没有完全启动，需要稍等

10. 你有一个自动缩放组，直到最近一直运行良好。你了解到，最近有成千上万的新客户访问受管应用，他们通常在下午 4 点到 8 点之间访问该应用。在这些时间内，所有用户的应用性能都会受到影响。为恢复性能，你可以对自动缩放策略进行哪些更改？(选择两项)

A. 设置计划缩放策略，在下午 4 点显著增加预期容量，并且在晚上 8 点降低预期容量

B. 设置一个动态扩展策略，使容量百分比增加一个较大值

C. 研究使用 CloudFront 为应用数据提供缓存

D. 增加自动缩放组的最大值

11. EC2 自动缩放组的默认冷却时间是多少？

A. 2 分钟

B. 5 分钟

C. 8 分钟

D. 没有默认的冷却期

12. 以下哪项是启动模板提供而启动配置不提供的？

A. 为新实例指定密钥对的能力

B. 对特定启动设置进行版本控制的能力

C. 为新实例指定安全组的能力

D. 备份特定启动设置的能力

13. 以下哪些项是自动缩放组扩展速度不够快而无法处理大量需求增长的常见原因？(选择两项)

A. 冷却期太长

B. 冷却期太短

C. 扩展的步长太小

D. 缩小的步长太小

14. 以下哪些项是使用启动模板而不使用启动配置的原因？(选择两项)

A. 在自动缩放组中使用按需实例

B. 在自动缩放组中使用现场实例

C. 在自动缩放组中使用 T2 实例

D. 在自动缩放组中使用保留实例

15. 以下哪项不是 EC2 自动缩放组中的默认值？

A. 300 秒的冷却期

B. 运行实例的运行健康检查

C. 运行实例失败时自动启动新实例

D. 自动重新启动运行健康检查失败的实例

16. 什么时候对自动缩放组中的新实例进行第一次运行健康检查？

A. 实例启动时

B. 冷却期结束时

C. 实例进入 InService 状态时

D. 介于实例启动后和冷却期结束前的不确定时间

17. 你在运行一个同时具有按需和现场实例的自动缩放组。你看到组中实例出现随机关闭的情况。你找不到任何失败的运行状况检查或触发的缩放事件，但是新的实例启动并替换关闭的实例。可能是什么原因导致了关闭？

A. 健康检查配置不正确

B. 被关闭实例上有一个进程正在锁定该实例上的处理器

C. 这些实例是现场实例，它的价格变化超出了允许范围

D. 实例是现场实例，自动缩放组经常回收现场实例以降低成本

18. 当将一个 InService 状态的实例置于 Standby 状态时，会发生以下哪些情况？(选择两项)

A. 实例的运行健康检查停止

B. 自动缩放组的预期容量减 1

C. 启动另一个实例以替换备用实例

D. 自动缩放组的最小值减 1

19. 可用性区域 1 中有 3 个实例，可用性区域 2 中有 2 个实例，可用性区域 3 中有 4 个实例。没有使用现场实例，也没有受保护的实例。可用性区域 1 中的一个实例最接近下一个计费小时，而可用性区域 2 中的一个实例正在使用最旧的启动配置。发生向内缩小事件时，哪个实例将第一个被终止？

A. 最接近下一个计费小时的可用性区域 1 中的实例

B. 可用性区域 2 中使用最旧启动配置的实例

C. 可用性区域 3 中具有最早的启动模板、启动配置或最接近下一个计费小时的实例(按此优先顺序)

D. 没有足够的信息可以判断

20. 以下哪些终止策略并不总是适用于自动缩放组？(选择两项)

A. OldestInstance

B. OldestLaunchTemplate

C. ClosestToNextInstanceHour

D. AllocationStrategy

第 Ⅳ 部分

部署和供给

第8章

中央、分支和堡垒主机

本章涵盖的 AWS Certified SysOps Administrator-Associate 考试主题包含但不局限于以下内容：

✓ 知识点 3.0　部署和供给

- 3.1　确定并执行提供云资源所需的步骤

✓ 知识点 7.0　自动化和优化

- 7.1　通过 AWS 服务和特性管理和评估资源利用率
- 7.3　自动化手动或可重复的过程以最小化管理开销

作为 SysOps 管理员，你一定知道基础设施到位以后，连接就是最重要的事情之一。

例如，虚拟私有云(Virtual Private Cloud，VPC)之间的连接非常重要，尽管有多种方法允许数据流跨越 VPC(例如 VPC 伙伴连接将数据流保持在 AWS 内部，而不是通过互联网访问其他 AWS 资源)。

VPC 有很多可视性，但对实例的远程访问也很重要。其中一个选项是通过堡垒主机远程访问 AWS 资源而不必打开多个 IP 地址。

本章涵盖：

- 介绍 VPC 伙伴
- 选择 VPC 伙伴
- 跨区域使用 VPC 伙伴
- 介绍堡垒主机的概念
- 设计 AWS 环境以使用堡垒主机
- 了解堡垒主机的选项

8.1　VPC 伙伴

VPC 是在 AWS 中创建的逻辑网络。许多 AWS 组件驻留在 VPC 中，通常位于它们自己的子网中。

提示：

本章不深入讨论 VPC。如果 VPC 对你来说是一个新概念，那么建议参阅第 16 章，其中重点介绍了 VPC。

一个大型组织仅有一个 VPC 的情况是不多见的。生产、开发和研发(R&D)等环境各自有 VPC，也可以基于区域划分 VPC 以创建网络分段，例如管理服务区域、包含敏感信息的系统区域和 Web 服务区域。特别是对于包含敏感数据的管理服务和系统，使用 VPC 是可取的，它可以减少通过互联网传输的数据量。通过 VPC 伙伴网络，一个 VPC 中的系统可以直接通过 AWS 的低延迟主干网与另一个 VPC 中的系统进行通信，而不需要通过互联网。

VPC 伙伴连接允许 VPC 之间的双向通信。伙伴连接必须添加到路由表中，这样伙伴专有网络的流量将定向到正确的目的地。VPC 伙伴在路由表中的条目以 pcx 为前缀，后面跟一个破折号和一个随机生成的数字串。安全组或网络访问控制列表(NACL)也需要更新以允许数据流通过。需要记住的重要的一点是 VPC 伙伴是非传递的。也就是说，如果 VPC A 与 VPC B 相连，并且 VPC B 与 VPC C 相连，则 VPC A 并不能与 VPC C 进行通信。同样，VPC A 需要与 VPC C 进行伙伴连接后才能通信。

在建立 VPC 伙伴连接之前，必须确保要连接的 VPC 的 IP 空间没有任何重叠。如果它们重叠了，就不能建立伙伴网络。假设不存在重叠，则可以从一个 VPC 请求伙伴网络连接，然后在另一个 VPC 中接受请求。

接受伙伴连接请求后，需要使用伙伴网络的信息更新路由表。其中一个很好的功能是可以指定整个范围或单个 IP 地址。你可以在图 8.1 中看到这个示例，其中我允许 VPC1 中的一个子网的 IP 地址与 VPC2 通信。

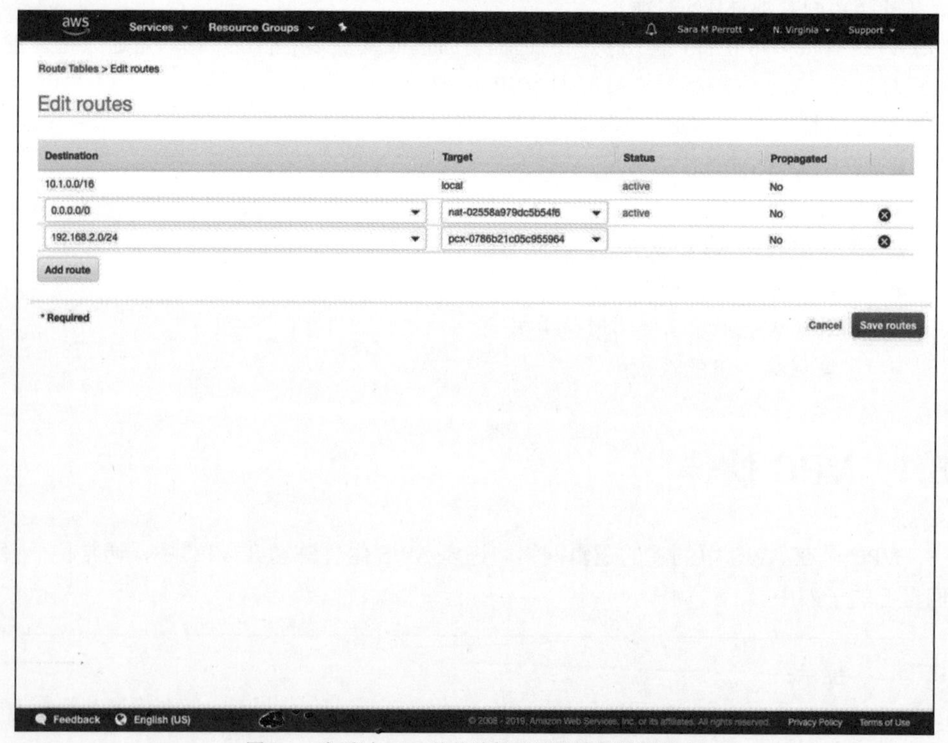

图 8.1　为通过 VPC 伙伴连接传输的流量设置路由

8.1.1　了解中央-分支架构的用例

中央-分支架构旨在解决当需要所有系统共享一个中央 VPC 时组织所面临的问题。当共享服务或受管服务需要连接到其他 VPC 时，这种情况很常见。这种模式被称为中央-分支，中央 VPC 是共享服务驻留的枢纽，而其他被设置为伙伴的 VPC 就是分支。每个分支都可以与中央进行通信，但不能与其他分支进行通信。

通过中央-分支架构，可以将与分支 VPC 连接的文件服务器、活动目录和编排工具等连接到中央 VPC。你可以实现细粒度访问以及允许 VPC 之间的完全访问，也可以更具体地说明伙伴连接允许哪些类型的流量。在图 8.2 中可以获知这个思路。

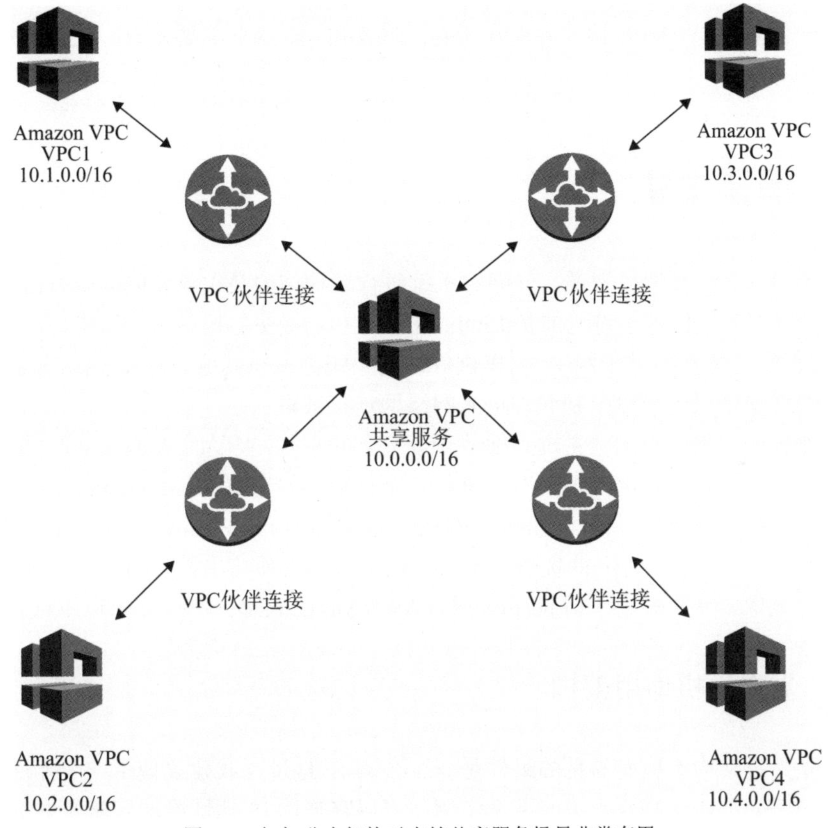

图 8.2　中央-分支架构对支持共享服务场景非常有用

8.1.2　跨多个区域使用 VPC 伙伴连接(区域间伙伴网络)

对将资源转移到云端的组织来说，VPC 伙伴网络提供了优势。以前，只有在同一地区内的 VPC 才能进行伙伴连接；而 AWS 取消了这一要求，现在可以跨区域进行 VPC 伙伴连接。

适用于传统 VPC 伙伴连接的规则同样适用于区域间 VPC 伙伴连接。例如，VPC 中定义的网络范围不能重叠。与 VPN 等传统连接方法相比，跨区域 VPC 伙伴网络的好处在于它们利用 AWS 的低延迟网络，并且不需要额外购买硬件或软件 VPN 设备。使用区域间 VPC 伙伴连接更加安全，因为流量不会通过互联网。

区域间 VPC 伙伴确实有超出传统 VPC 伙伴连接的一些限制。以下是其中的几点。

- 不能引用伙伴 VPC 中的安全组。
- 不能跨区域间 VPC 伙伴连接路由 IPv6 流量。
- 不支持巨型帧。
- 必须确保 DNS 解析在两个 VPC 中都正常工作，也就是说，私有主机名必须解析为私有 IP 地址。

需要注意的是，VPC 伙伴并非在所有区域都可用，因此需要检查它在你所在地区是否可用。

8.2 堡垒主机

对于 SysOps 管理员来说，能够对系统进行远程访问是很重要的一个方面。尽管有许多方法备选，但这里讨论的是 Linux 堡垒主机。堡垒主机是用于远程访问其他系统的系统。它驻留在公共子网中，它提供的访问系统驻留在其他公有和/或私有子网中。通过使用堡垒主机，可以限制允许进入网络的连接数量。

正如你所想象的，堡垒主机必须是一个安全的系统，因为它暴露在互联网上。你可以从头开始构建自己的系统并对其进行安全保护，但在 AWS Marketplace 中还有其他选择。有些选项(如堡垒主机 SSH AMI)享受免费层许可，而其他选项则是按需付费或自带许可证。这些 AMI 的优势在于，它们是专门为堡垒主机而构建的，因此是安全强化型镜像。在我搜索单词 bastion 时，AWS Marketplace 中有 10 个可用选项。

8.2.1 堡垒主机使用架构

堡垒主机架构中显而易见的组件是一个公有 IP 地址。我建议使用一个弹性 IP 地址。它的好处是如果需要升级或更换实例，可以将弹性 IP 地址附加到新实例上。

如果堡垒主机是远程管理 Linux 系统的主要方式，那么需要确保它是高可用的。为确保高可用性，应该在一个自动缩放组中放置多个堡垒主机。如果实例变为不健康状态后需要被替换掉，那么弹性 IP 地址可以移动附加到自动缩放组创建的新实例中。

从安全角度看，一个可公开被访问的系统是一个巨大的挑战。因此，为堡垒主机创建安全组并且只允许特定端口上来自组织内部 IP 范围的连接是限定访问的一种很好的方法。配置多因素身份认证(MFA)进行主机访问可以添加一层保护，同时可以通过软件令牌或基于证书的身份验证提高安全性。

8.2.2　堡垒主机选项

你可能想知道如何开始使用堡垒主机以及有哪些安装和配置选项。让我们了解一些选项。

部署堡垒主机最简单的方法是使用 Linux 堡垒主机的 AWS Quick Start。Quick Start 允许在新的 VPC 或现有的 VPC 中建立堡垒主机，并且遵循 AWS 高可用性和安全性的最佳实践。可以查看 CloudFormation 模板，这样就可看到 Quick Start 正在做什么并在部署之前进行自己的修改。当部署到新的 VPC 时，Quick Start 会安装和配置以下内容。

- 使用两个可用区和一个自动缩放组的架构。
- 在每个可用区都有公有和私有子网的 VPC。
- 一个互联网网关，允许公有子网中的系统流量进出互联网。
- 位于公有子网中的网络地址转换(NAT)网关，允许实例通过互联网网关连接到互联网。
- 每个公有子网中的 Linux 堡垒主机，拥有弹性 IP 地址和已配置为允许 SSH 的安全组。
- Amazon CloudWatch Logs 中的一个日志组，用来保存来自 Linux 堡垒主机的所有 shell 历史。

如果选择构建自己的堡垒主机，那我建议使用一个专门构建的堡垒主机镜像(如图 8.3 所示)，尽管这不是必需的。不管使用哪种方法，你都需要选择一个基于 Linux 的镜像

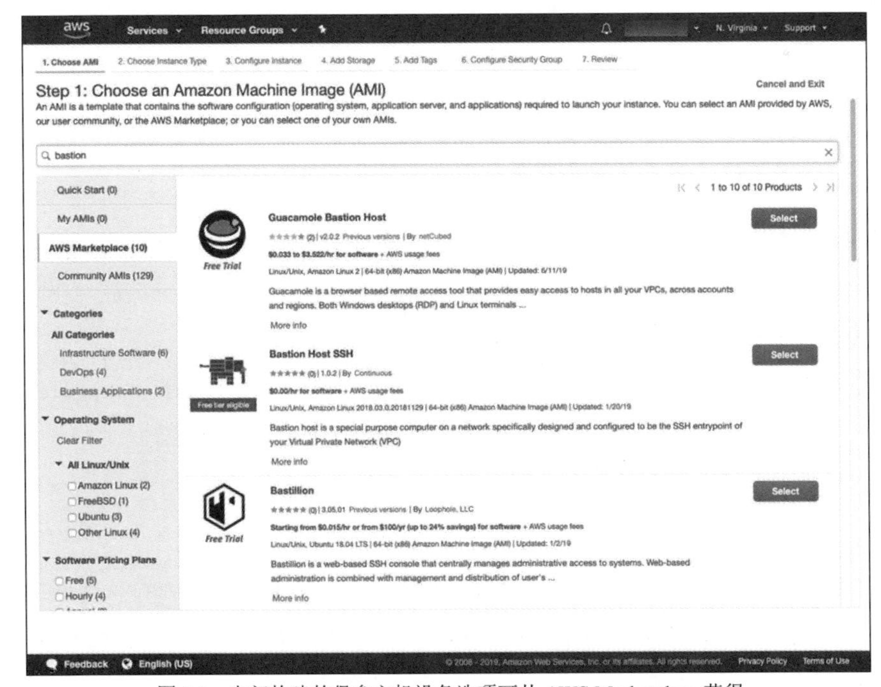

图 8.3　专门构建的堡垒主机设备选项可从 AWS Marketplace 获得

并确保只有必要的服务在系统上运行。不要忘记通过 IP 地址范围和端口号限制对堡垒主机的访问，并且通过使用自动缩放组和弹性 IP 地址确保堡垒主机高度可用。确保 shell 历史记录被记录下来，这样就可以看到谁做了什么以及何时出现问题。Amazon CloudWatch Logs 是一个很好的解决方案。你可以为 shell 历史日志创建一个日志组并配置堡垒主机将日志发送到 Amazon CloudWatch Logs。

8.3 本章小结

VPC 伙伴网络允许将两个 VPC 连接在一起，这样就可以在 AWS 的内部低延迟链路之间传递数据流。为了能够使 VPC 进行伙伴连接，VPC 中的 IP 地址空间不能重叠。VPC 伙伴连接是非传递的，这意味着一个 VPC 只能与另一个已经建立伙伴连接的 VPC 进行通信。你可以在不同区域建立伙伴 VPC；这称为区域间 VPC 伙伴连接，它具有一些常规 VPC 伙伴网络不具备的限制。

堡垒主机通常被称为“跳转主机”，用于远程访问其他网络中的系统和资源。有专门为这个任务构建的网络设备并且它们都进行了安全固化，或者也可以创建自己的堡垒主机。应该使用安全组来限制对堡垒主机的访问，并且应当通过自动缩放组提高堡垒主机的可用性。

8.4 复习资源

VPC 伙伴网络基础：

https://docs.aws.amazon.com/vpc/latest/peering/vpc-peering-basics.html

VPC 伙伴网络场景：

https://docs.aws.amazon.com/vpc/latest/peering/peering-scenarios.html

AWS 云上的 Linux 堡垒主机：

https://docs.aws.amazon.com/quickstart/latest/linux-bastion/welcome.html

8.5 考试要点

了解 VPC 伙伴网络的用例。由于数据流不会离开 VPC，因此 VPC 伙伴网络可以节约成本(出口成本)和提高安全性。由于数据流在 AWS 的低延迟网络中传输，因此还可以提高性能。

了解什么是非传递伙伴连接。AWS 中的 VPC 伙伴网络是非传递的，这意味着 VPC 之间必须直接建立伙伴连接，以便于通信。通信不能通过一个 VPC 到达另一个 VPC。

知道为什么要使用堡垒主机以及如何保护它。堡垒主机提供远程访问网络中其他系统的能力，并且是公开可用的。为保护堡垒主机，我建议对镜像进行固化(停止不必要的服务、保持操作系统的最新状态等)，使用安全组来限制访问，并且对 shell 历史维护日志记录。

8.6 练习

练习 8.1

创建一个 VPC 伙伴连接

在本练习中，将创建两个 VPC，名称分别是 VPC1 和 VPC2。然后，你将建立 VPC 伙伴连接，并且允许一个 VPC 中的系统和资源与另一个 VPC 进行通信。

首先，创建 VPC。在本例中，使用 VPC 向导简化设置。

(1) 登录 AWS Management Console。

(2) 单击 Services，然后单击 Networking & Content Delivery 下的 VPC。

(3) 单击 Elastic IPs。

(4) 单击 Allocate New Address 按钮。

(5) 将 IPv4 地址池设置为 Amazon Pool，然后单击 Allocate 按钮。

(6) 单击 Close 按钮。

(7) 重复步骤(4)～(6)，这样就有两个弹性 IP 地址。

(8) 单击 VPC Dashboard。

(9) 单击 Launch VPC Wizard 按钮。

(10) 单击 VPC With Public And Private Subnets 选项，然后单击 Select 按钮。

(11) 在 IPv4 CIDR block 框中输入 10.1.0.0/16。

(12) 在 VPC name 框中输入 VPC1。

(13) 在 Public subnet’s IPv4 CIDR 框中输入 10.1.0.0/24。

(14) 在 Private subnet’s IPv4 CIDR 框中输入 10.1.1.0/24。

(15) 在 Elastic IP Allocation ID 框中单击，然后选择之前创建的弹性 IP 地址之一。你的设置应该类似于图 8.4。

(16) 单击 Create VPC 按钮。创建过程需要几分钟完成。

(17) 单击 VPC Dashboard。

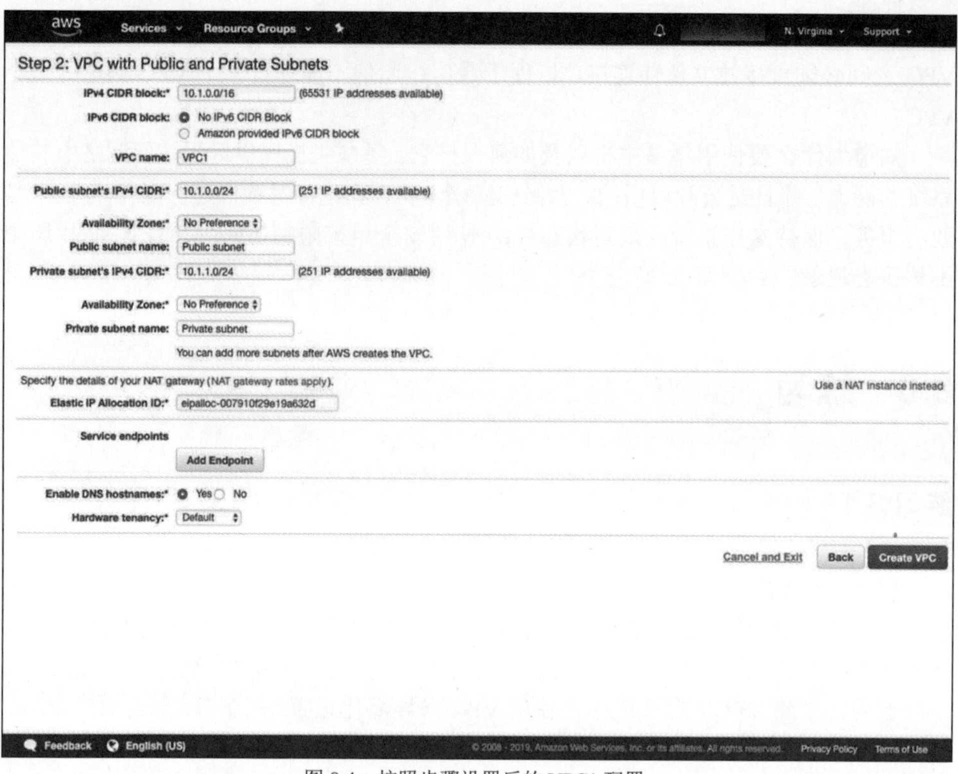

图 8.4　按照步骤设置后的 VPC1 配置

(18) 单击 Launch VPC Wizard 按钮。

(19) 单击 VPC With Public And Private Subnets 选项，然后单击 Select 按钮。

(20) 在 IPv4 CIDR block 框中输入 192.168.0.0/16。

(21) 在 VPC name 框中输入 VPC2。

(22) 在 Public subnet's IPv4 CIDR 框中输入 192.168.1.0/24。

(23) 在 Private subnet's IPv4 CIDR 框中输入 192.168.2.0/24。

(24) 在 Elastic IP Allocation ID 框中单击，然后选择前面创建的弹性 IP 地址之一，如图 8.5 所示。

(25) 单击 Create VPC 按钮。创建过程需要几分钟完成。

现在 VPC 已经创建完毕，可以设置由 VPC1 到 VPC2 的伙伴连接协议。

(1) 在 VPC Dashboard 中选择 Peering Connections。

(2) 单击 Create Peering Connection 按钮。

(3) 在 Peering connection name tag 框中输入 My-VPC-Peer。

(4) 单击 VPC(Requestor)下拉框中的箭头，根据 VPC ID 选择 VPC1。

(5) 在 Select Another VPC To peer with 下，选择 My account 和 This region 选项。

(6) 单击 VPC(Accepter)下拉框中的箭头，根据 VPC ID 选择 VPC2。

(7) 当你的屏幕与图 8.6 相似时，单击 Create Peering Connection 按钮。

aws　Services　Resource Groups　N. Virginia　Support

Step 2: VPC with Public and Private Subnets

IPv4 CIDR block:* 192.168.0.0/16 (65531 IP addresses available)

IPv6 CIDR block: No IPv6 CIDR Block / Amazon provided IPv6 CIDR block

VPC name: VPC2

Public subnet's IPv4 CIDR:* 192.168.1.0/24 (251 IP addresses available)

Availability Zone:* No Preference

Public subnet name: Public subnet

Private subnet's IPv4 CIDR:* 192.168.2.0/24 (251 IP addresses available)

Availability Zone:* No Preference

Private subnet name: Private subnet

You can add more subnets after AWS creates the VPC.

Specify the details of your NAT gateway (NAT gateway rates apply).　Use a NAT instance instead

Elastic IP Allocation ID:* eipalloc-007910f29e19a1236

Service endpoints

Add Endpoint

Enable DNS hostnames:* Yes No

Hardware tenancy:* Default

Cancel and Exit　Back　Create VPC

Feedback　English (US)　© 2008 - 2019, Amazon Web Services, Inc. or its affiliates. All rights reserved.　Privacy Policy　Terms of Use

图 8.5　按照步骤设置后的 VPC2 配置

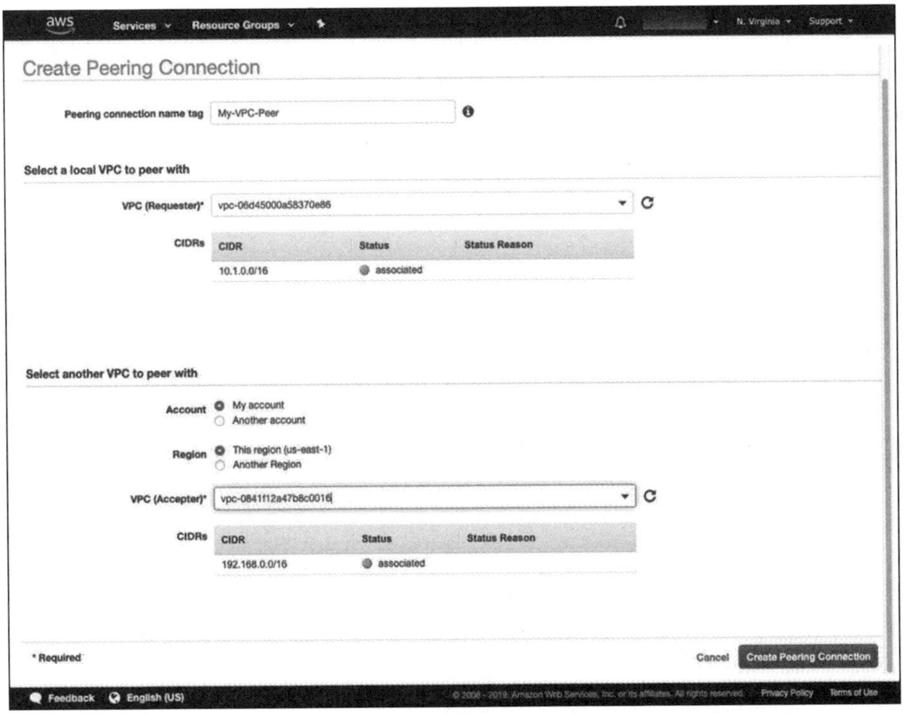

aws　Services　Resource Groups　N. Virginia　Support

Create Peering Connection

Peering connection name tag: My-VPC-Peer

Select a local VPC to peer with

VPC (Requester)* vpc-06d45000a58370e86

CIDRs

CIDR	Status	Status Reason
10.1.0.0/16	associated	

Select another VPC to peer with

Account: My account / Another account

Region: This region (us-east-1) / Another Region

VPC (Accepter)* vpc-0841f12a47b8c0016

CIDRs

CIDR	Status	Status Reason
192.168.0.0/16	associated	

* Required　Cancel　Create Peering Connection

Feedback　English (US)　© 2008 - 2019, Amazon Web Services, Inc. or its affiliates. All rights reserved.　Privacy Policy　Terms of Use

图 8.6　创建伙伴连接的屏幕

(8) 单击 OK 按钮。

(9) 选择 My-VPC-Peer，然后单击 Actions 按钮。

(10) 选择 Accept Request，然后单击 Yes, Accept 按钮。

(11) 单击 Close 按钮并注意状态现在是 Active。

现在需要将伙伴连接添加到两个 VPC 使用的路由表中。

(1) 在 VPC Dashboard 菜单中单击 Route Tables。

(2) 选择 VPC1 私有子网的路由表。这将被标记为 Main:Yes。

(3) 单击 Routes 选项卡，然后单击 Edit Routes 按钮。

(4) 单击 Add Route 按钮。

(5) 在 Destination 框中输入 192.168.2.0/24。

(6) 单击 Target 下拉框中的箭头并选择 Peering Connection。在出现的建议框中选择之前创建的伙伴连接。你的路由表应该类似于图 8.7。

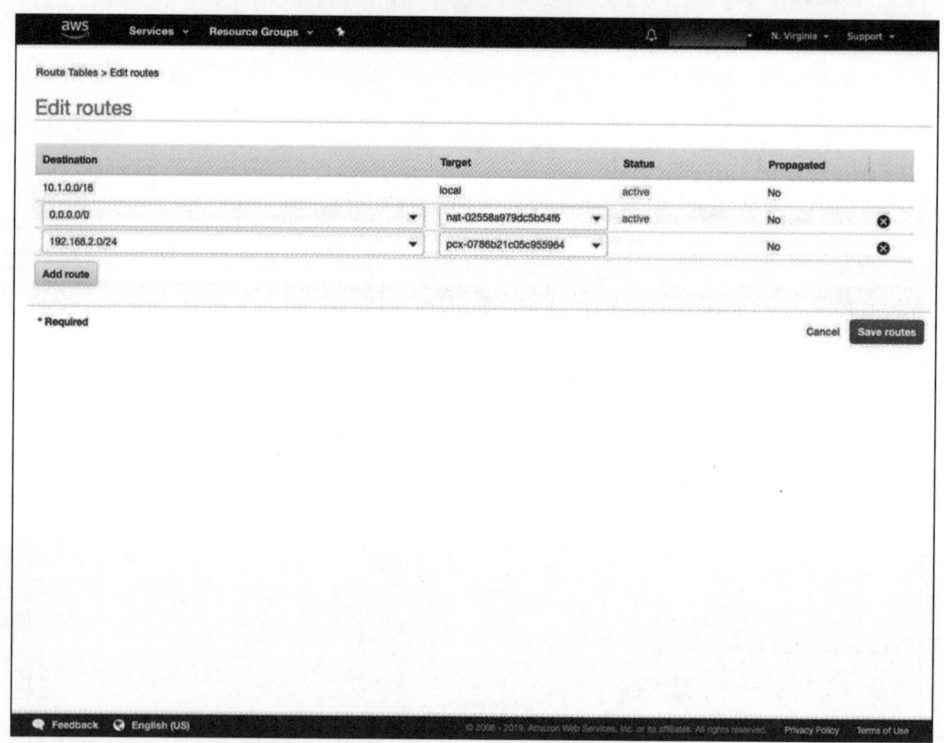

图 8.7　在路由表中添加伙伴连接会启用网络之间的通信

(7) 单击 Save Routes 按钮。

(8) 选择 VPC2 私有子网的路由表。这将被标记为 Main:Yes。

(9) 单击 Routes 选项卡，然后单击 Edit Routes 按钮。

(10) 单击 Add Route 按钮。

(11) 在 Destination 框中输入 10.1.1.0/24。

(12) 单击 Target 下拉框中的箭头并选择 Peering Connection。在出现的建议框中选择之前创建的伙伴连接。

(13) 单击 Save Routes 按钮。

现在在 VPC1 和 VPC2 之间建立了伙伴连接。请记住，你可能需要更新安全组和/或 NACL，这样实例和其他资源才能够与其他 VPC 中的 IP 地址空间进行通信。

练习 8.2

创建堡垒主机并配置以供使用

在本练习中，你将使用 AWS Marketplace 中的镜像创建堡垒主机。这里假设你已经配置好一个拥有公有和私有子网的 VPC。

(1) 登录 AWS Management Console。

(2) 单击 Services，然后单击 Compute 下的 EC2。

(3) 单击 Launch Instance 按钮。

(4) 选择 AWS Marketplace 并在搜索字段中输入 bastion。

(5) 单击 Bastion Host SSH AMI 的 Select 按钮。

(6) 在出现的信息屏幕上单击 Continue。

(7) 选中 t2.micro 旁边的复选框，然后单击 Next:Configure Instance Details 按钮。

(8) 从 Network 下拉列表中选择要部署堡垒主机的 VPC。

(9) 从 Subnet 下拉列表中选择公有子网。

(10) 单击 Next:Add Storage 按钮。

(11) 单击 Next:Add Tags 按钮。

(12) 单击 Next:Configure Security Group 按钮。

(13) 在显示的安全组中的 SSH 规则中，在 Source 框中添加组织的 IP 地址或 CIDR 范围。Source 框应设置为 Custom。

(14) 单击 Review And Launch 按钮。

(15) 单击 Launch 按钮。

(16) 选择适用的密钥对并选中复选框以确认你有访问密钥对的权限。

(17) 单击 Launch Instances 按钮。

(18) 在 EC2 Dashboard 上单击 Network & Security 下的 Elastic IPs。

(19) 单击 Allocate New Address 按钮。

(20) 选择 Amazon Pool，然后单击 Allocate 按钮。

(21) 选择新的弹性 IP 地址，单击 Actions，然后单击 Associate Address。

(22) 单击 Private IP Label 下拉框并选择堡垒主机的私有 IP 地址。

(23) 单击 Associate，然后单击 Close 按钮。

(24) 在 EC2 Dashboard 上选择 Instances。注意公有 IP 地址已分配(这是你刚才设定的关联到实例的弹性 IP)。

(25) 使用密钥对连接到堡垒主机。

如果使用 Windows 连接，请从 www.chiark.greenend.org.uk/~sgtatham/putty/latest.html 下载 PuTTY，然后执行以下步骤。

(1) 打开 PuTTYgen。

(2) 单击 Load 按钮。

(3) 选择密钥对文件，然后单击 OK 按钮(你可能需要将下拉列表从 PuTTY 格式更改为 All Files)。

(4) 在出现的对话框中单击 OK 按钮。

(5) 单击 Save private key 按钮，为私钥命名，确保文件类型为 PuTTY PPK 格式，然后单击 OK 按钮。

(6) 打开 PuTTY。

(7) 在 Category 下单击 SSH，然后单击 Auth。接着在 Authentication Parameters 下浏览你的 PPK 密钥文件，如图 8.8 所示。

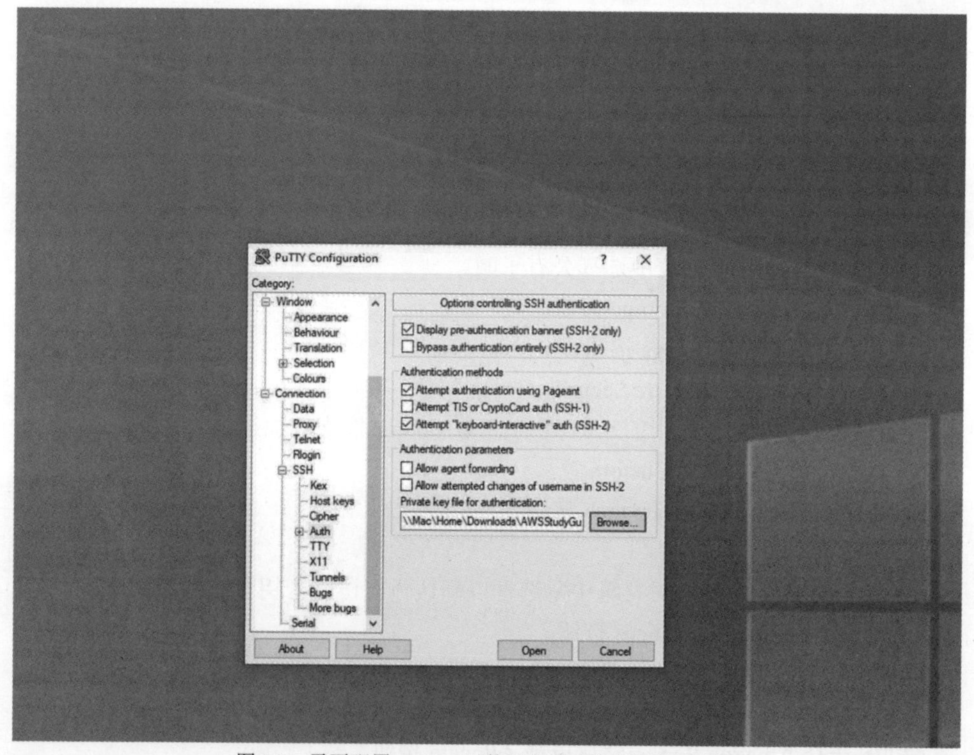

图 8.8　需要配置 PuTTY 以使用密钥对的私钥进行连接

(8) 在 Category 窗格中单击 Session，并且在 Host Name(or IP address)字段中输入公有 IP 地址，如图 8.9 所示。确保 SSH 已配置，然后单击 Open 按钮。

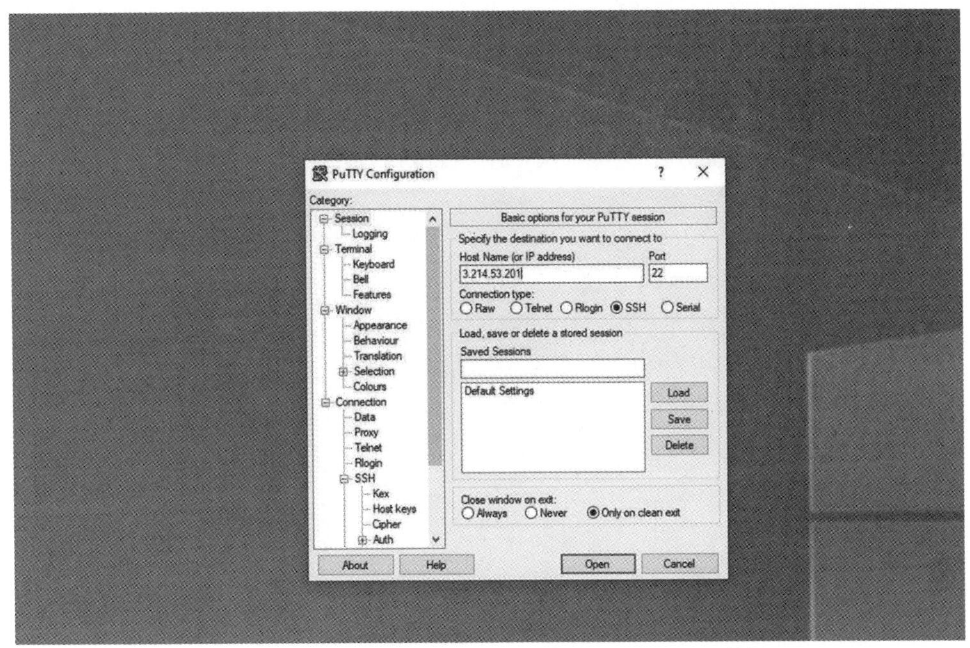

图 8.9　输入要连接的主机名或 IP 地址，然后单击 Open 按钮

(9) 如果 PuTTy 显示安全警报，则单击 Yes 按钮。

(10) 在 Username 字段中输入 ec2-user 并按 Enter 键，如图 8.10 所示。

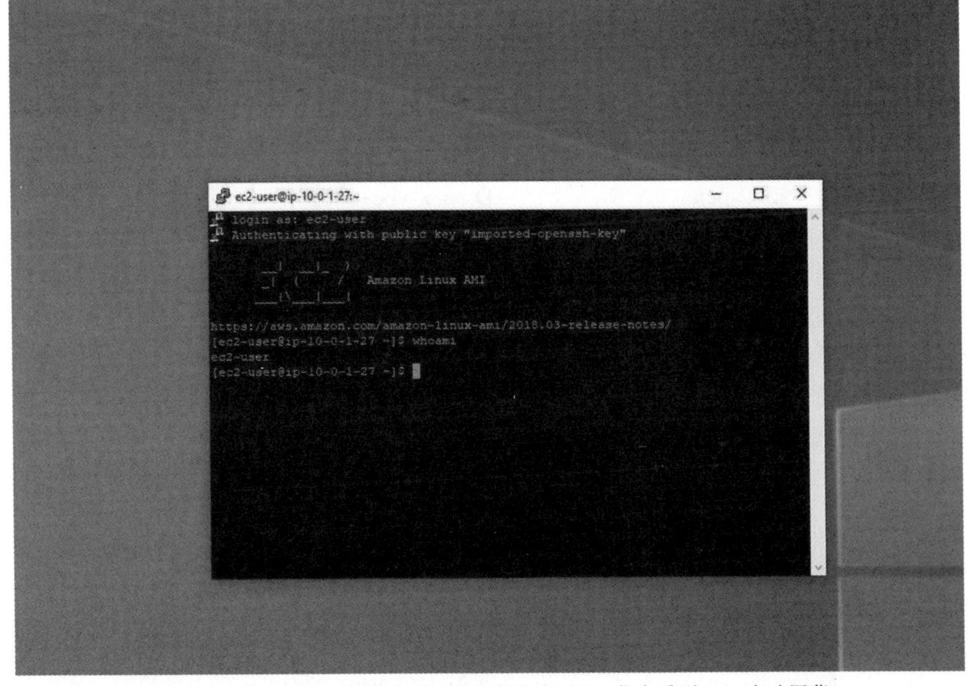

图 8.10　在 Windows 系统上成功进行身份验证后，你会看到 EC2 启动屏幕

使用 Linux/macOS 连接的步骤如下。

(1) 打开 Terminal。

(2) 输入以下命令，如图 8.11 所示。

```
ssh <public_ip_address> -i <keypair_file>
```

```
Saras-Mac-mini:Downloads saraperrott$ ssh ec2-user@3.214.53.201 -i AWSStudyGuide.pem

       __|  __|_  )
       _|  (     /   Amazon Linux AMI
      ___|\___|___|

https://aws.amazon.com/amazon-linux-ami/2018.03-release-notes/
[ec2-user@ip-10-0-1-27 ~]$ whoami
ec2-user
[ec2-user@ip-10-0-1-27 ~]$ ifconfig
eth0      Link encap:Ethernet  HWaddr 0E:A5:38:A4:78:90
          inet addr:10.0.1.27  Bcast:10.0.1.31  Mask:255.255.255.224
          inet6 addr: fe80::ca5:38ff:fea4:7890/64 Scope:Link
          UP BROADCAST RUNNING MULTICAST  MTU:9001  Metric:1
          RX packets:877 errors:0 dropped:0 overruns:0 frame:0
          TX packets:1019 errors:0 dropped:0 overruns:0 carrier:0
          collisions:0 txqueuelen:1000
          RX bytes:111973 (109.3 KiB)  TX bytes:104571 (102.1 KiB)

lo        Link encap:Local Loopback
          inet addr:127.0.0.1  Mask:255.0.0.0
          inet6 addr: ::1/128 Scope:Host
          UP LOOPBACK RUNNING  MTU:65536  Metric:1
          RX packets:2 errors:0 dropped:0 overruns:0 frame:0
          TX packets:2 errors:0 dropped:0 overruns:0 carrier:0
          collisions:0 txqueuelen:1000
          RX bytes:140 (140.0 b)  TX bytes:140 (140.0 b)

[ec2-user@ip-10-0-1-27 ~]$
```

图 8.11　在 Linux/MacOS 系统上成功进行身份验证后，你会看到 EC2 启动屏幕

8.7　复习题

附录中有答案。

1. 以下哪个名称是具有伙伴 VPC 的连接？

   A. vpc-11112222　　　　B. pcx-11112222

   C. 11112222-pcx　　　　D. pcx-vpc1vpc2

2. 堡垒主机向私有 VPC 提供以下哪一项？

   A. 通过 VPC 外的主机访问 VPC 内的资源

   B. 通过 VPC 内的主机访问 VPC 内的资源

   C. 通过为每个 VPC 分配一个弹性 IP 地址访问 VPC 中的公有资源

   D. 通过为每个 VPC 分配一个弹性 IP 地址访问 VPC 中的私有资源

3. 以下哪些是堡垒主机的良好安全措施？(选择两项)

   A. 在堡垒主机上设置多因素身份验证

   B. 使用一个安全组来限制到堡垒主机的端口 80 上的流量

   C. 使用可管理的密钥对访问堡垒主机

   D. 对访问堡垒主机设置已知地址集的白名单

4. VPC 伙伴连接对环境中的成本有影响吗？

   A. 是的，如果流量从一个 VPC 流向另一个 VPC，那么它将不会离开 AWS 网

络并使用伙伴连接

B. 是的，如果用户是从伙伴 VPC 下载，则不会产生出口费用

C. 是的，如果用户访问两个 VPC 伙伴连接中的主机，这两个主机将不会产生 CPU 使用成本

D. 不，VPC 伙伴连接对成本没有影响

5. 不同地域的两个 VPC 可以建立伙伴连接吗？

A. 是的，如果两个 VPC 在同一个 AWS 账户中

B. 是的，无论 VPC 在哪个账户

C. 是的，如果这两个 VPC 没有和任何其他 VPC 建立伙伴连接

D. 不，VPC 不能跨区域建立伙伴连接

6. 以下哪些是区域间 VPC 伙伴连接的限制？(选择两项)

A. IPv6 流量无法通过连接传输

B. IPv4 流量无法通过连接传输

C. 不支持巨型帧

D. 现场实例不能在伙伴 VPC 中

7. 以下哪些关于堡垒主机的说法是正确的？(选择两项)

A. 它们必须位于私有子网中

B. 它们必须位于公有子网中

C. 它们必须有一个弹性 IP 地址

D. 它们必须有一个公有 IP 地址

8. 以下哪项不允许在两个伙伴 VPC 中使用？

A. 两个 VPC 不能有多个公有 IP 地址

B. 两个 VPC 不能有多个弹性 IP 地址

C. 两个 VPC 不能有重叠的 CIDR 块

D. 两个 VPC 不能有 IPv6 地址

9. 以下哪些是堡垒主机的最佳实践？(选择两项)

A. 应该使用安全组来限制对主机的访问

B. 主机应该拥有一个非弹性 IP 地址

C. 主机应位于至少与一个其他 VPC 进行伙伴连接的 VPC 中

D. 主机应位于自动缩放组中以获得高可用性

10. VPC A 与 VPC B 和 VPC C 建立了伙伴连接，通过这些伙伴连接，数据流可以从 VPC B 流向 VPC C 吗？

A. 不，这是不允许的

B. 是的，只要流量是 IPv4 而不是 IPv6

C. 是的，只要流量是 IPv6 而不是 IPv4

D. 不，除非流量小于 64KB

11. VPC A 与 VPC B 和 VPC C 建立了伙伴连接，通过这些伙伴连接，流量是否

可以从 VPC B 流向 VPC A 中的某个主机，然后在第二次传输中，数据再从 VPC A 中的该主机流向 VPC C？

A. 不，这是不允许的

B. 是的，只要流量是 IPv4 而不是 IPv6

C. 是的，只要流量是 IPv6 而不是 IPv4

D. 是的，这是允许的

12. 一个共享服务 VPC 可以连接多少个 VPC？

A. 没有限制

B. 25

C. 5

D. 默认限制为 125，但可以根据要求提高此限制

13. 在同一 AWS 账户下的两个 VPC 之间建立 VPC 伙伴连接时需要什么硬件？

A. 客户网关

B. 互联网网关

C. 虚拟专用网关

D. 不需要硬件

14. 堡垒主机和 NAT 设备的主要区别是什么？

A. 堡垒主机允许流量进入私有 VPC，而 NAT 设备允许流量输出到互联网

B. 堡垒主机依赖 NACL 实现安全，而 NAT 设备依赖安全组

C. 堡垒主机应该在公有 VPC 中，而 NAT 设备应该在私有 VPC 中

D. 堡垒主机应该在私有 VPC 中，而 NAT 设备应该在公有 VPC 中

15. 你刚刚接管了一个新的网络架构，它有一个拥有大量资源的私有 VPC 和一个用于管理访问的堡垒主机。你会首先做下列哪项工作？

A. 在私有 VPC 的主机上设置 MFA

B. 移除私有 VPC 上的所有互联网网关

C. 将所有需要访问堡垒主机的 IP 列入白名单

D. 在堡垒主机上设置所有 shell 活动的日志记录

16. 以下哪些协议允许访问堡垒主机？(选择两项)

A. SSH　　B. HTTP　　C. HTTPS　　D. RDP

17. 你在 VPC A 和 VPC B 之间建立了伙伴连接。此外，VPC B 与你的公司内部网络建立了硬件 VPN 连接。你试图从 VPC A 到内部网络进行通信，但连接被拒绝。最可能的原因是什么？

A. 需要使用 VPN 连接在 VPC B 和内部网络之间建立伙伴连接

B. 需要确保在 VPC B 中启用了路由传播

C. 需要确保在 VPC A 中启用了路由传播

D. 这是一个边缘到边缘路由的示例，AWS 不允许这样做

18. 你被指派负责一个网络配置，它使用中央-分支模型，其中总共有 5 个 VPC。

你会找到多少伙伴连接？

A. 3

B. 4

C. 5

D. 信息不足，不能回答这个问题

19. VPC A 内部有一个日志聚合器。VPC B 中有一个 Web 服务器，VPC C 中有一个应用服务器，这两个服务器都记录事件。VPC D 拥有可视化日志数据的软件。如何连接这些 VPC？

A. 将 VPC A 与 VPC D 建立伙伴连接，并且将 VPC B 和 VPC C 与 VPC D 建立伙伴连接。记录每个 VPC 内的数据并使用 VPC D 中的软件可视化。

B. 将 VPC B、VPC C、VPC D 与 VPC A 建立伙伴连接，让 VPC B 和 VPC C 向 VPC A 发送日志数据，VPC D 连接到 VPC A 加载和可视化数据。

C. 将 VPC D 与 VPC B 和 VPC C 建立伙伴连接，然后将 VPC B 和 VPC C 与 VPC A 配对。将数据记录到 VPC A，并且使用现有的伙伴连接将数据传送到 VPC D 进行可视化。

D. 建立 VPC B 到 VPC C 以及 VPC C 到 VPC A 之间的伙伴连接，将 B 和 C 的所有日志路由到 A，然后将 VPC D 伙伴连接到 VPC A，实现日志数据可视化。

20. 如果两个 VPC 之间建立了伙伴连接，需要向路由表中额外添加什么内容？

A. 伙伴 VPC 内 IP 的目标 IP 具有 VPC 伙伴连接的目标(例如 pcx-11112222)

B. 源 VPC 内 IP 的目标 IP 具有 VPC 伙伴连接的目标(例如 pcx-11112222)

C. 伙伴 VPC 内 IP 的目标 IP 具有伙伴 VPC 内的 CIDR 块的目标(例如 10.0.0.0/28)

D. 源 VPC 内 IP 的目标 IP 具有伙伴 VPC 内的 CIDR 块的目标(例如 10.0.0.0/28)

第9章

AWS Systems Manager

本章涵盖的 AWS Certified SysOps Administrator-Associate 考试主题包含但不局限于以下内容：

✓ **知识点 3.0　部署和供给**

- 3.1　确定并执行提供云资源所需的步骤
- 3.2　确定并修正部署问题

✓ **知识点 5.0　安全性与合规性**

- 5.1　实施和管理 AWS 安全策略
- 5.2　实施 AWS 访问控制

✓ **知识点 7.0　自动化和优化**

- 7.3　自动化手动或可重复的过程以最小化管理开销

对大多数 SysOps 管理员来说，他们每天工作中的挑战不是构建服务器，而是维护服务器。随着组织越来越重视系统的安全性，保持系统在最新的补丁上运行以及关注基础设施的总体状态就显得更加重要。

AWS Systems Manager 能够集中管理、安装、更新和配置 AWS 系统和本地系统的软件，以及本章将介绍的一些其他有用的管理功能。

本章涵盖：

- AWS Systems Manager 的工作原理
- 使用 AWS Systems Manager 管理 EC2 实例
- 在 AWS Systems Manager 中创建文档
- 使用 Insights Dashboard
- 使用 AWS systems Manager 给系统打补丁
- 使用 AWS Systems Manager 存储机密和配置
- 连接 EC2 实例(不需要 SSH 或 RDP)

9.1　介绍 AWS Systems Manager

AWS Systems Manager(SSM)是 AWS 提供的一项免费服务，这个服务提供补丁程序自动化、软件清单以及软件安装和配置。它允许对系统进行逻辑分组，并且与 AWS

Config 和 Amazon CloudWatch 集成在一起使用。通过 SSM 代理可以监控 Windows 和 Linux 操作系统。你可以在图 9.1 中看到 AWS Systems Manager 控制台。

SSM 代理必须安装在希望由 AWS Systems Manager 监控、安装、配置和更新软件的系统上。如果在 Amazon Marketplace 中选择 Windows 或 Amazon Linux Amazon Machine Images(AMI)，则它们已经安装了 SSM 代理。AWS 和本地部署中的其他操作系统需要安装代理，然后才能用 AWS Systems Manager 管理它们。

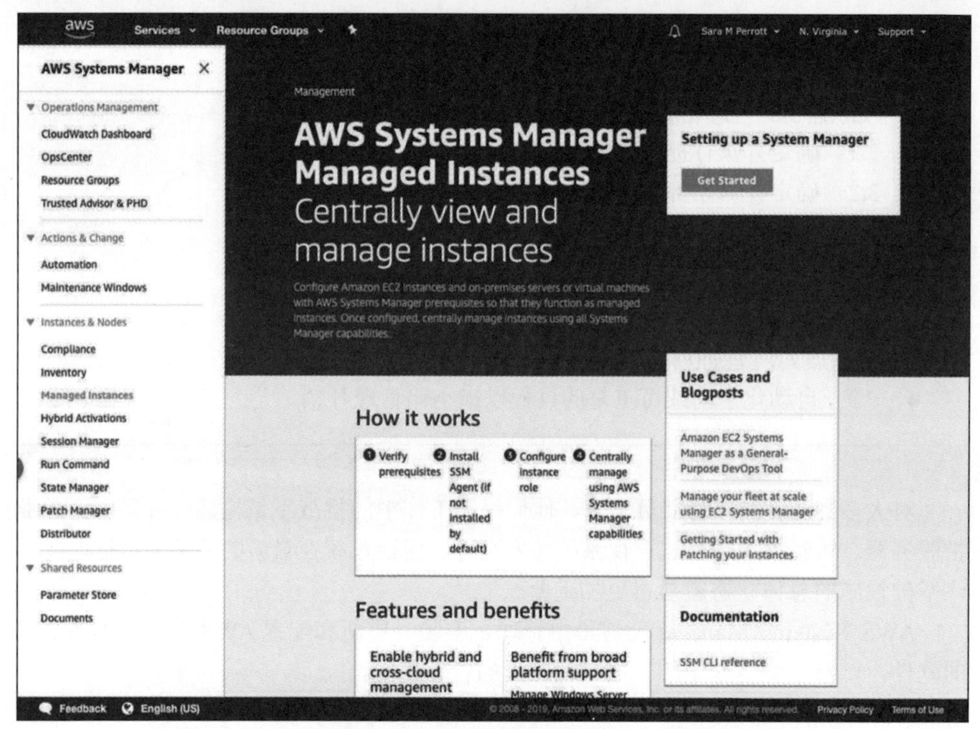

图 9.1　在 AWS Systems Manager 控制台中配置 Systems Manager 服务

9.1.1　与 AWS Systems Manager 进行通信

为了能够与 AWS Systems Manager 通信，必须安装 SSM 代理。如前所述，对于 Amazon Marketplace 中的 Windows 和 Amazon Linux AMI(2017.09 及更高版本)来说，已经预安装了 SSM 代理。但是，如果想使用另一个 Linux 发行版或者非 AMI 镜像，则必须首先安装代理。可以从 GitHub 存储库 aws/amazon-ssm-agent 中下载 SSM 代理，网址为 https://github.com/aws/amazon-ssm-agent。

在系统上安装代理之后，创建一个身份和访问管理(IAM)角色，该角色允许 Amazon EC2 实例与 SSM 通信。创建角色时，只需要将一个策略附加到角色，即 AmazonEC2RoleforSSM 策略。使用此策略创建角色并将其附加到 EC2 实例后，就可以使用 AWS Systems Manager 管理它。

提示：
记住，你可以对 AWS 资源和本地系统使用 AWS Systems Manager。本章中的示例将重点介绍如何使用它来管理 Amazon EC2 实例。如果想了解更多关于如何使用它来管理本地系统的信息，请查看 9.3 节中列出的“为混合环境设置 AWS Systems Manager”部分的内容。

9.1.2　AWS 受管实例

在查看 AWS Systems Manager 时，受管实例是 Amazon EC2 实例或由 AWS Systems Manager 管理的本地服务器。这意味着它已经安装了 SSM 代理并附加了授予所需访问权限的角色，而且在 AWS Systems Manager 控制台中可见。受管实例可以是物理服务器或虚拟服务器，甚至可以位于另一个云提供商的所属地。

系统得到管理后，创建一个系统清单是很有用的。你可以默认选择账户中的所有受管实例，可以根据标记选择 EC2 实例，也可以手动选择系统。清单收集有关受管实例上当前软件版本的信息，它是集中管理实例的第一步，也是非常强大的步骤。你可以通过单击 AWS Systems Manager 控制台中的 Inventory 来配置资源清单(见图 9.2)。

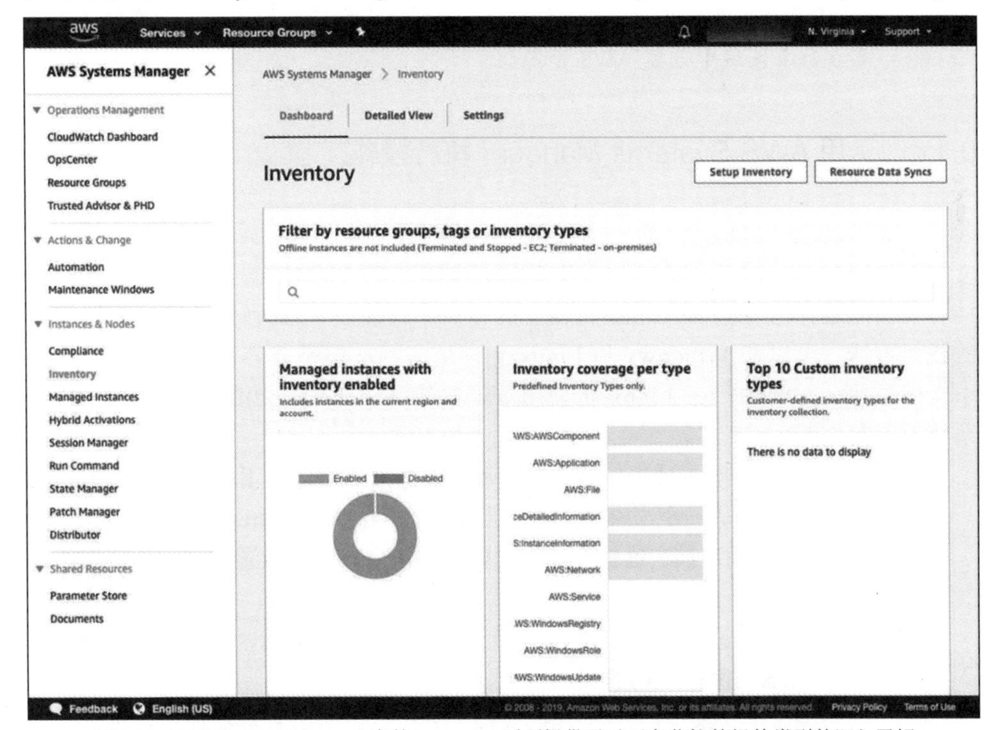

图 9.2　AWS Systems Manager 中的 Inventory 页面提供了对正在监控的组件类型的深入了解

提示：

设置资源清单时，你会注意到有些选项是特定于 Windows 的。如果清单功能只针对 Linux 服务器进行检查，那么最好禁用特定于 Windows 的功能。

9.1.3 AWS 资源组

与 AWS Systems Manager 的一个重要集成是 AWS 资源组。通过 AWS 资源组，可以对系统进行逻辑分组，从而简化管理。系统可以在多个组中，它们可以用于从软件安装、打补丁到更好的监控和报告的方方面面。例如，如果使用标记，则可以按系统(生产或开发)、应用甚至部门创建资源组。

你可以针对特定的资源组运行文档，这将在下一节中讨论。思考这样一种情况：你必须确保只修补环境中的开发系统，而不是生产系统。你可以使用 AWS 资源组查询带有 Environment:Dev 标记的所有系统环境，然后运行一个文档，针对该资源组安装补丁程序。

提示：

AWS 资源组是基于每个区域创建的，因此如果在多个区域中有资源，则需要在每个区域中创建 AWS 资源组。

9.1.4 运用 AWS Systems Manager 执行操作

AWS Systems Manager 通过文档允许你将配置用作代码。Amazon 提供了很多文档，你也可以使用 JavaScript 对象表示法(JSON)或 YAML 创建自己的文档。文档可以做从运行命令(如从 Linux 机器上的存储库安装软件)到确保所需的配置状态的任何事情。可以在 Windows 和 Linux 上使用文档，但是兼容性可能取决于你要求文档做什么。例如，在 Linux 上使用 apt 安装 Apache(httpd)的脚本在 Windows 系统上不起作用。

在 AWS 中可以使用 3 种类型的文档，每种类型都有特定的用途。

- 命令文档。这是一个与 Run 命令或状态管理器(AWS Systems Manager 的一部分)一起使用的文档。维护窗口也可以利用命令文档在设置的计划中应用所需的配置。
- 策略文档。这是和状态管理器一起使用并用于在 AWS systems Manager 中对目标系统强制执行策略的文档
- 自动化文档。这是用于自动化的文档，它可以由状态管理器使用，也可以由计划维护窗口期间的维护任务使用。

1. Run 命令

Run 命令使用命令文档对一个或多个受管 EC2 实例执行操作。可以使用它运行类似 ls 的命令来收集 Linux 系统上的信息(在 Windows 系统上对应于 dir 命令)或者安装软件。例如，我可以使用命令文档通过 Run 命令在我的 Linux Web 服务器上安装 Apache Web 服务器。

2. 补丁管理器

补丁管理器是 AWS Systems Manager 的组件，它允许自动修补一组 EC2 实例和本地系统。你可以修补操作系统以及安装在这些系统上的应用。

提示：

在 Windows 服务器上，请务必注意，你只能修补 Microsoft 应用。基于 Linux 的系统不存在此限制。

通过使用维护任务，可以计划补丁程序的安装，以便在维护窗口期间仅安装批准的补丁程序。AWS Systems Manager 使用补丁基线，该基线列出所有已批准和拒绝的补丁，并且可以包含在补丁发布一定天数后自动批准补丁的规则。为什么要自动批准补丁程序？这将使修补过程自动化，因此你只需要在补丁程序存在已知问题时进行干预。试想，如果使用 SSM 补丁管理器自动批准补丁程序，然后与 AWS 和本地系统一起安装，这样可以节省多少时间。当然，对于某些系统，自动修补可能不合适。例如，如果自动更新了.NET Framework，则依赖于特定版本的.NET Framework 的应用可能会崩溃，因此这是一种不希望自动批准的补丁程序。关于补丁管理器，应当根据对应用的判断和认识来确定自动修补是否是最佳选择。

3. 参数库

对于许多组织来说，实现自动化的挑战之一是如何安全地存储用于身份验证的机密。参数库不仅可以安全地存储或调用机密(如密码和证书)，还可以存储数据库字符串和许可证代码等事项。此外，参数库具有版本控制功能，允许检索旧密码。所有这些都可以由运行在 AWS Systems Manager 中的任务调用。注意，参数库的使用是免费的。

在 AWS 中使用的许多服务都已经支持参数库，包括 Amazon EC2、Amazon ECS、Aws Lambda 和 Amazon CloudFormation。对于开发人员来说，他们会很高兴地发现 AWS CodeBuild 和 AWS CodeDeploy 都包含对参数库的支持。此外，如果想调用证书，那么参数库已与 AWS 密钥管理服务(KMS)无缝集成。

为了让管理和开发人员能够利用参数库，需要在 IAM 中授予他们适当的权限。用 JSON 编写的策略应该类似于下面的代码，供可信任的管理员使用。在本例中，是用自己想要使用的内容替换区域、账户 ID 和前缀。该区域是你想要账户能够创建、修改和删除策略的地方；账户 ID 是 AWS 账户的 ID，前缀则是指你想要参数以什么开头。

对于前缀，可以使用 Prod 和 Dev 之类的标签，或者如果希望它们能够使用定制的策略，则可以使用某种组织标识符。另外，可以简单地使用通配符允许它们处理参数库中的所有参数。

```
{
    "Version": "2012-10-17",
    "Statement": [
        {
            "Sid": "VisualEditor0",
            "Effect": "Allow",
            "Action": [
                "ssm:PutParameter",
                "ssm:DeleteParameter",
                "ssm:GetParameterHistory",
                "ssm:GetParametersByPath",
                "ssm:GetParameters",
                "ssm:GetParameter",
                "ssm:DeleteParameters"
            ],
            "Resource": "arn:aws:ssm:<region:account-id>:parameter/<prefix>-*"
        },
        {
            "Sid": "VisualEditor1",
            "Effect": "Allow",
            "Action": "ssm:DescribeParameters",
            "Resource": "*"
        }
    ]
}
```

4. 会话管理器

对 Amazon EC2 实例的远程访问如果没有得到正确实施，则可能造成安全漏洞。例如，对于 Windows 服务器来说，需要打开远程桌面协议(RDP)才能连接到它们的控制台，而 Linux 服务器需要 SSH。一个小小的错误配置可能会让你的系统向全世界开放。这就是会话管理器的用武之地。

会话管理器允许远程连接到 Amazon EC2 受管实例，而不要求在此远程访问的安全组中作任何配置。此功能目前可用于所有 Amazon EC2 受管实例，但只能将会话管理器用在高级实例级别的本地服务器之上。会话管理器控制台会列出所有受管实例，如图 9.3 所示。

使用会话管理器执行的操作可以记录到 Amazon S3 和/或 Amazon CloudWatch，你也可以使用 AWS KMS 加密会话数据。

5. 状态管理器

状态管理器是一个合规性工具，它确保实例运行的软件版本正确，定义允许的安全组设置，并且将系统连接到 Windows 域或针对 Windows 和 Linux 系统运行脚本。

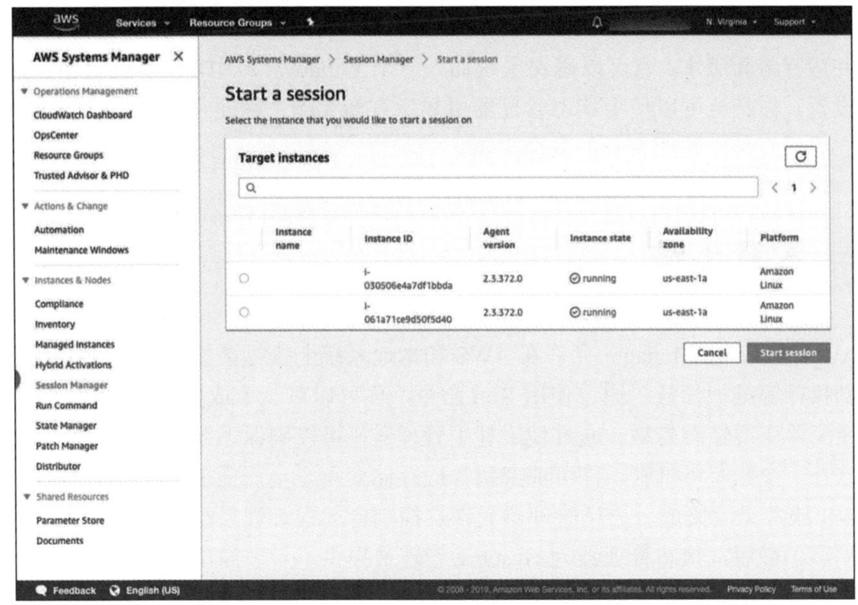

图 9.3　可以从 AWS 会话管理器中远程管理 EC2 实例

你可以创建一个关联，该关联允许状态管理器使用定义希望发生的事件的文档、设置文档的目标以及计划状态管理器运行的频率。如果运行初始库存作业，你会看到在状态管理器中已经创建了一个关联，该关联使用 AWS-GatherSoftwareInventory 文档，如图 9.4 所示。

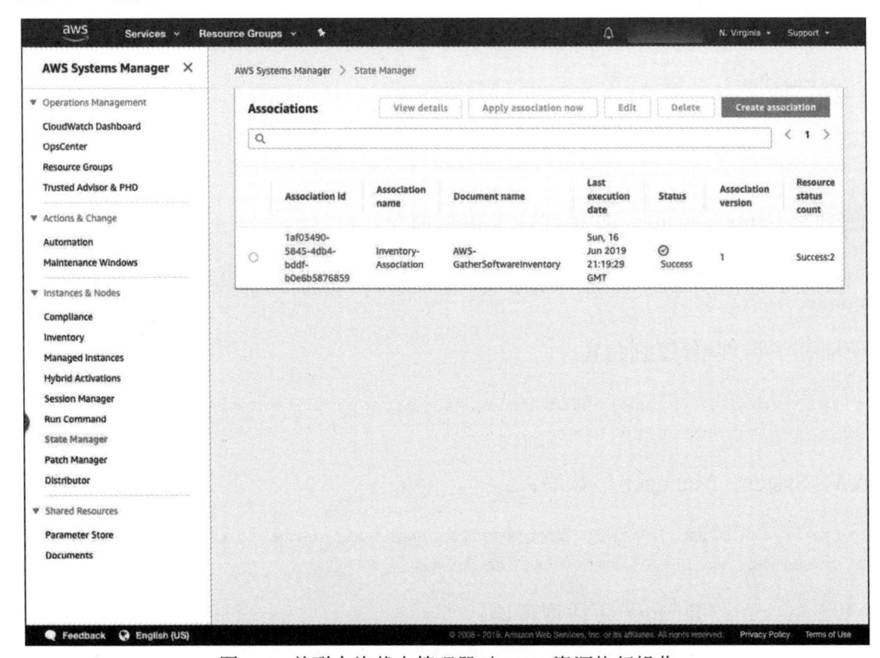

图 9.4　关联允许状态管理器对 AWS 资源执行操作

状态管理器让安全管理员非常满意，因为可以确认诸如防病毒之类的安全应用已安装并运行最新版本。它可以确保系统加入一个 Windows 域中，在扩展后通过组策略接收设置。你甚至可以使用状态管理器引导所有新实例，以便它们必须在安装操作系统后立即下载并安装所有新的安全更新。

9.2 本章小结

AWS Systems Manager 允许在 AWS 和本地系统上执行诸如修补、应用更新和策略强制执行等维护任务。通过使用 Run 命令，你可以对一个或多个 AWS 资源执行命令，使配置变得轻而易举。通过使用补丁管理器，可以确保系统根据自定义计划自动进行修补。参数库将机密、许可证密钥等的存储变得安全而简单，并且它与其他大量的 AWS 服务无缝集成。会话管理器允许从控制台远程管理系统，而不必打开对外的任何端口。最后，状态管理器为 SysOps 管理员提供了一个简单的方法，以确保他们的系统符合与配置和软件安装相关的组织标准。

9.3 复习资源

AWS Systems Manager 常见问题：

https://aws.amazon.com/systems-manager/faq/

在混合环境中设置 AWS Systems Manager：

https://docs.aws.amazon.com/systems-manager/latest/userguide/systems-manager-managedinstances.html

使用 Systems Manager 的 Run 命令执行命令：

https://docs.aws.amazon.com/systems-manager/latest/userguide/run-command.html

使用补丁管理器(控制台)：

https://docs.aws.amazon.com/systems-manager/latest/userguide/sysman-patch-working.html

AWS Systems Manager 参数库：

https://docs.aws.amazon.com/systems-manager/latest/userguide/systems-manager-parameter-store.html

AWS Systems Manager 会话管理器：

https://docs.aws.amazon.com/systems-manager/latest/userguide/

```
what-is-session-manager.html
```

AWS Systems Manager 状态管理器：

```
https://docs.aws.amazon.com/systems-manager/latest/userguide/
systems-manager-state.html
```

9.4 考试要点

解释 AWS Systems Manager 如何帮助完成操作任务。AWS Systems Manager 提供的工具允许监控和维护实例，同时允许创建补丁程序基线和合规性监控。

解释 AWS Systems Manager 各种组件的用法。了解 AWS Systems Manager 各个组件的功能。Run 命令允许对 AWS 资源执行命令文档。补丁管理器允许自动安装安全补丁程序和应用更新。参数库创建一个中央位置来存放机密和其他参数(如许可证密钥)。会话管理器允许远程管理系统，而无须打开安全组中的端口。状态管理器帮助监控系统在版本控制方面的合规性，并且证明已安装基线软件。

9.5 练习

这些练习假设你已经设置了基本网络组件，它们允许系统彼此通信；还假设你已经设置了两个 EC2 实例。对于示例，我用的是 Amazon Linux 镜像，因为它已经安装了 SSM 代理。

练习 9.1

为 SSM 创建一个角色并将其附加到 EC2 实例

在管理 EC2 实例之前，需要授予它们与 AWS Systems Manager 交互的权限。首先，需要创建一个 EC2 实例可以使用的角色。

(1) 在 AWS Management Console 中单击 Services，然后单击 IAM。

(2) 单击 Roles，然后单击 Create Role 按钮。

(3) 在 Select Type Of Trusted Entity 下选择 AWS Service。

(4) 在 Choose The Service That Will Use This Role 下选择 EC2。

(5) 单击 Next:Permissions 按钮。

(6) 在 Filter Policies 框中搜索 AmazonEC2RoleforSSM。单击它旁边的复选框，然后单击 Next:Tag 按钮。

(7) 单击 Next:Review 按钮。

(8) 在 Review 屏幕上，将角色命名为 EC2toSSM，然后单击 Create Role 按钮。

现在已经创建了角色，需要将该角色附加到EC2实例。

(1) 在AWS Management Console中单击Services，然后单击EC2。

(2) 从Navigation菜单中选择Instances以查看EC2实例。

(3) 选中EC2实例旁边的复选框，单击Actions，选择Instance Settings，然后单击Attach/Replace IAM Role按钮。

(4) 单击IAM Role下拉框并选择你先前创建的EC2toSSM角色，如图9.5所示。

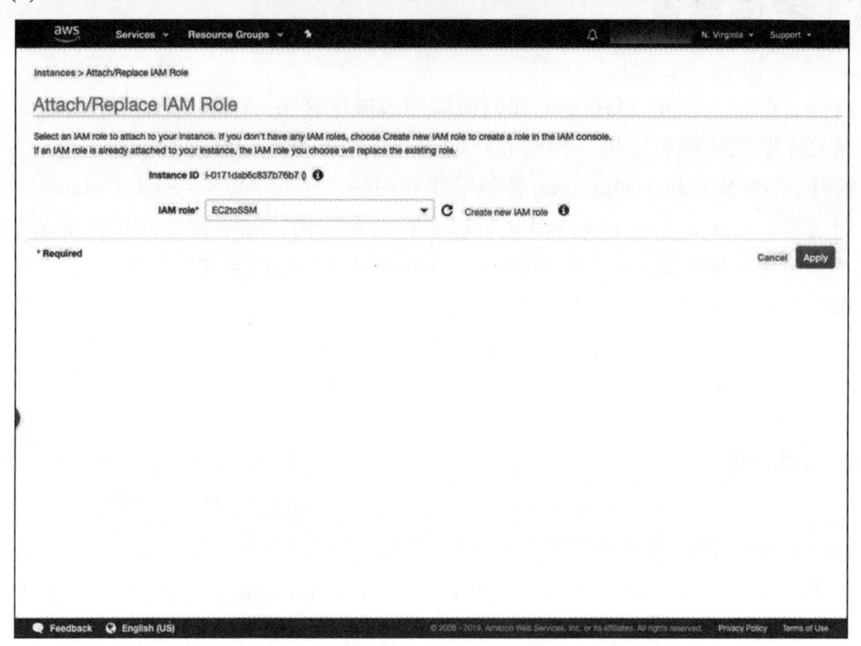

图9.5　附加EC2toSSM角色允许EC2实例与AWS Systems Manager进行通信

(5) 单击Apply按钮。

对所有其他需要使用AWS Systems Manager管理的EC2实例重复步骤(3)～(5)。

练习9.2

标记EC2实例

通过标记EC2实例，可以将它们与资源组、Run命令、Inventory页面等一起使用。标签应当像系统一样进行分组。

(1) 在EC2 Dashboard上选择Instances。

(2) 选中EC2实例旁边的复选框，单击Actions，选择Instance Settings，然后单击Add/Edit Tags按钮。

(3) 单击Create Tag按钮。输入Env作为Key，输入Prod作为Value。

(4) 单击Save按钮。

对所有要用AWS Systems Manager管理的EC2实例重复步骤(2)～(4)。

练习 9.3

根据标记设置资源组

资源组可用于修补等。例如，将 Prod 从 Dev 系统中分离出来是利用资源组的一种很好的方式。

(1) 在 AWS Management Console 上选择 Services，然后选择 Systems Manager。

(2) 单击 Resource Group。

(3) 单击 Create A Resource Group 按钮。

(4) 选择 Tag Based 作为 Group Type。

(5) 对于分组条件，单击 Resource Types 下拉框并选择 AWS::EC2::Instance。

(6) 在 Tags 字段中输入 Env，在 Optional Tag Value 字段中输入 Prod。单击 Add 按钮。

(7) 在 Group Details 字段中输入资源组的名称。我使用 Prod-EC2-Instances。

(8) 单击 Create Group 按钮。

一旦创建了资源组，你的屏幕应该类似于图 9.6。

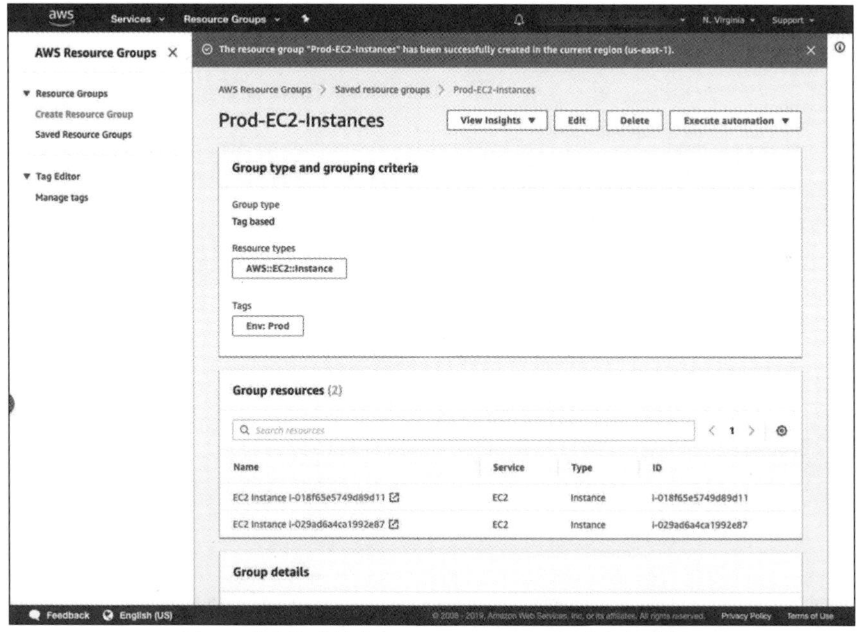

图 9.6　资源组允许在 AWS systems Manager 中组织系统

练习 9.4

使用 Run 命令在 Web 服务器上安装 Apache

对于大多数 SysOps 管理员来说，如果能够在不需要登录单个系统的情况下安装软件，那就能够节约大量时间。在本练习中，在 Amazon EC2 实例上安装 Apache。

(1) 在 AWS Systems Manager 控制台上选择 Run Command。

(2) 单击 Run Command 按钮。

(3) 选中 AWS-RunShellScript 旁边的单选按钮。

(4) 向下滚动到 Command Parameters，然后输入以下命令：

```
sudo yum update -y
sudo yum install -y httpd
sudo service httpd start
```

(5) 向下滚动到 Targets，然后选择 Manually Selecting Instances。单击要在其上执行安装的系统旁边的复选框。

(6) 在 Output Options 下取消选择 Enable Writing To An S3 Bucket。

(7) 单击 Run 按钮。

当安装成功时，你选择的实例会在 Overall status 下显示 Success，如图 9.7 所示。

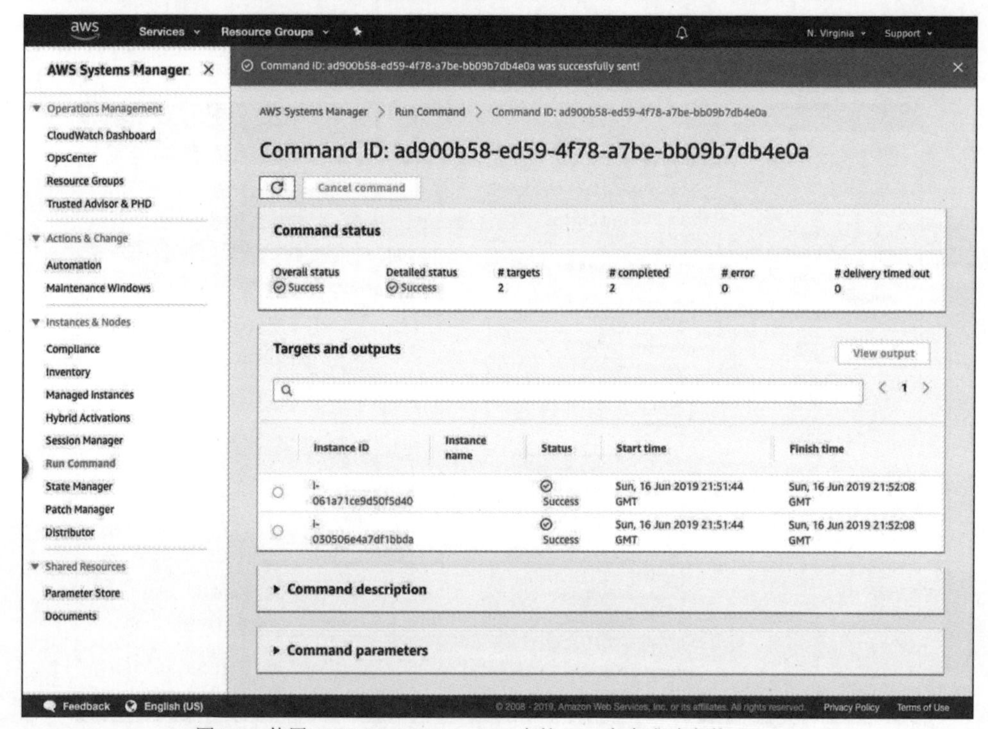

图 9.7　使用 AWS Systems Manager 中的 Run 命令成功安装 Apache

练习 9.5

为许可证密钥创建参数

为许可证密钥创建参数允许在安装软件时调用该参数，以便可以自动应用许可证密钥。

(1) 在 AWS Systems Manager 控制台上选择 Parameter Store。

(2) 单击 Create Parameter 按钮。

(3) 输入 LicenseKey_MyApp 作为 Name。

(4) 选择 Standard 作为 Tier。

(5) 在 Type 下选择 String。

(6) 在 Value 框中输入一个字符串；对于本练习来说，它是什么并不重要。在生产环境中，这将是你实际使用的许可证密钥。

(7) 单击 Create Parameter 按钮。

练习 9.6

使用会话管理器连接 EC2 实例

通过会话管理器进行系统连接是启用管理的一个很好的方式，它不会在安全组中产生漏洞。

(1) 在 AWS Systems Manager 控制台上单击 Session Manager。

(2) 单击 Start Session 按钮。

(3) 选中要连接实例旁边的单选按钮，然后单击 Start session 按钮，如图 9.8 所示。

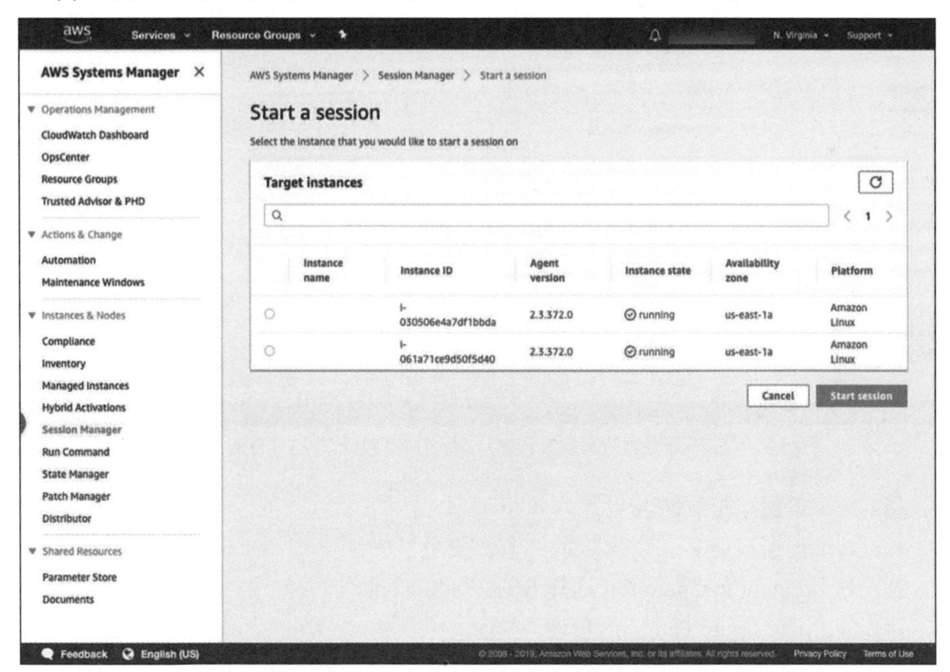

图 9.8　可以从 AWS Systems Manager 中选择要管理的 EC2 实例

(4) 通过 AWS 会话管理器的远程会话将打开 Linux 或 Windows 控制台。

练习 9.7

为 EC2 实例配置补丁管理器

将系统设置为准备修补可确保自动按照自定义的时间表进行修补。

(1) 在 AWS Systems Manager 控制台上选择 Patch Manager。

(2) 单击 Configure Patching，会看到类似图 9.9 的屏幕。

(3) 在 Instances To Patch 下选择 Enter Instance Tags。在 Tag 字段中输入 Env，在 Tag Value 字段中输入 Prod。单击 Add 按钮。

(4) 在 Patching Schedule 下选择 Schedule in a new Maintenance Window。

(5) 选择 Use a CRON schedule builder 并将窗口设置为每周六晚上 11:00 运行。

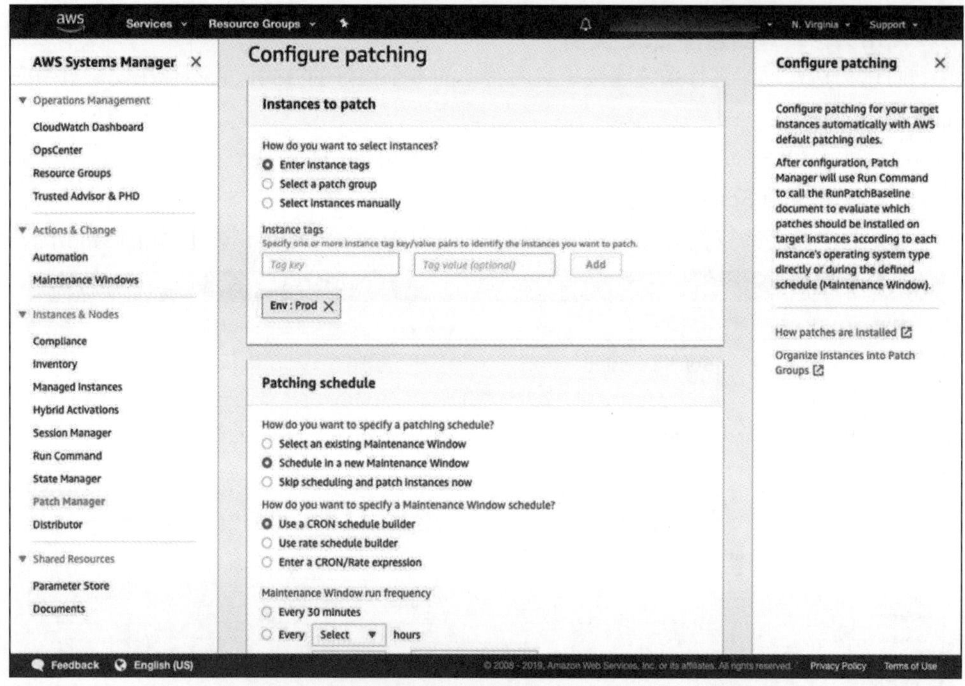

图 9.9　为生产服务器设置修补程序计划允许将修补程序与开发服务器分开

(6) 将维护窗口持续时间设置为 4 小时。

(7) 为维护窗口命名。在我的示例中，使用了 Prod-EC2-Instances。

(8) 对于 Patching Operation 选择 Scan And Install。

(9) 单击 Configure Patching 按钮。

你将进入 Patch Baselines 区域。在这里，你可以配置基线和批准补丁程序。批准的修补程序将在没有指定的维护窗口期间安装。

(1) 单击与实例类型对应的补丁程序基线。对于本例，选择的是 AWS-Amazon-LinuxDefaultPatchBaseline。

(2) 单击 Actions，然后单击 Modify Patch Groups。

(3) 在 Patch Groups 框中输入先前创建的修补程序配置的名称。然后单击 Add 按钮。

(4) 单击 Close 按钮。

9.6 复习题

附录中有答案。

1. AWS Systems Manager 未提供以下哪项？

A. 补丁自动化　　B. 软件安装

C. 软件配置　　D. 严重漏洞通知

2. 以下哪个 AMI 不会自动安装 AWS Systems Manager？

A. 来自 Amazon Marketplace 的 Windows 7 AMI

B. 来 Amazon Marketplace 的 Windows 2000 AMI

C. 来自 Amazon Marketplace 的 Linux AMI

D. 来自 Amazon Marketplace 的 macOS AMI

3. 你有许多实例基于安装了 AWS Systems Manager 代理的 AMI，但是没有一个能与 SSM 服务通信。这个问题的根源可能是什么？

A. 需要创建一个 IAM 组，并且将该组分配给想要与 AWS Systems Manager 通信的每个实例

B. 需要创建一个 IAM 角色，并且让每个实例默认该角色与 AWS Systems Manager 服务进行通信

C. 需要将 AWS Systems Manager 策略添加到每个运行 SSM 代理的实例中

D. 需要在每个实例上使用基于 Linux 的 AMI，以确保它可以与 SSM 服务通信

4. 实例上的 SSM 代理与 AWS Systems Manager 服务通信需要以下哪种策略？

A. AmazonEC2RoleforSSM　　B. AmazonEC2RoleforASM

C. AWSEC2RoleforAWSSM　　D. AWSEC2RoleforSSM

5. 以下哪些具有作为受管实例的能力？(选择两项)

A. 一个本地服务器

B. 运行在 AWS 中的 EC2 实例

C. 通过 ECS 在 AWS 中运行的容器

D. API 触发的 Lambda；在 AWS VPC 中运行的网关

6. 以下哪些是筛选或组织资源组的有效方法？(选择两项)

A. 按资源标记　　B. 按 AWS 账号

C. 按 IAM 角色　　D. 按环境

7. 以下哪项是资源组的限制？

A. 它们不能包含基于资源标记的资源

B. 它们不能包含基于环境的资源

C. 它们不能包含不同区域的资源

D. 它们不能基于特定的标记查询资源

8. 以下哪些是 AWS Systems Manager 中支持的文档类型？(选择两项)

A. 命令文档　　B. 角色文档　　C. 策略文档　　D. 资源文档

9. 以下哪些是 AWS Systems Manager 中支持的文档表示格式？(选择两项)

A. YAML　　B. JSON　　C. CSV　　D. 文本

10. 状态管理器可以使用以下哪种文档类型？

A. 策略文档　　B. 自动化文档

C. 命令文档　　D. 以上都是

11. 命令文档通常处理哪个命令？

A. Run 命令　　B. Patch 命令

C. Halt 命令　　D. Update 命令

12. 会话管理器支持以下哪种加密选项？

A. CMK　　B. KMS

C. 客户提供的密钥　　D. CMS

13. 状态管理器可以帮助实施以下哪些项？(选择两项)

A. 消息传递　　B. 库存

C. 安全　　D. 合规性

14. 以下哪些项设计用于参数库？(选择两项)

A. GitHub　　B. AWS CodeBuild

C. AWS ColdPipeline　　D. AWS CodeDeploy

15. 你负责一组 EC2 实例，听说最近发布的一个补丁有与 Rails 相关的已知问题，你的实例都在运行。如果实例都运行 SSM 代理，你将如何阻止将补丁部署到实例？

A. 从自动化管道中删除修补程序

B. 从修补程序基线中删除修补程序

C. 将修补程序作为排除项添加到修补程序基线中

D. 将路径作为排除项添加到自动化管道中

16. 在 AWS Systems Manager 维护窗口中可以执行以下哪些操作？(选择两项)

A. 执行 AWS Lambda 函数　　B. 更新补丁程序

C. 删除坏补丁　　D. 重新启动实例

17. 对于运行 Windows AMI 并与 AWS Systems Manager 服务通信的实例，你有一个用 JSON 编写的命令文档。现在你接管了几个基于 Linux 的实例并希望使用同一个命令文档。在 Linux 实例中使用这个文档需要做些什么？

A. 将文档从 JSON 转换为 YAML 并重新加载

B. 复制文档并将副本分配给基于 Linux 的实例

C. 不能将为基于 Windows 的实例编写的文档用在基于 Linux 的实例上

D. 什么都不做；文档可以跨平台操作系统工作

18. 你的组织要求运行在 macOS EC2 实例上的所有代码必须是已批准的 AMI 的一部分或是开源的。你已经在实例上使用了 AWS Systems Manager 代理。需要做些什么来确保新策略的合规性？

A. 需要删除代理并使用代理安装脚本中的 Open Source 选项重新安装

B. 需要删除 Systems Manager 代理并找到另一个选项

C. 什么都不做；Systems Manager 代理是 AWS 中默认 macOS AMI 的一部分

D. 什么都不做；Systems Manager 代理是开源的并且在 GitHub 上可用

19. 假设需要确保每天凌晨 1 点在所有受管实例上执行合规性脚本。你如何完成此任务？

A. 创建一个新的 Execute 命令并使用 Systems Manager 在实例上进行设置

B. 创建一个新的 Run 命令并使用 Systems Manager 在实例上进行设置

C. 创建新的合规性策略文档并确保所有实例的代理都引用该文档

D. 创建一个新的操作文档并确保所有实例的代理都引用该文档

20. 以下哪些是 AWS Systems Manager 补丁管理器使用的自定义修补程序的方法？(选择两项)

A. 编写一个自定义 Run 命令按照自己的计划安装补丁程序

B. 编写一份自动化文档，描述首选的修补级别和时间计划

C. 编写自己的 AWS Systems Manager 命令来优化默认的自动化程序

D. 为每个要自定义的实例编写一个策略文档

第 V 部分

存储和数据管理

第10章

Amazon Simple Storage Service(S3)

本章涵盖的 AWS Certified SysOps Administrator-Associate 考试主题包含但不局限于以下内容：

✓ **知识点 2.0 高可用性**

- 2.2 认识和区分 AWS 的高可用性和弹性环境

✓ **知识点 3.0 部署和供给**

- 3.1 确定并执行提供云资源所需的步骤

✓ **知识点 4.0 存储和数据管理**

- 4.1 创建和管理数据保留期
- 4.2 确定并实施数据保护、加密和容量规划需求

✓ **知识点 5.0 安全性与合规性**

- 5.2 实施 AWS 访问控制

SysOps 管理员的日常工作之一是对存储进行管理。在传统的本地环境中，这类存储可以是本地连接存储、网络连接存储(NAS)甚至是存储区域网络(SAN)存储。

这些传统的存储模式在 AWS 中都有对应的模式，本章将讨论对象存储解决方案，如 Amazon Simple Storage Service(S3)和 Glacier。

本章涵盖：

- 对象存储基础介绍
- 什么是 S3 以及如何使用它
- S3 中使用的命名约定
- 选择正确的可用性级别
- 如何保护对 S3 的访问
- 在 S3 中加密数据
- 使用 Amazon Glacier 归档数据
- 数据的生命周期管理
- 使用带有存储网关的混合云存储

10.1　对象存储和 Amazon S3

在开始关于 Amazon Simple Storage Service(S3)的讨论之前，我想首先确保让你了解什么是对象存储。对象存储与其他形式存储的区别在于，AWS 中的服务通过 API 与对象存储进行交互。AWS 对对象存储有完全的可视性，可以通过 API 与存放在对象存储中的对象进行交互。

AWS 中的对象存储由 S3 和 Glacier 等服务提供。Amazon S3 是提供高持久性和不同级别可用性的服务，可用性取决于所选的 S3 类型。Amazon Glacier 是一种低成本的数据归档解决方案。对于那些出于合规性原因需要保留数据但又不想经常访问这些数据的组织来说，Amazon Glacier 尤其有用。

那么为什么要通过 API 访问数据呢？简单地说，它可以在将来实现更大的灵活性和自动化。存放在 S3 的数据可以通过 Amazon Athena 作为查询的数据集；它还可以用于触发其他事件或工作流。例如，一个常见的用例是将一个图像上传到 S3 中，然后启动一个进程来获取该图像并调整其大小，以便可以与各种移动设备一起工作。之所以能这样的原因是对象存储可以通过 API 访问其他 AWS 服务或与之交互的应用。Amazon S3 的一些其他特殊用例是备份、支持带有存储网关的混合存储和灾难恢复功能，这是由 Amazon S3 高持久性的特点决定的。

Amazon S3(见图 10.1)将对象存储在称为存储桶的容器中。可以设置特定于单个存储桶的访问控制，和/或使用存储桶来组织上传到 Amazon S3 中的对象类型。

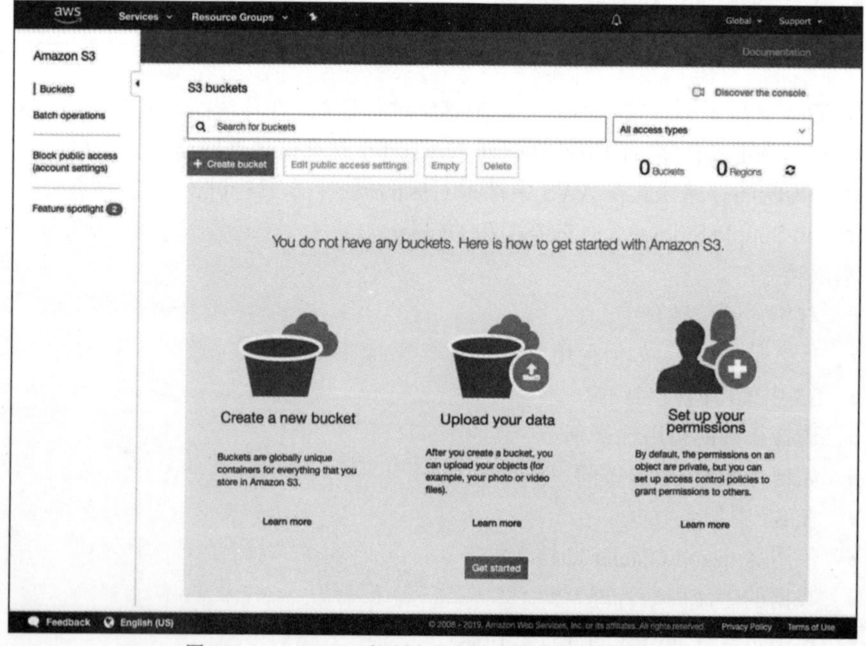

图 10.1　Amazon S3 控制台是创建和配置存储桶的地方

存储在 S3 中的独立对象的大小可以达到 5TB，并且对上传到 S3 桶中的数量没有限制。需要注意的是，收费是按照使用的多少决定，并且由于使用的 S3 存储类不同，收费也会有所不同。单个对象由对象键标识，该键由桶名称、键和版本组成。例如，假设你把名为 mypicture.jpg 的图像上传到名为 example 的桶中。完整的 URL 如下所示：http://example.s3.amazonaws.com/2019-07-07/mypicture.jpg。如你所见，存储桶的名称(example)在 URL 中，本例中的键为 2019-07-07/mypicture.jpg。

URL 包含的内容

当然，可以通过 AWS 管理控制台访问 S3 存储桶。同时，也可以使用 URL 直接访问 S3 存储桶。有两种方法可以访问 S3 存储桶：虚拟托管 URL 和路径样式 URL。

对于虚拟托管的 URL，桶的名称作为域名的一部分包含在 URL 中。例如：http://<bucketname>.s3.amazonaws.com 或 http://<bucketname>.s3.<regionname>. amazonaws.com.

对于路径样式的 URL，存储桶的名称不是域名的一部分，地址如下所示：http://s3.amazonaws.com/<bucketname>或 http://s3.<regionname>.amazonaws.com/<bucketname>。

看到这些示例，你可能会想知道为什么一个 URL 没有指定区域，而另一个 URL 却指定了一个区域。当 S3 URL 中没有指定区域时，这是因为 S3 存储桶位于美国东部(N.Virginia)区域。任何其他区域都会包含指定的区域名称。表 10.1 列出了撰写本文时可用的区域名称，并举例说明了 S3 URL 的格式。如果要使用虚拟托管 URL，请在域名之前添加存储桶的名称，并用句点分隔桶名和域名。如果要使用路径样式 URL，请在正斜杠后面的末尾添加桶名称。

表 10.1　S3 区域名称和示例端点 URL

区域名称	区域	S3 端点的 URL 示例
US East (N. Virginia)	us-east-1	s3.amazonaws.com
US East (Ohio)	us-east-2	s3.us-east-2.amazonaws.com
US West (N. California)	us-west-1	s3.us-west-1.amazonaws.com
US West (Oregon)	us-west-2	s3.us-west-2.amazonaws.com
Canada (Central)	ca-central-1	s3.ca-central-1.amazonaws.com
Asia Pacific (Hong Kong)	ap-east-1	s3.ap-east-1.amazonaws.com
Asia Pacific (Mumbai)	ap-south-1	s3.ap-south-1.amazonaws.com
Asia Pacific (Osaka)	ap-northeast-3	s3.ap-northeast-3.amazonaws.com
Asia Pacific (Seoul)	ap-northeast-2	s3.ap-northeast-2.amazonaws.com
Asia Pacific (Singapore)	ap-southeast-1	s3.ap-southeast-1.amazonaws.com
Asia Pacific (Sydney)	ap-southeast-2	s3.ap-southeast-2.amazonaws.com

(续表)

区域名称	区域	S3 端点的 URL 示例
Asia Pacific (Tokyo)	ap-northeast-1	s3.ap-northeast-1.amazonaws.com
China (Beijing)	cn-north-1	s3.cn-north-1.amazonaws.com.cn
China (Ningxia)	cn-northwest-1	s3.cn-northwest-1.amazonaws.com.cn
EU (Frankfurt)	eu-central-1	s3.eu-central-1.amazonaws.com
EU (Ireland)	eu-west-1	s3.eu-west-1.amazonaws.com
EU (London)	eu-west-2	s3.eu-west-2.amazonaws.com
EU (Paris)	eu-west-3	s3.eu-west-3.amazonaws.com
EU (Stockholm)	eu-north-1	s3.eu-north-1.amazonaws.com
South America (Sao Paulo)	sa-east-1	s3.sa-east-1.amazonaws.com

对于最新的信息，可以访问 https://docs.aws.amazon.com/general/latest/gr/rande.html。

提示：

你可能已经注意到，中国的 S3 地址以国家代码“cn”结尾，但其他国家都符合标准的“amazonaws.com”。记住这些确实存在的差异，它们是有效的 S3 地址。

10.2　可用性和持久性

大多数组织在存储数据时有两个主要问题。第一个问题是持久性，也就是必须确保数据长久存放并在系统发生故障时能够弹性恢复。实际上，在写入的数据被复制到多个设备(通常是 3 个)之前，S3 是不会报告写操作已经成功的。第二个是可用性，它关注的是即使某个 AWS 数据中心发生故障的情况下，数据还能被访问。

S3 的持久性在所有 S3 存储类别中都是相同的。Amazon 保证 11 个 9 的持久性(99.999999999%)，也就是说，如果在 Amazon S3 中存储 10 000 个对象，那么每 1 千万年才可能会丢失一个对象。这很耐用！这可能是考试中很常见的一个问题……也是最简单的。请记住，S3 中的所有存储类都提供了 11 个 9 的持久性。

S3 中的可用性有些波动。可用性取决于在 Amazon S3 中使用的存储类别。承诺的可用性也在服务级别协议(SLA)中定义。Amazon 承诺，在任何时候如果无法获得承诺的可用性，那么可以随时获得服务补偿。在下一节中，将查看每个存储类别以及每个存储类的可用性预期。

S3 存储类别

如果没有关于对存储类别的讨论，那么有关 Amazon S3 的章节都是不完整的；为什么选择一个存储类别而不是另一个存储类别，每个存储类别的优缺点是什么，等等。

我们将讨论总共 4 个存储类别。它们是 S3 标准、S3 智能分级、S3 标准不频繁访问(IA)和 S3 One Zone 不频繁访问(IA)。

1. S3 标准

S3 标准是瑞士军刀型的 S3 级存储。它非常适合任何经常访问的数据，如网站、应用、分析，甚至内容分发。在所有 S3 存储类中，它的可用性最高，达 99.99%，并且数据的多个副本跨多个可用区域存储，提供了高度的持久性。

2. S3 智能分级

如果组织关心成本，并且他们的重点是成本优化，那么使用 S3 智能分级是一个不错的选择。数据加载到 S3 标准以后，如果 30 天内没有被访问，它将被移到 S3 标准 IA。当它被访问时，再被移回 S3 标准类型。在不同级之间移动数据不需要支付费用；你只需要为该服务支付少量的监控和自动分级费用。S3 智能分级提供了 99.9%的可用性，并提供了与 S3 标准相同的功能。

这种 S3 存储类非常适合那些需要将数据保留很长一段时间但又希望优化成本的组织。有了这个级别，你仍可以使用生命周期策略(本章稍后介绍)将数据归档到 Amazon Glacier，以节省更多成本。如果不确定访问数据的频率，这也是很好的选择，因为它会自动将访问频率较低的数据移到较便宜的存储级别中。

3. S3 Standard-IA

S3 标准 IA 提供 99.9%的可用性，并且在许多方面与 S3 标准相似。最大的区别在于，放入 S3 标准 IA 的数据是不经常访问的数据，但是如果需要，这些数据立刻能够被访问。与 S3 标准相比，在 S3 标准 IA 中存储数据的成本更低，但如果需要从 S3 标准 IA 中恢复数据，则需要收取每 GB 的检索费用。

这种存储类非常适合保存不需要经常访问的备份文件和灾难恢复文件等。还可以使用生命周期策略将数据从这一层移到 Amazon Glacier 进行长期归档，就像使用 S3 标准一样。

4. S3 One Zone-IA

在许多方面，S3 One Zone-IA 与 S3 标准 IA 相似。它们最明显的区别是，这个级别将数据只存储在一个可用性区域中，而其他存储类至少存储在 3 个可用性区域中。这的确使它比 S3 标准 IA 便宜，但它也会将 Amazon 保证的可用性降低到 99.5%。

5. 选择存储类别

除了硬记它们，没有什么更简单的方法来记住它们。在考试中，你应该知道 S3 存储的各个级别的可用性承诺是什么(见表 10.2)。

表 10.2　S3 存储类的可用性

类型	可用性
S3 标准	99.99%
S3 智能级别	99.9%
S3 标准-IA	99.9%
S3 One Zone-IA	99.5%

10.3　S3 中的数据安全和保护

与任何其他存储解决方案一样，存储的安全性是非常重要的。你必须能控制对数据的访问，确保数据不受未经授权的访问。Amazon 提供了许多选项来保护 S3 存储桶中的数据的安全，包括稳固的访问控制、版本控制和数据加密。

10.3.1　访问控制

第一次创建 S3 存储桶时，它是私有的，这意味着只有存储桶的所有者才可以访问。需要打开其他人的访问许可才能允许其他人使用你的 S3 存储桶。可以通过多种方式实现这一点，包括用户策略、存储桶策略和 ACL。

1. 用户策略

用户策略是用 JSON 编写的，顾名思义，它会影响用户与 S3 存储桶的交互。可以使用它们允许特定 IAM 用户访问存储桶或存储桶中的指定文件夹。在本例中，允许 IAM 用户访问在 mytopsecretstuff S3 存储桶中名为 FudgeRecipes 的文件夹。

```
{
  "Version":"2012-10-17",
  "Statement":[
    {
      "Effect":"Allow",
      "Action":[
        "s3:PutObject",
        "s3:GetObject",
        "s3:GetObjectVersion",
        "s3:DeleteObject",
        "s3:DeleteObjectVersion"
      ],
      "Resource":"arn:aws:s3:::mytopsecretstuff/FudgeRecipes/*"
    }
  ]
}
```

2. 桶策略

桶策略是用 JSON 编写的，但如果不熟悉 JSON，也可以使用 AWS 策略生成器来创建桶策略。桶策略会影响整个存储桶，因此可以利用它做很多事情。在下面的示例中，S3 存储桶使用一个名为 mytopsecretstuff 的桶策略对 FudgeRecipes 文件夹强制实施多重身份验证(MFA)，必须输入一次性密码(OTP)才能访问该桶中指定文件夹中的对象。

```
{
  "Id": "<unique_string>",
  "Version": "2012-10-17",
  "Statement": [
    {
      "Sid": "<unique_sid>",
      "Action": "s3:*",
      "Effect": "Deny",
      "Resource": "arn:aws:s3:::mytopsecretstuff/FudgeRecipes/*",
      "Condition": {
        "Null": {
        "aws:MultiFactorAuthAge": "true"
        }
      },
      "Principal": "*"
    }
  ]
}
```

3. 访问控制列表(ACL)

在默认情况下，只有 S3 存储桶的所有者才可以访问它。这是通过创建新存储桶时默认的 ACL 完成的。

在 ACL 中，可以授予读、写、read_ acp、write_ acp 和完全控制。读允许列出存储桶的内容或读取对象的内容。写允许创建、修改或删除存储桶中的对象。read_acp 和 write_acp 允许处理 ACL 本身；读允许读取 ACL，写允许修改存储桶或对象的 ACL。完全控制提供了刚才讨论的所有权限。

可在 ACL 内部、授权主体中授予多个权限。授予范围内被授予访问权限的个人或 AWS 组被称为被授权者，单个 ACL 最多可以有 100 个授权。

4. 公有访问设置

前面提到，默认情况下公有访问是受限制的，最初只有 S3 存储桶的所有者具有访问权限。这可以由桶策略和权限覆盖，桶策略和权限设置在存储桶中的桶或文件夹上，以允许其他用户访问。

作为 SysOps 管理员，你可能希望确保整个桶的公有访问受到限制，并且用户不会意外地在互联网上打开 S3 存储桶。S3 通过 Permissions 选项卡提供了这种限制。只有账户管理员或存储桶所有者才可以更改公有访问设置。

要访问公有访问设置，只要单击 S3 存储桶，选择 Permissions 选项卡；然后 Block

public access 是列表中的第一个选项，如图 10.2 所示。

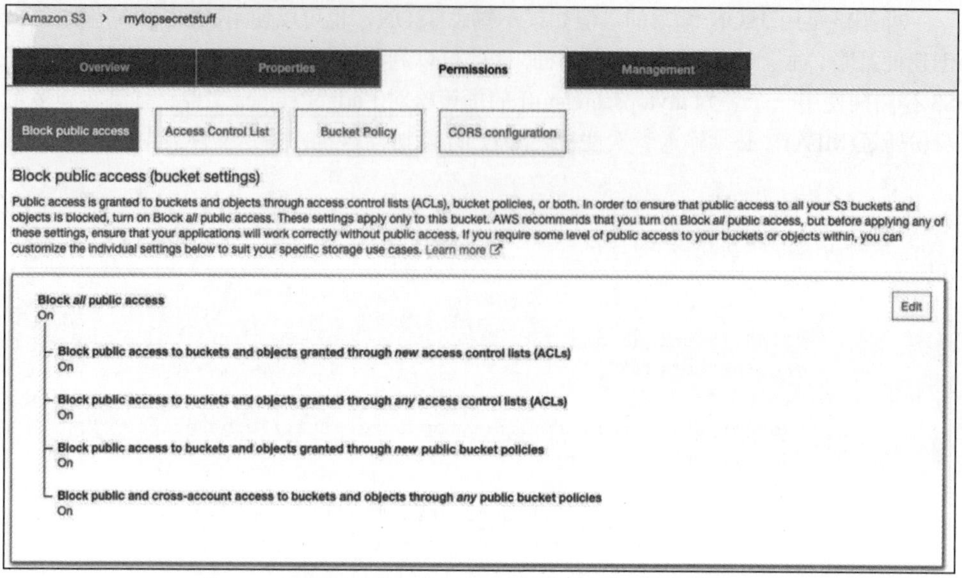

图 10.2　公有访问设置可以由账户管理员和存储桶所有者进行

可以在此处调整 4 种设置。

- **阻止对通过新访问控制列表(ACL)授予的存储桶和对象的公有访问**：此设置将阻止创建公有访问的 ACL，从而阻止新 ACL 授予公有访问权限，但不会影响现有的 ACL。
- **阻止对通过任何访问控制列表(ACL)授予的存储桶和对象的公有访问**：此设置将会使 S3 忽略任何授予公有访问权限的 ACL(新的或现有的)。
- **阻止对通过新的公有存储桶策略授予的存储桶和对象的公有访问**：此设置将阻止创建公有访问的存储桶策略，从而阻止新存储桶策略授予公有访问权限，但不会影响现有的存储桶策略。
- **阻止对通过任何公共存储桶策略授予的存储桶和对象的公有和跨账户访问**：此设置将会使 S3 忽略任何授予对 S3 存储桶的公有或跨账户访问权限的存储桶策略。

10.3.2　版本控制

如果担心数据被破坏或删除，Amazon S3 最简单的处理之一就是版本控制。任何时候上传一个对象，都会创建一个新的版本。如果删除了某个对象，则仍可以检索该对象的旧版本。版本控制一旦被启用，就不能禁用它，但是能将其挂起，因此在确认需要版本控制之后再启用它。在任何指定时间，版本控制可以处于 3 种状态。

禁用版本控制(默认)　上传具有相同键的对象将覆盖现有对象。删除对象将永久删除它。

启用版本控制 当上传与现有对象具有相同键的对象时，S3 将使用新的版本 ID 创建一个新对象。删除对象时，它显示该对象已被删除，但该对象的旧版本仍然可用。可以通过对象的版本 ID 引用对象的旧版本。

版本控制挂起 在启用版本控制时创建的所有以前版本都将保留，但之后上传或删除的对象不会创建其他版本。

提示：
记住使用 Amazon S3 时需要为使用的存储付费。如果启用了版本控制，版本化文档占用的空间以及当前版本所需的空间需要付费。

10.3.3 加密

Amazon 尽量使用 Amazon S3 默认加密来简化对 S3 存储桶的加密。可以在新的或现有的桶上启用默认加密，并且可以选择使用 Amazon S3 受管密钥(SSE-S3)，或者，如果需要对谁访问密钥进行审计跟踪，那么可以使用 AWS KMS 受管密钥(SSE-KMS)。也可以选择将自己的密钥与客户提供的密钥(SSE-C)一起使用，尽管这不包含在默认加密类别中。

注意：
SSE-S3 和 SSE-KMS 中的 SSE 代表服务器端加密，这意味着加密由服务器而不是客户端处理。KMS 表示密钥管理服务，是指用于颁发和管理密钥的 AWS 受管服务。

1. Amazon S3 受管密钥(SSE-S3)

通过 SSE-S3，Amazon 管理密钥轮换和密钥使用。对加载到 Amazon S3 中的每个对象都有自己用于加密的密钥，该密钥由一个主密钥加密，主密钥在后台定期轮换。SSE-S3 使用行业标准的 AES-256 加密算法加密所有数据。

2. AWS KMS 受管密钥(SSE-KMS)

虽然 SSE-KMS 的行为与 SSE-S3 类似，但有一些重要的区别。用于加密密钥的主密钥与用于加密对象的密钥具有不同的权限，当使用 SSE-KMS 时，你会获得一个审核跟踪，该跟踪不仅在主密钥被使用时建立，还包括谁使用它。对于有严格合规性要求的组织，SSE-KMS 可能是最佳选择。

提示：
考试中区分加密类型的一个简单方法是问题是否指定需要审核。如果问题提到审核，SSE-KMS 最有可能是你的答案。

3. 客户提供的密钥(SSE-C)

客户提供的密钥不是 Amazon S3 中可用的默认加密方法之一，但它是你应该知道的一个选项。对于需要始终控制私钥的组织来说，SSE-C 是一个很好的解决方案。你可以管理加密密钥，Amazon S3 会管理在 S3 存储桶中启用 SSE-C 对象的加密。

10.4　Amazon Glacier

Amazon S3 对在需要时快速检索数据是一个很好的解决方案。正如我们已经讨论过的，分级方式优化了存储成本，并保持随时检索数据的能力。然而，有些组织需要将数据保存数年(医疗记录就是一个很好的例子)，而且不太可能经常需要访问这些数据。如果请求旧数据，通常不需要快速检索。对于这样的用例，数据需要以尽可能低的成本保存并且不需要立即检索，Amazon Glacier 就非常适合。

Amazon Glacier 是 AWS 中的一个归档解决方案。与其他服务不同，它不能通过 AWS 管理控制台与 Amazon Glacier 进行交互。可以使用生命周期策略在 S3 和 Glacier 之间移动对象，也可以使用 Glacier API 与 Glacier 进行交互。

检索对象可以通过几种不同的方式完成，这取决于数据是如何进入 Amazon Glacier 的。如果数据是通过 S3 中的生命周期策略移到 Glacier 的，那么可以在 Amazon S3 管理控制台中或通过 Amazon S3 API 恢复归档的文件。如果使用 API 将数据保存到 Amazon Glacier，那么检索数据的唯一方法就是使用 API，你无法通过 S3 管理控制台检索数据，因为 S3 无法看到这些数据。

从 Amazon Glacier 检索数据有 3 种不同的选择，它们取决于返回数据需要的速度。标准是默认的检索选项，如果检索数据时未指定其他选项，则使用该选项。检索选项如下所示。

- 加急：最昂贵的选择，通常在 1～5 分钟内提供。
- 标准(默认)：通常在 3～5 小时内提供。
- 批量：成本最低的选择，通常在 5～12 小时内提供。

Amazon Glacier 深度归档

Amazon Glacier 一直是 AWS 环境的归档解决方案的首选；但是，Amazon 发布了一个类似的解决方案，专门为数据的长期保留而创建(7～10 年以上)。这个解决方案被称为 Amazon Glacier 深度归档。

Amazon Glacier 深度归档与 Amazon Glacier 非常相似，不过它的成本更低，检索选项也更少。承诺的检索时间是 12 小时，而且假设使用 Amazon Glacier 深度归档的客户一般每年只需要一到两次的数据访问。

10.5　S3 生命周期管理

如果使用过传统存储，那么你应该知道使用分级存储的效率。它将经常被访问的数据保存在速度更快、成本更高的存储器中，而不经常被访问的数据可以保存在速度较慢的磁盘上。

S3 生命周期管理允许在 AWS 中遵循类似的过程。但是，它被大大简化，而且有很多选择，可以选择将数据移到哪个级别以及何时移动。可以指定何时将对象移到成本较低的级别，以及何时将数据标记为过期。当一个对象被标记为过期时，Amazon 会删除它。在图 10.3 的示例中，设置了一个生命周期策略，它将对象在 90 天后转移到 S3 标准 IA，然后在 180 天后转移到 Amazon Glacier。这些都是完全可定制的，根据你想要转移到哪个级别，以及何时进行转移。

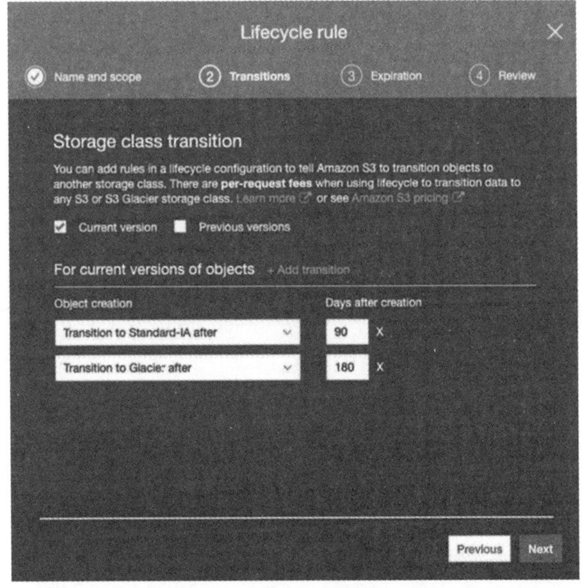

图 10.3　生命周期规则允许定义你所需要对象的转移时间和地点

10.6　存储网关

对于一些组织来说，切换到纯粹的云存储可能不是可接受的解决方案。他们可能对总体上的云存储存在顾虑，也可能对性能问题存有顾虑。存储网关解决方案提供了一个很好的方法，它可以在 AWS 中一开始同时使用基于云的存储和本地资源。

存储网关是安装在本地数据中心的软件设备。这些设备将数据安全地传输到 Amazon S3、Amazon Glacier 和 Amazon EBS。可以使用一系列协议进行连接，包括网络文件系统(NFS)、互联网小型计算机系统接口(iSCSI)和服务器消息块(SMB)。有 3 种类型的存储网关，每种类型都有自己的用例。

文件网关　你的文件作为对象存储在 Amazon S3 中，可以通过 NFS 或 SMB 进行访问。可以利用在 Amazon S3 中讨论过的特性。

卷网关　卷网关对应用来说就像普通的块级存储一样。通过 iSCSI 协议访问卷网关上的存储。这些卷以 Amazon EBS 快照的形式进行备份。卷网关可以用两种不同的方式运行。

缓存模式　数据存储在 S3 中，但常用数据在设备本地上缓存以提高性能。

存储模式　所有数据都存储在本地，然后复制到 Amazon S3。

磁带网关　使用磁带网关时，使用磁带备份设备进行备份的应用程序会显示为一个虚拟磁带库。虚拟磁带库存放在 Amazon S3 中，并且可以归档到 Amazon Glacier。

10.7　本章小结

Amazon S3 是一个区域性服务，为数据提供高可用性和持久性。它具有强大的安全功能，包括访问控制、版本控制和加密。通过 Amazon S3，组织可以选择对其最具成本效益的级别。Amazon Glacier 提供了一种经济实惠的方法来归档重要数据，并且可以与 S3 生命周期策略结合使用，自动将旧数据移到归档中。存储网关允许采用混合云存储模型，在该模型中，可以同时使用本地存储和基于云的存储。这 3 种类型的存储网关是文件网关、卷网关和磁带网关。

10.8　复习资源

Amazon S3 入门：

`https://docs.aws.amazon.com/AmazonS3/latest/gsg/GetStartedWithS3.html`

Amazon S3 存储类型：

`https://aws.amazon.com/s3/storage-classes/`

使用服务器端加密保护数据：

`https://docs.aws.amazon.com/AmazonS3/latest/dev/serv-side-encryption.html`

对象生命周期管理：

`https://docs.aws.amazon.com/AmazonS3/latest/dev/object-lifecycle-mgmt.html`

AWS 存储网关是什么?

`https://docs.aws.amazon.com/storagegateway/latest/userguide/WhatIsStorageGateway.html`

10.9　考试要点

知道有效的 S3 端点地址的格式。有效的 S3 端点地址如下所示：S3.<region_name>.amazonaws.com，但 us-east-1 中的 S3 端点除外，它只是 S3.amazonaws.com，以及以中国国家代码结尾的两个端点。

了解 S3 中不同的存储类。S3 标准非常适合频繁访问的数据。根据不同的可用性数据检索时间要求，可以将不常用数据移到其他存储类别，如 S3 Standard-IA，S3 One Zone-IA 或者 Amazon Glacier 中。

了解 Amazon Glacier 的用例。Amazon Glacier 用于数据归档。它包括 3 个检索选项，它们提供更快、更昂贵的检索或更慢、更便宜的检索。Amazon Glacier Deep Archive 旨在长期数据保留，并且只有一个检索选项。

了解什么是生命周期策略以及如何使用它。生命周期策略根据存储期限在不同的存储类别之间移动对象，也可以定期地让文档过期。

10.10　练习

这些练习不会假设 S3 之外的任何功能来完成。所有这些练习都在 Amazon S3 内进行。

练习 10.1

创建一个 S3 存储桶

创建一个 S3 存储桶是在 S3 中第一件最可能做的事。在本练习中，你将创建第一个 S3 存储桶。这个桶将在其余的练习中使用。

(1) 在 AWS Management Console 中，在 Storage 下选择 Services，然后选择 S3。

(2) 单击 Create Bucket 按钮。

(3) 输入桶的名称；名称必须在所有 S3 中唯一。单击 Next 按钮。

(4) 暂时不输入其他选项，然后单击 Next 按钮。

(5) 选中 Bock All Public Access ，然后单击 Next 按钮。

(6) 单击 Create Bucket。

创建存储桶之后，屏幕类似于图 10.4 所示。

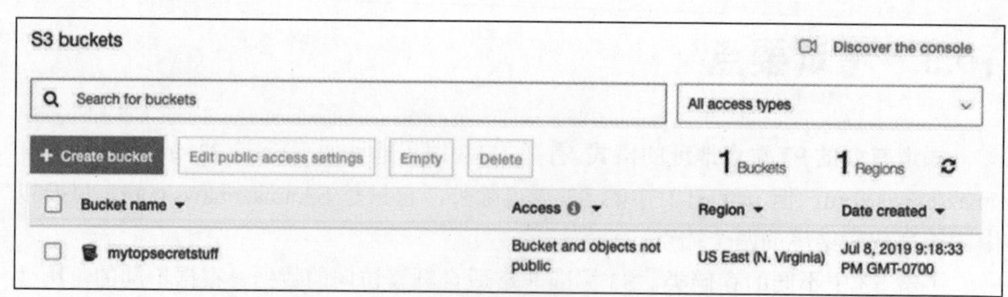

图 10.4　存储桶一旦创建就显示在 S3 仪表板上

练习 10.2

启用默认加密

在本练习中，将在前面创建的存储桶上启用 S3 受管密钥加密。

(1) 在 S3 仪表板上，单击练习 10.1 中创建的存储桶。

(2) 单击 Properties 选项卡，然后单击 Default Encryption 框。

(3) 选择 AES-256，然后单击 Save 按钮。

默认加密现在启用 S3 受管密钥(SSE-S3)。默认的加密框应该如图 10.5 所示。

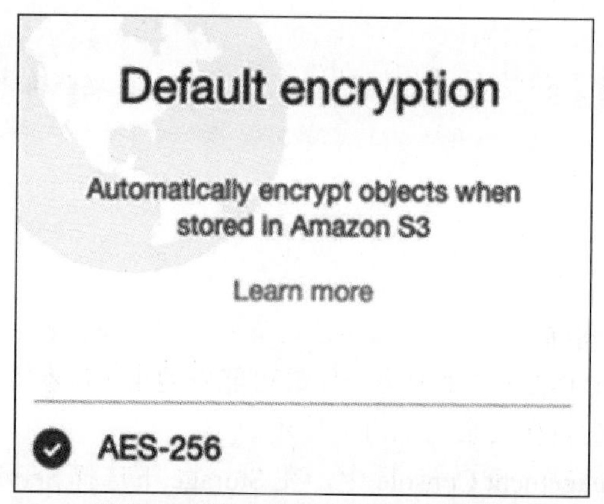

图 10.5　默认加密已启用 S3 受管密钥

练习 10.3

启用版本控制

在本练习中，将在 S3 存储桶上启用版本控制。

(1) 在 S3 仪表板上，单击在练习 10.1 中创建的存储桶。

(2) 单击 Properties 选项卡，然后单击 Versioning 框。

(3) 选择 Enable Versioning，然后单击 Save 按钮。

现在为这个 S3 存储桶启用了版本控制。版本控制应该像图 10.6 中的框。

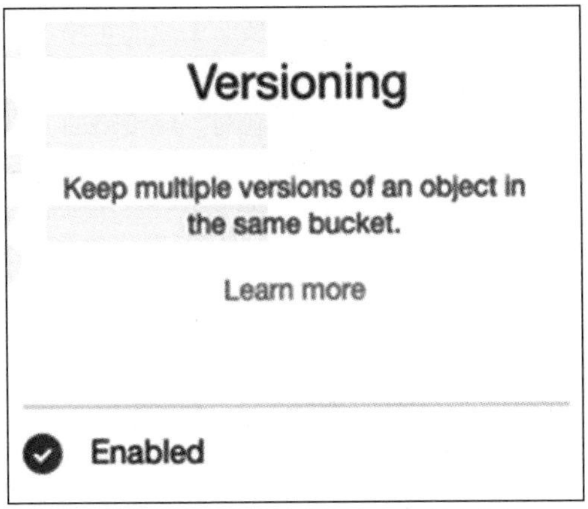

图 10.6 已经为 S3 存储桶启用了版本控制

练习 10.4

创建和使用存储桶策略

在本练习中，将创建一个存储桶策略，当有人试图访问 S3 存储桶中的文件夹时，该策略需要 MFA。

(1) 在 S3 仪表板上，单击在练习 10.1 中创建的存储桶。

(2) 单击 Permissions 选项卡，然后单击 Bucket Policy 框。

(3) 在 Bucket Policy Editor 旁记下完整的 ARN 名称。可以通过按 Ctrl+C 或 Cmd+C(Mac)将其复制到剪贴板。

(4) 向下滚动到屏幕底部，然后单击 Policy Generator。

(5) 从 Select Policy Type 下拉列表中，选择 S3 Bucket Policy。

(6) 在 Add Statements 中，设置以下内容。

Effect：Deny

Principal：*

AWS 服务：Amazon S3

Actions：All Actions ('*')

Amazon Resource Name(ARN)：<步骤 3 的 ARN 值>

(7) 单击 Add Conditions(可选)并设置以下内容。

Condition：Null

Key：AWS：MultiFactorAuthAge

Value：True

(8) 单击 Add Condition，然后单击 Add Statement。

(9) 单击 Generate Policy。

(10) 复制生成的策略并单击 Close 按钮。

(11) 返回 Bucket Policy Editor 屏幕，并粘贴生成的策略。

(12) 单击 Save 按钮。

你可能不需要策略生成器，但对于那些刚刚了解策略的 SysOps 管理员或不熟悉 JSON 的管理员来说，它是一个非常有用的工具。

练习 10.5

创建一个生命周期策略

在本练习中，将创建一个生命周期策略，该策略将在 90 天内将对象转为 S3 Standard-IA，然后在 180 天内转为 Glacier，最后在 720 天过期。

(1) 在 S3 仪表板上，单击在练习 10.1 中创建的存储桶。

(2) 单击 Management 选项卡；此时已选中 Lifecycle 选项卡。

(3) 单击 Add Lifecycle Rule。

(4) 将生命周期规则命名为 Age out old documents，然后单击 Next 按钮。

(5) 在存储类别转换窗口中，选中 Current Version 复选框。

(6) 单击 Add Transition。

(7) 在 Object Creation 下拉列表中，选择 Transition To Standard-IA After。

(8) 将 Days After Creation 改为 90。

(9) 再次单击 Add Transition。

(10) 从下拉框中，选择 Transition To Glacier After。

(11) 将 Days After Creation 更改为 180，如图 10.7 所示。

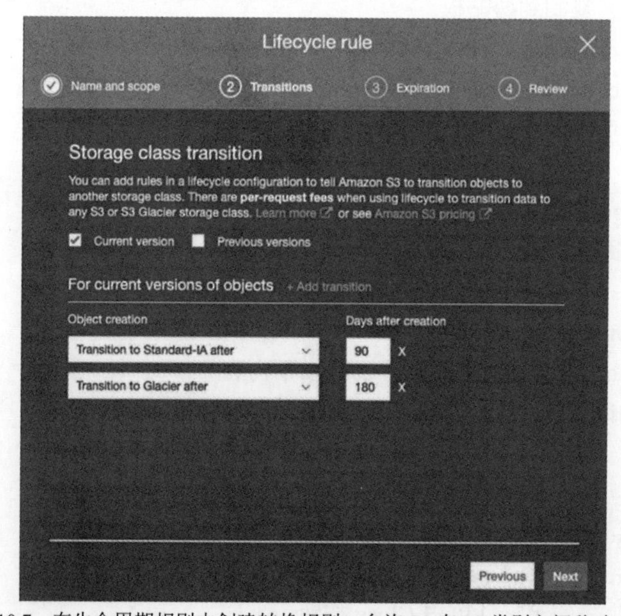

图 10.7　在生命周期规则中创建转换规则，允许 S3 在 S3 类别之间移动对象

(12) 单击 Next 按钮。

(13) 在配置过期屏幕上，选中 Current Version 复选框。

(14)“对象当前版本是否过期”被选中；将文本字段更改为 720，以便在对象创建后的 720 天后读取。

(15) 单击 Next 按钮。

(16) 单击 Save 按钮。

10.11　复习题

附录中有答案。

1. 你负责一个工程师团队并在 S3 中存储大型文档，通常是 10GB 或更大。团队已开始收到以下错误：“建议的上传超出了允许的最大对象大小。”应该进行哪些更改以解决此问题？

A. 使用不同的 S3 存储桶进行额外的上传

B. 联系 AWS 支持部门更改最大上载大小

C. 切换使用 S3-IA，它支持更大的文件上传

D. 为所有上载的文档选择 Multipart(多部分)上传选项，并确保它们的代码使用此 API

2. 在 US East 2 区域，你有一个名为 compliance_docs 的 S3 存储桶，并在桶的根级别创建了一个名为 nist/的文件夹。已打开网站托管并要求内容团队将文档上传到 nist/文件夹。这些文档在哪个 URL 上可以通过 Web 浏览器访问？

A. https://compliance_docs.s3-website-us-east-2.amazonaws.com/nist

B. https://s3-website-us-east-2.amazonaws.com/compliance_docs/nist

C. https://s3-us-east-2.amazonaws.com/compliance_docs/nist

D. https://compliance_docs.s3-website.us-east-2.amazonaws.com/nist

3. 对于以下哪些 HTTP 方法，S3 具有最终的一致性？(选择两项)

A. 新对象的 PUTs　　B. UPDATEs

C. DELETEs　　D. 覆盖现有对象的 PUTs

4. 标准类 S3 中可以存储的最小文件大小是多少？

A. 1 byte　　B. 1 MB　　C. 0 字节　　D. 1 KB

5. 你刚刚在 US East 2 区域创建了一个名为 rasterImages 的新 S3 存储桶。你需要存储桶的 URL 才能进行一些编程访问。哪个是正确的桶网址？

A. https://s3-us-east-2-rasterImages.amazonaws.com/

B. https://s3-east-2.amazonaws.com/rasterImages

C. https://s3-us-east-2.amazonaws.com/rasterImages

D. https://amazonaws.s3-us-east-2.com/rasterImages

6. 你想将文档存储在 S3 中，并使其轻松、快速地可用。但你担心有些文档在突发情况下无法访问。当一个文档被访问时，它通常由同一个团队多次访问。哪个 S3 存储类别是一个好的选择？

A. S3 Standard　　B. S3 Intelligent-Tiering

C. S3 One Zone-IA　　D. Glacier

7. S3 Standard 存储提供了什么可用性？

A. 99.99%　　B. 99.9%　　C. 99.5%　　D. 99.999999999%

8. S3 Standard-IA 存储提供了什么耐久性？

A. 99.99%　　B. 99.9%　　C. 99.5%　　D. 99.999999999%

9. S3 One Zone-IA 存储提供了什么可用性？

A. 99.99%　　B. 99.9%　　C. 99.5%　　D. 99.999999999%

10. 如果一个文档存储在 S3 Standard-IA 中，该文档复制需要多少个可用区域？

A. 1　　B. 2　　C. 3　　D. 至少 3 个，但可能更多

11. 当一个新的 S3 存储桶创建后，谁不需要任何额外的权限变化就可以访问这个桶？

A. 只有存储桶的创建者

B. 任何具有 S3AllBucket 策略的用户

C. 存储桶创建者和所有管理用户

D. 存储桶创建者以及与存储桶创建者在相同 IAM 组或角色中的任何人

12. 以下哪些方法是限制和控制对 S3 资源的访问的有效方法？(选择两项)

A. IAM 策略　　B. KMS　　C. 访问密钥　　D. 访问控制列表

13. 以下哪些是加密 S3 数据的有效方法？(选择两项)

A. SSE-IAM　　B. SSE-S3

C. SSE-KMS　　D. Amazon 客户端加密工具包

14. 如果需要加密 S3 中的资源，但需要完全控制密钥，你会使用哪种加密选项？

A. SSE-KMS　　B. Amazon S3 加密客户端

C. SSE-S3　　D. SSE-C

15. 以下哪些项是 Amazon Glacier 和 Amazon Glacier Deep Archive 的实际区别？(选择两项)

A. Amazon Glacier Deep Archive 比 Amazon Glacier 便宜

B. Amazon Glacier Deep Archive 比 Amazon Glacier 检索文件的速度更快

C. 与 Amazon Glacier 相比，Amazon Glacier Deep Archive 的访问选项更少

D. Amazon Glacier Deep Archive 比 Amazon Glacier 贵

16. 以下哪些项是 S3 存储桶使用 S3 Intelligent-Tiering 的好理由？(选择两项)

A. 存储桶中的数据每月只能访问一次

B. 存储桶具有未知的访问模式

C. 存储桶的访问模式不断变化，很难学习

D. 存储桶的访问模式每月更改一次

17. 以下哪些陈述是正确的？(选择两项)

A. S3 Standard 和 S3 One Zone-IA 具有相同的耐久性

B. S3 Standard-IA 和 S3 One Zone-IA 具有相同的可用性

C. S3 Standard 和 S3 One Zone-IA 具有相同的可用性

D. S3 Standard-IA 比 S3 One Zone-IA 具有更高的可用性

18. 在性能方面，S3 Intelligent-Tiering 最像什么？

A. S3 Standard　　B. S3 Standard-IA

C. S3 One Zone-IA　　D. Amazon Glacier

19. S3 Intelligent-Tiering 的可用性是什么？

A. 99.99%　　B. 99.9%　　C. 99.5%　　D. 99%

20. 你的组织在 Amazon Glacier 中存储了大量的合规性数据。在接下来的几周里，你的团队需要频繁地访问这些数据，但不想将数据移出 Glacier，然后在一个月后再将其返回。你应该做些什么来加速对这些数据的访问？

A. 打开 S3 生命周期管理并设置一个策略，将数据移到 S3 Standard 中，然后在一个月内再次移出

B. 在 Amazon Glacier 上选择 Expedited 选项进行数据检索

C. 在 Amazon Glacier 上选择批量数据检索选项

D. 设置一个 Lambda 来提取 Glacier 的所有数据，并将其放在 EBS 卷上保留一个月

第 11 章 Elastic Block Store(EBS)

本章涵盖的 AWS Certified SysOps Administrator-Associate 考试主题包含但不局限于以下内容：

✓ 知识点 2.0　高可用性
- 2.2　认识和区分 AWS 的高可用性和弹性环境

✓ 知识点 3.0　部署和供给
- 3.1　确定并执行提供云资源所需的步骤
- 3.2　确定并修正部署问题

✓ 知识点 4.0　存储和数据管理
- 4.1　创建和管理数据保留期
- 4.2　确定并实施数据保护、加密和容量规划需求

✓ 知识点 7.0　自动化和优化
- 7.3　自动化手动或可重复的过程，以最小化管理开销

大多数 SysOps 管理员对自己服务器上的存储都比较熟悉。一些管理员使用过传统的存储，如网络存储设备(NAS)和存储区域网络(SAN)，并且可以熟练地管理块存储系统。如果以前使用过块存储，或者根本没有接触过块存储，那么本章将对块存储做基础介绍，然后将深入研究 Amazon Elastic Block Storage(EBS)。

本章涵盖：

- 了解什么是块存储
- EBS 简介
- 探索 EBS 存储类型
- 了解 EBS 和实例存储之间的区别
- 了解如何保护 EBS 卷
- 备份 EBS 卷

11.1　了解块存储和 EBS

在第 10 章中，我们讨论了对象存储以及它如何成为基于 API 的存储解决方案。基于块的存储不是 API 驱动的，而且与对象存储不同，Amazon 无法查看块存储卷。

块存储的得名是由于设计上连接到计算机上，并且数据以块的形式存储。存储一个文件可能需要多个块，块存储系统能够在请求文件时智能地组合块。

Amazon Elastic Block Storage(EBS)是 AWS 为块存储提供的产品。可以根据需要的速度和要维护的成本选择多种类型的卷。在大多数情况下，像固态硬盘(SSD)这样的更快的存储将比旋转磁盘存储(硬盘驱动器 HDD)更昂贵，但对于那些需要高性能驱动器、支持每秒大量输入/输出操作(IOPS)的应用来说，SSD 正是你想要的。对于不依赖高 IOPS 却需要大量吞吐量的应用，HDD 产品是你想要的。

配置 EBS 卷时，可以选择要配置的卷类型和大小。根据所提供驱动器的大小付费。EBS 卷可以独立于 Amazon EC2 实例创建，然后附加该卷，或者在创建 Amazon EC2 实例的同时创建 EBS 卷。还可以将 EBS 卷分离并附加到不同的 Amazon EC2 实例。记住一个 Amazon EBS 卷一次只能与一个 Amazon EC2 实例相连，这一点很重要。

提示：

Amazon EBS 卷用于许多不同的 AWS 服务。为了清楚起见，本章将重点介绍 EBS 与 EC2 实例的使用。请记住，它可以与其他服务一起使用。

Amazon EBS 是持久存储。持久存储是指能够在其所连接的 Amazon EC2 实例终止后仍然保留的存储。如果 EBS 卷作为 EC2 实例上的根分区，则只需要确保 DeleteOnTermination 标志设置为 false。可以使用 AWS CLI 修改此设置。在具有标识为 sda 的 Linux SSD 硬盘上，可以通过运行以下命令将标志设置为 false。

```
aws ec2 modify-instance-attribute --instance-id <instance_id_number>
--block-device-mappings "[{\"DeviceName\": \"/dev/sda\",
\"Ebs\":{\"DeleteOnTermination\":false}}]"
```

有趣的是，默认情况下，根卷上的 DeleteOnTermination 设置为 true，而在其他卷上设置为 false。在使用 Amazon EBS 时，需要记住这一点。

11.1.1　EBS 存储类型

在撰写本文时，Amazon EBS 有 4 种可用的卷类型。其中两种卷类型是 SSD 存储，两种是 HDD 存储。SSD 卷类型可以用作引导卷或数据卷。HDD 卷类型不能用作引导卷；它们只能用作数据卷。EBS 存储的不同类型详见表 11.1。

表 11.1　Amazon EBS 卷类型

名称	描述	用例
通用 SSD(gp2)	在性能和成本方面实现了良好的平衡；支持高达 16 000 IOPS	引导卷 大多数应用和系统在这种类型下性能优良

(续表)

名称	描述	用例
特供 IOPS SSD(io1)	性能最佳的 SSD；支持高达 32 000 IOPS；基于 Nitro 的实例上可以达到 64 000	任何需要持续并高于 16 000 的 IPOS 应用数据库负载
吞吐量优化 HDD(st1)	为吞吐量密集型应用设计的低成本解决方案；支持高达 500 的 IOPS	数据仓库视频/数据流
冷 HDD (sc1)	用于不经常访问的数据的低成本存储；支持高达 250 的 IOPS	希望存储成本最低

有关此信息的最新版本，请访问 https://docs.aws.amazon.com/AWSEC2/latest/UserGuide/EBSVolumeTypes.html。

1. 通用 SSD(gp2)

通用 SSD 卷对大多数应用提供了良好的性能和成本效益。可以将通用卷的大小设置为 1 GB 到 16 TB 之间，这些卷可以提供高达 16 000 IOPS(假设它们的大小至少为 5.3 GB)。

2. 特供 IOPS SSD(io1)

特供 IOPS SSD 卷提供了更高的性能，非常适合 I/O 密集型应用和数据库。特供 IOPS 卷的大小从 4 GB 到 16 TB 不等，在大多数情况下，它们最多可支持 32 000 IOPS。对基于 Nitro 的实例，配置的 IOPS SSD 卷可以达到 64 000 IOPS。一些特定的 Amazon EC2 实例类型是基于 Nitro 的。有关完整列表，请查看以下页面：https://docs.aws.amazon.com/AWSEC2/latest/UserGuide/instance-types.html#ec2-nitro-instances。

注意：

Nitro 实例由 AWS 构建，用于实现超高性能、可用性和安全性。

3. 吞吐量优化的 HDD(st1)

SSD 驱动器的关注是 IOPS，而 HDD 驱动器的关注是吞吐量。吞吐量优化 HDD 卷是一种低成本的磁存储形式，非常适合于事务性作业、日志处理和数据仓库等连续工作负载。这些驱动器用于经常访问的数据。不能将吞吐量优化的 HDD 卷用作 Amazon EC2 实例的引导卷。

4. 冷 HDD(sc1)

冷 HDD 卷类型类似于吞吐量优化的 HDD，但它的目的是存储不经常被访问的数据。不能使用冷 HDD 卷作为 Amazon EC2 实例的引导卷。

当创建 EBS 卷时，选择你想要的卷类型，以及其他重要属性，如大小、位置、快照 ID(如果要从快照中恢复)，以及是否要加密该卷。选项如图 11.1 所示。

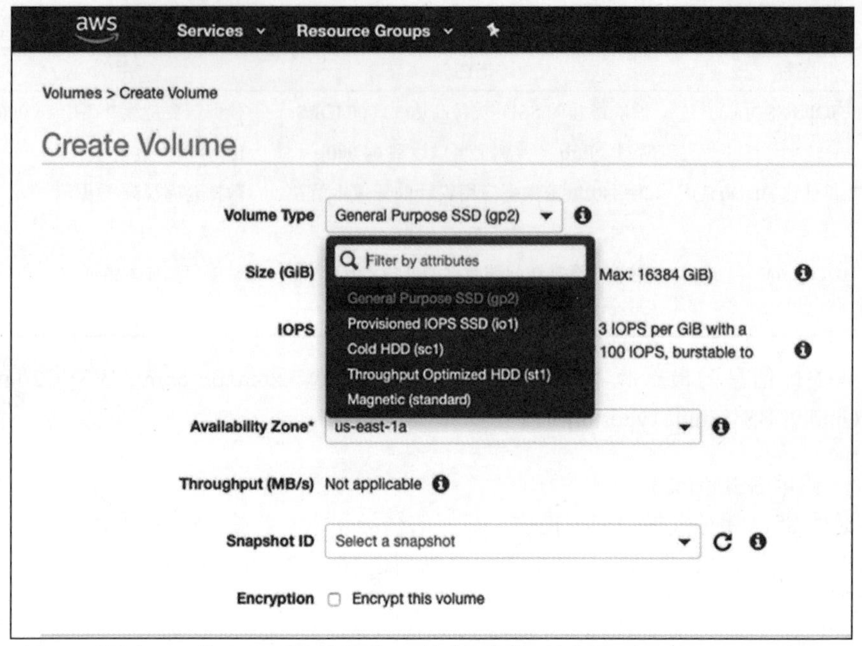

图 11.1　创建 EBS 卷时可以选择卷类型。旧的磁带类型已被弃用，但仍为可见的一种选择

11.1.2　EBS 对比实例存储

Amazon EBS 不是实例可用的唯一的块存储类型。Amazon EC2 实例存储也是可供使用的块存储的一种形式。当实例被停止或终止时，实例存储不会持久化，并且它们不能从一个实例分离后附加到另外一个新的实例。这与 Amazon EBS 不同，Amazon EBS 是一种持久性的存储，可以在实例被停止或终止后继续存在；而且，存储可以从一个实例分离后重新附加到另一个实例。

你可能会好奇，既然 Amazon EC2 实例存储不是一种持久的存储方式，那么为什么要使用它。这些类型的驱动器非常适合存储经常更改的数据。这可以是一个临时驱动器，甚至应用可以在运行时通过它缓存正在使用的数据。

提示：

从具有实例存储的 Amazon EC2 创建的 Amazon Machine Image(AMI)在实例存储卷上不存放任何数据，即使在源 Amazon EC2 实例中有数据也是如此。

11.2　加密 EBS 卷

在当今的数据环境中，保护静态和传输中的数据非常重要。通过选择加密 EBS

卷，可以将存储在卷上的所有数据，以及在实例和卷之间移动的数据(即使源实例未加密)和为备份卷而创建的任何快照进行加密，当然还包括从加密快照中创建的任何卷。

如果要确保所有 EBS 卷都已加密，可以更改账户上的设置。这样做会确保今后所有卷都被加密。但是，该设置不会加密现有的 EBS 卷。另外，它是按区域设置的，因此，如果在多个区域中有 EBS 卷，则需要为每个区域更新设置。更新此设置后，新 EBS 卷将自动加密，新快照也会被加密，即使它们的源数据卷未加密。

提示：

目前没有直接机制来加密未加密的已有 EBS 卷或解密已加密的 EBS 卷。创建快照时，可以使用快照加密未加密的卷。通过加密的快照，可以从加密的快照中恢复 EBS 卷，这将保证 EBS 卷也是加密的。

如果要将数据从未加密卷移到加密卷，可以将数据从未加密卷复制到加密卷。例如，假设要将数据从未加密的卷复制到 Amazon Linux 实例上的加密卷。使用 AWS CLI，可以发出 rsync 命令来复制信息。下面是一个示例：

```
sudo rsync -avh --progress /mnt/src /mnt/dst
```

如果要将数据从未加密卷移到加密卷，还可以使用 EBS 快照备份和恢复数据。本章稍后的“EBS 快照”部分将更详细地介绍此主题。

Amazon EBS 为每个 EBS 卷使用客户管理密钥(CMK)。它由 AWS Key Management Service (KMS)自动创建，或者也可以通过手动创建。在创建 EBS 卷时选择 Encrypt this volume，可以选择要使用的加密密钥，如图 11.2 所示。

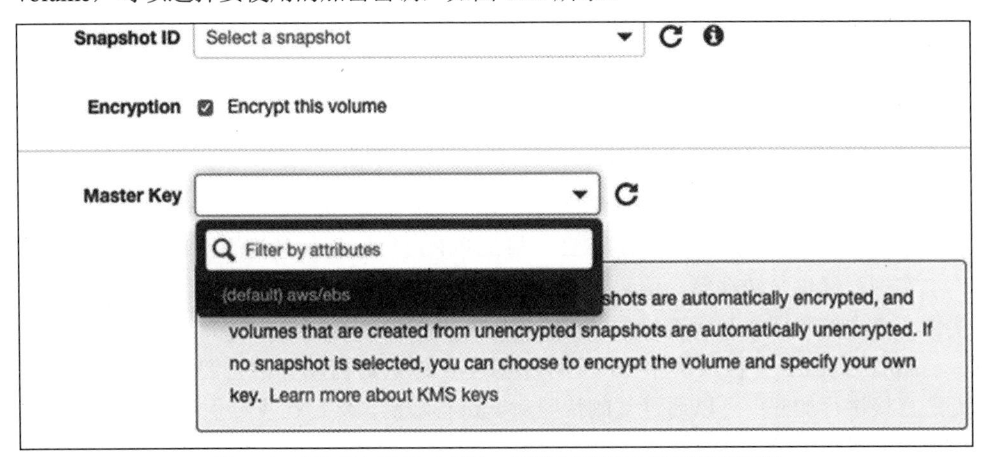

图 11.2 当选择加密 EBS 卷时，需要选择用于加密该卷的密钥

创建 EBS 卷以后，可以通过选择卷并检查信息窗格来验证它是否已加密。(Encrypted)将按卷名显示。如果查看属性，会看到 Encrypted 出现在 Encryption 旁边，并且使用的 KMS 密钥的信息被填充，如图 11.3 所示。

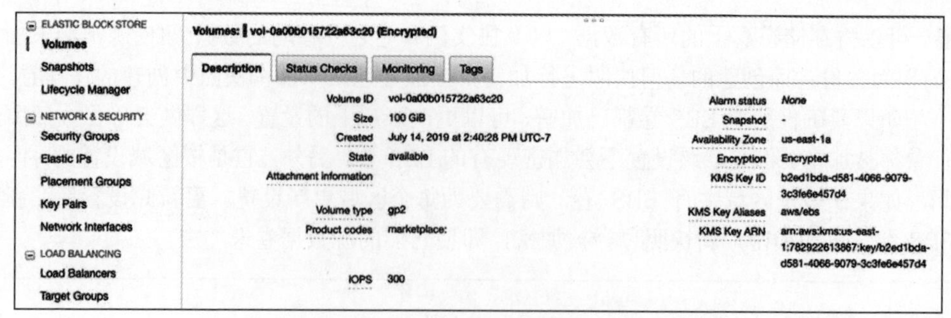

图 11.3　可以通过选择卷并查看信息窗格来验证卷是否已加密

11.3　EBS 快照

EBS 快照是 EBS 卷的增量时间点备份。只要快照位于同一区域内，就可以跨其他 AWS 账户共享快照。

在 EBS 卷上完成的第一个快照与传统的完整备份类似，后续快照是增量备份。如果在加密卷上创建快照，则该快照也会加密。如果对未加密的卷创建快照，则快照也是未加密的。

如果需要将未加密的快照转换为加密的快照，可以在 EC2 仪表板的弹性块存储区中选择快照，然后选择 Actions | Copy。这将打开一个对话框，其中提供了加密副本的选项。一旦副本被加密，由该加密副本还原的任何卷也会被加密。

11.4　本章小结

块存储器以块的格式存储数据。文件可能占用几个块，块存储系统知道如何正确地重新组合块以检索文件。Amazon EBS 是 AWS 针对持久块存储的解决方案，它提供了 4 种卷类型以满足客户的需求：通用 SSD、特供 IOPS SSD、吞吐量优化的 HDD 和冷硬盘。

实例存储也是块存储，但它的设计是非持久的。它适用于快速更改或临时数据。实例存储中的数据在其所连接的 Amazon EC2 实例停止或终止后将无法继续存在。

Amazon EBS 提供默认加密，允许在创建 EBS 卷时自动加密它们。对未加密的卷无法直接进行加密；可以通过复制快照对其进行加密，然后在需要保护数据的情况下使用加密的快照进行恢复。

11.5　复习资源

Amazon EBS 卷类型：

https://docs.aws.amazon.com/AWSEC2/latest/UserGuide/EBSVolumeTypes.html

Amazon EC2 实例存储：

https://docs.aws.amazon.com/AWSEC2/latest/UserGuide/InstanceStorage.html

Amazon EBS 加密：

https://docs.aws.amazon.com/AWSEC2/latest/UserGuide/EBSEncryption.html

Amazon EBS 快照：

https://docs.aws.amazon.com/AWSEC2/latest/UserGuide/EBSSnapshots.html

11.6　考试要点

了解各种 EBS 卷类型以及何时使用它们。对考试来说，你应该知道 4 种类型的 EBS 卷：通用 SSD、特供 IOPS SSD、吞吐量优化的 HDD 和冷 HDD。对于大多数应用，通用 SSD 是最常推荐的驱动器，但特供 IOPS SSD 驱动器最适合 I/O 密集型应用。当吞吐量比 I/O 更重要时，吞吐量优化的 HDD 非常适合实时数据，而冷 HDD 与吞吐量优化的 HDD 类似，但适用于访问频率较低的数据。

了解 SSD EBS 卷之间的 IOPS 差异。通用 SSD 最高可达到 16 000 IOPS，特供 IOPS SSD 最高可达 32 000(基于 Nitro 的实例为 64 000)IOPS。

了解如何加密未加密的 EBS 卷。记住不能直接加密 EBS 卷。可以复制快照并在复制过程中对其进行加密。加密的快照可用于还原未加密的卷，快照完成后，该卷会被加密。

11.7　练习

练习假设你有一个 Amazon EC2 实例，可以在 EBS 卷创建之后将其连接到该实例。练习指导你如何附加 EBS 卷，而不是如何创建 Amazon EC2 实例。

练习 11.1

创建一个未加密的 EBS 卷

此练习将引导你创建未加密卷的过程。尽管创建加密卷是预期的，但很可能会遇到未加密的卷，并被要求对其进行加密。

(1) 登录 AWS Management Console。

(2) 单击 Services，然后选择 Compute 下的 EC2。

(3) 在 EC2 仪表板中，选择 Elastic Block Store 下的 Volumes。

(4) 单击 Create Volume。

(5) 接受默认值并单击 Create Volume。

(6) 单击 Close 按钮。

可能需要单击刷新图标以显示 EBS 卷。创建 EBS 卷后并在状态下显示可用，继续练习 11.2。

练习 11.2

使用快照加密 EBS 卷

本练习将引导完成在未加密卷上创建快照的过程，然后将该快照复制到加密的快照，从那里将创建一个新的加密卷。在生产环境中，EBS 卷很可能会连接到 EC2 实例。在执行以下步骤之前，需要关闭实例并分离 EBS 卷。

(1) 在练习 11.1 中创建卷的区域中，选择该卷。

(2) 单击 Actions | Create A Snapshot。

(3) 输入 unencrypted snapshot 作为“说明”。

(4) 单击 Create Snapshot 按钮。

(5) 创建快照后，单击 Close 按钮。

(6) 在 EC2 仪表板中，单击 Elastic Block Store 下的 Snapshots。

(7) 选择列表中描述的 unencrypted snapshot 快照。

(8) 单击 Actions | Copy。

(9) 输入 encrypted snapshot 作为 Description，然后选中 Encryption 复选框，如图 11.4 所示。

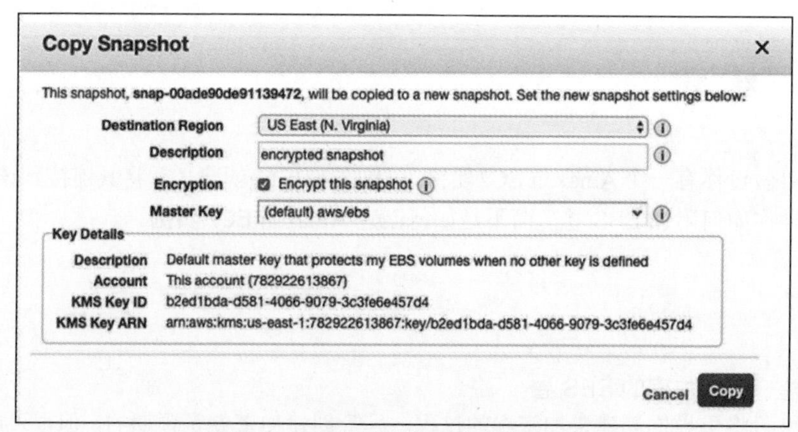

图 11.4　加密快照能够创建加密的 EBS 卷

(10) 单击 Copy 按钮，然后单击 Close 按钮。

(11) 选择已是加密快照的快照。

(12) 单击 Actions | Create Volume。

(13) 接受默认值并单击 Create Volume。

(14) 单击 Close 按钮。

值得注意的是，实际上可以使用未加密快照创建加密卷。如果选择未加密的快照并从 Actions 菜单中选择 Create Volume，则此时可以选择加密卷。我更喜欢练习步骤中的方法，因为它确保源快照是加密的。一旦确认加密的快照是好的，就可以删除未加密的卷。

练习 11.3

将加密的 EBS 卷连接到 Amazon EC2 实例

现在我们有了一个加密的 EBS 卷，将它连接到一个现有的 EC2 实例上。

(1) 从 EC2 仪表板选择 Volumes。

(2) 选择新加密的卷。

(3) 单击 Actions | Attache Volume。

(4) 单击 Instance 字段并从下拉列表中选择你的 EC2 实例。

(5) 单击 Attach。

实例 ID 和驱动器映射将显示在 Attachment Information 下的卷属性中，该驱动器现在可用于你的实例。

练习 11.4

在账户中启用默认 EBS 加密

(1) 单击显示 EC2 仪表板的位置。

(2) 在右侧的 Account Attributes 部分下，单击 Settings。

(3) 选中 Always Encrypt New EBS Volumes 复选框，然后单击 Save Settings。

(4) 单击 Close 按钮。

记住，这只会对你所在的区域进行此更改，需要为自己所在的每个区域更改此设置。

11.8　复习题

附录中有答案。

1. IOPS 代表什么？

A. 每秒输入操作数　　B. 每秒输入/输出操作数

C. 每秒输入和输出　　D. 每秒输入/输出开销

2. EBS 卷类型中哪种具有最高 IOPS？

A. 通用 SSD　　B. 特供 IOPS SSD

C. 吞吐量优化的 HDD　　D. 冷 HDD

3. 哪个 EBS 卷类型支持最大的卷大小？

A. 通用 SSD

B. 特供 IOPS SSD

C. 吞吐量优化的 HDD

D. 所有卷类型都支持相同的最大卷大小

4. 哪种 EBS 卷类型最适合系统启动卷？

A. 通用 SSD　　B. 特供 IOPS SSD

C. 吞吐量优化的 HDD　　D. 冷 HDD

5. 哪种 EBS 卷类型最适合数据仓库？

A. 通用 SSD　　B. 特供 IOPS SSD

C. 吞吐量优化的 HDD　　D. 冷 HDD

6. 哪种 EBS 卷类型最适合大型数据库工作负载？

A. 通用 SSD　　B. 特供 IOPS SSD

C. 吞吐量优化的 HDD　　D. 冷 HDD

7. 下列哪些 EBS 卷类型不能作为启动卷？(选择两项)

A. 通用 SSD　　B. 特供 IOPS SSD

C. 吞吐量优化的 HDD　　D. 冷 HDD

8. 如果使用控制台创建 EBS 卷类型，默认情况下该卷是什么类型的？

A. 通用 SSD　　B. 特供 IOPS SSD

C. 吞吐量优化的 HDD　　D. 冷 HDD

9. 你想创建大量的 EBS 卷，而不关心性能，但非常关注成本。这些卷需要可引导。你最好的选择是什么？

A. 通用 SSD　　B. 特供 IOPS SSD

C. 吞吐量优化的 HDD　　D. 冷 HDD

10. 如果使用控制台创建 EBS 卷类型，默认情况下该卷是什么类型的？

A. 通用 SSD　　B. 特供 IOPS SSD

C. 吞吐量优化的 HDD　　D. 冷 HDD

11. 关于 EBS 快照，以下哪些项是正确的？(选择两项)

A. 它们是递增的　　B. 它们存储在 S3 上

C. 它们可以通过 S3 API 获得　　D. 快照之前先卸载 EBS 卷

12. 从加密的 EBS 卷创建新的快照。结果会怎样？

A. 加密卷的未加密快照

B. 加密卷的加密快照

C. 只有当你拥有原始卷的加密密钥时，才能创建快照

D. 不能从加密卷创建快照

13. 如何从未加密的快照创建加密快照？

A. 使用 AWS 客户端加密工具加密未加密的快照

B. 创建原始卷的快照，并在快照完成后对其进行加密

C. 制作未加密快照的副本，然后选择加密该副本的选项

D. 完成未加密快照后，无法对其进行加密

14. 你持续发现卷的 EBS 快照并不包含连接到这些卷的应用中所反映的所有数据。这可能是什么问题？

A. 在快照之前，应确保卸载 EBS 卷

B. 应该确保在快照前停止连接到 EBS 卷的所有 EC2 实例

C. 应用可能缓存内容，在快照时没有将其写入 EBS 卷

D. 应用可能已将数据写入卷，但快照仅捕获快照之前已在卷上 60 秒的数据

15. 哪种类型的加密密钥可应用于加密的 EBS 快照？

A. 一个唯一的 128 位 AES 密钥

B. 一个唯一的 256 位 AES 密钥

C. 一个唯一的 512 位 AES 密钥

D. 用于加密的共享密钥，但该密钥是 256 位 AES

16. 你想从未加密的快照中启动一个新实例，但希望对启动的实例进行加密。该怎么做？(选择两项)

A. 无论快照的加密状态如何，都可以在创建期间选择实例加密

B. 需要先创建未加密的实例，然后使用 AWS 实例加密工具对其进行加密

C. 需要加密快照，然后从加密的快照中启动实例

D. 不能这么做。需要从加密快照启动加密实例

17. 装载到 EBS 卷的实例终止时，EBS 卷上的数据会发生什么变化？

A. 如果 EBS 卷持续存在，它上面的数据也将保持不变

B. 当实例终止时，EBS 卷上的所有数据都将被删除

C. 如果 EBS 卷是引导驱动器，那么当实例终止时，其上的所有数据都将被删除

D. 如果在 EBS 卷附加到实例时选中了“持久化数据”，则数据将持久化在 EBS 卷上

18. 如果希望根 EBS 卷在从它启动的 EC2 实例的生命周期之后保持不变，需要对它做什么？

A. 将卷上的“持久化数据”标志设置为真

B. 将卷上的“存活最后实例”标志设置为真

C. 将卷上的“删除数据”标志设置为假

D. 将卷上的“终止删除”标志设置为假

19. 以下哪项允许更改正在使用的 EBS 卷的容量和性能？

A. 使用 AWS 控制台更改卷类型

B. 使用 AWS CLI 更改卷类型

C. 使用 AWS API 更改卷类型

D. 所有这些

20. AWS 大约需要 3 分钟来快照 EBS 卷，其中包含大约 2TB 的数据。考虑到数据类型相同，平均需要多长时间来快照 16 TB 的数据？

A. 24 分钟

B. 5 分钟

C. 3 分钟

D. 根据问题中提供的信息不可能知道答案

第12章

Amazon Machine Image(AMI)

本章涵盖的 AWS Certified SysOps Administrator-Associate 考试主题包含但不局限于以下内容：

✓ **知识点 2.0　高可用性**

- 2.1　基于用例实现可扩展性和弹性
- 2.2　认识和区分 AWS 的高可用性和弹性环境

✓ **知识点 3.0　部署和供给**

- 3.1　确定并执行提供云资源所需的步骤
- 3.2　确定并修正部署问题

✓ **知识点 4.0　存储和数据管理**

- 4.2　确定并实施数据保护、加密和容量规划需求

✓ **知识点 5.0　安全性与合规性**

- 5.2　实施 AWS 访问控制

✓ **知识点 7.0　自动化和优化**

- 7.3　自动化手动或可重复的过程，以最小化管理开销

在许多组织中，定义黄金镜像是一种标准做法。此黄金镜像用于创建服务器和工作站，并确保它们是按照组织的要求构建的。

镜像通常是包括补丁的操作系统和组织定义为标准应用的基本应用。这些应用可能包括监控代理和防病毒软件。

在本章中，我们将讨论 AWS 镜像，称为 Amazon Machine Images(AMIs)。你将了解它们是什么以及如何使用它们。

本章涵盖：

- AMIs 简介
- 公有和私有 AMIs 之间的差异
- 可以在 AWS Marketplace 上找到什么
- 配置 AMIs 的存储类型
- 定义 AMIs 的启动权限
- 在 AMIs 上配置加密
- 在地区之间移动 AMIs
- AMIs 故障排除

12.1 Amazon Machine Images(AMIs)

AWS 使用 Amazon Machine Images(AMIs)作为镜像来构建实例。与传统镜像不同的是，AMI 更像是构建最终所需模板，而不是简单地复制已经构建的内容。它包含根卷的模板(如果使用实例存储)或 EBS 快照(如果使用 EBS 卷)。模板通常包含操作系统和可能的应用，以及需要附加到实例的卷和定义使用 AMI 的启动者权限。本章后面会讨论启动权限。

AMI 以 4 种方式之一创建并提供。它们由 AWS 或第三方创建，然后放到 AWS 应用市场上；由另一个用户创建，然后在 AWS 社区中提供；或者从现有的 Amazon EC2 实例上创建。使用 AMI 时，需要指定实例类型和大小、网络设置、存储和用于访问实例的密钥对。AMI 已经包含了其他必要的信息，包括如何构建实例的模板，例如需要设置的启动权限以及实例将需要的任何附加存储的块设备映射。

AMI 访问能力

任何 SysOps 管理员在 AWS 中构建系统的起点是能够访问 AMIs。毕竟，如果要构建 Amazon EC2 实例，很可能从 AWS 提供的一个 AMIs 开始。

1. 公有

公有 AMIs 是所有 AWS 账户都可用的 AMI。应该记住一些注意事项。AMIs 是特定于所在地区的。AMI ID 在区域之间变化，即使是同一个 AMI。因此，如果在 US-East-1 中使用 AMI ID 的一个 CloudFormation 模板，并且想要该模板也可以在 US-West-1 中使用，那么需要确保该模板在每个区域都有该 AMI 的 AMI IDs。另外，如果 AMI 包含加密卷，则不能公有。显而易见，毕竟使用这个 AMI 的其他公司或个人将无法访问你的加密密钥。

2. 共享

共享 AMI 是由其他人提供给你和组织的 AMI。这与公有 AMI 不同，需要它的所有者授予启动 AMI 的权限，并且它不对所有 AWS 账户开放。在跨地区共享方面，它也具有同样的局限性。AMI ID 会根据构建系统的区域而有所不同。

3. 私有

由你自己生成的 AMIs 是私有的。它们只在你的账户中可用，除非更改 AMI 的启动权限。当为公司的系统创建一个基本镜像时，私有 AMI 非常适合，该镜像包括公司内各个团队需要的所有补丁程序和第三方应用。

4. AWS 应用市场

AWS Marketplace 打开了 AMIs 的整个世界，从专门构建的服务器到一些知名公司构建的网络设备，应有尽有。在图 12.1 中可以看到 AWS Marketplace 中可用的 AMIs 选项。

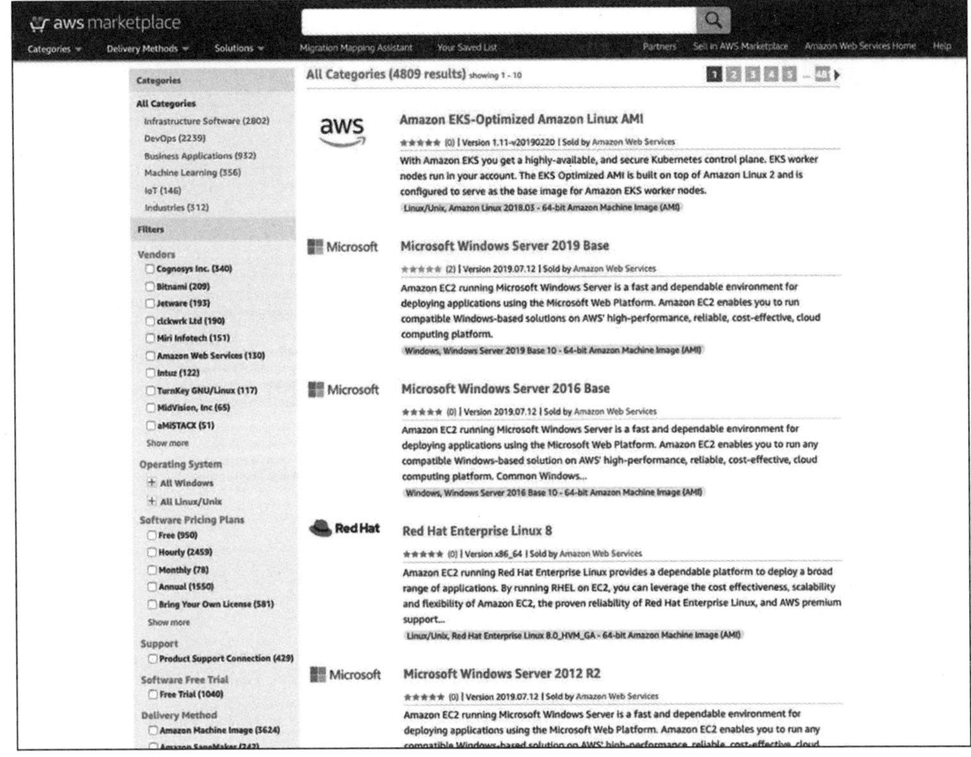

图 12.1　在 AWS Marketplace 上有很多供选择的 AMI

我喜欢 AWS Marketplace 的一点是，它允许快速找到正在寻找的东西，它有一套强大的预先准备好的过滤器和一个搜索框，这样在你确切地知道想要什么，或者很难找到它时都可以提供帮助。例如，如果需要一个运行 CentOS 7 的免费 AMI(意思是没有高于实例成本的额外费用)，可以选择软件定价计划下的免费，然后选择 Operation System | All Linux/Unix 下的 CentOS。

AWS Marketplace 中的一些选项需要支付订阅费用。这在提供频繁安全更新服务的 AMIs 中很常见。单击一个 AMI，就可以获知关于该 AMI 的更多信息，包括成本。例如，图 12.2 显示了 AWS Marketplace 提供的 F5 BIG-IP 设备。它告诉哪个捆绑包附带了哪些功能，并提供了定价方面的详情，这样就可以知道使用该服务需要支付的费用。

图 12.2　在 AWS Marketplace 中单击 AMI 的名称时，可以获得有关 AMI 的更多信息

12.2　AMI 存储

AWS 上的 AMIs 被称为实例支持或 EBS 支持。你的选项将取决于用例，并且可能因 AMI 而异。

实例支持的 AMIs 非常适合短期的工作负载，因为这类存储在实例终止时被销毁。因此，对于正在利用容器的实例，如自动缩放实例或现场实例，实例支持存储是最佳匹配。

EBS 支持的 AMIs 对 Amazon EC2 实例终止时要确保数据持久化的需求是一个很好的解决方案。根卷默认为在实例终止时被删除，但可以通过设置 DeleteOnTermination 标志为假(false)来避免删除操作。

12.3　AMI 安全

确保 AMI 是否安全意味着需要了解一些事情是如何工作的。启动权限允许定义谁可以使用你的 AMI。支持 EBS 的 AMIs 可以使用加密，这确保从 AMI 部署的系统也始终具有加密的卷。让我们更深入地探讨这些主题。

12.3.1 启动权限

AWS 提供了 3 种可用于 AMIs 启动权限的类型：公有、显式和隐式。

公有是最开放的，因为它允许任何 AWS 账户都可以使用此类型的 AMI。公有启动权限通常由 AWS Marketplace 中的 AMIs 使用，或者由 AWS 社区共享。

显式允许几个可以访问 AMI 的 AWS 账户。这对于那些为不同部门或环境(开发、测试、生产)拥有不同账户的组织很有用，因为它允许在组织的所有 AWS 账户中使用同一个批准的 AMI。这种类型的启动权限用于共享 AMIs。

隐式启动权限授予 AMI 的所有者使用 AMI 的权限。这意味着，如果创建了一个 AMI，那么在创建它之后就拥有了对它的权限。

12.3.2 加密

如果使用的是 EBS 支持的 AMI，还可以确保使用 AMI 设置加密。记住，如果已为 EBS 卷启用加密，则不能将 AMI 的启动权限设置为公有。你可能想知道为什么要通过 AMI 在 EBS 卷上设置加密。简单来说，因为你不能在 EBS 卷创建之后直接进行加密。因此，如果创建加密的 EBS 卷并连接到 Amazon EC2 实例，然后从该实例创建 AMI，那么你的定制 AMI 将使用加密的 EBS 快照生成加密的 EBS 卷，并且它们会使用你在创建定制 AMI 时指定的任何密钥。

如果使用的是未加密的 EBS 支持的 AMI，那么所有数据都不会丢失！在 AMI 启动 Amazon EC2 实例时，可以指定 EBS 卷的加密。

12.4 在区域间移动 AMIs

如果在 US-East-1 中创建了一个很棒的 AMI，但是还想要在 US-West-1 中使用它。实现这个需求当然可以从头开始构建一个 AMI；但是，最简单的解决方案是将 AMI 复制到另一个区域。

12.4.1 AWS 管理工作台

对于大多数正在学习 AWS 的 SysOps 管理员来说，从 AWS 管理控制台(Management Console)复制 AMI 是最简单的方法。可以通过进入 EC2 仪表板，然后在镜像下选择 AMIs 访问 AMI 列表。

在 AMI 页面，可以执行大多数 AMI 管理任务，包括将 AMI 复制到另一个区域。默认设置 Owned By Me，但如果想直接从 AMI 启动，则可以将其切换为公有镜像，如图 12.3 所示。

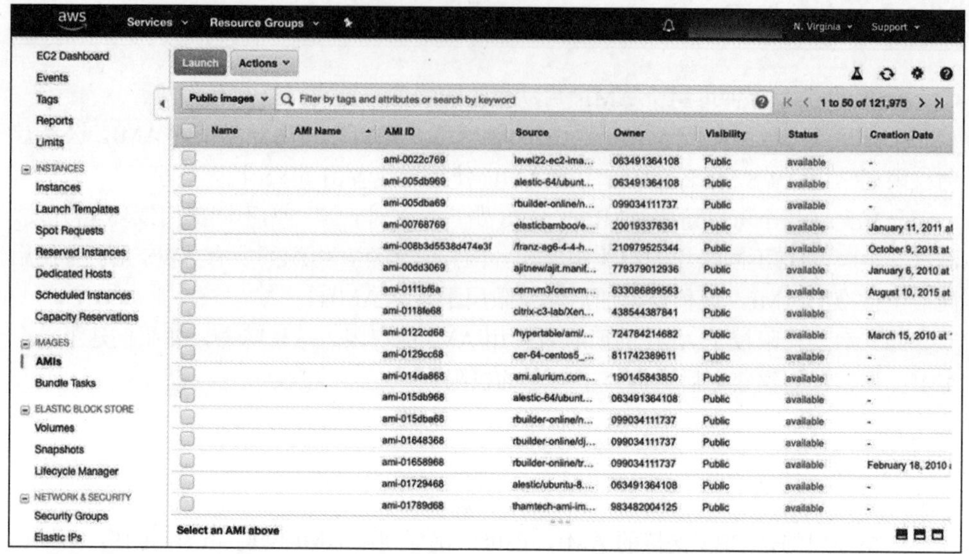

图 12.3　可以从 Amazon EC2 仪表板中浏览可用的公有 AMIs

12.4.2　AWS CLI

如果偏好使用 AWS CLI 执行管理任务，那么可以使用它通过 copy-image 命令将 AMI 复制到另一个区域。

例如，如果要将 AMI 从 US-East-1 复制到 US-West-1，可以使用以下类似的命令。

```
aws ec2 copy-image --source-image-id ami-1234567a --source-region us-east-1
--region us-west-1 --name "MyAwesomeAMI"
```

运行命令后，你会获得复制到 US-West-1 的 AMI 的新的 AMI ID。然后，可以将这个 AMI ID 添加到可能使用的任何 CloudFormation 模板或脚本中。

12.5　常见的 AMI 问题

使用 Amazon CloudFront 时，可以将 AMI ID 设置为可以在模板中使用的资源。最常见的问题之一是当模板引用一个区域的错误 AMI ID。请记住，AMI 是特定于区域的，因此需要在所有要使用它的区域中复制或重新创建 AMI。可以在 Amazon CloudFront 模板中根据选择的区域指定使用特定的 AMI ID。

另一个常见问题是当删除一个 AMI 时，但存在依赖于该 AMI 的脚本、模板或自动缩放组。例如，对于自动缩放组(当删除它依赖的 AMI 时)，你会收到一个类似“AMI

ID <actual AMI ID>不存在，启动 EC2 实例失败”的错误。在删除旧版本之前，必须确保现有的任何自动化进程都已更新到 AMI 的新版本。

12.6 本章小结

Amazon Machine Image(AMI)是一个模板，包含如何构建 Amazon EC2 实例的根卷的说明，同时也包括启动权限和块设备映射。AMIs 是特定于其所在地区的。它们可以被复制到另一个区域，并且在复制后将在目标区域中分配一个新的 ID。

AMIs 可以是实例支持或 EBS 支持，而支持 EBS 的 AMIs 提供加密支持。具有加密卷的 AMIs 不能复制到其他区域。

可以使用 AWS 管理控制台或 AWS CLI 将 AMI 从一个区域复制到另一个区域。如果使用 AWS 管理控制台或 AWS CLI 中的 copy-image 命令，则可以在 EC2 仪表板的 AMI 选项部分完成复制。

12.7 复习资源

Amazon Machine Images：

https://docs.aws.amazon.com/AWSEC2/latest/UserGuide/AMIs.html

创建实例存储支持的 Linux AMI：

https://docs.aws.amazon.com/AWSEC2/latest/UserGuide/creating-an-ami-instance-store.html

创建 Amazon EBS 支持的 Linux AMI：

https://docs.aws.amazon.com/AWSEC2/latest/UserGuide/creating-an-ami-ebs.html

使用 EBS 支持的加密 AMIs：

https://docs.aws.amazon.com/AWSEC2/latest/UserGuide/AMIEncryption.html

复制 AMI：

https://docs.aws.amazon.com/AWSEC2/latest/UserGuide/CopyingAMIs.html

创建一个定制的 Windows AMI：

https://docs.aws.amazon.com/AWSEC2/latest/WindowsGuide/Creating_EBSbacked_WinAMI.html

12.8　考试要点

了解 **AMI** 能做什么，不能做什么。AMI 是用于构建系统的模板；它不是传统意义上的镜像。模板包含一个快照，用于构建根卷、AMI 的启动权限和块设备映射。

熟悉 AMIs 的类型。记住 AMI 可以是公有、共享或私有。公有 AMIs 可用于所有 AWS 账户，共享 AMIs 可用于某些 AWS 账户，而私有 AMIs 只可用于 AMI 的所有者，这些所有者存在于所有者自己的 AWS 账户中。

知道如何保护 AMIs。了解不同的启动权限：公有、显式和隐式。公有允许任何 AWS 账户访问 AMI；这是 AWS Marketplace AMIs 和 AWS 社区中典型的 AMI。显式启动权限允许指定被授予权限的 AWS 账户使用 AMI。隐式启动权限允许 AMI 所有者使用他们自己的 AMI。

12.9　练习

这些练习假设你在 AWS 环境中已经设置了基本的网络功能。

练习 12.1

从 AMI 创建一个 EC2 实例

我们将从社区 AMIs 创建一个 EC2 实例开始练习。

(1) 登录到 AWS Management Console。

(2) 在 Compute 下，选择 EC2。

(3) 在 EC2 仪表板上，选择 Instances 下的 Instances。

(4) 单击蓝色的 Launch Instance 按钮。

(5) 在步骤(1)：选择 Amazon Machine Image(AMI)，选择 Community AMIs。

(6) 单击列表顶部 Amazon Linux 2 AMI 旁边的 Select 按钮。

(7) 对于实例类型，选择 t2.micro 并单击 Next：Configure Instance Details。

(8) 在步骤(3)中，接收默认值并选择 Next:Add Storage。

(9) 在步骤(4)中，接收默认值并选择 Review And Launch。

(10) 单击蓝色的 Launch 按钮。

(11) 在用于选择密钥对的对话框中，选择适当的密钥对，选中复选框以确认你有权访问私钥文件，然后单击 Launch Instances。

(12) 单击 View Instances。

如你所见，从 AMI 创建 EC2 实例非常简单。有多种方法可以定制 EC2 实例，我们在本练习中没有涉及这些方法，因为这个主题超出了练习的范围。

练习 12.2

创建一个定制的 AMI

在这个练习中，假设你已经登录到这个 EC2 实例，并安装了一些软件并进行了配置更改。现在需要创建一个自定义 AMI。

(1) 在 EC2 仪表板中，选择 Instances。

(2) 选中练习 12.1 中创建的实例旁边的复选框。

(3) 单击 Actions | Image | Create Image，如图 12.4 所示。

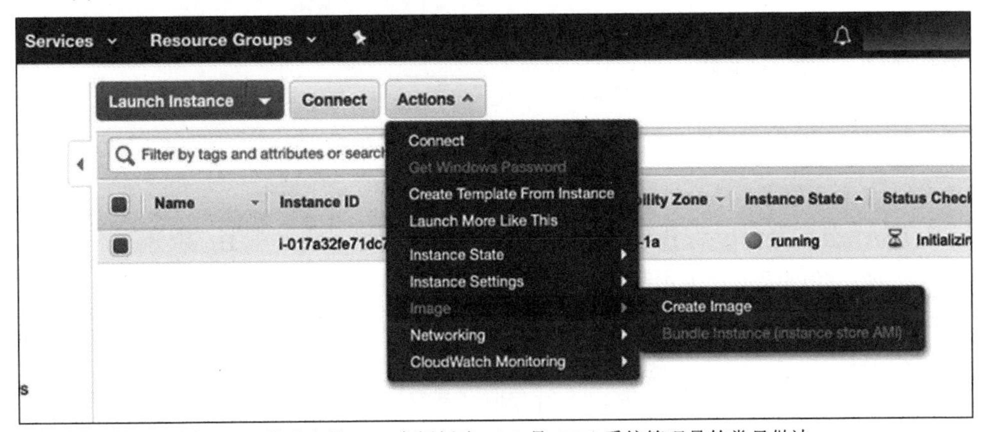

图 12.4　从现有的 EC2 实例创建 AMI 是 AWS 系统管理员的常见做法

(4) 在 Create Image 对话框中，填写图像名称，将其命名为 My**AwesomeAMI**。

(5) 单击 Create Image。

(6) 单击 Close 按钮。

(7) 从 EC2 仪表板菜单中，选择 Images 下的 AMIs。一旦 AMI 的状态为 Available，继续练习 12.3。

练习 12.3

修改 AMI 的启动权限

现在我们将 AMI 的启动权限更改为公有(Public)。当你第一次打开 Modify Image Permissions 对话框时，你会注意到它被设置为 Private。如果想让它为 Shared，可以在字段中添加一个 AWS 账号。

(1) 从 EC2 仪表板中，选择 Images 下的 AMIs。

(2) 选中练习 12.2 中创建的 AMI 旁边的复选框。

(3) 单击 Actions | Modify Image Permissions。

(4) 单击 Public，然后单击 Save 按钮。

(5) 单击 refresh 图标，注意 Visibility 现在设置为 Public，如图 12.5 所示。

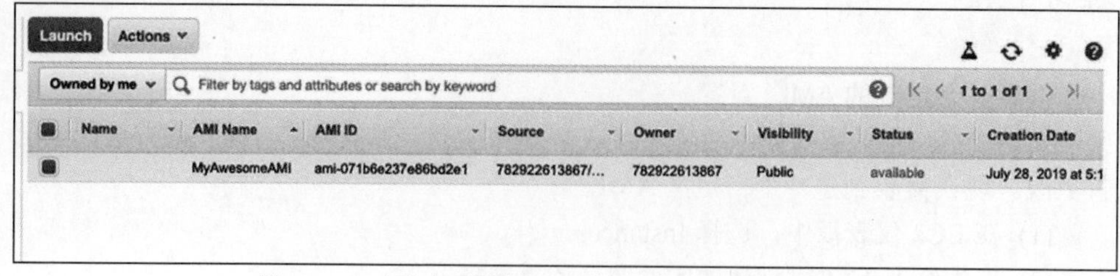

图 12.5　一个公有可用的 AMI 将在 Visibility 下显示 Public

12.10　复习题

附录中有答案。

1. 以下哪项不是 AMI 可访问性级别？

A. 公有　　B. 私有　　C. 受保护　　D. 共享

2. 你已经创建了一个定制的 AMI 并在 US-West-1 区域中启动了许多实例。最近，你被告知在 US-East-2 中重新创建整个环境以提供冗余。在 US-East-2 中使用此 AMI 需要哪些步骤？

A. 无；只要使用同一账户，所有地区都可以使用 AMIs

B. 确保 AMI 设置为共享可访问性，并且它将在 US-East-2 中可用

C. 将 AMI 复制到 US-East-2，然后它将在该地区可用

D. AMI 不能在多个地区使用。需要在 US-East-2 中创建一个新的 AMI

3. 以下哪些项是获得 AMI 的有效方法？(选择两项)

A. 从现有的 EC2 实例创建

B. 从 Global AMI Marketplace 获得

C. 从 AWS Marketplace 获得

D. 从第三方供应商的 GitHub 存储库获取

4. 以下哪项是支持 AMI 的存储选项？(选择两项)

A. 实例支持的 AMI　　B. 卷支持的 AMI

C. EMS 支持的 AMI　　D. EBS 支持的 AMI

5. 谁可以授予使用共享 AMI 的权限？

A. AMI 所有者

B. 任何已经有权限使用 AMI 的人

C. 将 AmiAdmin 策略附加到 IAM 用户、组或角色的任何人

D. IAM 组中具有 AmiDistributor 权限的任何人

6. 你在自己的 AWS 账户中创建了一个私有 AMI。你的同事想在自己的开发账户中使用相同的 AMI。如何实现？(选择两项)

A. 授予同事使用 AMI 的权限
B. 将 AMI 转换为共享 AMI
C. 将同事添加到具有 AmiDistributor 权限的组中
D. 在 AMI 上设置权限加入同事正在使用的账户

7. 你负责设置一个具有多个实例的自动缩放组，并希望选择正确的 AMI 存储类型。如果预测组在扩展方面非常不稳定，那么哪个 AMI 存储最适合于自动缩放组？

A. 实例支持的 AMIs
B. EBS 支持的 AMIs
C. 临时支持的 AMIs
D. AMI 使用的存储与自动伸缩组的使用无关，因此任何存储都可以

8. 以下哪个用例不适合 EBS 支持的 AMI 实例？

A. 运行 SQL Server 的数据库服务器
B. 基于容器的应用
C. 一个应用，通常一次连续(24/7)运行数周
D. 专用于长期数据存储的实例

9. 当创建和共享的 AMI 在另一个用户的账户中启动时，谁会付费？

A. 你以及 AMI 启动时的账户所有者都会收到账单
B. 因为你是 AMI 的所有者，所以只对你收费
C. 只有启动 AMI 的账户的所有者才被计费
D. 任何使用 AMI 的人都要付费。

10. 将 AMI 复制到新区域时会发生什么？(选择两项)

A. 源 API 可以在新区域中立即使用
B. 在新区域中创建了一个相同但唯一的 AMI
C. 将使用与源 AMI 相同的标识符创建一个新的 AMI
D. 新的唯一标识符被分配给新的 AMI

11. 如何使用注销的 AMI 启动新实例？

A. 可以从已注销的 AMI 启动实例，它跟已注册的 AMI 启动一样
B. 必须重新注册 AMI，然后启动实例
C. 必须在已注销的 AMI 上从 AWS 控制台选择 Available For Launch 选项
D. 不能这样做

12. 对于 EBS 支持的 AMI 加密，你有什么选择？(选择两项)

A. 使用 KMS 客户主密钥
B. 使用 SSE 客户提供的主密钥
C. 使用客户管理的密钥
D. 不能加密 EBS 支持的 AMI

13. 将使用什么操作从 AMI 启动 EC2 实例？

A. LaunchInstances 操作　　　　B. RunInstances 操作

C. RunAMI 操作　　　　　　　　　　D. LaunchAMI 操作

14. 默认情况下，执行 RunInstances 操作时使用什么加密状态？

A. 生成的实例是加密的

B. 生成的实例未加密

C. 生成实例保持 AMI 源快照的加密状态

D. 生成的实例使用 AWS 控制台中的默认加密集

15. 如何确保基于未加密快照从 AMI 启动的实例始终加密？(选择两项)

A. 将默认加密设置设置为真

B. 提供在使用 RunInstances 操作时的加密参数

C. 创建后加密实例

D. 使用不同的 AMI

16. 与非 Amazon 镜像相比，如何识别 Amazon 镜像？

A. Amazon 镜像包含 amazon-的标题

B. Amazon 镜像有一个别名所有者，它将在账户字段中显示为 amazon

C. Amazon 镜像的名称以 amazon-开头

D. 无法可靠地确定镜像是否来自 Amazon

17. 如果需要与特定的 AWS 账户共享 AMI，需要做些什么？

A. 公开 AMI

B. 将 AWS 账户 ID 添加到 AMI 的权限中

C. 将 AWS 账户所有者 IAM 用户名添加到 AMI 的权限中

D. 将 AWS IAM 的 shared 权限添加到 AMI 的权限中

18. AMI 可以在多少个账户中使用？

A. 5

B. 25

C. 默认为 100，但可根据要求提高此限制

D. 无限

19. 将源 AMI 复制到新区域时，包括以下哪项？

A. 启动权限

B. 用户定义的标记

C. Amazon S3 存储桶权限

D. 这些都不是

20. 创建一个新的 AMI，然后将其复制到同事拥有的新账户中。谁是复制的 AMI 的所有者？

A. 你

B. 你的同事

C. 你和你的同事共同拥有 AMI 的所有权

D. 没有足够的信息回答此问题

第 Ⅵ 部分

安全性与合规性

第13章 IAM

本章涵盖的 AWS Certified SysOps Administrator-Associate 考试主题包含但不局限于以下内容：

✓ 知识点 2.0　高可用性

- 2.2　认识和区分 AWS 的高可用性和弹性环境

✓ 知识点 3.0　部署和供给

- 3.1　确定并执行提供云资源所需的步骤

✓ 知识点 5.0　安全性与合规性

- 5.1　实施和管理 AWS 安全策略
- 5.2　实施 AWS 访问控制
- 5.3　区分共担责任模型中的角色和职责

众所周知，在当今的企业中，安全性是保护基础设施的关键组成部分。在传统的数据中心模型中，责任是明确的。随着企业向 AWS 这样的云服务提供商(CSP)的过渡，它们的界线并不是那么清晰了。这就是共担责任模型的用武之地。

在本章的开头，我们将深入了解什么是共担责任模型，以及它如何帮助保护基础设施。然后，我们将讨论身份。身份可以是用户、系统或服务。身份管理属于身份和访问管理(IAM)的范畴。

在本章中，你将了解 IAM，以及可用于跨越 AWS 生态系统管理身份的服务。

本章涵盖：

- 共担责任模型简介
- AWS 中的身份和访问管理组件
- 密码和访问密钥管理
- 保护 AWS 账户的最佳实践
- 其他身份服务介绍

13.1　共担责任模型：云安全入门

许多组织向云过渡的部分原因是通过迁移到云，他们的系统会更加安全。尽管这是可行的，但许多系统或服务并不是 100%安全的开箱即用。安全的服务很容易因为简单的错误配置而变得不那么安全。那么，如何知道云服务的哪些组件是云提供商的责任，哪些服务是你的责任呢？

为了回答这个重要问题，AWS 使用共担责任模型说明这个概念。简单地说，AWS 负责云的安全，而你负责云中的安全。可以通过图 13.1 了解共担责任模型的思路。

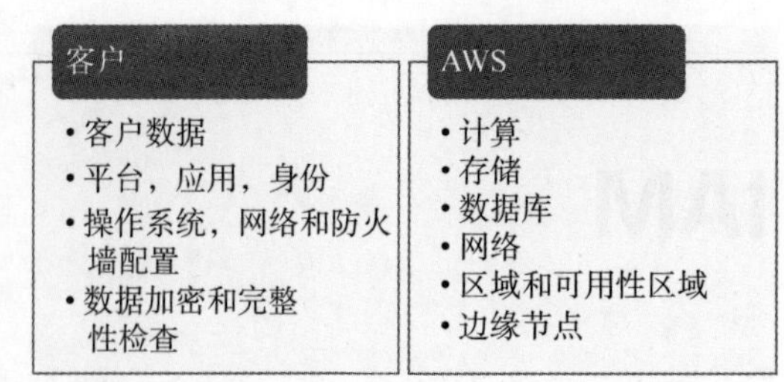

图 13.1　共担责任模型定义了云安全的责任所在

让我们扩展这些概念。共担责任模型指出 AWS 负责云的安全。这包括他们拥有的数据中心、物理服务器、网络设备和数据中心内的机架，以及一些受管服务的安全性。当我们谈到云计算中的客户责任安全时，我们看到的是诸如保护数据安全、使用加密、使用安全配置、保持最新的操作系统和应用，身份和访问管理(IAM)，最后是网络配置。

在共担责任模型中还有共享控制的概念。例如，AWS 负责修补由 Amazon EC2 实例启动的主机服务器，但是 Amazon EC2 实例本身(操作系统和应用)的修补工作是客户的责任。

13.2　IAM 组件

你可能已经注意到，客户的责任之一是 IAM。所有这些都是有关对 AWS 账户及其资源的访问控制。提到 IAM，就应该想到“最少权限”，即用户、组或角色只应具有执行其功能所需操作的权限，仅此而已。AWS IAM 允许细粒度的访问控制策略，这使得实践最小权限的概念变得简单。

13.2.1　用户

在 AWS 中，需要注意两种用户类型。根用户账户是 AWS 账户中存在的第一个账户。它不能被删除或禁用，也不能从中删除权限。它是 AWS 中最有权限的账户类型，因此需要正确的保护。保护建议将在 13.4 节“保护 AWS 账户”中介绍。

另一种类型的用户账户是 IAM 用户账户。这是在 AWS 账户中由 IAM 创建的账户。可以将 IAM 用户分配给角色或组，这些角色或组授予他们执行所需操作所需的权限。这些用户是你确保遵循“最少权限”概念的用户。如前所述，最少权限意味着他们拥有执行职责所需的权限，但除了实际需要的权限外，没有其他权限。

AWS 中的用户有几种类型的凭证，可以用来访问他们的账户。让我们讨论每种类型的凭证及其用途：

电子邮件地址　可以使用电子邮件地址而不是用户名。应该尽早做出选择，确定你的用户身份是基于电子邮件还是用户名。

用户名和密码　IAM 用户使用用户名和密码。通常，IAM 用户有自己访问 AWS 的链接，而不是直接访问 AWS 门户网站。

访问密钥　访问密钥可用于通过 API 或使用 SDK 时进行身份验证。根账户有访问密钥，应该删除这些密钥。IAM 用户在配置时可以为他们创建访问密钥。也可以在设置用户后创建访问密钥。

密钥对　密钥对用于访问各种服务。最常见的服务之一是通过远程桌面协议(RDP)或 Secure Shell(SSH)远程访问系统。可以使用密钥对向服务器进行身份验证。

多因素身份验证(MFA) 用户名和密码本身是一个薄弱的凭证。最佳实践是添加某种形式的 MFA。MFA 可以包括你知道的东西，比如密码；你自己，比如生物特征；还有你拥有的东西(比如令牌)。AWS 同时支持硬件令牌和软件(虚拟)令牌。除了用户名和密码外，这些令牌还生成一个一次性 PIN(OTP)。硬件令牌包括 Gemalto SafeNet Token、Yubikey 和 Gemalto SafeNet Display Cards。Google Authenticator 和 Authy 是 Android 和 iOS 上支持的软件令牌程序。

13.2.2　组

尽管可以对单个用户授予权限，但是这种权限管理方法在企业中并不能够很好地扩展。组提供了一种简单的方法，可以将权限统一应用到整个企业中具有类似功能或作业的用户。值得注意的是，用户可以是多个组的成员，但组不能是其他组的成员。

13.2.3　角色

角色、用户和组不同。角色用于定义 AWS 服务在承担角色时可以使用的权限。在许多情况下，它们可以取代传统数据中心中使用的服务账户。例如，可以通过角色授予 EC2 实例与 S3 的访问权限，而不需要用户名或密码。相反，EC2 实例假定拥有角色，并且能够与所有 S3 或特定的存储桶进行通信，这取决于授予哪种角色。角色利用策略发挥其魔力，我们将在下一节中探讨。

注意：
每个 AWS 账户最多只能有 1 000 个角色。可以要求提高这个限制。

13.2.4　策略

角色的功能最终来源于策略，这些策略定义了使用角色的实体可以使用的权限。当然，策略并不局限于角色。也可以将它们应用于用户和组。IAM 中的策略允许具体了解要访问的内容和访问方式。

AWS IAM 中有两种类型的策略：受管策略和内联策略。

- 可将受管策略附加到多个用户、组和/或角色。受管是 AWS 中首选的策略类型，因为它可重用，而不是像内联策略那样是一次性的。
- 一般不推荐内联政策。它们直接附加到单个用户、组或角色。由于这会产生一种特殊情况，因此可能会使管理权限变得困难。

策略有多个要素，对于考试，你应该知道它们是做什么的以及它们的格式。这些要素如下：

版本　如果认为这是创建策略的日期，那你就错了(不过，这是初学者的常见错误)。事实上，当尝试使用它时，会遇到错误。IAM 策略中的版本是指要使用的策略语言的版本。在撰写本书时，最新和推荐的版本是 2012-10-17。

语句　语句元素本质上是其下所有元素的容器。随着策略变得越来越复杂，它们可以包含多个语句。

Sid　此字段是可选的；但是，如果策略中包含多个语句，则该字段非常有用。Sid 指的是“语句标识符”，它是一个唯一的数字，可以帮助区分策略中各个语句之间的差异。

效果　这是 IAM 政策最基本的要素之一。效果用于指定允许还是拒绝访问。

主角　此元素指定允许或拒绝访问的身份。这可能是 IAM 用户、角色，甚至是联邦用户。

操作　此元素是指定允许或拒绝的确切内容。例如，如果想允许对 S3 存储桶使用列表权限，操作应该是 S3:List。

资源　资源元素指定允许执行哪些操作。例如，在 S3 存储桶的实例中，可以选择 S3 作为一个整体，也可以指定一个特定的 S3 存储桶。

条件　条件元素是可选的，允许选择策略何时授予权限。例如，可以使用条件在 IAM 用户首次登录时强制重置密码。

现在查看一个实际的 IAM 策略。记住在考试中，需要了解各种元素的作用，以便能够解释策略的作用。几乎可以保证你会遇到至少一两个关于策略的问题。下面的例子展示了一个策略，它使用我们刚刚讨论过的所有元素，允许用户列出并获取 S3 存储桶，但是如果访问名为“confidential-data”的 S3 存储桶，则需要 MFA。这个绝佳的示例由 AWS 提供，网址为 https://docs.aws.amazon.com/IAM/latest/UserGuide/access_ policies.html。

```
{
  "Version": "2012-10-17",
  "Statement": [
    {
      "Sid": "FirstStatement",
      "Effect": "Allow",
      "Action": ["iam:ChangePassword"],
      "Resource": "*"
    },
    {
      "Sid": "SecondStatement",
      "Effect": "Allow",
```

```
            "Action": "s3:ListAllMyBuckets",
            "Resource": "*"
        },
        {
            "Sid": "ThirdStatement",
            "Effect": "Allow",
            "Action": [
                "s3:List*",
                "s3:Get*"
            ],
            "Resource": [
                "arn:aws:s3:::confidential-data",
                "arn:aws:s3:::confidential-data/*"
            ],
            "Condition": {"Bool": {"aws:MultiFactorAuthPresent": "true"}}
        }
    ]
}
```

读取策略是一回事；但是编写策略对于不熟悉 AWS 的 SysOps 管理员来说，可能会却步不前。AWS 策略生成器来了！AWS 策略生成器(见图 13.2)提供了一个简单的图形界面，可以从下拉框和单选按钮中选择选项，并在文本字段中输入账户特定项。此工具可用于为多个 AWS 服务创建策略，你选择的策略类型最终将决定在制定策略时必须使用的选项。AWS 策略生成器可以在 https://awspolicygen.s3.amazonaws.com/ policygen.html 找到。

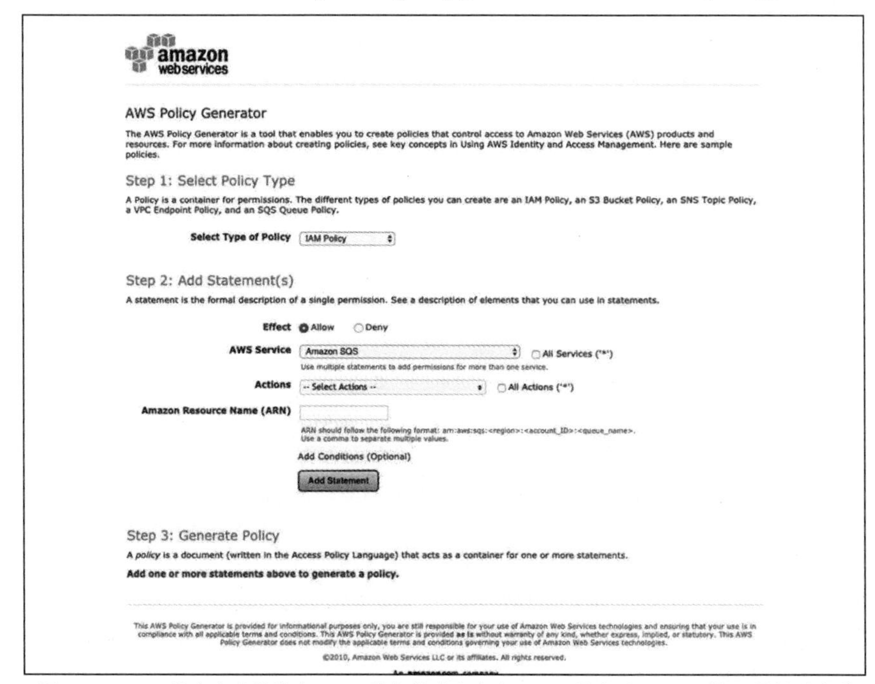

图 13.2　AWS 策略生成器使为 AWS 服务构建自定义 JSON 策略对 SysOps 管理员新手来说不那么可怕，对于经验丰富的管理员也很方便

构建了策略以后，可能需要测试它，看看它是否具有预期的效果。对于这个用例，可以使用AWS策略模拟器。AWS策略模拟器非常适合测试新的策略，如果认为由于某个策略可能导致访问问题，也可以非常方便地使用它进行故障排除。可以在https://policysim.aws.amazon.com/中访问AWS策略模拟器控制台。

13.3　管理IAM

到目前为止，你已经了解了使用IAM所需的基本概念并理解了IAM的工作原理，接下来让我们看看如何在AWS中管理密码策略和访问密钥。

13.3.1　管理口令

大多数组织在活跃目录(Active Directory)环境中都设置了密码策略。如果选择使用IAM用户而不是连接到活跃目录，那么可以在IAM控制台中设置密码策略。可以定义几个不同的属性，包括密码长度、复杂性、过期和重用，如图13.3所示。

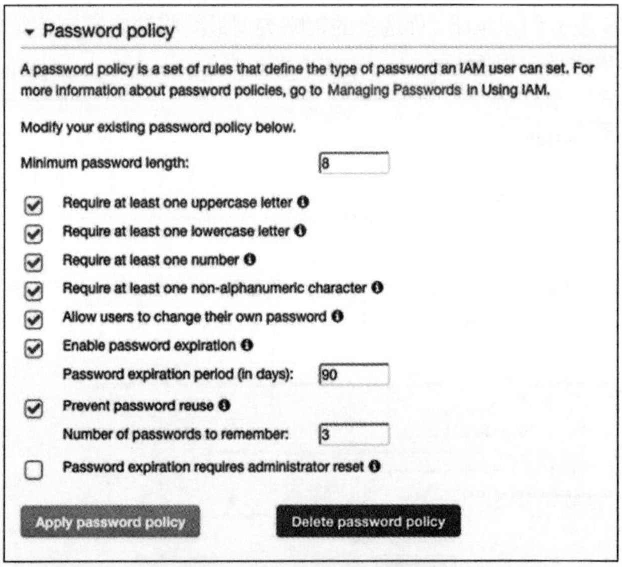

Password policy
A password policy is a set of rules that define the type of password an IAM user can set. For more information about password policies, go to Managing Passwords in Using IAM.
Modify your existing password policy below.
Minimum password length: 8
Require at least one uppercase letter
Require at least one lowercase letter
Require at least one number
Require at least one non-alphanumeric character
Allow users to change their own password
Enable password expiration
Password expiration period (in days): 90
Prevent password reuse
Number of passwords to remember: 3
Password expiration requires administrator reset
Apply password policy
Delete password policy

图13.3　密码策略允许为组织的IAM用户设置密码要求

让我们更详细地讨论每个设置，以及设置它们的原因。

最小密码长度　此选项指定IAM用户设置密码的必需最小长度。

至少需要一个大写字母　此设置处理密码的复杂性。它确保用户的密码中必须至少有一个大写字母。

要求至少一个小写字母　此设置处理密码复杂性。它确保用户的密码中必须至少有一个小写字母。

至少需要一个数字　此设置处理密码复杂性。它确保用户的密码中必须至少有一个数字。

至少需要一个非字母数字字符　此设置处理密码复杂性。它确保用户的密码中必须至少有一个特殊字符。

允许用户更改自己的密码　像大多数传统的本地环境中一样，允许 IAM 用户更改其密码。

启用密码过期　此设置允许设置用户同一密码过期之前可以使用多久，然后用户将强制更改该密码。

防止密码重用　将密码重用设置得足够高这点非常重要，这样可以防止用户简单地循环使用他们的密码，直到能够重用他们知道和喜欢的旧密码。这有助于确保过期的密码正确过期，并且不会重复使用。

密码过期要求管理员重置　当 IAM 用户的密码过期时，管理员必须重置密码。

记住要使密码策略牢靠，并确保执行组织的要求。此外，始终与 IAM 用户一起使用 MFA。最佳实践是自始至终要求管理用户使用它，但我的要求会更进一步，鼓励所有用户都使用它。

13.3.2　管理访问密钥

虽然附加到 IAM 用户的密码受密码策略控制，但一些用户可能还拥有一组长期凭证，这样可以使用这些凭证以编程的方式使用 AWS 服务。这些凭证称为访问密钥。因为这些密钥是长期有效的，所以需要确保它们是安全的。

访问密钥由访问密钥 ID 和秘密访问密钥组成。它们类似于用户名和密码，因为它们一起用于验证 API 或 AWS 命令行界面/软件开发工具包(CLI/SDK)的请求。

提示：
尽可能使用角色而不是访问密钥。

警告：
尽快从根 AWS 账户中删除访问密钥。你不应该使用访问密钥对根账户进行身份验证，因为如果有人获取了你的根账户访问密钥，他们可能会获得对账户的永久特权访问。

可以通过 AWS 管理控制台或 AWS CLI 管理访问密钥。例如，为特定用户创建访问密钥时，可以转到其 IAM 账户中的 Security Credentials 选项卡，然后单击 Create access key。如图 13.4 所示。可以通过单击 Make Inactive 停止使用访问密钥，也可以通过单击 Access keys 行上的×来删除访问密钥。

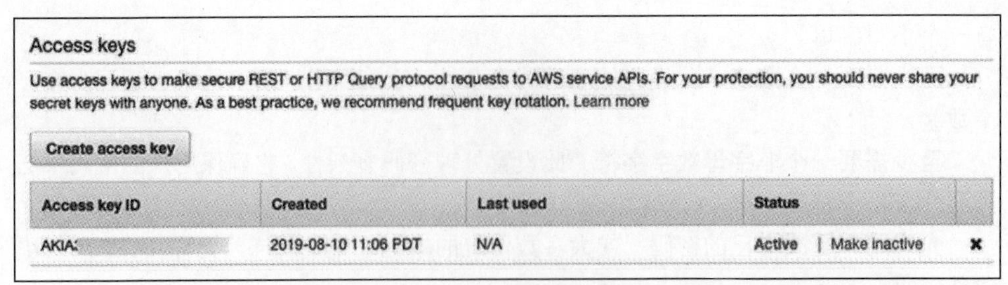

图 13.4 可在某个用户的 Security Credentials 选项卡上为其账户中的单个用户生成访问密钥

如果需要通过 AWS CLI 创建访问密钥，可以使用 aws iam create-access-key 命令。还可以通过 CLI 发出 aws iam delete-access-key 命令删除访问密钥。

13.3.3 保护访问密钥

由于访问密钥是长期有效的凭证，因此需要确保它们定期更改。AWS 的建议是实施密钥轮换，这意味着你可以定期更改访问密钥。这个过程在 AWS 管理控制台和 AWS CLI 中类似，但是让我们研究一下如何在 AWS 管理控制台中执行密钥轮换。通过密钥轮换，可以在不造成任何系统中断的情况下更改此长期凭证。

密钥轮换流程

无论使用的是 AWS 管理控制台还是 AWS CLI，轮换密钥的过程都是相同的。

(1) 创建一个新的访问密钥。

(2) 更新应用使用新密钥。

(3) 查看控制台中的 Last Used 列，查看旧的访问密钥是否仍在使用中。

(4) 停用旧的访问密钥。

(5) 确认旧的访问密钥不再使用，然后将它删除。

通过遵循此过程，可以降低系统中断风险，安全地轮换密钥。

13.4 保护 AWS 账户

由于用户可以访问你的资源，作为 SysOps 管理员，首要任务之一就是为他们的账户提供尽可能强大的保护，并尽可能保护根账户。

13.4.1 保护根账户

根账户是 AWS 账户中权限最高的账户，其权限无法删除。保护整个 AWS 账户和资源的第一步是保护根账户。以下是一些保护根账户的最佳做法：

- 从根账户中删除访问密钥。如果不能删除，就要经常轮换。
- 设置一个非常长并且复杂的密码。
- 在根账户上建立 MFA。
- 不要在日常工作中使用根账户。
- 永远不要与任何人共享你的根账户凭证。
- 每当有权访问凭证的管理员离开组织时，更改根账户的密码。

13.4.2　IAM 最佳实践

你已经确保了根账户的安全；接下来怎么办？以下是在审查 AWS IAM 时应牢记的一些建议：

- 创建单独的 IAM 用户，而不是共享用户账户。
- 使用组管理权限，而不是直接向用户授予权限。
- 尽可能使用角色，而不是用户或访问密钥。
- 仅授予用户、组或角色完成任务所需的权限。
- 尽可能启用 MFA。
- 不要共享访问密钥的凭证。
- 经常更改密码和访问密钥。
- 删除不需要的账户。
- 使用 AWS CloudTrail、Amazon CloudWatch 和 AWS Config 等工具监控 IAM 用户的活动。

13.4.3　Trusted Advisor

Trusted Advisor 是一个很好的资源，可以帮助你正确地保护 AWS 资源，包括 IAM。免费版本将检查 IAM 使用情况，以及是否在根账户上使用了 MFA。免费版本检查如图 13.5 所示。付费版本提供对 IAM 密码策略、SSL 证书、访问密钥轮换和公开的访问密钥的检查。我最喜欢它的原因是它很容易让你看到是否已经完成了所有需要做的事情。

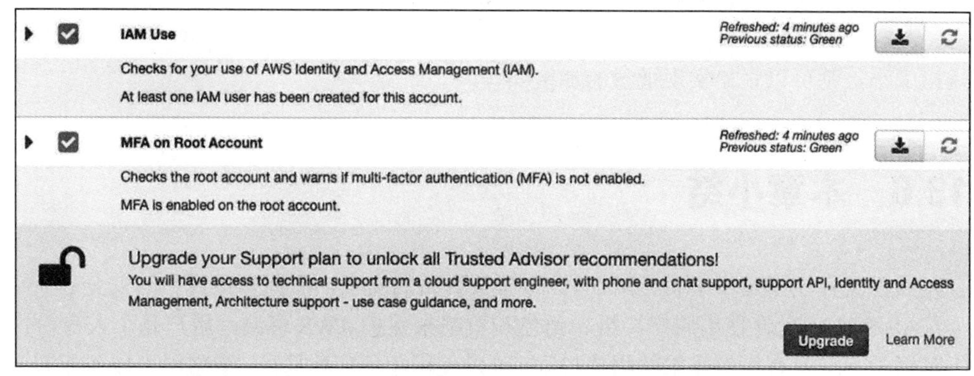

图 13.5　Trusted Advisor 安全检查包括对 IAM 相关设置的多项检查

13.5　其他身份服务

当然，当我们讨论在 AWS 中身份管理时，IAM 并不是唯一的筹码，因此我想用这一节来确保你理解与身份相关的其他服务。

13.5.1　Cognito

Amazon Cognito 提供了管理移动应用或 Web 应用身份的功能。它允许用户从 Facebook、Google 和 Amazon 上登录，这样可以利用这些安全断言标记语言(Security Assertion Markup Language，SAML)2.0 的身份提供者。

通过 Cognito，你拥有了一个不同于内部目录服务的用户目录服务。它还为 Web 应用和移动应用的用户提供了 MFA，这有助于保护用户数据。

13.5.2　联邦

使用联邦，可以在登录 AWS 时为内部用户提供无缝的单点登录(SSO)体验。通过 SAML 2.0 等标准，可以针对内部目录服务(如活跃目录)对用户进行身份验证，而不必在 AWS IAM 中使用单独的凭证进行管理。

如需支持多个 AWS 账户，可以使用 AWS Single Sign-On，它允许集中管理 SSO 选项，成为 Salesforce 和 Office 365 应用的身份提供商。

13.5.3　AWS KMS

AWS Key Management Service(KMS)简化了密钥的管理和存储。当使用 AWS KMS 时，可以轻松地审核任何使用过你的密钥的人以及密钥的使用位置。

通过 AWS KMS，可以授予特定 IAM 用户访问 KMS 中某些密钥的权限。还可以导入自己的密钥或允许 KMS 创建密钥。AWS KMS 甚至可以设置自动密钥轮换。

AWS KMS 最棒的地方在于它几乎集成到每一个 AWS 服务中。这使得无论组织规模大小，都可以轻松实现批量的加密操作。

13.6　本章小结

共担责任模型定义了责任所在。AWS 负责云的安全，而你负责云中的安全。

AWS IAM 允许使用用户、组、角色和策略来保护 AWS 资源。用户是个人身份；组可用于管理具有类似需求的用户权限；可以使用角色代替凭证；策略用于授予权限。

创建策略时应当遵循最小权限的概念。

可以使用密码策略帮助保护 AWS IAM 中的用户账户。该策略可以强制执行最小长度、复杂性以及在用户可以重用密码之前必须使用多少个密码。

访问密钥是用于执行需要编程访问的操作的长期凭证，例如使用 API 或 AWS CLI 和 SDK。它们由两部分组成：访问密钥 ID 和访问密钥。它们永远不应该被共享。最好经常轮换访问密钥。

AWS 账户可以通过多种方法进行保护。包括使用密码策略、使用最少权限概念以及强制使用 MFA。

根据用例的不同，还有其他身份服务。Cognito 允许管理 Web 应用和移动应用的身份，联邦允许为内部用户和选择的目录服务提供 SSO，AWS KMS 管理和存储加密密钥。

13.7　复习资源

共担责任模式：

https://aws.amazon.com/compliance/shared-responsibility-model/

多因素身份验证：

https://aws.amazon.com/iam/details/mfa/

策略和权限：

https://docs.aws.amazon.com/IAM/latest/UserGuide/access_policies.html

使用 IAM 策略模拟器测试 IAM 策略：

https://docs.aws.amazon.com/IAM/latest/UserGuide/access_policies_testing-policies.html

Amazon Cognito：

https://aws.amazon.com/cognito/

AWS Single Sign-On：

https://aws.amazon.com/single-sign-on/

AWS Key Management Service (KMS)：

https://aws.amazon.com/kms/

13.8　考试要点

了解共担责任模式。需要记住，AWS 负责云的安全性，而你负责云中的安全性。

例如，错误配置的S3存储桶是你的责任，而不是AWS的责任。

了解用户、组、角色和策略之间的区别。记住，用户是独立的IAM账户。它们可以是多个组的一部分。组用于授予权限和减少管理开销。可以使用角色代替IAM用户来授予对AWS服务的访问权限。策略用于定义应该提供给承担角色的服务。

了解MFA。多因素身份验证使用多种身份验证方法从未授权用户中识别授权用户。MFA利用你知道的东西(密码)、你的身份(生物特征)或你拥有的东西(令牌)。AWS支持Gemalto和Yubico硬件，Google Authenticator以及iOS和Android上的Authy等虚拟MFA应用。

了解访问密钥和密钥轮换。访问密钥是指用于通过API、AWS CLI或AWS SDK完成编程任务的长期凭证。密钥应定期轮换；AWS允许两个密钥同时激活，以允许轮换。为了轮换密钥，需要先创建一个新的密钥，然后更新应用使用新的密钥，停用旧密钥，然后在确定旧密钥不再使用时删除它。

13.9　练习

为了完成这些练习，下载Authy并安装到移动设备上以进行MFA练习。

练习13.1

创建一个IAM用户

IAM旅程的第一步是在IAM中创建用户。我们开始吧！

(1) 登录AWS Management Console。

(2) 单击Services；然后选择Security、Identify And Compliance下的IAM。

(3) 在IAM仪表板上，选择Users。

(4) 单击Add User。

(5) 输入**jsmith**作为Username。

(6) 选中AWS Management Console Access复选框。接受默认值让AWS为用户设置密码。

(7) 单击Next：Permissions。

(8) 单击Create Group。

(9) 将组命名为System_Admin。

(10) 在搜索框中，输入**administrator**。

(11) 选中AdministratorAccess复选框，然后单击Create Group。

(12) 单击Next：Tags。

(13) 单击Next：Review。

(14) 单击Create User。

(15) 单击 Close 按钮。

这样，你创建了第一个用户。请注意，如果环境中存在一个现有组，那么在步骤 8 可以选择这个现有组，然后按照步骤(12)～(14)创建用户，并将它添加到现有组中。

练习 13.2

生成一个访问密钥

练习 13.1 中的用户 jsmith 现在需要编程访问，以便可以利用 AWS CLI。现在我们把访问密钥给他。

(1) 在 IAM 仪表板上，单击 Users。

(2) 单击 jsmith 链接。

(3) 选择 Security Credentials 选项卡并向下滚动到 Access Keys 部分。

(4) 单击 Create Access Key。

(5) 下载逗号分隔(CSV)文件，然后单击 Close 按钮。

CSV 文件包含访问密钥 ID 和密钥访问密钥。创建是唯一一次你可以获得秘密访问密钥的机会。如果丢失，则需要创建一个新的访问密钥。

练习 13.3

启用 MFA

用户 jsmith 已经登录到控制台，现在想在他的账户上设置 MFA。

(1) 在 IAM 仪表板上，单击 Users。

(2) 单击 jsmith 链接。

(3) 选择 Security Credentials 选项卡并转到 Assigned MFA Service。

(4) 单击 Manage。

(5) 选择 Virtual MFA Device，然后单击 Continue。

(6) 单击屏幕框中的 Show QR Code。

(7) 在移动设备上打开 Authy 应用。

(8) 单击+符号并选择 Scan QR Code。你可能需要授予 Authy 访问相机的权限。

(9) 举起移动设备，这样它就能捕捉到二维码。

(10) 现在应当显示账户名；单击 Done。

(11) 在 AWS 屏幕上，在 MFA Code 1 框中输入手机上显示的六位数代码。

(12) 代码刷新后，将手机上显示的第二个六位数代码添加到 MFA Code 2 框中，如图 13.6 所示。

(13) 单击 Assign MFA。

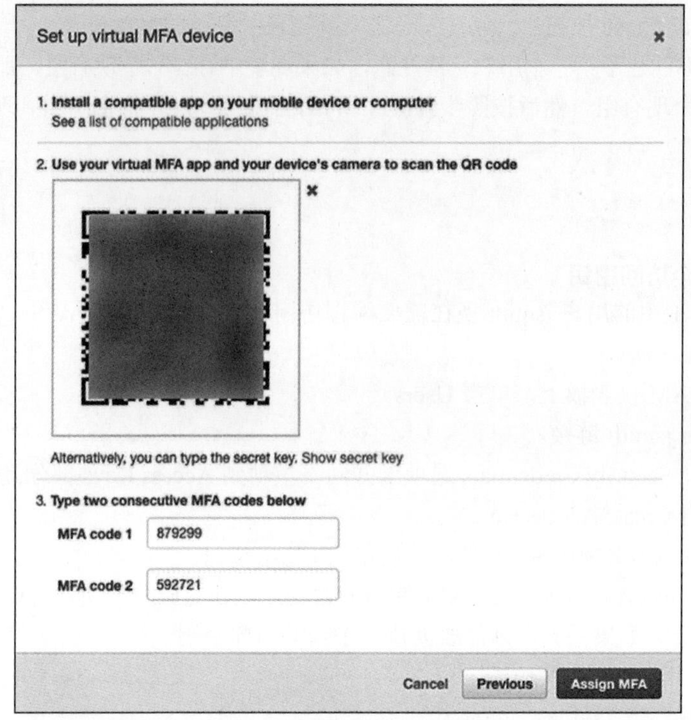

图 13.6 输入来自虚拟软件令牌的两个连续代码，以便在 MFA 中为 AWS 账户注册设备
(出于安全原因，QR 代码被清空)

(14) 单击 Close 按钮。

这样，我们现在将 MFA 添加到 jsmith 的管理员账户中。

练习 13.4

创建一个口令策略

现在，需要创建一个密码策略，以确保 IAM 用户满足我们组织的密码要求。

(1) 在 IAM 仪表板上，选择 Account Settings。

(2) 将策略更改为以下内容：

- 设置最小密码长度为 12
- 选择以下选项：

  至少需要一个大写字母

  至少需要一个小写字母

  至少需要一个数字

  至少需要一个非字母数字字符

允许用户更改自己的密码

- 选择 Password Expiration，并设置为 90 天。

- 选择 Prevent Password Reuse，并将其设置为 10。

(3) 单击 Apply Password Policy。

练习 13.5

创建一个角色

角色可用于向服务授予执行特定任务所需的权限。在本例中，我们将创建一个角色，允许 EC2 实例访问 S3 存储桶。为此，我们会创建定义权限的策略，然后创建角色并将该策略分配给它。

(1) 在 IAM 仪表板上，选择 Policy。

(2) 单击 Create Policy。

(3) 选择 S3 作为 Service。

(4) 对于 Actions，选择 List | Read And Write。

(5) 展开 Resources 并选择 All Resources。

(6) 单击 Review Policy。

(7) 将策略命名为 EC2toS3All，然后单击 Create Policy。

(8) 返回 IAM 仪表板并从菜单中选择 Roles。

(9) 单击 Create Role。

(10) 对于 Select Type Of Trusted Entity，选择 AWS Service。

(11) 对于 Choose The Service That Will Use This Role，单击 EC2。

(12) 单击 Next：Permissions。

(13) 在搜索框中输入你创建的策略的名称。选中 EC2toS3All 旁边的复选框。

(14) 单击 Next：Tags。

(15) 单击 Next：Review。

(16) 将角色命名为 EC2toS3All，然后单击 Create Role。

在生产环境中，你会选择一个特定的 S3 存储桶，而不是像在步骤(5)中那样选择所有资源。角色创建以后，只需要将它添加到 IAM 角色下拉菜单中，这样在创建 EC2 实例或选择修改实例时就可以使用它。

13.10　复习题

附录中有答案。

1. 你负责以下哪项工作？

   A. 云端的安全

   B. 云的安全

   C. 云中的安全

D. 云以外的安全

AWS 的用户负责云中的安全，而 AWS 负责云的安全。

2. AWS 负责以下哪些工作？(选择两项)
   A. 网络设备
   B. 应用身份验证
   C. 网络端口安全
   D. 物理服务器
3. 你负责以下哪些工作？(选择两项)
   A. 加密数据
   B. 使 EC2 实例上的操作系统保持最新
   C. 使 RDS 实例上的操作系统保持最新
   D. AWS 数据中心
4. 以下哪项是 AWS 和用户之间共担责任的示例？
   A. 保持 RDS 实例的最新状态
   B. 保护对 hypervisor 下资源的访问
   C. 在主机和服务器级别维护 EC2 实例
   D. 应用授权
5. 为何把数据加密视为共担责任模型的一个例子？
   A. AWS 维护 S3，而用户对存储在 S3 上的数据进行加密
   B. AWS 处理加密数据的实际机制，而用户选择应该加密的数据
   C. AWS 提供加密要求，用户实现这些需求
   D. 这些都不是共担责任的例子
6. 当考虑 AWS 账户时，以下哪些是用户类型？(选择两项)
   A. 账户所有者
   B. 根用户
   C. IAM 用户
   D. IAM 角色
7. 最少权限原则是什么意思？
   A. 用户应具有最低权限，并且只能通过 IAM 角色被授予其他权限。
   B. 用户只能通过组成员资格获取权限
   C. 用户应该拥有执行其职责所需的权限，但仅此而已
   D. 用户应该有权限来执行他们的职责和将来可能的职责，但仅此而已
8. 以下哪些是 IAM 用户的有效标识类型？(选择两项)
   A. 用户名
   B. 访问密钥
   C. 私密钥匙(Secret Key)
   D. MFA

9. IAM 用户出于什么目的需要密钥对？

A. 访问 AWS Web 控制台

B. 访问 AWS SDK

C. 访问 AWS CLI

D. 访问正在运行的 EC2 实例

10. 作为一名 AWS 顾问，需要审计运行在 EC2 实例上的软件。没有 CloudFormation，因此需要单独检查每个实例。你应该向 AWS 管理员要求什么凭证？

A. 密钥

B. 用户名和密码

C. 一个密钥对

D. 秘密钥匙

11. 以下哪项适用于 IAM 角色，但不适用于 IAM 组？

A. 可以通过此机制授予权限

B. 可以为用户多次分配每个机制

C. 通过此机制获得的权限是临时的

D. 所有这些对角色和组都是正确的

12. 对于需要与同一区域中的标准 S3 存储桶通信的 EC2 实例，你将使用以下哪项？

A. IAM 组

B. IAM 角色

C. IAM 策略

D. 所有这些都可以提供对 S3 的实例访问

13. 你可以将 IAM 策略分配给以下哪一个？

A. IAM 角色

B. IAM 用户

C. IAM 组

D. 所有这些

14. 以下哪些项是受管策略和内联策略的区别？(选择两项)

A. 受管策略可以附加到多个用户，而内联策略则不能

B. 内联策略可以附加到多个用户，而受管策略不能

C. AWS 建议使用内联策略，而不是受管策略

D. AWS 建议使用受管策略，而不是内联策略

15. 策略的版本指的是什么？

A. 创建策略的日期和时间

B. 更新策略的日期和时间

C. 由策略作者分配的任意标识符

D. 策略中使用的策略语言的版本

16. 以下哪些项是有效 IAM 策略的一部分？(选择两项)
    A. Effect
    B. SID
    C. Id
    D. Affect
17. 以下哪些项是 IAM 策略主张可接受的条目？(选择两项)
    A. 另一个策略的 sid
    B. IAM 用户
    C. AWS 账户 ID
    D. 联邦用户
18. 为什么访问密钥比密码存在更大的安全风险？(选择两项)
    A. 与用户密码相比，它们是长期的
    B. 它们不受密码策略的控制
    C. 它们提供对 AWS SDK 或 CLI 的编程访问
    D. 它们每 90 天过期
19. 当 AWS 使用术语 access key 时，指的是以下哪些项？(选择两项)
    A. 用户名
    B. 一个密钥对
    C. 访问密钥 ID
    D. 秘密访问密钥
20. AWS KMS 为密钥创建提供了哪些选项？(选择两项)
    A. AWS KMS 可以生成密钥
    B. AWS KMS 可以从另一个 AWS 账户读取密钥
    C. AWS KMS 允许导入自己的密钥
    D. AWS KMS 可以从现有 AWS 用户导入密钥

第14章 报告和日志

本章涵盖的 AWS Certified SysOps Administrator-Associate 考试主题包含但不局限于以下内容：

✓ 知识点 1.0　监控和报告工具

- 1.1　使用 AWS 监控服务创建和维护指标及警报
- 1.2　认识并区分性能和可用性指标
- 1.3　根据性能和可用性指标执行必要的修正步骤

✓ 知识点 3.0　部署和供给

- 3.2　确定并修正部署问题

✓ 知识点 6.0　网络

- 6.3　收集和解释网络故障排除的相关信息

✓ 知识点 7.0　自动化和优化

- 7.1　使用 AWS 服务和特性来管理和评估资源利用率

了解环境中正在发生的事情是网络安全和故障排除的重要组成部分。毕竟，作为一个系统管理员，需要判断系统何时出现性能问题，因为它们可能会影响正常的运行。作为一个安全管理员，需要知道谁已经登录，什么时候登录，以及他们登录后做了什么。AWS 提供了一些监控和报告工具，以满足当今云环境和混合环境中系统管理员和安全管理员的需要。

本章涵盖：

- AWS 报告和监控简介
- 使用 AWS CloudTrail 监控 API 调用
- 使用 Amazon CloudWatch 进行日志监控
- 使用 AWS Config 根据基线做出报告

14.1　AWS 中的报告和监控

在传统的本地数据中心环境中，你有其他产品对性能指标进行监控和报警，并且如果启用了成功/失败登录的审计功能，那么你可以跟踪登录的活动。同样，需要满足合规性要求的组织必须能够将这些功能扩展到云中，即使不需要满足严格的合规性或法规性要求的组织也可以从云中启用的报告和监控功能中获益。

当我们讨论 AWS 中的监控时，我们实际上是在查看实时和历史数据：随时间变化的性能指标、随时间变化的用户活动，等等。你可以选择使用 Amazon CloudWatch 日志代理获取有关 EC2 实例以及安装在这些实例上应用的更多详细信息。你可以使用 AWS CloudTrail 获取用户每次调用 API 的记录，这对调查活跃异常事件排错时配置是否发生了更改非常有用。

在下面我们将更详细地讨论这些主题。将从 AWS CloudTrail 开始，然后讨论 Amazon CloudWatch 和 AWS Config。

14.2 AWS CloudTrail

你有没有想过你的用户在做什么？在日常的监控中，对失败的登录和某些情况下的成功登录是很普遍的。然而，在传统的本地环境中，大多数组织并没有获得比这更多的洞察力。有一些工具可以关联用户活动数据，但是它们的购买成本很高，而且很难维护。这就是 AWS CloudTrail 的用武之地(见图 14.1)。它不仅使用简单，而且如果使用默认值，只要事件是管理事件，并且是创建、修改或删除操作，就可以免费查看 90 天内的账户活动。

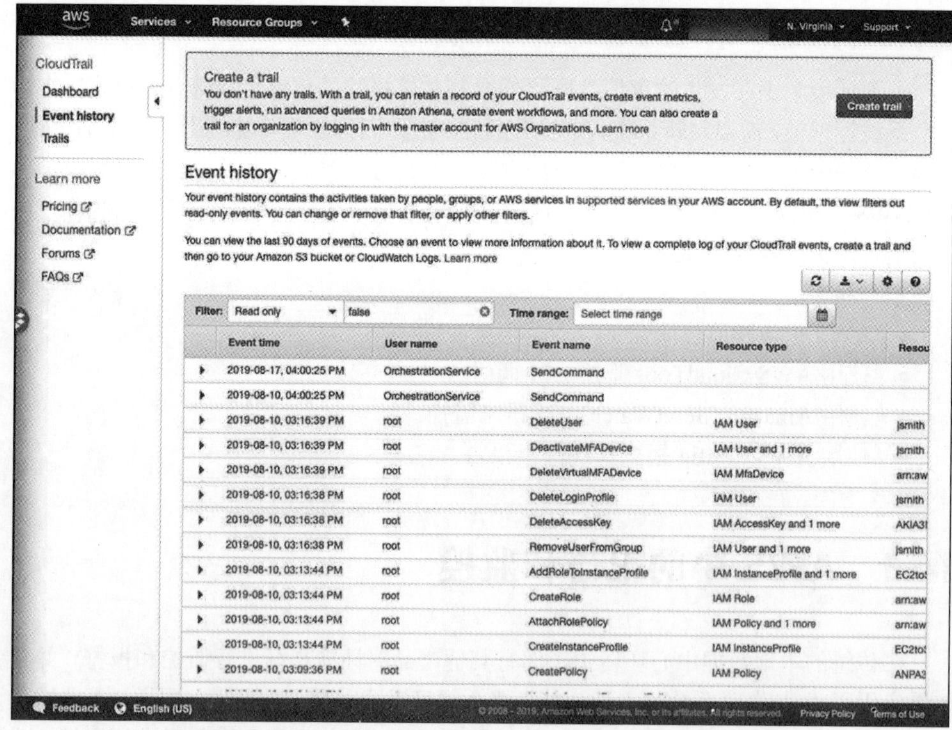

图 14.1 免费的 AWS CloudTrail 监控捕获创建、修改和删除操作，并将信息保留 90 天

你想收集更多的数据吗？这可以很容易地通过创建一个跟踪来实现。你可以创建一个跟踪，它允许从所有区域收集管理和数据事件，并将这些信息放入选择的 S3 存储桶中。此外，如果创建了一个跟踪，则可以创建定制的事件指标并通过集成 Amazon CloudWatch 来触发警报。跟踪能够向 Amazon CloudWatch Logs 和 Amazon CloudWatch Events 传递事件。

每次调用 API 时都会收集管理和数据事件。需要记住的重要一点是，在 AWS 中执行的所有操作都会生成一个 API 调用。这包括 AWS 管理控制台、AWS CLI 和 AWS SDK 中的活动，以及其他 AWS 服务。实际上，你可能会注意到在图 14.1 中，有两个条目的用户名是 OrchestrationService。这就是 AWS 服务启动 API 调用的一个示例。

14.2.1　对所有区域使用跟踪

在 AWS CloudTrail 中拥有一个活跃跟踪是获得账户中所发生活动全貌的最佳方法。更好的是，可以管理这个跟踪，并将它应用于 AWS 账户中有活动的所有区域。可以通过单击 Apply Trail To All Regions 的 Yes 单选按钮来实现这一点，如图 14.2 所示。或者如果使用的是 AWS CLI，则可以将 IsMultiRegionTrail 设置为 true。

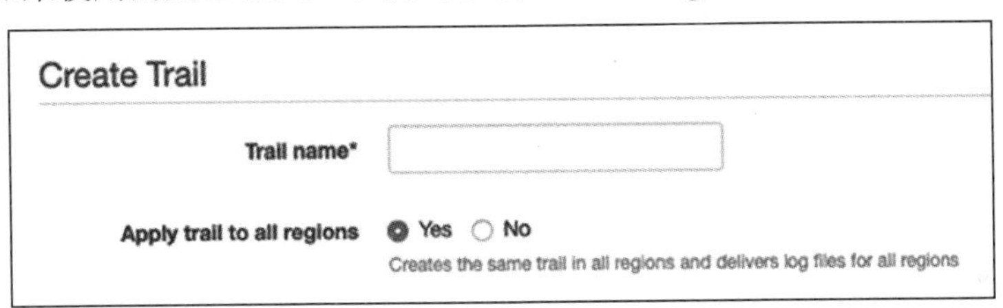

图 14.2　可以对所有区域使用一个跟踪

将跟踪应用于所有区域有多个好处。首先，你可以从一个位置管理跟踪。另一个好处是，随着在 AWS 添加新的区域，你的跟踪将自动应用于这些新的区域，不需要人工干预。

14.2.2　管理事件

默认情况下，只要操作是创建、修改或删除，AWS CloudTrail 会记录 90 天的管理事件。管理事件与对 AWS 账户中资源所做的操作有关。

创建一个跟踪时，可以选择“全部”“只读”“只写”或“无”。让我们更详细地介绍每一个选项。

- 全部：此设置将 AWS CloudTrail 配置为收集所有管理事件。
- 只读：此设置将 AWS CloudTrail 配置为收集与 Describe*等读取操作相关的管理事件(例如，DescribeSecurityGroups)。

- 只写：此设置将 AWS CloudTrail 配置为收集与可能导致资源更改的操作相关的管理事件，例如 Create*(例如，createTags)、RunInstances 和 TerminateInstances。
- 无：此设置确保 AWS CloudTrail 不收集任何管理事件。

14.2.3　数据事件

默认情况下，数据事件没有记录。数据事件与可能更改账户中数据对象的事件有关。这包括 S3 中的 Get*和 Put*，或者调用 AWS Lambda 函数。可以选择监控账户中的所有 S3 存储桶，也可以只监控特定的存储桶。例如，可以选择监控包含敏感信息[如个人识别信息(PII)或个人医疗信息(PHI)]的特定存储桶。S3 存储桶的典型 API 活动可能包括 GetObject、PutObject 和 DeleteObject。如图 14.3 所示，可以选择记录读活动、写活动，或两者兼而有之。

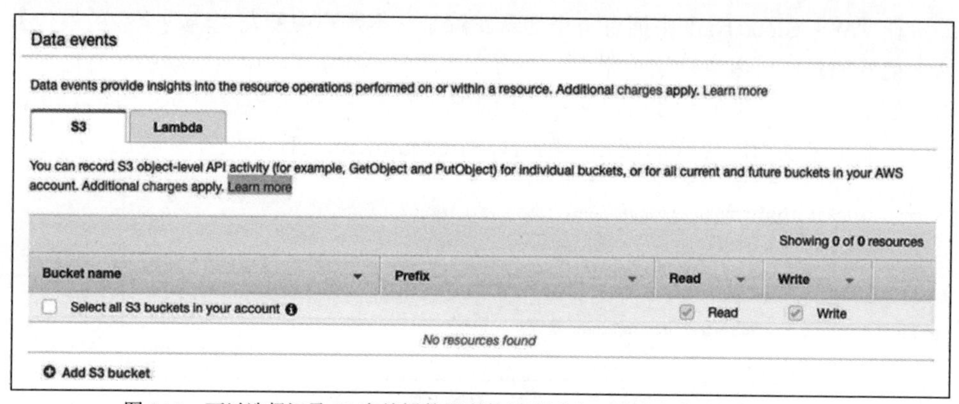

图 14.3　可以选择记录 S3 存储桶数据事件的读活动、写活动或两者兼有的活动

还可以对 AWS Lambda 记录事件。可以选择要监控的特定函数，也可以选择监控所有函数。AWS Lambda 的典型活动包括使用 Invoke 启动 Lambda 函数。可以选择监控当前区域或所有区域的 Lambda 事件，如图 14.4 所示。

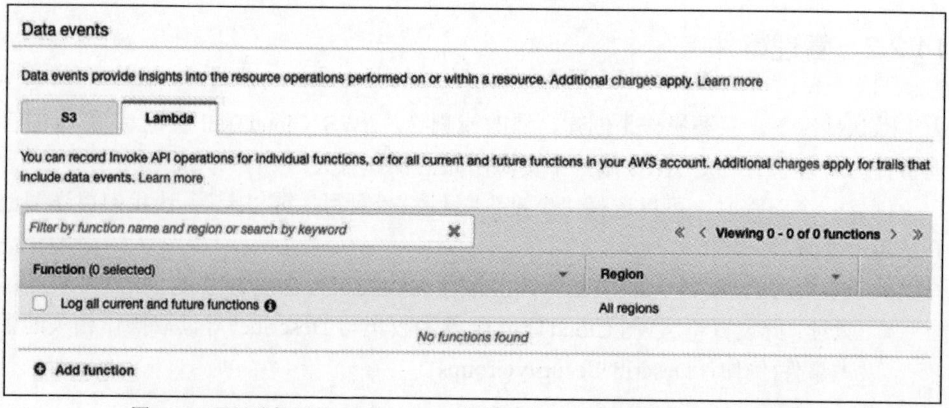

图 14.4　可以选择记录 AWS Lambda 数据事件的所有区域或特定区域的活动

14.2.4 但是你说过 CloudTrail 是免费的

如果使用的是 AWS CloudTrail 的默认设置，那么只要管理的事件与创建、修改或删除操作相关，就可以获得 90 天的历史记录。这是完全免费的。

如果创建自己的跟踪，则每个区域中任何管理事件的第一个副本都是免费的。但是，必须对存放在 S3 存储桶中的跟踪付费。还需要支付以下费用：

- 管理事件的额外副本
- 数据事件

14.3 Amazon CloudWatch

下一个监控工具是 Amazon CloudWatch(见图 14.5)。如果想要监控性能和可用性指标，Amazon CloudWatch 就是需要的工具。还可以监控自定义应用指标(如果安装了日志代理)，并且可以创建自己的日志组和仪表板。

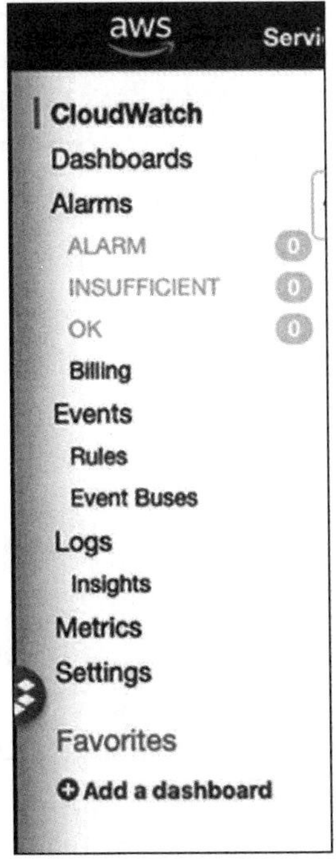

图 14.5 Amazon CloudWatch 控制台可以轻松访问环境中的警报、事件和日志

Amazon CloudWatch 有很多不同的组件，都是在同一个控制台中进行管理。本节将更详细地讨论这些，首先是 Amazon CloudWatch 警报，然后是 Amazon CloudWatch 日志、Amazon CloudWatch 事件，最后是 Amazon CloudWatch 仪表板。

14.3.1 Amazon CloudWatch 警报

Amazon CloudWatch 警报负责监控单个指标。这可能很简单，比如一个警报，它监控 CPU 使用率是否达到 95%，或者一个警报平均每 5 分钟查看 CPU 是否保持在 95%，如果满足条件，则进入警报状态。Amazon CloudWatch 警报是 AWS 工具库中的一个强大工具；它们可以用来驱动处理操作，比如通知自动缩放组根据前面提到的 CPU 指标进行扩展。

警报在任何给定的时间点可能处于 3 种不同的状态之一。

- OK (正常)：如果 Amazon CloudWatch 警报显示正常，则表示指标或指标后面的数学表达式在定义的阈值内。
- ALARM (警报)：如果 Amazon CloudWatch 警报显示它处于警报状态，则表示指标或指标后面的数学表达式低于或高于定义的阈值。
- INSUFFICIENT_DATA(数据不足)：CloudWatch 警报的这种状态可能由以下几种原因造成。最常见的原因是警报刚刚启动/创建，它监控的指标不可用，或者此时没有足够的数据来确定警报应处于正常状态还是警报状态。

创建警报时，必须决定为周期、评估时段和需要报警的数据点设置哪种内容。周期是 CloudWatch 评估指标的时间量。例如，如果将周期设置为 60 秒，则每 60 秒将有一个新的数据点。评估期是警报在确定其应处于哪个状态之前应考虑的数据点数。例如，如果周期设置为 60 秒(1 分钟)，而评估周期设置为 5 分钟，则可能每 5 分钟获得一个不同的警报状态。需要报警的数据点指定报警进入报警状态需要超出阈值(称为“违反”)的数据点的数量。如果周期为 60 秒，评估周期为 5 分钟，则需要报警的数据点有两种方式，如下所示。

- 需要报警的数据点等于评估期：当达到需要报警的数据点数量时，CloudWatch 报警将进入报警状态。例如，将“周期”设置为 1 分钟，将“评估周期”设置为 5 分钟，将“需要报警的数据点”设置为 5，如果指标值超出为 5 个数据点定义的阈值，则将进入报警状态。
- 需要报警的数据点少于评估期：当达到需要报警的数据点数量时，CloudWatch 报警将进入报警状态。例如，将“周期”设置为 1 分钟，将“评估周期”设置为 5 分钟，将“报警的数据点”设置为 3，如果指标超出评估期内 5 个数据点中的 3 个的定义阈值，则将进入警报状态。

如果缺少数据点会发生什么？对于每个警报，可以设置希望 Amazon CloudWatch 如何处理丢失的数据点。这允许自定义警报，以满足对丢失数据点处理方式的期望。有 4 种可能的设置，如下。

- notBreaching (不违反)：如果设置报警将丢失的数据点视为未违反，则会认为丢失的数据点是好的。
- Breaching(违反)：如果设置报警将丢失的数据点视为违反，则会认为丢失的数据点是坏的。

- ignore (忽略)：如果将报警设置为忽略，则会忽略丢失的数据点并保持当前的报警状态。
- missing (缺失)：如果将报警设置为缺失，在决定是否改变报警状态时，不考虑缺失的数据点。

在本章末尾的练习 14.2 中设置 CloudWatch 警报时，你会看到这些设置。

14.3.2 Amazon CloudWatch 日志

Amazon CloudWatch 日志是集中管理所有日志的一体化服务。只要安装了 Amazon Unified CloudWatch 代理，它不仅存储来自 AWS 系统和资源的日志，还可以处理本地系统的日志。如果选择 Amazon CloudWatch 监控 AWS CloudTrail 活动，那么被监控的活动会被发送到 Amazon CloudWatch 日志。

如果需要一个较长的日志保留期，那么 Amazon CloudWatch 日志也是一个不错的选择。默认情况下，日志将永久保存，并且永远不会过期。应该根据组织的保留策略对此进行调整。可以选择只保留一天的日志，也可以选择保留长达 10 年的日志。

1. 日志组与日志流

从一个目标位置中获取日志是一个很好的开始；但是，为了使它更有用，大多数系统管理员首先要做的事情之一就是将相似的数据放在一起。例如，假设有一些处理 Web 流量的 EC2 实例。你想将这些日志放在一个组里面，因为它们的作用类似。这就是日志组的作用。

每个 Web 服务器都使用日志流的形式把日志发送到 Amazon CloudWatch 日志。日志流是单个源上发生的事件的集合，如 EC2 实例或 AWS 服务。Amazon CloudWatch 中的日志组是一组日志流的集合，它们在保留期、监控以及 IAM 设置方面共享相同的设置。在我们的示例中，处理 Web 流量的每个 EC2 实例在 Amazon CloudWatch 中都有一个日志流，这些日志流会被放到一个日志组中。

2. Unified CloudWatch 代理

在获取 Amazon EC2 实例可用性和性能基本信息的同时，如果安装了 Unified CloudWatch 代理，则可以获得更详细的信息。如果使用的是 CloudWatch 代理的混合环境，还可以从本地服务器收集日志，并在 Amazon CloudWatch 控制台中集中管理和存储日志。该代理支持多种 Windows 和 Linux 操作系统，包括 64 位版本的 Windows Server 2008、2012 和 2016，以及多个版本的 Amazon Linux、Amazon Linux 2、Ubuntu Server、CentOS、RHEL、Debian 和 SLES。

通过在 Windows 机器上安装 CloudWatch 代理，可以从内置在操作系统中的性能监控器收集更多的信息。当 CloudWatch 安装在 Linux 系统上时，可以获得与 CPU、内存、网络、进程和交换内存等使用情况相关的更深入的指标。还可以从安装在服务器上的应用收集自定义日志。

安装 CloudWatch 代理时，需要设置配置文件。Amazon 提供了一个向导来简化配置文件的创建。有关如何设置代理的详细信息，请参阅本文档：https://docs.aws. amazon.com/AmazonCloudWatch/latest/monitoring/create-cloudwatch-agent-configuration-file-wizard.html。

14.3.3 Amazon CloudWatch 事件

在本章的开头提到了实时监控。此功能由 Amazon CloudWatch Events 提供。CloudWatch Events 的一大优势是能够将事件用作启动其他事件的触发器。例如，与来自 Web 服务器的 HTTP 500 错误相关的事件可能会启动对管理员的通知，也可能用于重新启动出现问题的后端应用服务器。有很多服务可以作为 CloudWatch Events 的目标。

14.3.4 Amazon CloudWatch 仪表板

Amazon CloudWatch 仪表板是一种完全可定制的方法，用于查看对你而言最有意义的数据。可以使用自定义指标创建仪表板，以便显示需要注意的数据。如果创建了一个仪表板并将其命名为 CloudWatch-Default，它会在仪表板的概览(Overview)中显示，如图 14.6 所示。

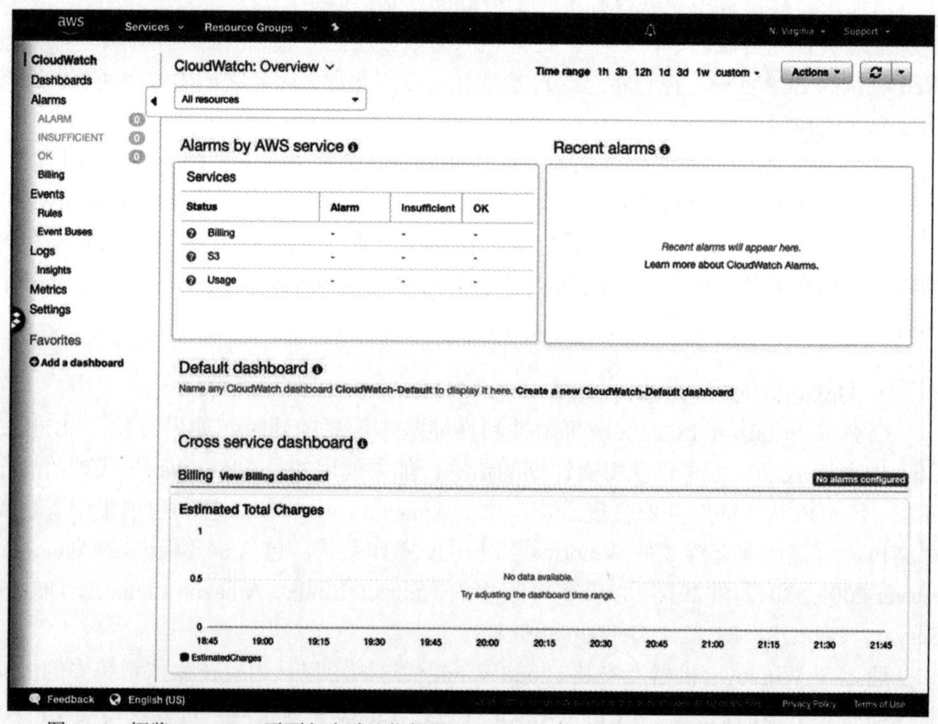

图 14.6　概览(Overview)页面包含默认指标以及 CloudWatch 默认仪表板(如果选择创建自己的)

你将在练习 14.3 中创建自己的仪表板。

14.4　AWS Config

到目前为止，在本章中，我们已经讨论了监控账户活动以及性能和可用性指标。现在是时候查看配置更改的监控和警报了。

AWS Config 在 AWS 中提供了一个可靠的变更管理解决方案。它允许跟踪单个资源的更改历史记录，并在资源发生更改时配置通知。它通过配置规则来实现这一点。配置规则本质上是资源应该处于的状态。通过配置规则，可以监控不在组织基线范围内的系统，甚至可以查看哪些更改导致系统与基线不符，而之前的某个时间点可能在基线范围内。AWS Config 是按区域启用的，因此需要为每个使用它的区域分别启用。

注意：
需要注意的是，AWS Config 是一个监控工具。它不会强制执行基线，也不会阻止用户进行不符合系统要求的更改。

14.5　本章小结

AWS 中有几个产品可以监控 AWS 环境并报告其发现。AWS 中监控和报告的中心是 AWS CloudTrail、Amazon CloudWatch 和 AWS Config。

AWS CloudTrail 用于监控账户中的 API 活动。无论操作是在 AWS 管理控制台、AWS CLI 中还是通过 AWS SDK，执行的每个操作都会生成一个 API 调用。默认情况下，免费保留 90 天的管理事件，但可以设置自定义跟踪，以捕获数据事件。数据事件是不免费的，自定义跟踪也会因为存放它们的 S3 存储桶而产生成本。

Amazon CloudWatch 是一个监控解决方案，可以在 AWS 中用来跟踪与性能和可用性相关的各种指标。发生的某些事件可能会触发一些操作，例如在 CPU 使用率过高时触发自动缩放组进行扩展。可以在 Amazon CloudWatch 中创建一个自定义仪表板，将你关心的事件放在醒目的位置。

AWS Config 是一个工具，它能够监控是否符合组织的基线。当系统不符合要求时，你可以收到警报，并且可以查看资源的更改历史记录。

14.6　复习资源

AWS CloudTrail 是什么？

https://docs.aws.amazon.com/awscloudtrail/latest/userguide/cloudtrail-user-guide.html

使用 Amazon CloudWatch 警报：

https://docs.aws.amazon.com/AmazonCloudWatch/latest/monitoring/AlarmThatSendsEmail.html

Amazon CloudWatch 日志是什么？

https://docs.aws.amazon.com/AmazonCloudWatch/latest/logs/WhatIsCloudWatchLogs.html

使用日志组和日志流：

https://docs.aws.amazon.com/AmazonCloudWatch/latest/logs/Working-with-log-groups-and-streams.html

使用 CloudWatch 代理从 Amazon EC2 实例和本地服务器收集指标和日志：

https://docs.aws.amazon.com/AmazonCloudWatch/latest/monitoring/Install-CloudWatch-Agent.html

使用 Amazon CloudWatch 仪表板：

https://docs.aws.amazon.com/AmazonCloudWatch/latest/monitoring/CloudWatch_Dashboards.html

AWS Config 是什么？

https://docs.aws.amazon.com/config/latest/developerguide/WhatIsConfig.html

14.7 考试要点

了解 AWS CloudTrail 监控的是什么。AWS 中发生的一切都是 API 调用，AWS CloudTrail 监控 API 调用。对于考试，记住 AWS CloudTrail 可以提供 AWS 账户中发生事件的幕后操作。

了解 Amazon CloudWatch 的功能。Amazon CloudWatch 提供了一个中心区域来监控 AWS 系统和本地系统的日志(假设安装了 Unified CloudWatch 代理)。能够设置可由某些事件触发的操作，并允许根据日志或感兴趣的事件创建自定义仪表板。

了解日志组和日志流的作用。请记住，来自单个源的数据称为日志流，日志组是相似日志流的逻辑集合。

了解 AWS Config 如何帮助基线监控。AWS Config 使用配置规则来定义系统的预期基线，然后监控与基线的一致性。它跟踪配置历史记录，这对于解决问题或确定系统不符合基线的原因非常有用。如果系统不符合基线，AWS Config 也可以发送通知。

14.8　练习

练习 14.1

设置 AWS CloudTrail 中的一个跟踪

在这个练习中，我们将在 AWS CloudTrail 中配置一个跟踪来监控管理和数据事件。

(1) 登录 AWS Management Console。

(2) 单击 Services，然后选择 Management & Governance 下的 CloudTrail。

(3) 单击 Create Trail。

(4) 输入 **MyCTTrail** 作为名称。

(5) 对于 Apply To All Regions，选择 Yes。

(6) 在 Management Events 下，选择 All。

(7) 在 S3 选项卡上的 Data Events 下，选择 Select All S3 Buckets。确保读和写都被选中。

(8) 单击 Lambda 选项卡并选择 Log All Current Functions 选项。

(9) 在 Storage Location 下，选择 Yes 创建一个新的 S3 存储桶，然后为存储桶指定一个唯一的名称。

(10) 单击 Create 按钮。

现在在控制台中可以看到你的跟踪。

练习 14.2

设置 Amazon CloudWatch 警报

现在，设置一个 CloudWatch 警报。本练习假设你有一个可以使用的 S3 存储桶。如果环境中没有创建 S3 存储桶，那么可以很容易地创建一个，然后就可以继续此练习。

(1) 在 AWS Management Console 中，单击 Services，然后选择 Management & Governance 下的 CloudWatch。

(2) 单击 Alarms，然后选择 Create Alarm。

(3) 单击 Select Metric，选择 S3，然后单击 Storage Metrics。

(4) 有两个指标可供选择。选择 NumberOfObjects 选项，然后单击 Select Metric。

(5) 将统计更改为 Sum，并将 Period 设置为 1 Day。

(6) 在 Conditions 下，将阈值类型设置为 Static。

(7) 在 Whenever NumberofObjects Is 下，选择 Greater/Equal 并将 Than 设置为 2。

(8) 单击 Next 按钮。

(9) 在 Configure Actions 下，单击 Notification 并选择 In Alarm。

(10) 在 Select An SNS Topic 下，选择 Create New Topic。

(11) 添加要接收通知的电子邮件地址。

(12) 单击 Create Topic。

(13) 单击 Next 按钮。

(14) 给你的警报起个有意义的名称。我将其命名为 S3 Objects Greater Than Or Equal To 2。单击 Next 按钮。

(15) 在下一个屏幕上，如果一切正常，单击 Create Alarm 按钮。

新警报现在应该显示状态数据不足。假设 S3 存储桶中的对象少于两个，它将在下一个评估期间转换为 OK。在图 14.7 中，可以看到警报处于正常状态时的样子。如果有两个或更多的对象，它会发送一封电子邮件。

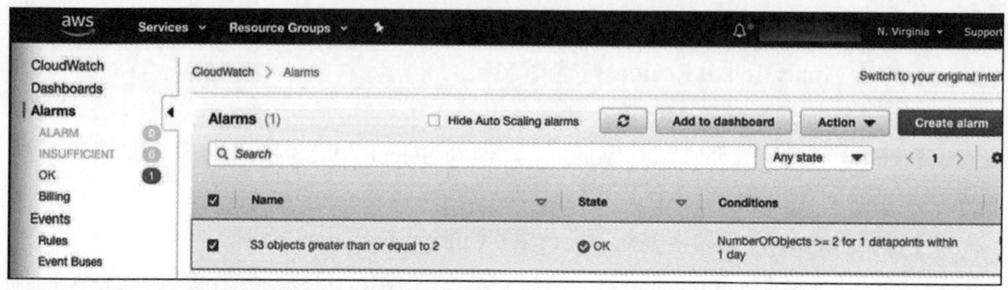

图 14.7　我的 S3 存储桶中目前有一个条目，因此警报处于正常状态

如果添加另一个对象，因为将有两个对象，这会满足警报阈值，所以它将进入警报状态。

练习 14.3

设置一个 Amazon CloudWatch 仪表板

现在我们有了 S3 对象警报，下面创建一个新的仪表板并将警报添加到仪表板中。

(1) 在 CloudWatch 控制台中，单击仪表板。

(2) 单击 Create Dashboard。

(3) 将仪表板命名为 **My-Awesome-Dashboard**。

(4) 在 Add To This Dashboard 框中，选择 Text，然后单击 Configure。

(5) 将以下内容添加到框中，然后单击 Create Widget。

```
# My Awesome Dashboard

This dashboard is home to my S3 alarm I made in Exercise 14.2.
```

现在添加在练习 14.2 中创建的警报。

(6) 单击 Alarms，然后选中先前创建的警报旁边的复选框。

(7) 单击 Add To Dashboard。

(8) 确保创建的仪表板列在 Select A Dashboard 下，然后单击 Add To Dashboard。

(9) 单击 Save Dashboard。

现在，如果回到你的仪表板，会看到你的文本小部件和你的警报。当然，这是一个简单的示例，但它提供了如何创建仪表板和自定义其内容的大概思路。可以在图 14.8 中看到一个仪表板示例。

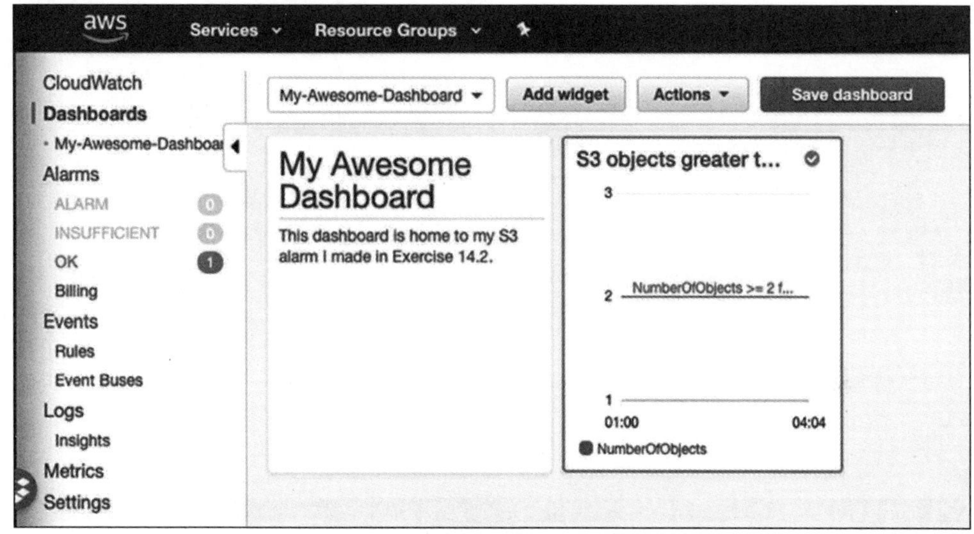

图 14.8　自定义仪表板可以保存不同的小部件和警报，仅受限于 Amazon CloudWatch 中可用的指标

练习 14.4

在 AWS Config 中配置一个规则

在本章的最后，我们将要设置 AWS Config。

(1) 在 AWS Management Console 中，单击 Services，然后选择 Management & Governance 下面的 Config。

(2) 在 Settings 下，确保选中 Resource Types To Record 下 All Resources 旁边的两个复选框。

(3) 向下滚动到 Amazon S3 存储桶并选择 Create A Bucket。

(4) 向下滚动到页面底部，然后单击 Next 按钮。

(5) 在 AWS Config Rules 下，在搜索框中输入 cloudtrail，然后单击 cloudtrail-enabled。

(6) 单击 Next 按钮，然后单击 Confirm 按钮。

就这样简单，你已经创建了第一个规则，可以根据它评估你的 AWS 环境。AWS Config 中有数百条规则可供使用，建议你浏览一下，找到最感兴趣的规则。图 14.9 展示了一个不合规资源的外观。在这个例子中，回到 AWS CloudTrail 并禁用了之前创建的跟踪。

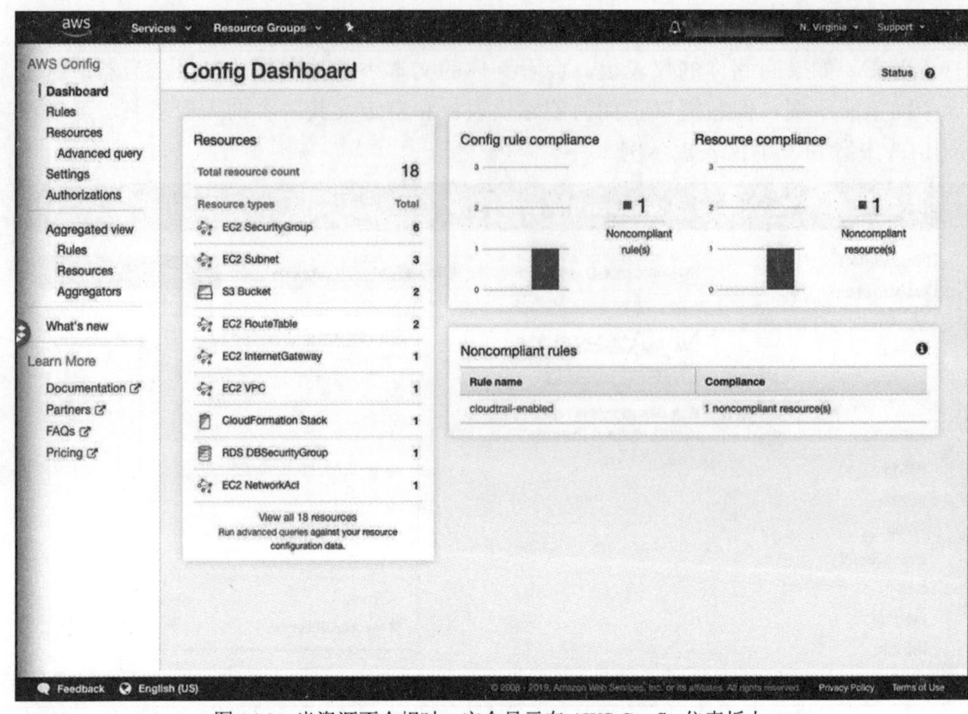

图 14.9　当资源不合规时，它会显示在 AWS Config 仪表板上

14.9　复习题

附录中有答案。

1. 以下哪项是报告和监控的最重要用途？

A. 安全　　B. 合规性　　C. 应用性能　　D. 以上都是

2. 你会使用哪个 AWS 工具从连接了多个 EBS 卷运行的 EC2 实例中收集指标？

A. AWS Config　　B. Amazon CloudWatch

C. AWS CloudTrail　　D. 以上都是

3. 你怀疑应用客户机性能不佳，因为它对基于 REST 的 API 的调用比正常情况下多。你会使用哪个 AWS 工具验证此信息，并验证为更正此问题所做的任何更改？

A. AWS Config　　B. Amazon CloudWatch

C. AWS CloudTrail　　D. AWS NetReporter

4. 可以通过 Amazon CloudWatch 收集 EC2 实例组的大量指标。但是，你想要收集一些执行情况不如大多数运行的实例的额外指标。如何收集 Amazon CloudWatch 库存配置中不可用的其他指标？

A. 打开详细监控

B. 安装 Amazon CloudWatch 日志代理

C. 新建 VPC 流程日志

D. 打开 Amazon CloudWatch 中的详细统计信息

5. AWS CloudTrail 对 API 调用的信息保留多久？

A. 60 天　B. 90 天　C. 6 个月　D. 1 年

6. 以下哪项活动不会在 AWS CloudTrail 中生成管理和/或数据事件？

A. 由开发人员发起的 AWS CLI 调用

B. 由运行在另一个云提供商中的 Java 代码发起的 AWS SDK 调用

C. EC2 实例与 RDS 的交互

D. AWS Web 控制台的登录

7. 以下哪些关于 AWS CloudTrail 跟踪区域的陈述是正确的？(选择两项)

A. 默认情况下，跟踪应用于所有的 AWS 区域

B. 跟踪同时收集管理和数据事件

C. 跟踪只能应用于单个区域

D. 默认情况下，跟踪只应用于单个区域

8. 以下哪项不是一个管理事件的示例？

A. AttachRolePolicy IAM 操作

B. AWS CloudTrail CreateTrail API 操作

C. 通过 PutObject 事件在 S3 存储桶上的活动

D. EC2 实例上的 CreateSubnet API 操作

9. 管理事件与数据事件有何不同？(选择两项)

A. 数据事件通常比管理事件的数量高得多

B. 数据事件的数量通常小于管理事件的数量

C. 创建跟踪时，默认情况下数据事件是禁用的，而管理事件在默认情况下是启用的

D. 管理事件包括 Lambda 执行活动，而数据事件不包括。

10. 以下哪些跟踪选项可以捕获与 RunInstances 或 TerminateInstances 等操作相关的事件？(选择两项)

A. 全部　B. 只读　C. 只写　D. 没有

11. 下列哪项不会产生使用费用？

A. 管理事件的第一个副本　B. 数据事件的第一个副本

C. 数据事件的第二个副本　D. 管理事件的第二个副本

12. Amazon CloudWatch 可以监控多少种不同的性能指标？

A. 1

B. 2

C. 1 个或多个

D. Amazon CloudWatch 警报不监控性能指标

13. 以下哪项不是有效的 Amazon CloudWatch 警报状态？

A. OK

B. INSUFFICIENT_DATA (数据不足)

C. ALARM (警报)

D. INVALID_DATA (无效数据)

14. 你有一个间隔 2 分钟的 CloudWatch 警报。评估周期设置为 10 分钟，需要报警的数据点设置为 3。要使警报进入警报状态，需要多少指标超出定义的阈值？(选择两项)

A. 10 分钟内 5 个指标中有 3 个超出阈值

B. 2 分钟内 5 个指标中的 3 个超出阈值

C. 5 分钟内 5 个指标中有 2 个超出阈值

D. 16 分钟内 8 项指标中有 3 项超出阈值

15. 以下哪些设置允许处理 Amazon CloudWatch 中丢失的数据点？(选择两项)

A. notBreaching (不违反)　　B. invalid (无效)

C. missing (丢失)　　D. notValid (无效)

16. 以下哪个语句准确地描述 CloudWatch 日志流？

A. 共享相同保留期和监控设置的日志集合

B. 共享相同 IAM 设置的日志集合

C. 来自单一源的事件集合

D. 单个 VPC 的事件集合

17. AWS Config 没有提供以下哪项？

A. 不合规事件的补救措施

B. 资源应位于的状态的定义

C. 资源更改其状态时的通知

D. 系统合规基线的定义

18. 以下哪些项可以确保你的 S3 存储桶从不允许公有访问？(选择两项)

A. AWS Config

B. Amazon CloudWatch

C. AWS Lambda

D. AWS CloudTrail

19. 以下哪项不是 AWS Config 配置项(CI)的一部分？

A. AWS CloudTrail 事件 ID

B. 资源和其他 AWS 资源之间关系的映射

C. 与资源相关的 IAM 策略集

D. 配置项的版本

20. 你想要保证超出合规性资源的最短时间。你不关心与配置监控相关的成本。应该对配置规则使用什么评估方法？

A. 立即　　B. 周期性　　C. 标记　　D. 更改即触发

第15章

附加安全工具

本章涵盖的 AWS Certified SysOps Administrator-Associate 考试主题包含但不局限于以下内容：

✓ **知识点 2.0　高可用性**

- 2.2　认识和区分 AWS 的高可用性和弹性环境

✓ **知识点 5.0　安全性与合规性**

- 5.1　实施和管理 AWS 安全策略
- 5.2　实施 AWS 访问控制
- 5.3　区分责任共担模型中的角色和职责

在 SysOps 管理员助理考试中很可能会碰到一些其他安全工具。这些工具有助于完善安全管理工具库，以提供更好的可视性和更好的威胁防范。例如，提前意识到环境中的漏洞，就可以在别人利用这些漏洞前修补或重新配置环境。在本章中，我们讨论 AWS 中可能出现在考试中的两种工具。它们可能与你本地环境已经运行的服务类似，如漏洞扫描程序和网络入侵检测系统(NIDS)/网络入侵防御系统(NIPS)。

本章涵盖：

- 监控漏洞
- 根据基线检查系统和配置
- 在网络中获得可视性
- 保护网络免受常见威胁

15.1　Amazon Inspector

在任何组织中，安全性的一个重要部分是确保对系统的可视性。需要知道已开放端口和过时的软件。随着组织规模的扩大，还需要自动化安全评估方法，而不是依赖于手动扫描和其他处理。使用 AWS，可以使用 Amazon Inspector 的产品建立自动化的安全评估。Amazon Inspector 是一个 AWS 产品，它允许自动化评估安全。你可以按计划运行评估，或者在 Amazon CloudWatch 监控的事件发生时运行评估，甚至可以通过应用编程接口(API)调用来启动评估。仪表板提供了已运行的评估简单视图以及各种扫描的发现。同时还提供了快速查看上一次扫描的方法。

Amazon Inspector 使用评估模板来定义要针对环境运行的规则集。Amazon Inspector 提供两种类型的评估：网络评估和主机评估。网络评估不需要在系统上安装代理，但是如果想了解在特定端口上运行的进程，则需要使用 Inspector 代理。主机评估要求安装 Inspector 代理。这些评估更加详细，可以查找易受攻击的软件版本、安全最佳实践和行业标准的主机安全固化实践。在设置 Amazon Inspector 时可以选择其中一个或两个。图 15.1 所示的模板同时包含了网络和主机评估。

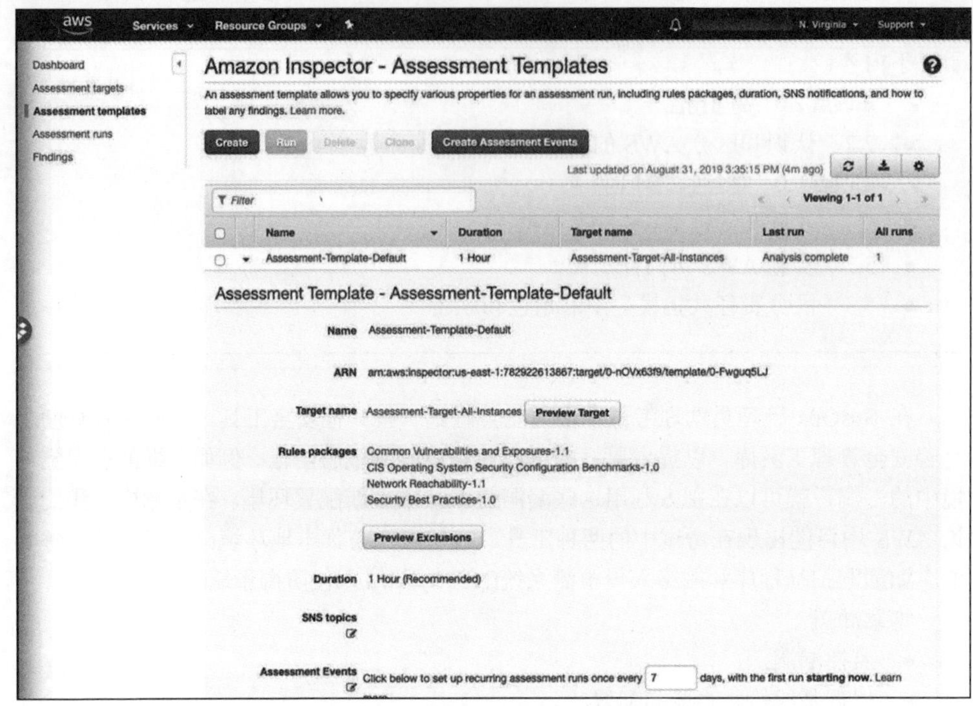

图 15.1　Amazon Inspector 创建的默认评估模板包括 CVE 和 CIS 基准

注意：

CVE 代表常见漏洞。它是已知漏洞的一个列表，每个漏洞都有一个唯一的编号。

注意：

互联网安全中心(CIS)发布操作系统和应用安全固化的基准。

设置评估模板以后，就可以使用它评估环境。评估运行是指使用先前设置的评估模板扫描环境。评估运行完成后，就可以查看发现的任何结果。

你可能想知道模板是由什么组成的。模板包含一个或多个规则包。规则包专门定义在环境中要检查的内容。值得注意的是，不能创建自定义规则包；只能使用 AWS

提供的规则包。在撰写本文时，以下是可用的规则包，按评估类型列出。

- 网络评估
  - **网络可达性**：此规则包可以检查环境的网络配置。具体来说，它可以查看安全组、网络访问控制列表(NACL)、路由表、子网、Virtual Private Cloud(VPC)、VPC 伙伴网络、AWS Direct Connect 和虚拟专用网关(VPG)、Internet 网关(IGW)、EC2 实例、弹性负载均衡器(ELB)和弹性网络接口(ENI)的配置。
- 主机评估
  - **常见漏洞(CVE)**：该规则包检查系统，查看它们是否易受报告的 CVE 攻击。
  - **互联网安全中心(CIS)基准**：该规则包将根据特定于你的操作系统的 CIS 基准评估你的系统。分为 1 级和 2 级检查。级别 1 通常实施起来比较安全；级别 2 的设置可能会“破坏”某些东西，因此级别 2 的实施风险较大。级别 2 通常用于系统安全至关重要的环境。
  - **安全最佳实践**：该规则包主要查看安全的通用最佳实践。例如，如果有一个 Linux 实例，它会验证是否不能使用 root 用户登录 SSH。这个特定的规则包目前不适用于运行 Windows 的 EC2 实例。
  - **运行时行为分析**：该规则包识别系统上的危险行为，例如使用不安全的协议连接或打开未使用的端口。

我相信你已经看到了 Amazon Inspector 是 AWS 工具库中的一个强大工具，它可以让你更好地了解整个环境在最佳安全性实践中的配置情况。

15.2 Amazon GuardDuty

在 AWS 生态系统中，Amazon GuardDuty 类似于传统本地数据中心的入侵检测系统(IDS)或入侵防御系统(IPS)。它使用各种威胁情报来源并分析来自多个来源的日志，包括 VPC 流日志、AWS CloudTrail 事件日志和 DNS 日志。它可以警告不同类型的恶意活动，这些活动可能是用户账户凭证泄露、权限提升攻击以及命令和控制类型行为的问题。Amazon GuardDuty 特别关注 3 种类型的活动：

- 侦察
- 实例泄露
- 账户泄露

侦察通常是进攻的第一步。事实上，这是洛克希德·马丁(Lockheed Martin)开发的网络杀戮链(Cyber Kill Chain)的第一步。在侦察阶段，攻击者试图了解你的环境。通常情况下，针对你的环境进行漏洞扫描。攻击者查找 IP 地址、主机名、开放端口和/或配置错误的协议。如果他们拥有了用户名和密码的列表，你也可能获得来自单一来源的较多的失败登录数量。Amazon GuardDuty 能够检测到所有这些行为，并能够使用威胁情报来源检测已知的恶意 IP 地址。更好的是，你可以使用 Amazon GuardDuty

检测到的结果，在问题成为意外前自动进行补救。Amazon CloudWatch 中生成的该已知事件可以触发 AWS Lambda 中的函数，该函数可用于解决此问题。

下一种类型的活动是实例泄露。实例泄露有几个可能存在的指标。其中一些类似于当系统被破坏时，你在本地数据中心看到的情况，例如恶意软件命令和控制、加密挖矿机、异常网络流量或异常网络协议，甚至与已知的恶意 IP 进行通信。Amazon GuardDuty 能够发现这一活动，并作为一项发现进行报告。如图 15.2 所示的网络杀戮链所示，此类活动通常属于武器化、交付、利用、安装以及指挥和控制。如果 Amazon GuardDuty 警告数据泄露，那么它还可能包括最后一步，目标攻击。

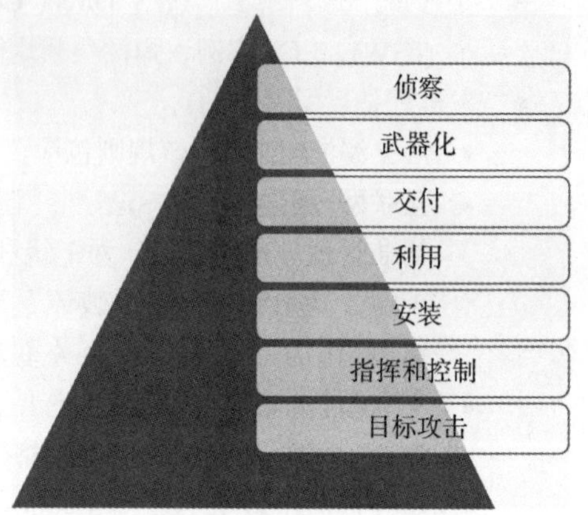

图 15.2　网络杀戮链概述了攻击的各个阶段

我们要研究的最后一种活动是账户泄露。账户泄露通常会通过一些事件来识别，比如从陌生的地方登录，特别是已知属于匿名服务的 IP 地址，以及禁用你在 AWS 中可能使用的监控服务的企图。与这种活动类型相关的网络杀戮链阶段将是交付和目标攻击。当管理账户不受多因素身份验证保护时，这种活动最为常见。

15.3　本章小结

Amazon Inspector 使用评估模板来定义哪些规则集将用于评估你的 AWS 环境。评估模板可以包括网络评估和主机评估。对于网络评估，可以选择使用或不使用 Inspector 代理；但是，对于主机评估必须安装 Inspector 代理。评估运行指的是根据配置的规则集使用评估模板来评估你的 AWS 环境。

Amazon GuardDuty 可用于监控实例和网络中的潜在恶意活动。它能够检测典型的侦察行为、实例泄露和账户泄露。当检测到这些事件时，它会生成一个发现结果。通过使用 Amazon CloudWatch 触发 AWS Lambda 函数，可以自动修正产生发现结果的事件。

15.4　复习资源

Amazon Inspector 常见问题解答：

https://aws.amazon.com/inspector/faqs/

Amazon Inspector 规则包和规则：

https://docs.aws.amazon.com/inspector/latest/userguide/inspector_rule-packages.html

Amazon GuardDuty 是什么？

https://docs.aws.amazon.com/guardduty/latest/ug/what-is-guardduty.html

Amazon GuardDuty 常见问题解答：

https://aws.amazon.com/guardduty/faqs/

15.5 考试要点

知道 Amazon Inspector 的用途。Amazon Inspector 用于针对你的 AWS 环境运行自动安全评估。它的工作原理与漏洞扫描器类似，并且在考试中可能以类似的方式引用。

了解 Amazon Inspector 术语。Amazon Inspector 使用评估模板，它包含了预定义的规则包。规则包定义了测试系统的基线，如 CIS 基准或特定的 CVE。评估运行是指 Amazon Inspector 使用评估模板来分析系统是否符合评估模板中的规则包。

知道 Amazon GuardDuty 是做什么的。在考试中，很可能没有关于 Amazon GuardDuty 的深入问题。只需记住，它用于监控 AWS 基础设施是否存在已知的不良活动，可以使用 AWS Lambda 来自动修正。

15.6 练习

为了完成这些练习，需要在 AWS 中正确配置一个网络，以及一个 EC2 实例。默认的 VPC 可以很好地解决这一问题，或者可以使用自己设计偏好的 VPC。强烈建议实例使用自带 Amazon Inspector 代理的 Amazon Linux AMI，因为它已经安装了 Inspector 代理。如果选择在其他系统上安装，以下说明很有帮助。

https://docs.aws.amazon.com/inspector/latest/userguide/inspector_installing-uninstalling-agents.html

鉴于现有大量的系统和安装方法，我将不会在这些练习中介绍 Inspector 代理的安装。

练习 15.1

设置和配置 Amazon Inspector

为了使以下步骤正常工作，必须在需要评估的 Amazon EC2 实例上安装 Amazon Inspector 代理。

(1) 登录 AWS Management Console。

(2) 单击 Services；然后在 Security, Identity And Compliance 下，单击 Inspector。

(3) 在 Amazon Inspector 屏幕上，单击 Get Started。

(4) 选中网络评估和主机评估的复选框，然后单击 Advanced Setup。

(5) 在 Define An Assessment Target 屏幕上，单击 Next 按钮。

(6) 在 Define An Assessment Template 屏幕上，打开 Duration 下拉菜单，并将条目从 1 小时更改为 15 分钟。

这会使扫描间隔变为每 15 分钟，这对练习很有用。但是，在生产环境中，你会想要它运行足够长的时间完成。一个安全的办法是从默认的小时开始，如果需要，再延长时间。

(7) 取消选中底部的 Assessment Schedule 选项。单击 Next 按钮。

(8) 向下滚动并单击 Create。

(9) 在 Amazon Inspector - Assessment Runs 屏幕上，单击 Start Time 左侧和下方的箭头展开此评估运行的设置。

(10) 15 分钟后单击 Refresh 按钮验证扫描是否完成。一旦完成，它将如图 15.3 所示。

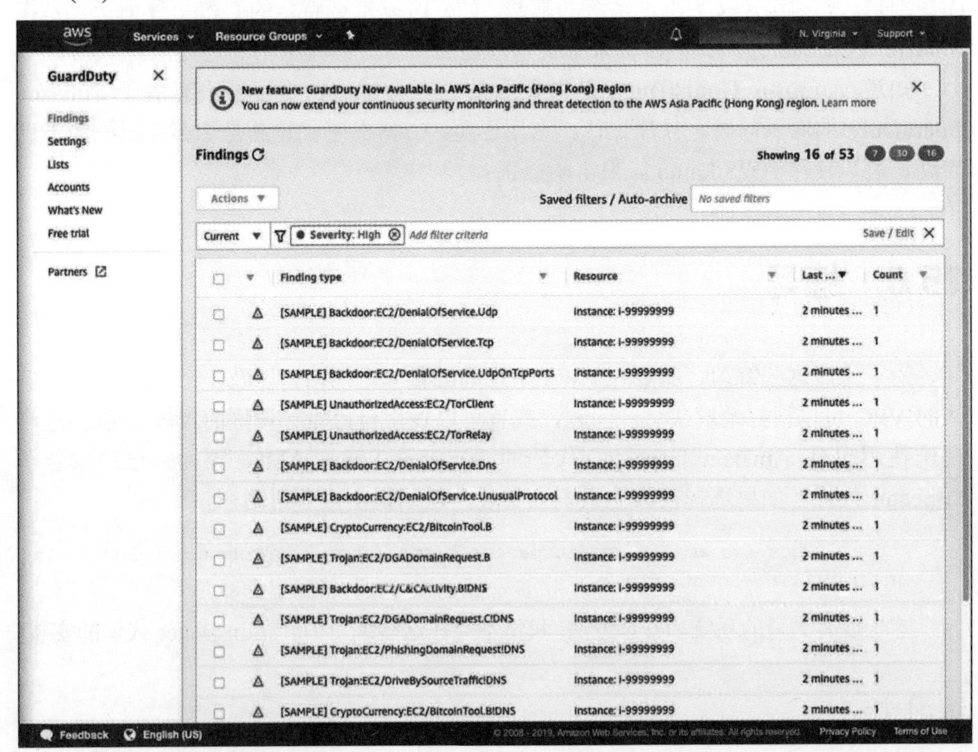

图 15.3　评估运行会将网络配置和 EC2 主机与你创建的评估模板中的规则包提出的建议进行比较

(11) 现在评估运行已经完成，单击 Inspector Console 导航菜单中的 Findings。

(12) 单击其中一个结果旁边的箭头展开它。在我的例子中，一个较严重性的发现是核心转储(core dumps)不受限制。可以在图 15.4 中看到解决问题的描述和建议。

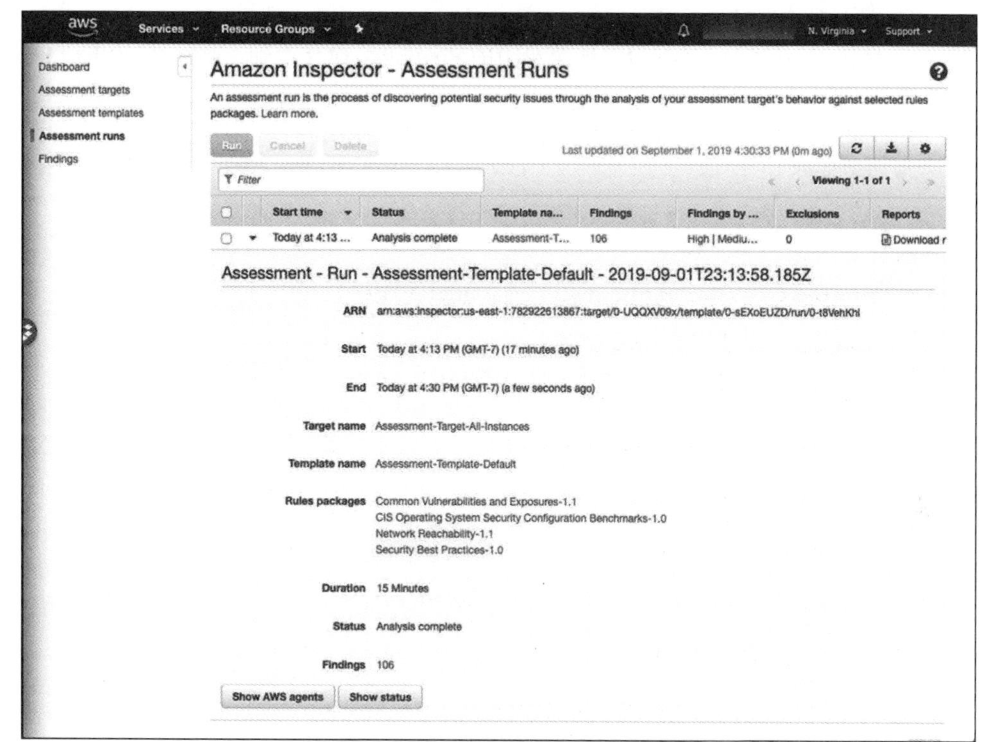

图 15.4　Amazon Inspector 的一个高严重性发现为我提供了一个信息，说明了它为什么是一个问题以及如何解决它

仔细查看这个报告，熟悉以后可能会碰到的一些发现。因为每次评估运行都要收费，所以小心不要太过频繁地运行。许多组织每月进行扫描，这应该足够了。你应该检查组织的指导方针，以确定是否必须满足扫描要求。

如果要将 Amazon Inspector 重置为以前的设置，那么可以通过单击相应的菜单项，选中要删除的项旁边的复选框，然后单击 Delete 按钮，这样就删除了评估运行、评估模板和评估目标。

练习 15.2

设置和配置 Amazon GuardDuty

(1) 登录 AWS Management Console。

(2) 单击 Services，然后在 Security, Identity And Compliance 下单击 GuardDuty。

(3) 单击 Get Started 按钮。

(4) 单击 Enable GuardDuty。

(5) 让我们生成一些测试结果，这样可以看到它们的外观。从 GuardDuty 控制台导航菜单中，单击 Settings。

(6) 向下滚动到 Sample Findings 并单击 Generate Sample Findings。

(7) 单击 GuardDuty 控制台导航菜单中的 Findings，你会看到一些结果，如图 15.5 所示。

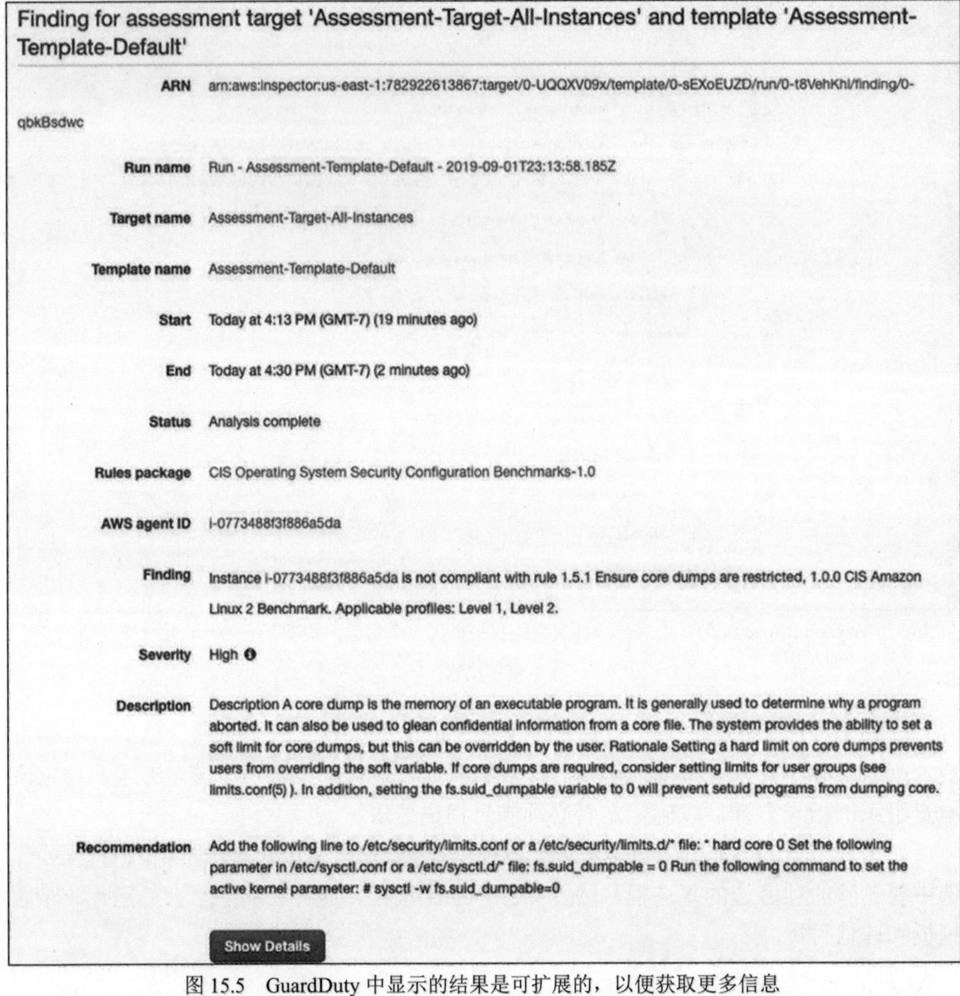

图 15.5　GuardDuty 中显示的结果是可扩展的，以便获取更多信息

(8) 单击任意一个结果可在屏幕右侧打开一个信息屏幕，如图 15.6 所示。

这就是设置 GuardDuty 的全部内容。为了避免在实验室环境中为此服务收费，请确保在完成此练习后将其禁用。方法如下：

(1) 从 GuardDuty 控制台菜单中选择 Settings。

(2) 一直向下滚动到 Suspend GuardDuty。选择 Disable GuardDuty 选项并单击 Save Settings 按钮。

(3) 单击 Disable 按钮进行确认。

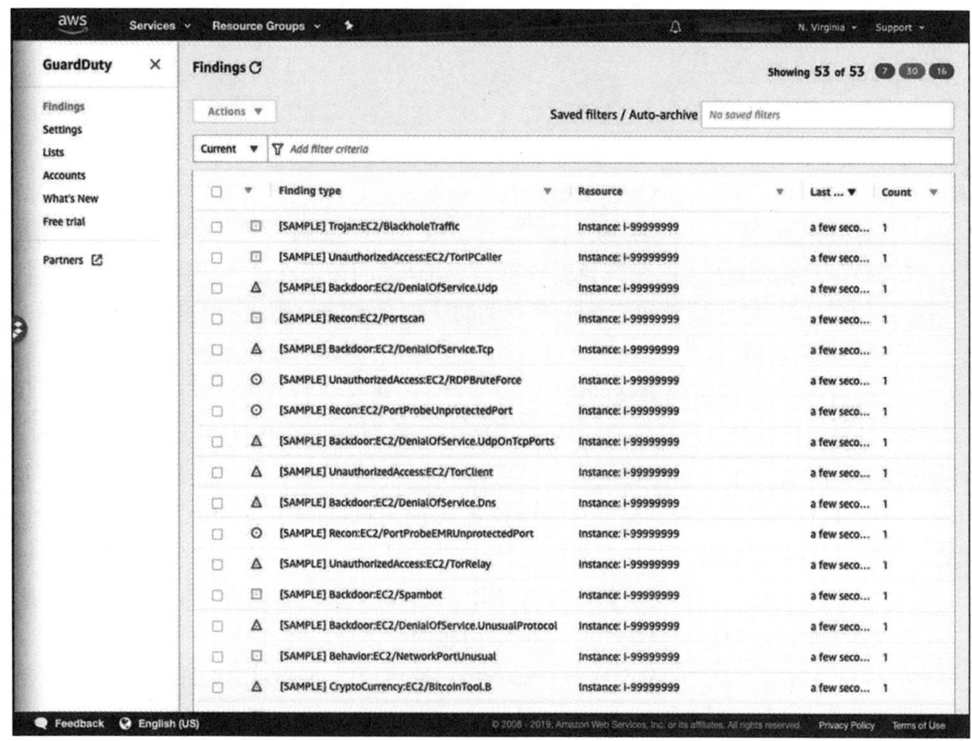

图 15.6　有关特定结果的其他详细信息可在控制台中单击单个结果

15.7　复习题

附录中有答案。

1. 以下哪些项不是 Amazon Inspector 提供的评估类型？(选择两项)

   A. 端口评估　　B. 网络评估　　C. VPC 评估　　D. 主机评估

2. Amazon Inspector 如何确定评估环境时使用的规则？

   A. 通过 AWS Config 配置项　　B. 通过 Trusted Advisor 模板设置

   C. 通过 Amazon Inspector 评估模板　　D. 以上都是

3. 以下哪项要求在你的系统上安装代理？

   A. 网络评估　　B. 主机评估

   C. 网络评估和主机评估　　D. 既不是网络评估也不是主机评估

4. 你关心的是系统上的开放端口。已获知之前的管理员忽略了关闭未使用的端口。可以使用哪个 AWS 规则包来确定未使用的端口是否仍处于打开状态？

   A. CVE 规则包　　B. CIS 基准测试包

   C. 安全最佳实践包　　D. 运行时行为分析包

5. 网络可达性规则包不评估以下哪项？

A. VPC 伙伴网络

B. 路由表

C. 虚拟专用网关

D. 所有这些都通过网络可达性规则包进行评估

6. 以下哪些是 Amazon GuardDuty 寻找的活动类型？(选择两项)

A. 主机漏洞　B. 实例漏洞　C. 账户漏洞　D. 服务漏洞

7. 你的任务是保护你的系统免受攻击。特别是你的环境在过去一直容易受到漏洞扫描的攻击。以下哪些项是你应该注意有关防止恶意漏洞扫描的范围？(选择两项)

A. 开放端口　B. 未更新的操作系统

C. 不符合当前密码策略的密码　D. 错误配置的协议

8. 实例运行在 3 个不同的 AWS 区域中。你在每一个地区都运行了 Amazon GuardDuty。你会收集多少份安全调查结果？

A. 1 个，安全调查结果汇总到所设置 Amazon GuardDuty 的第一个区域中

B. 1 个，安全调查结果汇总到所选择的区域中

C. 3 个，安全调查结果保存在其所用的区域中

D. 2 个；安全调查结果汇总，但保留在两个区域以备冗余

9. 你负责 8 个不同的 AWS 账户。每个账户都启用了 Amazon GuardDuty。有多少账户会有安全发现？

A. 只有主账户才会有发现结果

B. 每个账户都有自己的发现结果，但结果将汇总到主账户中

C. 调查结果将保留在其所使用的账户中

D. 这些都不是

10. Amazon GuardDuty 服务会分析以下哪些项？(选择两项)

A. AWS CloudTrial　B. AWS DNS 日志

C. Amazon CloudWatch　D. Amazon Inspector

11. 你负责在一家全球性公司建立 Amazon GuardDuty，在每个 AWS 可用区域运行应用和实例。如何设置 GuardDuty 以便将所有安全发现综合到一个账户中？需要使用以下哪些工具？(选择两项)

A. Amazon S3　B. Amazon RDS

C. Amazon CloudWatch　D. Amazon Inspector

12. 以下哪项服务不能供 Amazon GuardDuty 使用和分析？

A. AWS CloudTrail　B. AWS DNS 日志

C. VPC 流量日志　D. AWS EC2 实例日志

13. 你已经在 AWS 内部建立了一个规模较大的网络，并且在使用 Amazon GuardDuty 分析 VPC 流量日志和 DNS 日志。现在需要将 VPC 流量日志保存至少 12 个月。需要什么来满足这个要求？

A. 什么都不需要；Amazon GuardDuty 将自动维护这些日志两年

B. 配置 Amazon GuardDuty，使 VPC 流量日志保持 12 个月，而不是默认的 90 天

C. Amazon GuardDuty 不维护日志；需要使用另一个 AWS 日志记录和监控服务，比如 CloudWatch

D. 在 Amazon GuardDuty 中启用日志保留期，并将保留值设置为 12 个月

14. 需要从 Amazon GuardDuty 中删除之前的所有发现，并确保该服务不再在你的系统上运行。怎样才能停止 GuardDuty，确保发现结果被删除？

A. 不能手动删除 GuardDuty 发现结果

B. 暂停 GuardDuty 服务，它将删除所有发现和配置

C. 禁用 GuardDuty 服务，它将删除所有发现和配置

D. 关闭目标区域中的所有实例和设备，关闭 GuardDuty，然后重建环境

15. 以下哪些项是查看 Amazon GuardDuty 调查结果的方法？(选择两项)

A. AWS CloudWatch 事件　　B. Amazon Inspector

C. Amazon GuardDuty 控制台　　D. Amazon GuardDuty CLI

16. Amazon GuardDuty 威胁情报存储以下哪项？

A. IP 地址　　B. 子网　　C. CIDR 块　　D. 这些都不是

17. 你是一名顾问，被要求评估客户的 AWS 网络。但是，你不能访问单个主机。可以使用 Amazon Inspector 执行以下哪项操作？

A. 仅主机评估

B. 仅网络评估

C. 主机评估和网络评估

D. 什么都不能；需要访问主机才能运行 Amazon Inspector 评估

18. 需要设置 Amazon Inspector 来自动评估通过自动扩展事件启动的新实例。发生这种情况时，你会使用以下哪种服务来设置要运行的安全评估？

A. Amazon CloudWatch 事件

B. Amazon CloudWatch

C. Amazon Inspector，它提供对自动缩放事件的自带访问

D. 不能使用 Amazon Inspector 监控事件

19. 以下哪项不是 Amazon Inspector 规则的有效安全发现级别？

A. 高　　B. 低　　C. 信息性　　D. 通知

20. 以下哪项服务允许你访问 Amazon Inspector 评估指标？

A. Amazon CloudWatch　　B. Amazon CloudWatch Events

C. Amazon CloudTrail　　D. 这些都不是

第 Ⅶ 部分

网　络

第16章

虚拟私有云(VPC)

本章涵盖的 AWS Certified SysOps Administrator-Associate 考试主题包含但不局限于以下内容：

✓ **知识点 1.0 监控和报告工具**

- 1.2 认识并区分性能和可用性指标

✓ **知识点 2.0 高可用性**

- 2.1 基于用例实现可延展性和弹性
- 2.2 认识和区分 AWS 的高可用性和弹性环境

✓ **知识点 3.0 部署和供给**

- 3.1 确定并执行提供云资源所需的步骤
- 3.2 确定并修正部署问题

✓ **知识点 6.0 网络**

- 6.1 应用 AWS 网络功能
- 6.2 实施 AWS 连接服务
- 6.3 收集和解释网络故障排除的相关信息

对于一个数据中心来说，没有什么比网络更基础了。迁移到云端确实需要一些功能上的改变，但是网络仍然是一个核心组件，如果操作得当，可以帮助云部署的成功。尽管 AWS 管理底层的网络硬件，但是作为系统管理员，你有责任确保正确、安全地配置网络。要做到这一点，需要了解 AWS 网络的基本组件，以及它们是如何组合在一起，当然，还包括当事情不按计划进行时，如何进行故障排除。

本章涵盖：

- CIDR 记号温习
- VPC 及其组件基础
- VPC 外部连接
- 使用安全组保护实例
- 使用网络访问控制列表(NACL)保护网络
- AWS 网络故障排除

16.1　了解AWS网络

当考虑在传统数据中心中联网时，你可能会想到所使用的物理基础设施。防火墙、路由器和交换机等设备构成数据中心的核心主干。当迁移到AWS云时，这将与硬件层完全分离。AWS管理底层硬件，你负责配置对你公开的网络组件。例如，你可以配置逻辑网络，称为Virtual Private Cloud(VPC)，包括它的子网，以便更有效地使用可用的IP空间。你可以配置到互联网或其他VPC的路由和路径。

AWS网络同时支持IPv4和IPv6。如果想要使用IPv6，某些功能(如NAT设备)不可用。你可以通过仅出口的互联网网关获得类似于NAT设备的功能，我们将在本章后面讨论。

注意：

IP代表互联网协议。这就是我们如何识别网络上的设备。IPv4地址由32位组成，而IPv6地址由128位组成。

注意：

网络地址转换(NAT)是为了解决公有地址空间中IPv4地址不足而发明的一种技术。它允许将不可路由的内部IP地址映射到单个或一个包含多个外部公有IP的地址池。

常言道先学会走，才能跑，因此让我们先回顾一下重要的网络概念，然后再深入研究AWS的网络组件。

16.1.1　CIDR介绍

CIDR (Classless Inter-Domain Routing，无类域间路由)是一种表示法，用来告知IP地址中有多少位用于网络，而不是用于地址的主机部分。它以/XX的形式附加到IP地址的末尾，其中XX表示的是网络位的个数，它可以轻松地确定子网掩码是什么。子网掩码用于将IP地址分为网络位和主机位。一种更简单的方法是，CIDR表示法是子网掩码的简写形式，例如/24比255.255.255.0要简单得多。

随着用于CIDR表示法的数量越来越大，主机位的数量变得越来越少，这样就减少了可用的IP地址的数量。例如，在图16.1中，你会注意到/16 CIDR表示法使用16位作为网络地址，这样就剩下16位用于地址的主机部分。这相当于总共65 536个IP地址，其中65 534个可用。另一方面，/24表示法对网络使用24位，剩余8位留给地址的主机部分。这相当于总共256个IP地址，其中254个可用。

提示：

每个网络范围的第一个地址和最后一个地址是保留的。第一个地址是网络标识地址，最后一个地址是网络的广播地址。

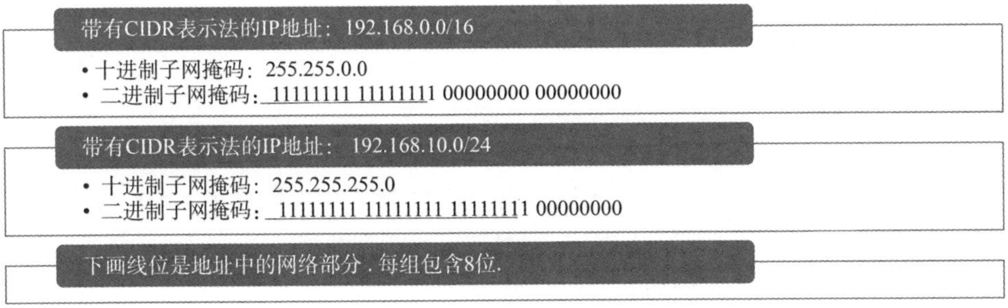

带有CIDR表示法的IP地址：192.168.0.0/16

- 十进制子网掩码：255.255.0.0
- 二进制子网掩码：11111111 11111111 00000000 00000000

带有CIDR表示法的IP地址：192.168.10.0/24

- 十进制子网掩码：255.255.255.0
- 二进制子网掩码：11111111 11111111 11111111 00000000

下画线位是地址中的网络部分，每组包含8位.

图 16.1　使用 CIDR 符号识别网络位与主机位是一种常见的做法

16.1.2　VPC

Virtual Private Cloud(VPC)是 AWS 中最基本的网络组件。它定义了逻辑网络的地址空间，可以设置为使用 IPv4 和 IPv6 地址。在 VPC 中，可以创建子网、路由表、互联网网关、NAT 网关和 NAT 实例。可以在很大程度上定制网络。

注意：

如果现在不了解这些主题，不用担心，到本章结束时，你会很好地理解它们并掌握在 AWS 中配置自己的网络！

你的 VPC 一旦准备就绪，你就可以通过虚拟专用网络(VPN)连接或 AWS Direct Connect 连接到本地数据中心。如果想使用混合模型，那么 AWS 中的 VPC 可以作为本地数据中心的扩展，或者可以使用它来实现与云中所有工作负载更安全、性能更好的连接。

第一次创建 AWS 账户时，会提供一个默认网络。这个默认的网络包含大多数基本的组件让你开展工作，尽管你可能希望提供自己的组件，特别是如果想要保留在特定的 IP 地址范围。构建 VPC 时，当然可以从头开始，但是更简单的方法是使用 Amazon 提供的 VPC 向导将基本构建块放置到位，然后根据需要进行定制。使用 VPC 向导时有 4 个选项：

只有一个公有子网的 Amazon VPC　这个选项非常适合托管那些想要公开访问的系统，比如不需要连接到私有子网中的后端系统的 Web 服务器。

带有公有和私有子网的 Amazon VPC　使用此选项构建实验室环境。它提供了一个公有子网和一个私有子网，所有的基本路由都会自动设置。

具有公有和私有子网和 AWS 站点到站点 VPN 访问的 Amazon VPC　此选项与第二个选项相同，只是它已配置为 VPN 连接。

仅支持私有子网和 AWS 站点到站点 VPN 访问的 Amazon VPC　此选项非常适合托管内部可访问的系统，并且已经配置为 VPN 连接。

VPC 创建是免费的，但是 VPC 中的资源可能不是免费的。Amazon EC2 实例会产生成本，通过 VPN 连接进行数据传输也是如此。

创建 VPC 时，可以选择 IP 地址空间范围。通过 IPv4 寻址，可以使用从/16 到/28 的任何地址。如果使用的是 IPv6，那么默认情况下将使用/56。确保你的 VPC 大小适合当前的环境，并且要考虑到今后的增长因素。虽然可以将次级 IPv4 CIDR 范围添加到 VPC 加大地址空间，但是对于 IPv6 地址范围，则无法做到这一点。

16.1.3 子网

创建 VPC 以后，下一步就是将 VPC 中的大的 IP 空间分割成更小的地址空间块。这些较小的块称为子网。虽然 VPC 可跨越所有可用性区域，但子网只能被分配到特定的可用性区域。如果想实现一个高可用性的基础设施，则需要创建至少两个子网，每个子网都在其自己的可用性区域中。例如，假设你想要创建高可用性的 Web 服务器，那么可以创建两个子网，每个子网在各自的可用性区域中；把它们称为 **Subnet1A** 和 **Subnet1B**。然后，在设置负载均衡和/或自动缩放时，确保包含这两个子网。这样对于负载均衡器，将把数据流路由到任一可用性区域，或者根据两个可用性区域的需求自动扩展容量。如果一个可用性区域发生故障，这些机制或者将数据流路由到活跃的可用性区域，或者在活跃可用性区域中添加更多实例。

AWS 中的子网被称为私有或公有。私有子网通常用于 VPC 内没有互联网连接并且不包含互联网网关的资源。

公有子网有一个互联网网关，允许互联网通信。作为最佳实践，公有子网不应包含实例，但堡垒主机除外(稍后讨论)。但是，它会包含 NAT 网关和实例，这些内容将在本章后面讨论。在图 16.2 中，可以看到在一个 VPC 中定义了 6 个子网。每个子网都有自己的 IP 范围。

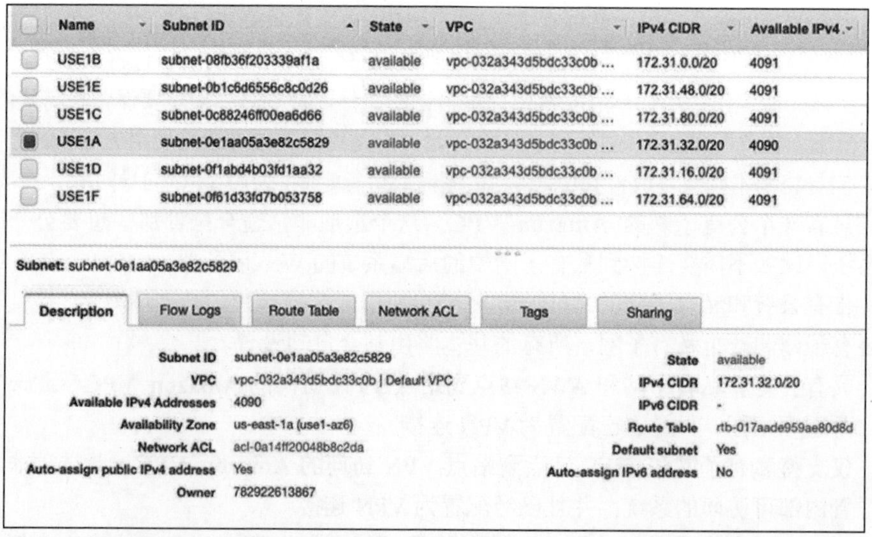

Name	Subnet ID	State	VPC	IPv4 CIDR	Available IPv4
USE1B	subnet-08fb36f203339af1a	available	vpc-032a343d5bdc33c0b ...	172.31.0.0/20	4091
USE1E	subnet-0b1c6d6556c8c0d26	available	vpc-032a343d5bdc33c0b ...	172.31.48.0/20	4091
USE1C	subnet-0c88246ff00ea6d66	available	vpc-032a343d5bdc33c0b ...	172.31.80.0/20	4091
USE1A	subnet-0e1aa05a3e82c5829	available	vpc-032a343d5bdc33c0b ...	172.31.32.0/20	4090
USE1D	subnet-0f1abd4b03fd1aa32	available	vpc-032a343d5bdc33c0b ...	172.31.16.0/20	4091
USE1F	subnet-0f61d33fd7b053758	available	vpc-032a343d5bdc33c0b ...	172.31.64.0/20	4091

Subnet: subnet-0e1aa05a3e82c5829

Description | Flow Logs | Route Table | Network ACL | Tags | Sharing

Subnet ID	subnet-0e1aa05a3e82c5829	State	available
VPC	vpc-032a343d5bdc33c0b | Default VPC	IPv4 CIDR	172.31.32.0/20
Available IPv4 Addresses	4090	IPv6 CIDR	-
Availability Zone	us-east-1a (use1-az6)	Route Table	rtb-017aade959ae80d8d
Network ACL	acl-0a14ff20048b8c2da	Default subnet	Yes
Auto-assign public IPv4 address	Yes	Auto-assign IPv6 address	No
Owner	782922613867		

图 16.2 VPC 中创建的子网跨越 6 个不同的可用性区域，列出了它们的 IPv4 范围和 CIDR 标记

堡垒主机是可公开访问的主机，允许你访问 AWS 中的其他资源。如果私有子网的主机需要从互联网下载补丁程序和/或软件更新，但不需要入站访问，则可以将 NAT 网关或 NAT 实例 ID 添加到其路由表中(NAT 网关或实例位于公用子网中)。这样做允许他们的出站数据流通过 NAT 设备进行路由，但不允许任何来自互联网的入站数据流(当然，返回数据流除外)。

16.1.4　路由表

在本地网络中，可以使用路由表为本地网络之外的数据流定义下一个目的地(跃点)。在 AWS 中，它的工作原理虽然有一些不同，但是类似本地网络。

在 AWS 网络中，下一个“跃点”通常是某种设备 ID，而不是网络地址。首先定义目标的目的地，然后选择实际目标。例如，互联网网关可以是目标设备，并以 igw 作为前缀。本地数据流可以设置为 VPC CIDR 作为目标地址，目标设置为本地。这样与此路由表关联的任何子网可以彼此通信。在图 16.3 中，可以看到默认 VPC 的典型路由表设置。目标是任何抵达 172.31.0.0/16 的对象，目标是本地。因此，任何与路由表相关联的向该网络发送数据流的子网都允许这样做。注意，0.0.0.0/0 本质上是包含所有的数据流。与指定路由不匹配的任何数据流都与此规则匹配，在本例中，将转发到互联网网关。

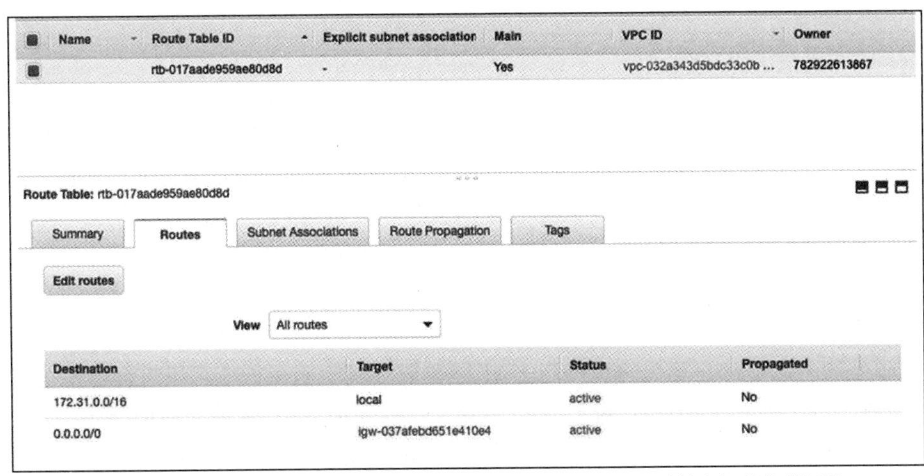

图 16.3　这是 AWS 中一个典型的路由表，其中有一个用于 VPC 地址空间的简单记录，以及一个用于将未到达该地址空间的数据流路由到互联网的记录

路由表中的路由只适用于与它们相关联的子网。你可能想知道这是什么意思。当子网与路由表关联时，它可以使用在该路由表中定义的路由。默认情况下，新的子网出现在主路由表中。可以显式地将它们分配给该路由表或其他路由表。路由可以与多个子网关联，但子网只能与一个路由表关联。在图 16.4 中，可以看到与所选路由表相关联的子网。这是主路由表，因此它们默认与之关联。如果它们显式地与此路由表关联，则显示在顶部的 Explicit subnet associations 按钮下。

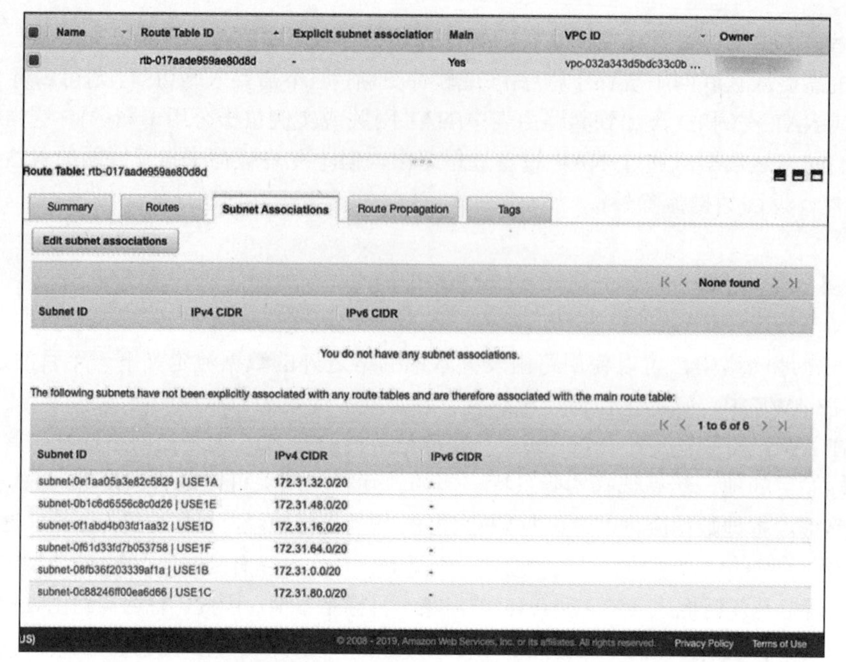

图 16.4　在 Explicit subnet associations 选项卡上查看路由表的关联子网

16.1.5　互联网网关

在互联网网关添加到子网后，它使该子网中的系统和/或服务能够访问互联网或被别人从互联网访问。如果子网中包含互联网网关，则被称为公有子网。在没有防火墙、安全组或 NACL 时，公有子网中的系统可以被互联网访问。公有子网通常用于需要公开的系统和/或服务。这包括诸如 NAT 网关、NAT 实例和堡垒主机等。

仅出口互联网网关(egress-only Internet gateway)是一个特殊的用例。如果使用的是 IPv4，那么不需要仅出口互联网网关。对于 IPv4 寻址，如果想确保系统可以连接到互联网以获取补丁程序，那么可以使用 NAT 网关或实例来确保系统可以进行出站访问，但不能被互联网访问。但是，对于 IPv6 地址，不能使用 NAT 网关或 NAT 实例。仅出口互联网网关可以满足这种要求，允许具有 IPv6 地址的对外访问更新等，而不允许这些系统的入站数据流。

16.1.6　NAT 网关和实例

在本章中，NAT 已经被多次提到。在深入研究 NAT 网关和实例之前，先回顾一下什么是 NAT 以及它是如何工作的。NAT 代表网络地址转换。简单地说，NAT 将一个或多个内部地址转换为一个外部地址并返回。它有几种用途：

- 允许多个内部系统使用一个 IP 地址出站

- 保护内部 IP 地址空间不受侦察活动影响

发明 NAT 的主要原因之一是因为 IPv4 地址不足。事实上，IPv4 地址池已经快被耗尽了。使用 NAT，组织可以使用他们想要使用的任何 IP 地址方案，只要它们是私有 IP 地址。NAT 确保出站数据流使用单个 IP 或者一个小的 IP 地址池，并且它也是有状态的，因为它将确保数据流返回到适当的系统。

在 AWS 中，设置 NAT 有两个选择。无论哪种情况，都需要将 NAT 设备部署到公有子网(带有互联网网关的子网)。NAT 设备实际上是使用互联网网关访问互联网；可以设想它是一个位于私有子网和互联网之间的翻译设备。私有子网将通过路由表定向，将任何不匹配的数据流发送到 NAT 网关或 NAT 实例。NAT 设备的路由表中的记录包含前缀 nat。现在看看 NAT 的两个选项，以及如何正确选择。

注意：

NAT 仅支持 IPv4 网络。如果需要 NAT 功能，但是 IPv6 网络，则仅出口互联网网关是你的最佳选择。

1. NAT 网关

NAT 网关是由 AWS 提供的受管服务(见图 16.5)。创建时需要指定它驻留在哪个公有子网中，并给它分配一个弹性 IP 地址。创建以后，需要路由到 NAT 网关的私有子网需要在与之关联的路由表中添加一个条目，该条目指向 NAT 网关以便从互联网出站。

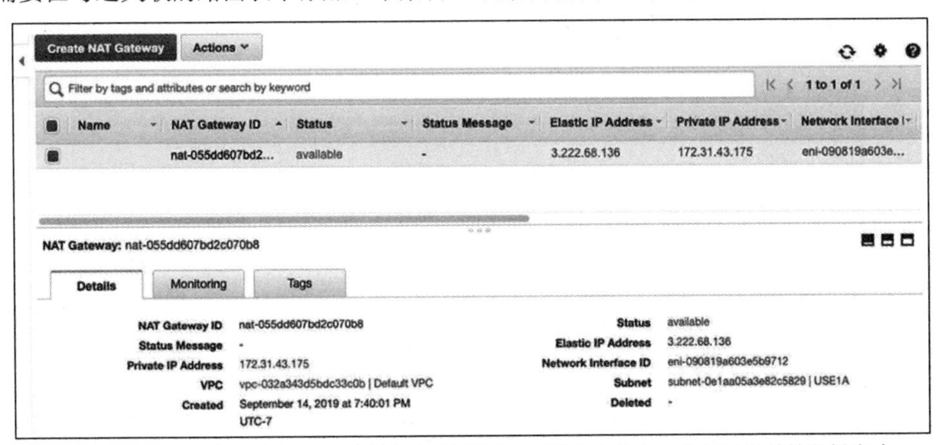

图 16.5　NAT 网关可以在 AWS 控制台中进行管理。创建时它包含一个私有 IP 地址和创建时分配的一个弹性 IP 地址

NAT 网关只存在于创建它们的可用性区域中。如果需要支持高可用性架构，则需要在每个可用性区域中创建一个 NAT 网关；否则，如果承载 NAT 网关的可用性区域出现故障，系统将中断出站互联网连接。

在以下情况，NAT 网关是一个不错的选择。

- 想要通过受管服务减少管理开销。

- 不需要支持任何大于 45 Gbps 的带宽。

创建了 NAT 网关并更新了路由表之后，可以使用一个简单的 ping 测试来确保允许私有子网的出站数据流。如果配置正确，ping 将被允许穿越到互联网站点并返回一个回复。

提示：

ping 测试包括登录到已通过 NAT 设备路由到的私有子网中的系统，并 ping 一个公有可访问的资源，以确保允许数据流流出，并允许数据流返回。例如，在 Windows 或 Linux 主机上的命令行中，输入 ping www.wiley.com 网站。如果收到响应，说明已正确配置了 NAT 设备。

2. NAT 实例

如果想要对 NAT 功能进行细粒度控制，或者想扩展它以处理更高的带宽需求，那么 NAT 实例可能是更好的选择。

NAT 实例是一个特殊用途的 EC2 实例，它提供 NAT 功能，就像 NAT 网关一样。在这种情况下，可以访问操作系统，并且可以像使用传统服务器一样更改配置。

在普通的 Linux 服务器上设置一个 NAT 实例颇具挑战性，因此 AWS 通过提供现成的 Amazon Linux Amazon Machine Images(AMIs)来简化这个过程，这些镜像已经配置好，可以用作 NAT 实例。只需在社区 AMIs(图 16.6)中搜索 AMI 名称 amzn-ami-vpc-nat，就可以找到它们；然后像普通 EC2 实例一样选择实例类型和大小。Amazon 建议选择可用的最新版本。

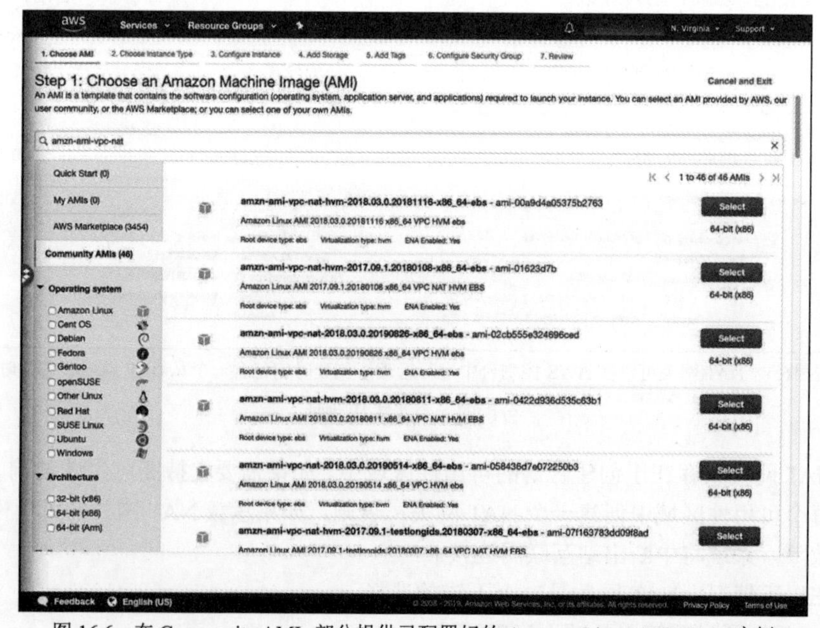

图 16.6　在 Community AMIs 部分提供已配置好的 Amazon Linux AMIs NAT 实例

16.1.7　VPC 端点

基本网络连接正常工作以后，可以优化和扩展网络。例如，将数据流保持在网络内部可以节省成本并提高安全性，因为数据流不会通过互联网。

有几个 AWS 服务允许数据流保持在内部，这通过 VPC 端点实现。VPC 端点允许通过高速 AWS 主干网连接到网络中的 AWS 服务，而不是路由数据流到互联网再返回。由于系统不必通过互联网来获得所需服务，因此不需要给它们提供公有 IP 或担心互联网网关或 NAT，这样系统就可以简单地连接到 VPC 端点。

VPC 端点有两种类型：接口端点和网关端点是创建支持要使用的服务所需的 VPC 端点类型。创建 VPC 端点后，再创建并附加一个端点策略，该策略确定你的系统可以访问哪些服务。

每种 VPC 端点都有不同的用例。我们将在下一步进行研究。

1. 接口端点

接口端点作为一种方法来访问各种 AWS 服务。当创建一个接口端点时，你其实是在创建一个弹性网络接口(ENI)，它是子网的 IP 地址范围内的一个私有 IP 地址。此私有 IP 地址用于连接服务。到撰写本文为止，你可以使用一个接口端点来访问以下关键服务以及其他服务。

- Amazon API Gateway
- Amazon Athena
- Amazon CloudFormation
- AWS CloudTrail
- Amazon CloudWatch, CloudWatch Logs, and CloudWatch Events
- AWS CodeBuild, CodeCommit, and CodePipeline
- AWS Config
- Amazon Elastic Container Service (ECS) and Elastic Container Registry (ECR)
- AWS Key Management Service (KMS)
- Amazon Kinesis Data Firehouse and Kinesis Data Streams
- AWS Security Token Service (STS)
- Amazon Simple Notification Service (SNS)
- Amazon Simple Queue Service (SQS)

有关使用接口端点的可用服务的完整、最新列表，请查看以下 VPC 端点文档：https://docs.aws.amazon.com/vpc/latest/userguide/vpc-endpoints.html。

2. 网关端点

网关端点与接口端点不同。它不是创建一个弹性网络接口，而是创建一个可以在路由表中作为数据流目标引用的网关。创建网关端点时，它会自动添加到选择的路由表中。以下服务支持与网关端点一起使用：

- Amazon S3
- Amazon DynamoDB

16.1.8 与外部连接

对于许多组织来说，向云计算的迁移是一个渐进的过程。他们的最终目标可能是让所有系统都运行在云中，或者可能是期望的混合数据中心的效果。不管是什么情况，如需支持云的迁移，则需要能够在 AWS 中建立从本地数据中心到数据中心的连接。有几个选项可以实现这一点；我们将探讨使用 VPN 和 AWS Direct Connect。

1. VPN

AWS 支持站点到站点的虚拟专用网络(VPN)连接。VPN 是一种方法，它允许创建一个受保护的"隧道"，使数据通过互联网到达最终目的地。它同时为数据提供了身份验证和加密。通常在两个边缘设备(最常见的是防火墙)之间建立 VPN。AWS 的实现方式有些不同。

在 AWS 上创建 VPN，需要 AWS 端的虚拟私有网关和连接另一端的客户网关。

虚拟私有网关是网络 AWS 端 VPN 隧道的终点。它允许连接到 AWS 网络上的一个 VPC。每个 AWS 账户、每个区域最多可以有 5 个虚拟私有网关。考虑到默认情况下每个区域只能有 5 个 VPC，这也是符合逻辑的。

注意：

每个区域只能有 5 个 VPC 是一个软限制，可以通过填写 Amazon VPC 限制表来提高此限制。

客户网关是客户端 VPN 隧道的终点。这可以是一个硬件或软件设备，它通常是在本地部署的一个防火墙。在 AWS 网络管理员指南中，有一些绝佳的示例场景，其中包括各种类型的作为客户网关的防火墙。有关客户网关的部分可以在以下网址获取：

https://docs.aws.amazon.com/vpc/latest/adminguide/Introduction.html.

2. AWS Direct Connect

多年来，尽管站点到站点 VPN 一直是业界标准，但新技术提供了一种直接连接到 AWS 网络的方法，而不是依赖互联网连接来访问资源。这种方法称为 AWS Direct Connect。AWS Direct Connect 允许直接从本地数据中心连接到 AWS。这可以降低连接的成本，同时也为 AWS 上的基础设施提供了更稳定、更可靠的连接。

如果需要高可用的连接，那么需要至少提供两个路由器与 AWS 数据中心路由器通信。在 AWS 中配置的路由器已经是冗余的，因此在 AWS 端不需要其他操作。你可以使用站点到站点 VPN 作为备份解决方案，以防止 AWS Direct Connect 发生故障。

16.2　保护网络安全

大多数人最关心的是他们的网络及其资产的安全性。安全专业人员喜欢采取“纵深防御”的方法，这意味着他们有多个安全级别。在保护数据中心时，没有哪种单独的工具是灵丹妙药。

尽管我们已经在其他章节中讨论了各种安全工具，但我们将在这里介绍帮助保护基础设施的网络特定功能。

16.2.1　安全组

安全组的作用类似于软件防火墙，并附加在实例级别。创建实例时，系统会提示附加安全组或创建一个安全组。如果选择创建一个安全组，默认情况下它会有一个规则，允许从 Windows RDP、Linux Secure Shell(SSH)或从任何源 0.0.0.0/0 进行远程访问。如果安全组开放范围过大，则会警告这样做会有安全风险。最多可以将 5 个安全组附加到一个实例。

记住安全组是有状态的，这意味着如果允许出站数据流，那么返回数据流会自动允许，因为它是同一会话的一部分。不需要为入站和出站数据流指定单独的规则进行通信。此外，在决定是否允许数据流通过之前，安全组中的所有规则都被评估。

为了提高分层基础架构的安全性，如考虑到 Web、应用和数据库——那么可以链接安全组。这种方法允许定义一个只允许来自另一个安全组中所分配实例的数据流。这在弹性负载均衡器中很常见。例如，你有一个名为 sg_webelb 的安全组，该组用于 Web 服务器前面的弹性负载均衡器，另一个名为 sg_web 的安全组分配给 Web 服务器。如果将 sg_web 的入站规则设置为仅允许来自 sg_webelb 的数据流，则确保它仅接受来自 sg_webelb 安全组中的弹性负载均衡器的数据流。此策略提供了对恶意数据流的强大保护。

为默认 VPC 创建的默认安全组(如图 16.7 所示)有基本规则。本质上，允许来自同一安全组中的实例的入站数据流，并且允许出站数据流在任何端口上出站。当然，

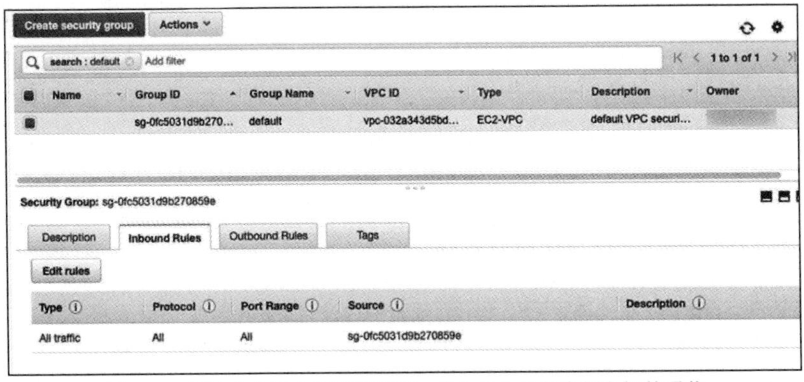

图 16.7　默认安全组允许连接到同一安全组入站的实例之间的通信

可以更改默认安全组中的规则，不过还是建议创建自己的规则并为其指定描述性名称以实现此目的。

创建安全组时，不仅需要定义数据流的来源，还要定义数据流的应用和端口或端口范围。众所周知的应用，如HTTPS、MS-SQL和MySQL已经定义好了，如果选择了这些应用，它们会填上适当的端口号。从这里，可以选择以下3个选项之一作为“源”。

- 自定义：允许指定一个特定的接收数据流的IP地址或IP地址范围。
- 任何地方：这基本上是0.0.0.0/0。使用这个是不安全的，因此如果完全开放它，要非常小心。
- 我的IP：捕获了当前分配给你的公有IP地址(这是我实验室的最爱)。

出站规则同样允许选择已知的应用或指定端口或端口范围。最大的区别在于，你指定的是目标IP地址或IP地址范围，而不是源的IP。

16.2.2　网络访问控制列表(NACL)

安全组在单个实例中使用，而网络访问控制列表(Network Access Control List，NACL)在子网级别使用。NACL允许保护单个子网一直到特定的端口。它们是无状态的，这意味着它们不感知会话，因此必须同时为入站和出站数据流定义规则。返回数据流没有自动允许。这是一个常见的问题，也是AWS考试中最喜欢的话题。

默认的NACL允许所有入站数据流进入子网，并且所有出站数据流离开子网。你可以选择编辑默认的NACL；只需要记住，默认NACL会自动应用于没有特定于另一个NACL关联的任何子网。如果不考虑此因素，可能会导致数据流被拒绝。

NACL按从上到下的顺序评估数据流。默认ACL将Allow All规则设置为规则100，如图16.8所示。如果想要在此规则之前对其他规则进行评估，则需要

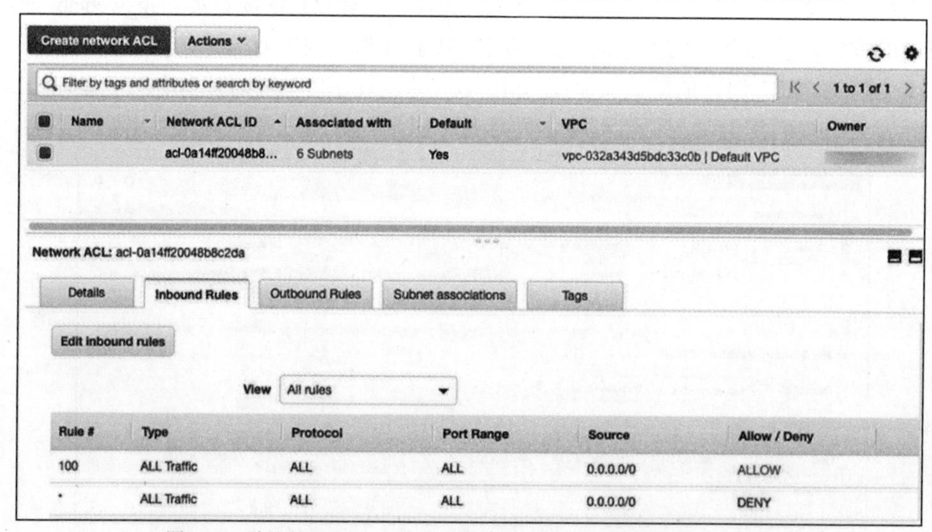

图16.8　默认的NACL允许来自任何入站源的所有数据流进入子网

将规则编号设置为小于 100。如果想要在它之后进行评估，则需要一个大于 100 的规则编号。对于默认 NACL 中的 Allow All 规则，如果将一个规则放在它之后，它永远不会匹配，这样 Allow All 规则将匹配所有内容。

16.3　排查网络问题

在我们本章关于 VPC 的最后一节中，我觉得有必要讨论如何排查解决不可避免的问题，也就是网络数据流没有按照预期的方式运行。毕竟，作为一个好的系统管理员的部分职责是能够在出现问题时解决它。我将重点介绍的工具之一是 VPC 流日志。

16.3.1　VPC 流日志

VPC 流日志允许在多个级别对数据流进行故障排除，如果想弄清楚为什么数据流没有到达特定的目的地，这个工具会带来方便。它们可以帮助识别安全组是否具有严格的限制，导致阻止数据流，它们可以让你知道哪些数据流向实例，如果关注的是确定数据流的方向，它们可以提供帮助。VPC 流量日志的好处在于，它们可以应用于 VPC 级别(顾名思义)，也可以应用于系统上的子网或特定网络接口，这样可以进行更具有针对性的故障排除。

流日志可以保存到 Amazon CloudWatch 日志或者 Amazon S3 中。流日志可以在 EC2 实例和其他 AWS 服务级别进行捕获，并对日志持续收集直到删除。记住流日志不是实时的，创建一个流日志之后，可能需要几分钟的时间才能查看到数据。

16.3.2　其他资源

虽然 VPC 流日志是在排除 AWS 网络故障时最好的助手，但是其他一些地方也值得留意。如果怀疑问题与 DNS 有关，你可以查看 Amazon CloudWatch 中的 Route 53 日志。还可以使用 Amazon CloudWatch 缩小 Web 服务器的问题，因为问题可能与应用有关，而不是与网络有关。最后需要提到的是，如果网络工作正常但突然出现问题，AWS CloudTrail 允许查看最近是否发生了任何更改，以及更改者的名称。

16.4　本章小结

CIDR 表示法作为缩写，用于识别 IP 地址的网络部分与 IP 地址的主机部分。

Virtual Private Cloud(VPC)是你在 AWS 中创建的逻辑网络。VPC 是免费并包含众多资源，其中一些是免费的，如子网和 NACL，另外一些像 AmazonEC2 实例和 Amazon

RDS 不是免费的。从 VPC 中出站通常也会产生成本。VPC 支持 IPv4(/16～/28)和 IPv6(/56)地址。子网用于将 VPC 分解为更小、更易于管理的块，并帮助建立高可用性。路由表允许子网通过如互联网网关设备、NAT 设备和伙伴连接等与其他子网和网络通信。

互联网网关允许公有子网中的系统访问互联网。如果子网是公有的，那么它所连接的路由表将有一条路由，该路由将所有不匹配的数据流指向以 igw 为前缀的互联网网关。仅出口互联网网关提供 IPv6 网络类似 NAT 的功能。

NAT 网关和 NAT 实例仅用于 IPv4 数据流，它不支持 IPv6 数据流。NAT 网关是 AWS 提供的一种受管服务，用于简化对 NAT 技术的管理。NAT 实例比 NAT 网关提供更细化的配置控制，并以 Amazon EC2 实例的方式运行。

VPC 端点允许连接到各种 Amazon 服务，而不需要通过互联网。VPC 端点有两种类型：接口端点和网关端点。接口端点使用 ENI 和私有 IP 与系统接口，并支持广泛的服务。网关端点由 S3 和 DynamoDB 使用，它们创建了一个网关，可以在路由表中作为目标。

VPN 允许外部访问 AWS 基础架构。站点到站点 VPN 可以通过虚拟专用网关和客户网关创建。虚拟专用网关仅限于 5 个，每个网关可以连接到一个 VPC。AWS Direct Connect 是另一个可使用的连接选项。它由直接连接到 AWS 数据中心的私有链接组成，它在你的本地系统和 AWS 数据中心之间提供了一个经济高效和稳定的连接。

安全组类似于软件防火墙，它们应用在实例级别并且是有状态的，这意味着只需允许单向的数据流，而返回的数据流会自动允许。在数据流被允许或拒绝之前所有规则都需要进行评估。NACL 应用于子网级别。必须为两个方向创建规则，以允许数据流，并且它们按自上而下的顺序进行评估。

VPC 流日志可以应用于 VPC、子网或网络接口，并可以从 Amazon CloudWatch 日志或 Amazon S3 中存储和查看。它们非常适合于解决与数据流量相关的网络问题。

16.5 复习资源

Amazon VPC 是什么？

https://docs.aws.amazon.com/vpc/latest/userguide/what-is-amazon-vpc.html

VPC 和子网：

https://docs.aws.amazon.com/vpc/latest/userguide/VPC_Subnets.html

互联网网关：

https://docs.aws.amazon.com/vpc/latest/userguide/VPC_Internet_Gateway.html

仅出口互联网网关：

https://docs.aws.amazon.com/vpc/latest/userguide/
egress-only-internet-gateway.html

NAT 网关：

https://docs.aws.amazon.com/vpc/latest/userguide/vpc-nat-gateway.html

NAT 实例：

https://docs.aws.amazon.com/vpc/latest/userguide/VPC_NAT_Instance.html

VPC 端点：

https://docs.aws.amazon.com/vpc/latest/userguide/vpc-endpoints.html

AWS VPN 常见问题解答：

https://aws.amazon.com/vpn/faqs/

客户网关：

https://docs.aws.amazon.com/vpc/latest/adminguide/Introduction.html

AWS Direct Connect 常见问题解答：

https://aws.amazon.com/directconnect/faqs/?nc=sn&loc=6

VPC 的安全组：

https://docs.aws.amazon.com/vpc/latest/userguide/VPC_SecurityGroups.html

网络 ACL：

https://docs.aws.amazon.com/vpc/latest/userguide/vpc-network-acls.html

VPC 流日志：

https://docs.aws.amazon.com/vpc/latest/userguide/flow-logs.html

16.6 考试要点

了解什么是 VPC 及其组件的功能。VPC 是一个包含 AWS 基础设施的逻辑网络。它被分解成更小、更易于管理的块，称为子网。路由表定义数据流如何在 VPC 中移动。

记住互联网网关、NAT 网关和 NAT 实例的角色。互联网网关位于公有子网中。这使公有子网中的系统能够连接到互联网并可以通过互联网被访问。NAT 网关和 NAT 实例都位于公有子网中，但它们用于允许来自私有子网中的系统的出站连接，同时限制入站连接。

了解 VPC 端点的重要性以及使用它们的原因。通过 VPC 端点，可以设置系统以访问服务，而不必通过互联网。VPC 端点使用 AWS 的主干网提供低延迟的连接，这些连接更稳定且更具成本效益。

了解 VPN 和 Direct Connect 等连接选项。VPN 使用虚拟专用网关和客户网关在 AWS 和本地数据中心之间建立连接。Direct Connect 是路由器和 AWS 之间的直接连接。它提供了一个与 AWS 的高效成本的连接，通常比互联网连接更稳定。

记住安全组和 NACL 之间的区别。这是 AWS 考试中最喜欢的话题。记住安全组是有状态的，因此不需要在入站和出站上使用显式规则允许数据流。NACL 是无状态的，需要入站和出站规则允许数据流通过。

了解 VPC 流日志所提供的故障排除功能。VPC 流日志有助于故障排除，并可应用于 VPC、子网或接口级别。这可以帮助确定数据流向，并识别过于严格的安全组。

16.7　练习

为了完成本章练习，需要登录 AWS Management Console 的权限才能完成练习任务。

练习 16.1

创建一个 VPC

在第一个练习中，我将指导你创建一个名为 MyLab 的 VPC，该 VPC 使用 VPC 向导创建一个 NAT 网关和两个子网(一个公有子网和一个私有子网)。

(1) 登录 AWS Management Console。

(2) 单击 Services，然后在 Networking & Content Delivery 下选择 VPC。

(3) 在 VPC Dashboard 菜单中单击 Elastic IPs。

(4) 单击 Allocate New Address，接受默认设置，然后单击 Allocate。

(5) 单击 Close 按钮。

(6) 单击导航菜单顶部的 VPC Dashboard，然后单击 Launch VPC Wizard。

(7) 选择第二个选项卡 VPC With Public And Private Subnets，然后单击 Select。

(8) 配置 VPC：

a. VPC 名称：MyLab

b. 公有子网的 IPv4 CIDR: 10.0.1.0/27

c. 公有子网的名称：Public1

d. 私有子网的 Pv4 CIDR: 10.0.10.0/24

e. 私有子网的名称：Private1

f. Elastic IP Allocation ID：单击该字段并选择在步骤 4 中创建的弹性 IP 地址。

你的设置应该类似于图 16.9。

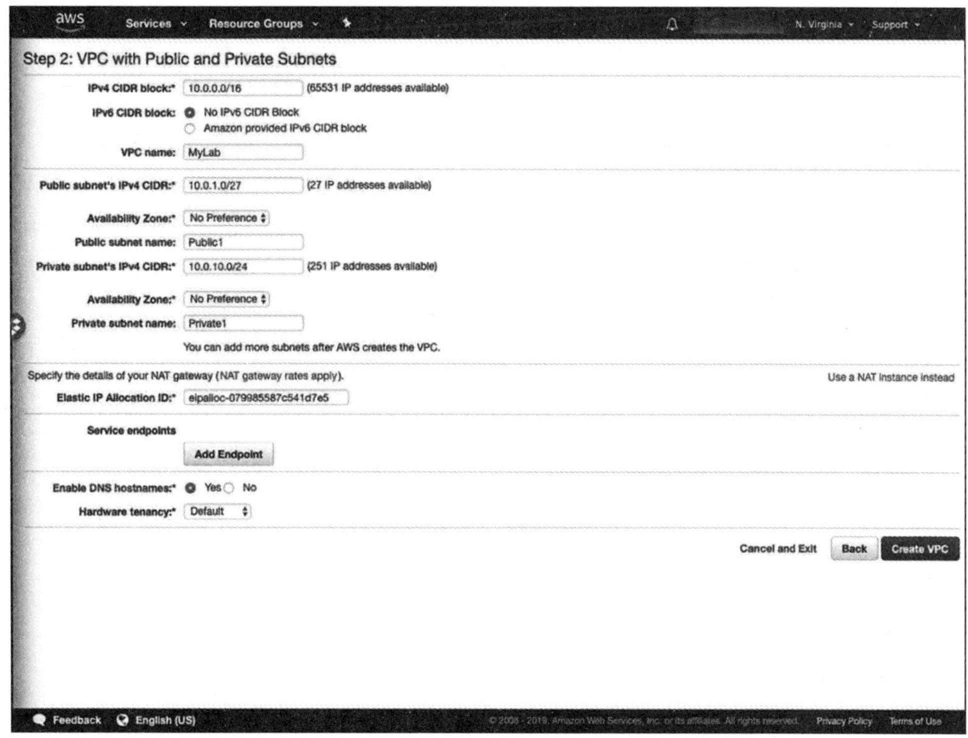

图 16.9　使用 VPC Wizard 配置 VPC，可以自动提供公有和私有子网

(9) 单击 Create VPC。

(10) 当看到 VPC Successfully Created 屏幕后，单击 OK 按钮。

现在你的 VPC 已经设置好了，基本的 AWS 网络已经就绪。让我们再稍微加工一下，配置一个子网！

练习 16.2

创建一个子网并将它添加到路由表中

在上一个练习中，你创建了一个带有公有和私有子网的 VPC。在这个练习，将创建另一个私有子网，并将它添加到路由表中的其他私有子网中。

(1) 在 VPC Dashboard 中，单击 Subnets。

(2) 单击 Create Subnet。

(3) 输入 **Private2** 作为 Name Tag。

(4) 单击 VPC 字段，然后选择在上一练习中创建的 VPC。

(5) 在 IPv4 CIDR 块中，输入 **10.0.11.0/24**，然后单击 Create 按钮。

(6) 单击 Close 按钮。

现在子网已经创建，下面将它添加到路由表中。

(1) 在 VPC Dashboard 菜单中单击 Route Tables。

(2) 你会看到列表中的两个路由表。选择与上一练习中创建的 VPC 关联的 VPC，它在主列中包含了 Yes。

(3) 选择 Subnet Associations 选项卡，然后单击 Edit Subnet Associations。

(4) 在下一屏幕中，选中两个私有子网的复选框，选中它们，然后单击 Save 按钮。

你可能想知道，既然子网已经与路由表关联，那为什么我们还将它们关联。原因是主路由表是默认情况下子网显示的位置；它们与子网隐式关联。但如果想将子网与非主路由表关联，则需要像我们刚才那样手动进行关联。

练习 16.3

创建一个 S3 的 VPC 端点

在本练习中，将为 S3 创建一个 VPC 端点。记住 S3 VPC 端点称为网关端点。

(1) 在 VPC Dashboard 上，单击 Endpoints。

(2) 单击 Create Endpoint。

(3) 在 Service Name 列表中，搜索 com.amazonaws.<*regionname*>.s3，其中<*regionname*>是你当前所在区域的名称。

(4) 在 VPC 下，选择你在第一个练习中创建的 VPC。

(5) 选择包含两个私有子网的路由表。它将在主列中显示 Yes，并表示它与两个子网相关联。

(6) 单击 Create Endpoint。

(7) 单击 Close 按钮。

就这样，已经为 S3 创建了第一个 VPC 端点。

练习 16.4

创建一个安全组

在本练习中将创建一个安全组，用于 Web 服务器通过 HTTP 和 HTTPS 进行通信。

(1) 在 VPC Dashboard 上，单击 Security Group。

(2) 单击 Create Security Group。

(3) 输入 **Web Servers** 作为 Security Group Name。

(4) 输入 **Allow HTTP/HTTPS** 作为 Description。

(5) 单击 VPC，然后选择在第一个练习中创建的 VPC。

(6) 单击 Create 按钮。

(7) 单击 Close 按钮。

现在已经创建了安全组，可以在创建 EC2 实例时使用它。当然，如果忘记提前创建安全组，也可以在 EC2 创建期间创建安全组。

练习 16.5

创建一个 NACL

最后，让我们看看 NACL。记住 NACL 是无状态的，因此必须定义入站和出站规则。让我们创建一个 NACL，它可以与 Web 服务器所在的子网相关联，这个 Web 服务器当前受一个安全组的保护。

(1) 在 VPC Dashboard 上，单击 Network ACLs。

(2) 单击 Create Network ACL。

(3) 输入 **WebSubnet** 作为 Name。

(4) 单击 VPC 字段，并选择在练习 16.1 中创建的 VPC。

(5) 单击 Create 按钮。

下面编辑入站规则：

(1) 在 Inbound Rules 选项卡上，单击 Edit Inbound Rules。

(2) 单击 Add Rule。

(3) 输入 **100** 作为 Rule Number。

(4) 选择 HTTP 作为 Type。

(5) 单击 Add Rule。

(6) 输入 **101** 作为 Rule Number。

(7) 选择 HTTPS 作为 Type。

(8) 单击 Save 按钮。

现在编辑出站规则：

(1) 在 Outbound Rules 选项卡上，单击 Edit Outbound Rules。

(2) 单击 Add Rule。

(3) 输入 **100** 作为 Rule Number。

(4) 选择 All Traffic 作为 Type。

(5) 单击 Save 按钮。

你创建了第一个 NACL。记住 NACL 应用于子网层，因此它们是理想的第一级防御，安全组在主机级别提供了第二层防御。

16.8　复习题

附录中有答案。

1. 以下哪些项不适用于 IPv6 网络？(选择两项)

   A. NAT 实例　　B. VPCs　　C. VPC 端点　　D. NAT 网关

2. 一个带有/16 掩码的 CIDR 块中有多少个可用 IP 地址？

A. 256 个　　B. 4 096 个

C. 65 536 个　　D. 1 048 576 个

3. 你要在一个新的子网中支持 16 台主机，并希望将这些主机都分配在尽可能小的 CIDR 块中。你会选择多大的 CIDR 块？

A. /30　　B. /29　　C. /28　　D. /27

4. 你有一个 CIDR 块，它有一个/20 大小的 IP 地址池。在这种情况下，地址的主机部分有多少位可用？

A. 20　　B. 10　　C. 12　　D. 22

5. 你有一个新的 VPC，并且在 VPC 中启动了一个 EC2 实例，它的目的是服务 IPv6 请求。但是，新实例没有处理传入的 IPv6 请求。问题在哪里？(选择两项)

A. 没有与 VPC 关联的 IPv6 CIDR 块

B. 没有与目标 EC2 实例关联的 IPv6 CIDR 块

C. 没有为 VPC 分配 IPv6 IP 地址

D. 没有为目标 EC2 实例分配 IPv6 IP 地址

6. IPv6 CIDR 块的默认大小是多少？

A. /32　　B. /48

C. /56　　D. IPv6 不使用 CIDR 块

7. 你负责将包含多个实例子网的 IPv4 地址转换为 IPv6 地址。需要使用一组特定的 IPv6 地址。如何设置 VPC 使用这些 IPv6 地址？

A. 可以在创建 VPC 时配置需要使用的 IP

B. 只能使用 AWS CLI 配置 IPv6 地址

C. 不能；IPv6 地址由互联网注册商随机提供

D. 不能；IPv6 地址由 AWS 从 Amazon 拥有的 IPv6 地址池中提供

8. 你负责将包含多个实例子网的 IPv4 地址转换为 IPv6 地址。需要使用一组特定的 IPv6 地址。如何设置 VPC 使用这些 IPv6 地址？

A. 可以在创建 VPC 时配置需要使用的 IP

B. 只能使用 AWS CLI 配置 IPv6 地址

C. 不能；IPv6 地址由互联网注册商随机提供

D. 不能；IPv6 地址由 AWS 从 Amazon 拥有的 IPv6 地址池中提供

9. 你从之前的 SysOps 管理员那里接管了超过 22 个 VPC，其中许多 VPC 非常小，从/26 到/28 不等。需要将 VPC 合并到一个新的大的 VPC 中，然后使用多个子网。可以创建的最大 VPC 是多少？

A. /24

B. /16

C. /8

D. 自定义 VPC 允许的网络掩码大小没有限制

10. 你刚开始负责一些应用的运行。每个应用应该有一个开发、测试和生产环境，它们包含公有和私有组件，如 Web 服务器(公有)和数据库服务器(私有)。一共有 9 个应用，你想将 VPC 限制为不超过 3 个托管应用。你也不希望在同一个 VPC 中有不同的环境。你还希望每个资源都有冗余，这样需要的最小子网数量是多少？

A. 9　　B. 18　　C. 36　　D. 54

11. 下列哪些项必须存在才能将子网视为公有子网？(选择两项)

A. 它存在于连接了互联网网关的 VPC 中

B. 它有一个具有公有 IP 地址的 CIDR 块

C. 它有一个到公有子网的路由

D. 它有一条通向互联网网关的路由

12. 你正在管理一个配置良好的 AWS 网络，该网络有一个 VPC，该 VPC 使用仅出口互联网网关。为什么需要这种类型的互联网网关？(选择两项)

A. VPC 内的公有子网必须对外与互联网通信

B. VPC 内的私有子网必须对外与互联网通信

C. VPC 内的子网仅使用 IPv4 地址

D. VPC 内的子网仅使用 IPv6 地址

13. 数据流被设置为从私有子网中的实例流出到互联网。以下哪项是数据流可能采用的路径？

A. 实例➢互联网

B. 实例➢NAT 设备➢互联网网关➢互联网

C. 实例➢NAT 设备➢虚拟私有网关➢互联网

D. 实例➢互联网网关➢互联网

14. 你拥有一个包含多个实例的私有子网，你想要其中的几个实例能够访问互联网。并且希望将所有出站访问安排在凌晨 2:00 的 10 分钟窗口内。当访问发生时，实例将下载数百 GB 的补丁信息。哪种设备最适合这种情况？

A. NAT 实例　　B. 互联网网关

C. 虚拟私有网关　　D. NAT 网关

15. 你有一个 S3 存储桶，里面存放了一个高容量应用所需的文档和记录。你希望最大限度地降低网络延迟和提供性能。可以使用哪项加速由应用到 S3 存储桶的访问？

A. 多部分传输　　B. 接口端点

C. 网关端点　　D. S3 传输加速

16. 对于下列哪些服务，不能使用接口端点进行访问？

A. Amazon CloudFormation　　B. Amazon DynamoDB

C. Amazon Kinesis　　D. AWS CloudTrail

17. 以下哪些项是 AWS VPN 连接的必要组件？(选择两项)

A. 互联网网关　　B. Direct Connect 网关

C. 客户网关　　D. 虚拟私有网关

18. 你负责保护具有多个私有实例的子网。需要确保 AWS 中的 Web 服务器可以访问数据库。但是，这些 Web 服务器也有需要遵守的安全组，这些安全组是由另一个 AWS SysOps 管理员设置的。保护包含子网数据库的最佳方法是什么？

A. 对数据库服务器使用弹性 IP，并在子网的 NACL 中使用这些 IP

B. 不要在数据库实例的安全组中提供默认路由

C. 使用包含 Web 服务器的实例的安全组作为传入源，以允许数据流进入数据库

D. 对 AWS 数据流，确保端口 3306 打开，但所有其他端口都关闭

19. 评估 NACL 中的规则的顺序是什么？

A. 从上到下

B. 从下到上

C. 从最低编号规则到最高编号规则

D. 从最高编号规则到最低编号规则

20. 你已在默认 VPC 中创建了一个新的子网。然后添加了一个新规则，编号 150，它拒绝所有传入数据流。但仍然可以看到进入子网的数据流。你的配置存在什么问题？

A. 还需要在安全组级别拒绝数据流

B. 默认的 VPC 总是允许所有数据流，这不能改变

C. 需要删除 VPC 网络上的互联网网关

D. NACL 规则高于规则 100，该规则默认情况下允许所有数据流。需要将拒绝规则移到小于 100 的数字才能在规则 100 之前生效

第 17 章

Route 53

本章涵盖的 AWS Certified SysOps Administrator-Associate 考试主题包含但不局限于以下内容：

✓ 知识点 2.0 高可用性

- 2.1 基于用例实现可延展性和弹性
- 2.2 认识和区分 AWS 的高可用性和弹性环境

✓ 知识点 3.0 部署和供给

- 3.1 确定并执行提供云资源所需的步骤
- 3.2 确定并修正部署问题

✓ 知识点 6.0 网络

- 6.1 应用 AWS 网络功能
- 6.2 实施 AWS 连接服务

随着使用的网络数量增加以及系统彼此之间通信的 IP 地址越来越多，你会发现追踪 IP 地址和它所映射的系统很快就变成了一场噩梦。IP 地址对于大多数人来说并不容易记住，即使是一个小的组织也会快速地增加静态 IP 地址，这就不得不使用 Excel 电子表格以及自定义主机文件进行 IP 地址追踪。

域名系统(DNS)服务已经存在很久，最简单地说就是把它当作我们移动设备上的联系人列表。我们会记得朋友和家人的名字，但可能不记得他们的电话号码。当我们想给某人打电话时，单击他们的名字，手机就会根据我们选择的电话号码来判断需要拨打的电话号码。DNS 类似联系人簿的例子，它允许我们用容易记住的名字，比如 www.wiley.com 网站，而不必记住我们要访问的站点的 IP 地址。

本章重点介绍 DNS 的 AWS 实现，也就是 Route 53，以及需要了解的与通过考试相关的 Route 53 的知识点。

本章涵盖：

- 了解域名系统(DNS)的作用
- 私有域名系统与公有域名系统的区别
- AWS 如何在 Amazon Route 53 中使用路由策略
- 使用 Amazon Route 53 的健康检查

17.1 域名系统

域名系统(DNS)提供了一种地址转换法，用于将可读(且易于记忆)的地址与基于网络通信的IP地址进行转换。你可能想知道DNS是如何在友好名称和IP地址之间进行转换的。如果是这样，那么继续阅读DNS入门须知。

当查找一个站点时，例如www.wiley.com网站，你的系统会通过DNS查询访问其本地的DNS服务器，看看本地DNS服务器是否知道该站点的IP地址。如果本地DNS服务器知道，那么它将使用IP地址进行响应。如果它不知道，它会将一个查询发送到.com的顶级域(TLD)DNS服务器。TLD DNS服务器会使用权威DNS服务器地址响应wiley.com。然后，你的DNS服务器将wiley.com查询发送到DNS服务器，它使用IP地址响应www.wiley.com。

DNS在端口号53通过传输控制协议(TCP)和用户数据报协议(UDP)在网络上运行。UDP过去一直用于DNS查询，但是像IPv6和/或DNSSEC(DNSSEC)签名记录这样的大数据包必须通过TCP进行查询。TCP也用于地区(zone)传输。知道了这一点，现在就可以会意Route 53这个名称了，这是Amazon的DNS服务。它也更容易记忆。只要你记住DNS通过端口号53运行，那么记住Route 53是AWS中的DNS服务就变得简单了。

DNS记录

Amazon Route53支持你可能想要的多种DNS记录类型，或许还有更多。如果还不熟悉这些类型记录的用途，那么让我们逐个看一下，因为考试中通常会有一些与DNS相关的问题。

- **A/AAAA**：A记录用于将主机名映射到IP地址。A记录是IPv4地址，而AAAA记录用于IPv6地址。
- **CAA**：CAA记录用于识别域的有效证书颁发机构。这可以防止未经授权的证书颁发机构为域颁发证书。
- **CNAME**：规范名称(CNAME)用于创建真实(规范)名称的别名。这通常在Web托管中用于映射一个别名，例如www.stuff.com网站到托管网站的真正服务器。当输入www.stuff.com网站时，DNS能够根据CNAME记录将地址解析到Web托管服务器。
- **MX**：邮件交换(MX)记录用于识别指定域的邮件服务器。它们还可以用于设置邮件服务器的优先级。例如，可以有一个优先级为10的主邮件服务器和一个优先级为20的辅助邮件服务器。
- **NAPTR**：通常会发现名称权限指针(NAPTR)记录与服务记录(SRV)相关联。它们实际上用于将多个记录“链接”在一起，以创建重写规则，这些规则可以创建诸如统一资源标识符(URI)或域标签之类的东西。这是最常用的支持互联网电话的会话初始化协议(SIP)。

- **NS**：名称服务器(NS)记录用于标识给定托管区域的 DNS 服务器。这通常表示为服务器的完全限定域名(FQDN)。
- **PTR**：指针(PTR)记录用于反向 DNS 查找。传统的查找给你主机名对应的 IP 地址；PTR 则相反，它返回 IP 地址对应的主机名。
- **SOA**：授权起始(SOA)记录用于定义单个 DNS 地区的权威 DNS 服务器。
- **SPF**： 发件人策略框架(SPF)用于识别电子邮件的发件人，并验证所提供的身份是真实身份。由于 SPF v1 的互操作兼容性问题，AWS 建议使用 TXT 记录而不是 SPF 记录来显示必要的信息。
- **SRV**：服务记录(SRV)用于识别提供 DNS 地区服务的服务器的主机名和端口号。
- **TXT**：文本(TXT)记录用于以文本格式向域外部的系统提供信息。它有很多用途，其中之一是为 SPF 提供身份验证信息，而不是使用 SPF 记录。

以上不是 DNS 记录的详尽列表，但它是(截至本文撰写时)Amazon Route 53 支持的记录类型。这个列表无疑会随着时间的推移而增长。

注意：

AWS 还支持别名记录，不要与 CNAME 记录混淆。AWS 中的别名记录用于将数据流路由到 AWS 资源，如 Amazon S3 存储桶、VPC 接口端点、弹性负载均衡器、Amazon CloudFront 等。这是 AWS 考试中的一个热门话题，因此请记住，别名记录用于路由到 AWS 服务，而不是通过 CNAMES。

17.2 Amazon Route 53

Route 53 DNS 的工作方式与你在过去工作使用过的 DNS 一样。可以为 IPv4 和 IPv6 地址创建我们前面讨论过的记录类型。当进行查询时，只要 Route 53 对 DNS 记录是权威的，它就可以返回适当的应答。此外，如果知道某些 IP 地址解析为恶意域，则可以选择通过 Route 53 阻止这些地址。然而，Route 53 可以做的不仅仅是简单的 DNS。它可以管理数据流；域注册；以及可用性监控，这些都将在本章后面介绍。如图 17.1 所示，Amazon Route 53 提供了 4 种不同的服务，允许更有效地管理 DNS 和路由功能。

除了已经讨论的 DNS 功能外，Route 53 还可以充当域名注册商。你可以注册新域名或转移现有域名。AWS 提供了免费添加隐私保护的能力，不像其他注册商通常会收取此服务的费用。注册有效期为一年，并设置为在一年周期结束时自动续订。默认情况下，可以使用 Route 53 管理总共 50 个域，但如果需要，可以请求更高的限制。

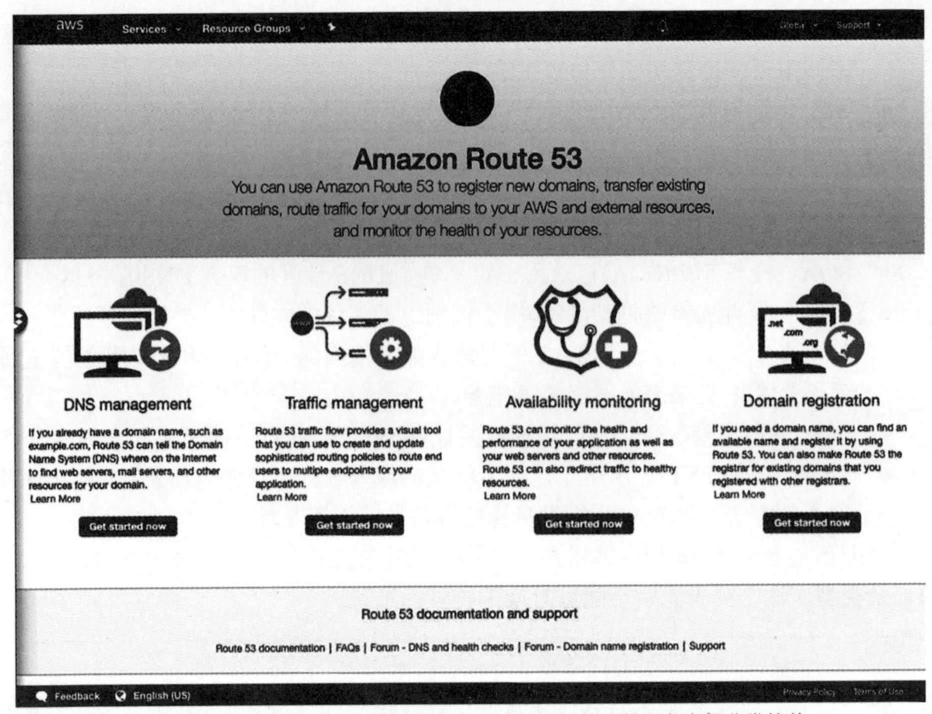

图 17.1 Amazon Route 53 的主控制台将选择需要管理的服务变得非常简单

你可能想知道在 AWS 中的服务如何能够使用由 Route 53 提供的 DNS 服务，以及它们如何解析 AWS 以外的地址。Route 53 的解析器是这个关键。Amazon Route53 解析器同时为 AWS 上托管以及互联网上的系统提供递归查找。它还支持条件转发规则，这有助于为多个域名提供支持，并在运行一个混合数据中心时使用本地和云中的系统。

17.2.1 Amazon Traffic Flow

如果有一种方法可以在全球范围内管理你的数据流，并能够减少延迟，从而让你的用户或客户获得积极的体验，这不是很好吗？Amazon Traffic Flow 恰恰可以做到这一点。

Amazon Traffic Flow 允许创建数据流策略，这些策略可以把请求路由到应用的端点。然后使用策略记录将数据流策略分配给特定的域名。通过这种方式，可以潜在地将一个策略与多个端点相关联，并使用 Amazon Traffic Flow 将你的客户或用户路由到基于最佳延迟、最近地理端点甚至运行状况最佳的端点(即如果最近的端点处于降级状态，则会将其路由到下一个最近的端点)。

17.2.2 AWS 私有 DNS

你可能想知道，当基础设施驻留在 AWS 中时，托管内部 DNS 的最佳方式是什么。

虽然在服务器上安装 DNS 可能更简单，但如果所有使用 DNS 的系统都在 VPC 之内，则不必这样做。相反，可以使用 AWS 所称的私有 DNS。私有 DNS 提供了在 Route 53 中创建一个特殊托管的“私有”地区的功能。托管地区创建以后，它可以与其他 VPC 共享。使用私有 DNS 的好处是你的记录不会暴露在互联网上，就像使用传统的内部 DNS 一样，但是它们仍然由 AWS 像管理公有 DNS 的高可用性和可管理的服务一样的方式来进行管理。此外，可以跨多个账户和多个区域使用同一个私有 DNS 地区，并且可以像配置公有 DNS 一样配置 DNS 的故障转移。

17.3　路由策略

对 Amazon Route 53 中创建的每个记录都要选择一个路由策略。路由策略决定了如何返回 DNS 查询的结果，并且每种类型的策略都有不同的用例。这些路由策略可以做一些非常有趣的事情，包括性能和可用性的改进。下面介绍每种类型的路由策略及其用途。

17.3.1　简单路由策略

如果 Amazon Route 53 不考虑优先级或地理位置等特殊情况，那么使用简单路由策略路由数据流是最合适的。简单路由策略允许将多个 IP 地址应用于一个记录，但结果会以随机顺序返回。使用简单路由策略创建记录时，按如下方式进行配置。

- **名称**：该字段包含记录的名称加上记录所在的托管地区的名称。托管地区是默认值，因此如果希望记录位于托管地区中，则不必指定该值。一个数值的例子是使用 www 作为名称，而 wiley.com 是托管地区。
- **类型**：选择要创建的 DNS 记录类型。这些在本章前面已经讨论过了。
- **别名**：没有。
- **TTL(Time to Live，生存时间)**：AWS 建议从较低的值开始，比如 300 秒(5 分钟)，直到确定一切正常。在 TTL 过期之前 DNS 不会再次进行查询。
- **值**：该值应保存你想要记录保存的值。例如，如果要创建一个 A 记录，则需要输入 IPv4 地址。
- **路由策略**：简单。

17.3.2　故障转移路由策略

可以使用故障转移路由策略在主实例正常时将数据流定向到主实例，但如果主实例不正常，则将数据流转移到辅助实例。为故障转移路由策略创建记录时，按如下方式配置。

- **名称**：该字段包含记录的名称加上记录所在的托管地区的名称。托管区域是默认值，因此如果想要记录位于托管地区中，则不必指定该值。一个数值的例子是使用 www 作为名称，而 wiley.com 是托管地区。
- **类型**：选择要创建的 DNS 记录类型。这些在本章前面已经讨论过了。
- **别名**：没有。
- **TTL(生存时间)**：AWS 建议从较低的值开始，比如 300 秒(5 分钟)，直到确定一切正常。在 TTL 过期之前 DNS 不会再次进行查询。如果使用健康检查，应该把这个时间缩短到 60 秒或更短。这样可以减少主机不正常时带来的停机时间。
- **值**：该值应保存你想要记录保存的值。例如，如果要创建一个 A 记录，则需要输入 IPv4 地址。
- **路由策略**：故障转移。
- **故障转移记录类型**：至少需要创建两个记录，一个用于主实例，一个用于辅助实例。
- **Set ID**：这是一个值，用于标识在故障转移记录中使用的单个记录。
- **与健康检查相关**：是(然后选择需要 Route 53 执行的健康检查)。

17.3.3　地理定位路由策略

如果选择地理位置路由策略，则可以根据用户的位置决定将他们定向何处。例如，美国的用户可能被路由到美国东部地区，而欧洲的用户可能被路由到欧盟(EU)西部地区。当创建地理位置路由策略记录时，按以下方式进行配置。

- **名称**：该字段包含记录的名称加上记录所在的托管地区的名称。托管地区是默认值，因此如果想要记录位于托管地区中，则不必指定该值。一个数值的例子是 www 作为名称，而 wiley.com 是托管地区。
- **类型**：选择要创建的 DNS 记录类型。这些在本章前面已经讨论过了。
- **别名**：没有。
- **TTL(生存时间)**：AWS 建议从较低的值开始，比如 300 秒(5 分钟)，直到确定一切正常。在 TTL 过期之前 DNS 不会再次进行查询。如果使用健康检查，应该把这个时间缩短到 60 秒或更短。这样可以减少主机不正常时带来的停机时间。
- **值**：该值应保存你想要记录保存的值。例如，如果要创建一个 A 记录，则需要输入 IPv4 地址。
- **路由策略**：地理定位。
- **位置**：此字段应包含希望 DNS 响应的国家的名称。较好的做法是包含一个默认的位置条目。这适用于在这一域中没有明确指定的国家。
- **子位置**：如果美国是“位置”字段中的一个国家，你可以根据需要选择在“子位置”字段中分解为单独的州名。

- **集合 ID**：这个值用于标识在地理位置记录中使用的单独记录。
- **与健康检查相关**：是(然后选择需要 Route 53 执行的健康检查)。

17.3.4　地理邻近路由策略

表面上看，地理邻近路由策略似乎与地理定位路由策略相似，因为它允许根据用户的位置确定将用户定向哪里。地理邻近路由策略的区别在于，它可以设置偏差。偏差允许将更多或更少的数据流路由到资源，这样可用于增加或减少定义区域的大小。

17.3.5　基于延迟的路由策略

基于延迟的路由策略将最终用户或客户定向能够提供最低延迟的区域。需要记住的重点是，延迟最好的区域不一定是靠近最终用户或客户最近的区域。创建基于延迟路由策略记录时，按以下方式进行配置。

- **名称**：该字段包含记录的名称加上记录所在的托管地区的名称。托管地区是默认值，因此如果想要记录位于托管地区中，则不必指定该值。一个数值的例子是 www 作为名称，而 wiley.com 是托管地区。
- **类型**：选择要创建的 DNS 记录类型。这些在本章前面已经讨论过了。
- **别名**：没有。
- **TTL(生存时间)**：AWS 建议从较低的值开始，比如 300 秒(5 分钟)，直到确定一切正常。在 TTL 过期之前 DNS 不会再次进行查询。如果使用健康检查，应该把这个时间缩短到 60 秒或更短。这样可以减少主机不正常时带来的停机时间。
- **值**：你想要记录保存的值。例如，如果要创建一个 A 记录，则需要输入 IPv4 地址。
- **路由策略**：延迟。
- **区域**：这应该是为其创建记录的主机所在的区域。
- **集合 ID**：这个值用于标识延迟记录中使用的单独记录。
- **与健康检查相关**：是(然后选择需要 Route 53 执行的健康检查)。

17.3.6　多值应答路由策略

多值应答路由策略能够返回 DNS 查询的多个响应应答(IP 地址)。通过多值应答路由策略，可以确保返回的 IP 地址来自健康的主机，因为这个路由策略可以设置为健康检查状态。

注意：

如果有 8 个或更少的健康主机，查询会使用所有健康记录进行响应。

为多值应答路由策略创建记录时，按以下方式进行配置。

- **名称**：该字段包含记录的名称加上记录所在的托管地区的名称。托管地区是默认值，因此如果想要记录位于托管地区中，则不必指定该值。一个数值的例子是 www 作为名称，而 wiley.com 是托管地区。
- **类型**：选择要创建的 DNS 记录类型。这些在本章前面已经讨论过了。
- **别名**：没有。
- **TTL(生存时间)**：AWS 建议从较低的值开始，比如 300 秒(5 分钟)，直到确定一切正常。在 TTL 过期之前 DNS 不会再次进行查询。如果使用健康检查，应该把这个时间缩短到 60 秒或更短。这样可以减少主机不正常时带来的停机时间。
- **值**：你想要记录保存的值。例如，如果要创建一个 A 记录，则需要输入 IPv4 地址。
- **路由策略**：多值应答。
- **集合 ID**：这个值用于标识多值应答记录中使用的单独记录。
- **与健康检查相关**：是(然后选择需要 Route 53 执行的健康检查)。

17.3.7　权重路由策略

权重路由策略有几个用例。最常见的用例之一是进行蓝色/绿色部署(用于测试软件的新版本)。在这个用例中，可以配置权重以允许 25%的数据流量流向运行新版本软件的主机，而将其他 75%的数据流量路由到运行旧软件的主机。AWS 提供公式根据这种类型的策略计算权重。

注意：

蓝色/绿色部署用于测试应用代码的新版本。在第 19 章中有更深入的讨论。

单个记录的权重 / 所有记录的权重总和

为权重路由策略创建记录时，按以下方式配置。

- **名称**：该字段包含记录的名称加上记录所在的托管地区的名称。托管地区是默认值，因此如果想要记录位于托管地区中，则不必指定该值。一个数值的例子是 www 作为名称，而 wiley.com 是托管地区。
- **类型**：选择要创建的 DNS 记录类型。这些在本章前面已经讨论过了。
- **别名**：没有。
- **TTL(生存时间)**：AWS 建议从较低的值开始，比如 300 秒(5 分钟)，直到确定一切正常。在 TTL 过期之前 DNS 不会再次进行查询。如果使用健康检查，应该把这个时间缩短到 60 秒或更短。这样可以减少主机不正常时带来的停机时间。

- **值**：你想要记录保存的值。例如，如果要创建一个 A 记录，则需要输入 IPv4 地址。
- **路由策略**：权重。
- **权重**：在本栏位可以输入 0～255 的数字。如果在指定权重后，记录没有按所认为的方式工作，检查公式确认是否得到预期结果。
- **集合 ID**：这个值用于标识权重记录中使用的独立记录。
- **与健康检查相关**：是(然后选择需要 Route 53 执行的健康检查)。

你可能已经注意到，这些路由策略大多依赖于健康检查确保数据流仅路由到健康的主机上。让我们深入研究健康检查和故障转移配置。

17.4 健康检查和故障转移

Amazon Route53 自动故障转移的魔力从健康检查开始。可以选择创建 3 种类型的 Amazon Route 53 健康检查。每一种都包含和其他不同的功能，让我们看看各种类型。

- **监控端点**：可以创建一个健康检查，以指定的时间间隔监控端点的健康状况。可以通过响应时间或失败的健康状况检查来评估运行状况。
- **监控其他健康检查**：可以创建一个健康检查，使用其他 Route 53 健康检查来确定端点是否健康。这种健康检查需要一定数量的“子”健康检查正常才能认为自己是健康的。
- **监控 CloudWatch 警报**：可以创建一个健康检查，根据指定的指标使用 CloudWatch 警报，以确定端点是否健康。只要 CloudWatch 处于正常状态，此健康检查就会显示健康。正常状态如图 17.2 所示。如果 CloudWatch 更改为警报状态，那么健康检查就被认为是不健康的。

Status	Description	Alarms
an hour ago now Healthy	http://34.203.220.177:80/index.html	1 of 1 in OK

图 17.2 良好的运行状况检查将状态列为“健康”，警报为“1/1 正常”

配置健康检查后，可以选择故障转移事件的发生方式。常见配置包括主动-主动和主动-被动。记住，如果端点配置了健康检查，而没有向其中一个端点添加健康检查，则无论该端点是否正常，都始终认为是健康的。

当一个端点认为不健康并且设置了故障转移，Route 53 会停止向该端点发送数据流，直到它恢复健康为止。可以配置发送通知，以便在端点不正常时及时发现。

17.5 本章小结

域名服务(DNS)允许将主机名映射到 IP 地址，以及 IP 地址映射到主机名。可以用你所拥有的任何一条信息来查询 DNS 服务器并得到结果。Amazon Route 53 是 AWS 内部的 DNS 服务，虽然它提供的不仅仅是简单的名称解析。Amazon Route 53 解析器是执行递归查找以响应查询的服务。

Amazon Traffic Flow 允许将策略与数据流关联起来，这样可以提高客户和/或用户的性能和降低延迟。

AWS 私有 DNS 在 Amazon Route 53 中创建一个私有托管地区，执行类似你习惯使用的内部 DNS 的功能。端点必须在 VPC 内才能利用 AWS 私有 DNS。

路由策略在创建记录时进行分配。这些策略告诉 Amazon Route 53 应该如何响应针对此记录的查询。路由策略包含 7 种类型：简单、故障转移、地理定位、地理邻近、基于延迟、多值应答和权重。

可以创建健康检查来检查端点、其他运行状况检查或 CloudWatch 警报。不健康的运行状况检查可用于启动故障转移事件，确保只有健康的端点才能为用户或客户提供服务。

17.6 复习资源

Amazon Route 53 常见问题解答：

`https://aws.amazon.com/route53/faqs/`

选择路由策略：

`https://docs.aws.amazon.com/Route53/latest/DeveloperGuide/routing-policy.html`

创建 Amazon Route 53 健康检查以及配置 DNS 故障转移：

`https://docs.aws.amazon.com/Route53/latest/DeveloperGuide/dns-failover.html`

17.7 考试要点

了解 DNS 的工作原理。域名服务(DNS)用于解析名称和 IP 地址。在正向查找中，名称解析为 IP 地址，而在反向查找中，将 IP 地址解析为主机名。你的客户端将查询本地 DNS 服务器以获取记录。如果本地 DNS 知道地址，它会进行响应；如果它不知道，它会访问顶级域(TLD)DNS 服务器，并沿着这个链向下工作，直到找到权威 DNS 服务器并获得查询的响应。

了解各种 DNS 记录类型。了解主要的 DNS 记录类型以及何时使用它们。对于考试而言，要知道 A 记录、PTR 记录、CNAME 记录和别名记录、MX 记录和 TXT 记录的用途。

了解路由策略在 Route 53 中的作用。虽然不需要记住有关路由策略的所有信息以及如何设置，但是你应该知道哪些路由策略是有效的，以及它们的用途。

记住健康检查的工作原理。记住 3 种不同类型的健康检查以及它们如何与故障转移相关。

17.8 练习

要完成这些练习，需要两个 EC2 实例。我们将使用元数据屏幕来证明故障转移成功。

练习 17.1

创建托管地区(Hosted Zone)

如果需要执行以下练习中的步骤，需要一个托管地区。让我们先创建它。

(1) 登录到 AWS Management Console，单击 Services，然后在 Networking & Content Delivery 下选择 Amazon Route 53。

(2) 在 DNS Management 下，单击 Get Started Now。

(3) 单击 Create Hosted Zone。

(4) 输入一个未使用的域名；我使用的是 **sometestorg.com**。我拥有这个域名，因此它是安全的。

这会创建一个具有名称服务器(NS)和授权起始(SOA)记录的托管地区。

练习 17.2

创建健康检查

为了使这个练习正常进行，需要启动并运行两个 EC2 实例。如果当前没有，则需要创建它们才能继续。我创建了两个运行 Amazon Linux 的 t2.micro 服务器，但是你可以选择任何你想要的其他类型。它们需要打开端口 80 并安装一个 Web 服务器。可以使用下面的脚本来执行，我建议将它放在用户数据字段中，以便在服务器配置时自动执行。稍后我们将使用 index.html 页面(将第 2 台服务器 WEB2 的最后一行修改)。注意，在继续之前必须允许安装软件。

```
#!/bin/bash
yum update -y
```

```
yum install -y httpd
service start httpd
chkconfig httpd on
usermod -a -G apache ec2-user
chown -R ec2-user:apache /var/www
chmod 2775 /var/www
find /var/www -type d -exec chmod 2775 {} \;
find /var/www -type f -exec chmod 0664 {} \;
echo "I am WEB1" > /var/www/html/index.html
```

(1) 单击服务，然后在 Compute 选择 EC2。

(2) 选择这两个实例，并记下它们的公有 IP 地址。需要它们完成练习。

(3) 单击 Services，然后在 Networking & Content Delivery 下选择 Amazon Route 53。

(4) 单击 Health Checks。

(5) 单击 Create Health Check。

(6) 在 Name 中，输入有意义的名称，我将其命名为 **Web1-HC**。

(7) 将 What To Monitor 保留为端点。

(8) 在 Monitor An Endpoint 下，选择 IP 地址，然后输入第一个实例的 IP 地址。在 Path 下，输入 index.html。

(9) 单击 Advanced Configuration 展开选项。选择 Fast 作为请求间隔，选择 2 作为失败阈值。

(10) 单击 Next 按钮。

(11) 在 Get notified when a health check fails 屏幕上，单击 Yes for Create Alarm。

(12) 单击 New SNS Topic。对于主题名，我选择了 **Web1-HealthCheck**。

(13) 在 Recipient Email Address 下输入你的电子邮件地址。

(14) 单击 Create Health Check。

在继续下一个练习之前，单击 Refresh，直到实例显示为“健康”。

练习 17.3

创建故障转移的 A 记录

最后，我们为 Web 服务器和故障转移路由策略创建记录。

(1) 单击 Hosted zones，然后单击在练习 17.1 中创建的域名。

(2) 单击 Create Record Set。

(3) 输入 www 作为 Name。

(4) 输入第一个 Web 实例的 IP 地址作为 Value。

(5) 对于 Routing Policy，选择 Failover 并选择 Primary。

(6) 在 Associate With Health Check 中选择 Yes，然后选择在练习 17.2 中创建的健康检查的名称。你的设置应该类似于图 17.3。

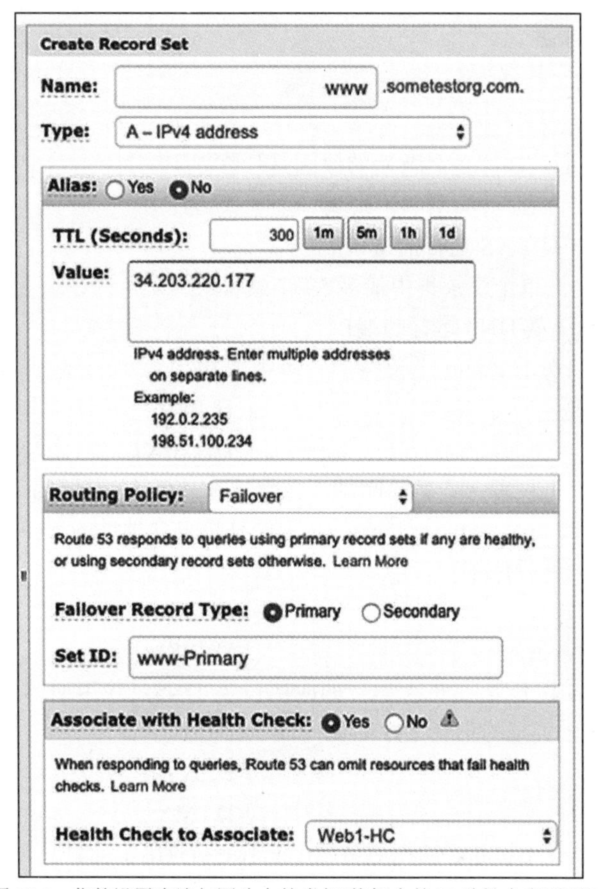

图 17.3　你的设置应该与图片中的类似(值框中的 IP 地址会有所不同)

(7) 单击 Create。

(8) 单击 Create Record Set。

(9) 输入 www 作为 Name。

(10) 输入第二个 Web 实例的 IP 地址作为 Value。

(11) 对于 Routing Policy，选择 Failover 并选择 Secondary。

(12) 在 Associate With Health Check 中选择 No。

(13) 单击 Create 按钮。

现在已经创建了一个故障转移集。根据我们的测试解决方案，如果访问 www.sometestorg.com，你会被定向 WEB1 服务器。如果 WEB1 服务器宕机(假设停止它)，那么 www.sometestorg.com 会将你指向 WEB2 服务器。测试这一点的唯一方法是拥有问题中的域名；你能够以合理的成本购买一个 AWS 上的域。在这些练习中使用的域是我自己购买的。

17.9 复习题

附录中有答案。

1. Amazon Route 53 服务名背后的原因是什么？

A. DNS 允许 53 种类型的记录集

B. 端口 53 是 DNS 运行的端口

C. DNS 允许单个记录集中最多 53 个条目

D. 端口 153 是 DNS 运行的端口

2. 以下哪一项不是 Route 53 支持的记录类型？

A. NAPTR　　B. NS

C. SPF　　D. TEXT

3. 你在为客户机设置一个新的网站，并将它加载到 S3 存储桶中。他们希望确保网站对公司名 wisdompetmedicine 的响应，无论是否包含地址的 www 部分。需要创建哪些类型的记录？(选择两项)

A. CNAME　　B. A

C. MX　　D. SRV

4. 你在为网络中 EC2 主机上运行的应用设置 DNS。应用通过 IPv6 地址公开其 API；需要创建什么类型的记录集才能访问此 API？

A. AAAA　　B. A

C. ALIAS　　D. MX

5. 你有一个基于 Lambda 的无服务器(serverless)应用。你有几个由 CloudFront 触发的 Lambda@Edge 函数并需要设置 DNS。需要使用哪种类型的记录？

A. CNAME　　B. A

C. Alias　　D. AAAA

6. 你有一个在 VPC 中运行的应用，并且有一个现有的 DNS 记录。你有一个应用的备份，作为热备份在另外一个区域的 VPC 中运行。如果数据流停止流向主应用，你想要将数据流路由到备份中。应该使用哪种类型的路由策略？

A. 简单路由　　B. 故障转移路由

C. 基于延迟路由　　D. 多值应答

7. 你有一组 EC2 实例通过多个区域的应用负载均衡器提供内容。需要确保所有可用的主机都能响应数据流。应该使用哪种路由策略？

A. 简单路由　　B. 故障转移路由

C. 基于延迟路由　　D. 多值应答

8. 你有一个应用在 3 个不同的区域运行副本：US East 1、US West 1 和 AP East 1。你希望确保用户总是以最低的网络响应时间接收从应用副本的响应。应该使用哪种路由策略？

A. 简单路由　　B. 故障转移路由

C. 基于延迟路由　　D. 多值应答

9. 下列哪项路由策略不提供多主机解析？

A. 简单路由　　B. 故障转移路由

C. 基于延迟路由　　D. 所有这些策略都允许多主机

10. 你负责一个在 AWS 中运行的营销网站。市场营销团队要求为当前站点提供一个用于 A/B 测试的备用版本。然而，他们只想要将一小部分数据流量发送到新版本的站点，这样就可以评估所做的更改。应该使用哪种路由策略？

A. 多值应答　　B. 故障转移路由

C. 权重路由　　D. 地理定位路由

11. 你在检查 3 个目标主机(值分别为 10、80 和 50)的权重路由策略。你想要确保第 1 台主机接收 20%的站点流量，第 2 台主机接收 50%的流量，第 3 台主机接收所有剩余流量。应该将这些值更改为什么？

A. 20，50, *　　B. 5，15，80

C. 10，25，15　　D. 20，50，50

12. 当使用 AWS 私有 DNS 时，以下哪项是不可能的？

A. 不使用 VPC 设置私有 DNS　　B. 向其他 AWS VPC 公开记录

C. 向其他 AWS 区域公开记录　　D. 向其他 AWS 账户公开记录

13. 以下哪些项不能使用私有 DNS？(选择两项)

A. 屏蔽 VPC 中的特定域

B. 为私有托管地区配置 DNS 故障转移

C. 有选择地向互联网公开私有 DNS 记录

D. 为只有私有 IP 地址的实例创建健康检查

14. 必须配置以下哪些项才能通过 Amazon Route 53 Traffic Flow 来控制流量从世界各地路由到你的应用？(选择两项)

A. 数据流记录　　B. 数据流策略

C. 策略记录　　D. 策略路由

15. 你接管的域具有有效的数据流策略和策略记录。现在，需要在该域中指定其他 DNS 名称，并确保保留现有的数据流。如何实现这一目标？(选择两项)

A. 为每个新 DNS 名称创建 CNAME 记录，并将 CNAME 指向具有现有数据流策略和策略记录的域。

B. 为每个新 DNS 名称创建一个 A 记录，并将 A 记录指向具有现有数据流策略和策略记录的域。

C. 为每个新 DNS 名称创建别名记录，并将别名记录指向具有现有数据流策略和策略记录的域。

D. 为每个新 DNS 名称创建 AAAA 记录，并将 AAAA 记录指向具有现有数据流策略和策略记录的域。

16. 以下哪一项不是 Amazon Route 53 提供的健康检查？

A. 端点监控

B. 其他健康检查监控

C. CloudTrail 监控

D. CloudWatch 监控

17. 如果健康检查发现不良反应，Amazon Route 53 会做什么？(选择两项)

A. 响应不再发送到发生故障的主机

B. 当主机重新联机时，响应将自动发送回主机

C. 将重试对故障主机的所有响应，直到收到响应为止

D. CloudWatch 警报会自动触发并发出通知

18. 当 Amazon Route 53 采用基于延迟的路由策略时，决定数据流流向的因素是什么？

A. 离请求者最近的区域

B. 对请求者具有最低延迟的区域

C. 可用网络资源最多的地区

D. 路由策略中设置的权重

19. 为什么要使用地理邻近路由策略而不是地理位置路由策略？

A. 你想要逐步增加某个区域中的数据流量大小

B. 你想要确保所有美国用户都路由到基于美国的主机

C. 你想要按地理位置路由用户，以确保满足基于请求者位置的合规性问题

D. 你更关心的是网络延迟而不是请求者的位置

20. 你在维护一个 Amazon Route 53 的网站，一组 EC2 实例和一个具有冗余的 MySQL 数据库时遇到间歇性问题。即使主机不响应，数据流也会被发送到这些主机。什么原因导致数据流进入这些主机？(选择两项)

A. 需要使用故障转移路由策略来利用主机上的健康检查

B. 需要打开 Amazon Route 53 的健康检查

C. 这些主机的健康检查不合格，但没有足够连续的时间让 Amazon Route 53 停止服务

D. 主机应该放在应用负载均衡器(ALB)后面

第 Ⅷ 部分

自动化和优化

第18章 CloudFormation

本章涵盖的 AWS Certified SysOps Administrator-Associate 考试主题包含但不局限于以下内容：

✓ 知识点 2.0 高可用性
- 2.1 基于用例实现可延展性和弹性
- 2.2 认识和区分 AWS 的高可用性和弹性环境

✓ 知识点 3.0 部署和供给
- 3.1 确定并执行提供云资源所需的步骤
- 3.2 确定并修正部署问题

✓ 知识点 7.0 自动化和优化

✓ 知识点 7.3 自动化手动或可重复的过程，以最小化管理开销

随着越来越多的组织转向云环境，通过自动化流程来提供新资源的意愿也越来越强烈。这里关键的驱动因素是，提供资源的过程应该是标准化并且可重复的，同时也应该易于维护和适应组织新的需求。

基础设施即服务(IaaS)已经成为实现这一目标的标准方法，AWS CloudFormation 提供了工具，通过它们以可伸缩和灵活的方式实现这一标准。

本章涵盖：
- 基础设施即服务(IaaS)简介
- 在 AWS CloudFormation 中使用堆栈和模板
- 使用参数和输出自定义堆栈
- 使用辅助器改进模板

18.1 IaaS 简介

如果从来没有听说过基础设施即服务(IaaS)，那么你已经“过时”了！ 你可以在几分钟内自动构建完全相同的服务器，而不是花费数小时手动构建清单中的服务器。考虑到时间的节约，不难理解为什么许多组织已经开始走这条路了。

通过 IaaS，配置服务器更像软件配置。例如，当对构建 IaaS 解决方案的模板进行更改时，你可以先部署到开发环境。测试更改以确保它们满足组织的需要后，可以将

相同的模板更改推送到生产环境中。由于所做的更改与开发环境完全相同，从而减少了停机时间，让客户更满意。

另一个显著的优点是，IaaS 使用的模板类似于环境中的文档。由于环境是在模板中定义的，因此它始终是基础架构构建方式的最新文档。

现在我确定你已经读过最后几段了，你可能会认为必须回到学校去学习一种新的编程或脚本语言，但实际上不需要这样。AWS 提供了 IaaS 的实现，称为 AWS CloudFormation。你不需要成为开发人员就能使用 CloudFormation。实际上，你根本不需要任何编程或脚本的经验。CloudFormation 模板是用 JavaScript 对象表示法(JSON)或 YAML(不是标记语言)编写的，它们是简单的键：值对表示你要构建的内容。本章中的示例是用 JSON 表示的，因为它更常见。

AWS CloudFormation 利用了 AWS API，由于 AWS 的每个部分都可以通过 API 调用进行控制，这意味着 CloudFormation 也可以用于配置大多数 AWS。如果不熟悉应用程序编程接口(API)，也不要担心！CloudFormation 是你使用 JSON 模板与之交互的组件。当然，如果想使用 API，可以使用 AWS CLI 或 AWS DK。CLI 在运行 CloudFormation 和在堆栈构建后查看其输出方面帮助很大。堆栈是在 AWS 区域中运行的模板的实例。可以从一个模板构建多个堆栈。一个常见的例子是使用相同的模板来构建开发和生产堆栈。

第一次开始创建模板时，需要考虑的最重要的事情之一是依赖关系。一个 EC2 实例必须有一个 Virtual Private Cloud(VPC)和一个子网，并且在实例创建之前需要一个安全组，以便在创建实例时将其附加到实例上。模板创建后，就可以使用它来创建、更新，甚至以可预测和可靠的方式删除基础架构。

18.2 CloudFormation 模板

模板是 CloudFormation 魔法的发源地。虽然可以使用它们做很多事情，并且可以使用多个组件来自定义模板，但是资源是唯一必需的组件。

18.3 AWSTemplateFormatVersion

AWSTemplateFormatVersion 部分告知在 CloudFormation 模板上可以做什么，基本上说，就是它的功能是什么。此组件当前只有一个有效值，即 2010-09-09。下面是 JSON 的一个示例：

```
"AWSTemplateFormatVersion": "2010-09-09"
```

18.3.1 描述

此部分必须位于格式版本的下方。它由一个文本字符串组成，用于描述模板的目的或用途。此字段是可选的。如果选择使用它，那么 JSON 显示这个组件示例如下。

```
"Description": "This is my awesome template. "
```

18.3.2 元数据

可以使用元数据(metadata)部分添加有关模板的更多信息。如果要调出特定于模板某些部分的信息，通常使用此选项，如下。

```
"Metadata" : {
  "Instances" : {"Description" : "This template only uses Linux instances"},
  "Databases" : {"Description" : "This template only builds MySQL in Amazon
RDS"}
}
```

18.3.3 参数

虽然静态模板在有些场景有用，但是使用模板的真正优势在于，每次使用模板创建堆栈(或更新)时都可以输入自定义值。一个常见用例可能是你想定义允许别人在模板中使用的实例类型。这确保其他人构建的实例类型不会超出你所允许的大小，并能够定义默认值。刚才我在 JSON 中描述的示例如下。我们允许模板用户选择 t2.nano、t2.micro 或 t2.small。如果什么都不选，默认值为 t2.micro。

```
"Parameters" : {
   "InstanceTypeParameter" : {
   "Type" : "String",
   "Default" : "t2.micro",
   "AllowedValues" : ["t2.nano", "t2.micro", "t2.small"],
   "Description" : "Type t2.nano, t2.micro, or t2.small. Default is t2.micro."
  }
}
```

18.3.4 映射

映射允许指定键和值对。虽然不能在映射中使用大多数函数，但可以使用 Fn: :FindInMap 函数来检索值。在映射中也不能使用参数或者伪参数。在 18.5 节“改进模板”中会更详细地讨论这一点。以下是为每个区域选择 AMI ID 的映射示例。这样就可以跨区域使用相同的模板，同时仍然可以选择相同的 AMI(其 ID 号在不同区域之间有所不同)。

```
"Mappings" : {
  "RegionMap" : {
    "us-east-1"          : { "AmazonLinux" : "ami-XXXXXXXXXXXXXXXXX"},
    "us-west-1"          : { "AmazonLinux" : "ami-XXXXXXXXXXXXXXXXX"}
  }
}
```

18.3.5　条件

条件用于确定是否应创建资源或是否应分配某个属性。如果要使用条件，则不仅必须在 Conditions 部分定义条件，还必须在 Parameters 部分中设置要评估条件的输入，并将条件与要创建或更新的资源相关联。这发生在 Resources 和 Outputs 部分。条件的一个很好的例子是确定部署到生产环境还是开发环境。在本例中，我们创建了一个名为 CreateProdResources 的条件，并指定如果 EnvType 参数设置为 prod，则此条件将为 true。

```
"Conditions" : {
    "CreateProdResources" : {"Fn::Equals" : [{"Ref" : "EnvType"}, "prod"]}
}
```

之后，在参数中就可以使用此条件。在下一个示例中，可以看到我们创建了一个名为 EnvType 的参数，该参数默认为 Dev。我们已经说过，可以将此参数设置为 prod 或 dev。如果输入 prod，则条件为 true，并执行将指定该条件为所需的其他操作。通过这种方式，可以使开发实例比 prod 实例更小，从而降低成本。

```
"Parameters" : {
  "EnvType" : {
    "Description" : "Environment type.",
    "Default" : "dev",
    "Type" : "String",
    "AllowedValues" : ["prod", "dev"],
    "ConstraintDescription" : "You need to pick prod or dev."
  }
}
```

18.3.6　转换

转换允许选择 CloudFormation 要使用的一个或多个宏(macro)。这些宏按照它们的定义顺序运行。应该熟悉由 CloudFormation 托管的两个宏。AWS::Serverless 指定应该使用哪个版本的 AWS Serverless 应用模型。这样就指定了允许使用的语法以及 CloudFormation 如何处理它。AWS::Include 使用存放在 CloudFormation 模板外部的模板代码片段。

18.3.7 资源

资源部分指定要创建、修改或删除的实际资源。这包括 EC2 实例、存储和安全组。资源类型示例如下：

- AWS::EC2::Instance
- AWS::EC2::SecurityGroup
- AWS::IAM::Role
- AWS::EC2::VPC

创建一个资源时，先要起个名字，然后声明资源的类型和必要的属性。在这个例子中，我使用 Resources 描述我想要 CloudFormation 构建的 EC2 实例。可以看到资源类型是 AWS::EC2::Instance，并且在 Properties 下显示了 AMI ID。

```
"Resources" : {
  "MyNewEC2" : {
    "Type" : "AWS::EC2::Instance",
    "Properties" : {
    "ImageId" : "ami-XXXXXXXXXXXXXXXXX"
    }
  }
}
```

18.3.8 输出

通过输出部分，可以完成一些事情。可以将 CloudFormation 模板设置为把堆栈构建的结果输出到 CloudFormation 控制台，在调用时返回响应，或者将输出用作另一个堆栈的输入。在一个模板中最多可以有 60 个输出。下面是一个如何声明输出的示例：

```
"Outputs" : {
    "Logical ID" : {
      "Description" : "Info regarding the output value",
      "Value" : "<value>",
      "Export" : {
      "Name" : "<value to be exported>"
    }
  }
}
```

18.4 创建和定制堆栈

现在你已经了解了模板的所有内容，下面讨论堆栈。堆栈就是魔法发生的地方！堆栈是一个模板实例，可以从同一模板创建多个堆栈。成功创建堆栈的前提是必须成功创建堆栈中的所有资源。如果任何一个资源未能正确创建，那么 CloudFormation 会回滚堆栈并删除在失败之前成功创建的任何资源。

可以通过 AWS CloudFormation 控制台、AWS API 或 AWS CLI 处理 CloudFormation 中的堆栈。请记住，虽然 CloudFormation 是免费的，但如果所创建资源需要付费，那么通常你会为 CloudFormation 付费。EC2 实例或 Lambda 函数就是很好的例子。

18.4.1　参数

在上一节关于模板的部分中，我们介绍了可使用的参数的内容，这里是将它们付诸实践的地方。参数是采用静态模板提供更加动态的解决方案。可以使用 4 种参数类型，类型决定了它们想要看到的输入。

- 字符串
- 数字
- 列表
- 逗号分隔列表

使用参数时都必须进行输入验证。毕竟，一种类型可能会导致整个堆栈回滚，这会非常令人沮丧！CloudFormation 中提供 4 种方法用于验证输入：

- AllowedValues
- AllowedPattern
- MaxLength/MinLength
- MaxValue/MinValue

18.4.2　输出

当从模板创建堆栈并且定义了输出时，会在完成时得到输出。输出可用于与其他环境集成，例如，当一个堆栈的输出用作另一个堆栈的输入时，或者选择在 CloudFormation 控制台中查看输出。

18.5　改进模板

创建模板并成功地创建了堆栈以后，下一步就是优化模板。可以使用内置函数、映射和伪参数来优化它们。让我们更深入地研究一下这些优化方法，看看如何使用它们改进模板。

18.5.1 内置函数

内置函数允许为运行时访问的属性分配值。AWS CloudFormation 有几个内置函数可以使用：

- Fn: :Base64——将传递给它的字符串转换为 Base64。这是传递用于构建 EC2 实例的用户数据所必需的。
- Fn: :Cidr——用于在较大的 CIDR 块内创建一个 CIDR 块数组(一组)。
- Fn: :FindInMap——在资源部分中用于引用模板映射部分中的值。
- Fn: :GetAtt——返回使用和/或分配给资源的属性。
- Fn: :GetAZs——返回模板中指定区域内可用性区域的列表。
- Fn: :ImportValue——允许从另一个堆栈的输出导入值。
- Fn: :Join——通过选择的分隔符将多个值叠加在一起。
- Fn: :Select——用于从数组返回单个值；值由其索引编号选择。
- Fn: :Split——与 Fn: :Join 相反。通过指定的分隔符拆分多个值。
- Fn: :Sub——可用于通过字符串进行变量替换。
- Fn: :Transform——为 CloudFormation 选择一个宏来处理堆栈。

现在举个例子说明。创建 EC2 实例时，可以使用用户数据自定义 EC2 实例上安装的内容或某些设置的配置方式。可以使用 CloudFormation 实现这一点，但挑战之一是输入必须是 Base64。当然，可以手动将脚本的每一行转换为 Base64，但是这样每次发生更改时，都需要重新更新。或者可以使用 Fn: :Base64 函数在运行时将脚本简单地转换为 Base64。这种方法将编辑用户数据脚本变得更加容易。下面的示例展示了如何使用两个函数将用户数据输入 CloudFormation 模板中。如前所述，Fn: :Base64 将用户数据中的所有内容转换为 Base64。Fn: :Join 将两个或多个字符串连接在一起，(本例中是两行或多行，\n 是转义字符，在本例中用作分隔符来表示新行)。代码之后安装一个 Web 服务器，将目录更改为根 Web 目录，然后创建一个简单的 HTML 页面，在 Web 服务器生成完成后导航到它时显示“我是一个快乐的小 Web 服务器！”。

```
    "UserData" : {"Fn::Base64": {"Fn::Join" : ["\n", [
          "#!/bin/bash -ex",
          "yum install -y httpd",
          "cd /var/www/html",
          "echo '<html><body>I am a happy little Web server!</body></html>' >
index.html",
          "service httpd start"
    ]]}}
```

18.5.2 映射

映射允许将键映射到值。对于每个映射，键必须具有唯一的名称，键允许包含多个值。在本例中，我们有一个名为 RegionAMI 的映射。本例中的键是区域名 us-east-1，值是 AmazonLinux 和 Ubuntu。

```
"RegionAMI" : {
        "us-east-1" : {
                "AmazonLinux" : "ami-XXXXXXXXXXX",
                "Ubuntu" : "ami-XXXXXXXXXXX"
}}
```

之后使用一个内置函数 Fn: :FindInMap 指向之前创建的映射。这让你指定所需的内容(AmazonLinux)，而不必记住所处特定区域的 AMI ID。这里展示了这一点：

```
"ImageID" : {"Fn:FindInMap": ["RegionAMI", "Ref":"AWS::Region", "AmazonLinux"]}
```

18.5.3 伪参数

最后，但肯定同样重要的是伪参数。这些参数是使用 CloudFormation 创建的，而不是在模板中创建的参数。

- AWS: : AccountID——AWS 账户 ID。
- AWS: : NotificationARNs——通知主题的 ARN。
- AWS: :NoValue——删除属性。
- AWS: :Partition——返回分区资源所在地。
- AWS: :Region——当前堆栈所在区域。
- AWS: :StackId——当前堆栈 ID。
- AWS: :StackName——当前堆栈名称。
- AWS: :URLSuffix——返回域的后缀。

如需使用伪参数，可以先使用 Ref 函数，然后使用参数的伪参数的名称。例如：

```
{"Ref": "AWS: :Region"}
```

18.6 CloudFormation 模板存在的问题

在开始使用 CloudFormation 时，可能会遇到如下两个问题。

第一个问题是，虽然模板可以跨区域使用，但 AMI ID 对于它们所在的区域是唯一的。我在这一章中已经给了一些例子，告诉如何在模板中处理这个问题。如果堆栈未构建成功，请确保具有用于创建堆栈的区域的正确 AMI ID。

我想指出的第二个问题是 JSON 语法。在每行末尾使用逗号告诉 JSON 期望的另一行。如果没有逗号，JSON 会假定已到达最后一行。因此，如果模板正在构建一个堆栈，但是事情看起来不像你期望的那样，那么检查 JSON 并确保在需要的地方有逗号。

18.7　本章小结

IaaS 允许使用代码动态地构建基础设施，这会去除容易出错的手动过程，并用可重复的过程进行替代。CloudFormation 是 AWS 对想使用 IaaS 的客户提供的工具。

模板定义了你想要的基础结构的外观，堆栈是模板的实例。可以从一个模板创建多个堆栈，并且可以使用参数、映射和伪参数自定义堆栈，即使是从同一模板部署的堆栈也是如此。

18.8　复习资源

AWS CloudFormation 是什么？

https://docs.aws.amazon.com/AWSCloudFormation/latest/UserGuide/Welcome.html

使用堆栈：

https://docs.aws.amazon.com/AWSCloudFormation/latest/UserGuide/stacks.html

模板实例：

https://docs.aws.amazon.com/AWSCloudFormation/latest/UserGuide/cfn-sample-templates.html

AWS CloudFormation 常见问题解答：

https://aws.amazon.com/cloudformation/faqs/

18.9　考试要点

了解 CloudFormation 的作用。CloudFormation 允许从模板中构建基础设施，这确保每次都以相同的方式构建资源。CloudFormation 是 AWS 的工具，允许构建基础设施即服务(IaaS)。

定义模板和堆栈之间的关系。模板是环境的定义，而堆栈是模板的实例。这意味着堆栈包含模板中定义的所有资源。堆栈是一个全有或全无的事物；如果其中任何一个资源未能成功构建，则整个堆栈将失败并回滚。

记住 JSON 模板中的部分是用来做什么的。需要记住 JSON 模板中各个部分的用途。虽然不需要在考试中编写自己的 JSON 模板，但你可能会看到一些示例，并根据所看到的内容回答问题。

18.10 练习

在本章中，你将创建第一个 CloudFormation 模板和堆栈。

练习 18.1

创建一个 CloudFormation 堆栈

(1) 登录到 AWS Management Console。

(2) 单击 Services；然后在 Management & Governance 下选择 CloudFormation。

(3) 在 CloudFormation 控制台菜单中选择 Stacks。

(4) 单击 Create Stack。

(5) 在 Specify Template 屏幕上，选择 Use A Sample Template，然后从 Simple 下的下拉列表中选择 Wordpress Blog。

(6) 单击 Next 按钮。

(7) 在 Specify Stack Details 屏幕上，输入堆栈的名称；我用的名称是 **studyguide102019**。

(8) 输入要用于 DBPassword 和 DBRootPassword 的密码。

(9) 在 DB Username 字段中输入用户名。

(10) 实例类型保留为 t2.small。

(11) 在 KeyName 下，选择将用于验证的密钥对。

(12) 单击 Next 按钮。

(13) 在 Configure Stack Options 屏幕上，接受默认值并单击 Next 按钮。

(14) 在 Review 页面上，单击 Create Stack。

单击 Create Stack 之后，CloudFormation 就开始为你设置堆栈了。当状态从 CREATE_IN_PROGRESS 更改为 CREATE_COMPLETE 时，你就成功地完成了第一个 CloudFormation 部署。这些示例模板是一种极好的学习方法，通过单击堆栈并选择如图 18.1 所示的模板选项卡来查看创建的模板。

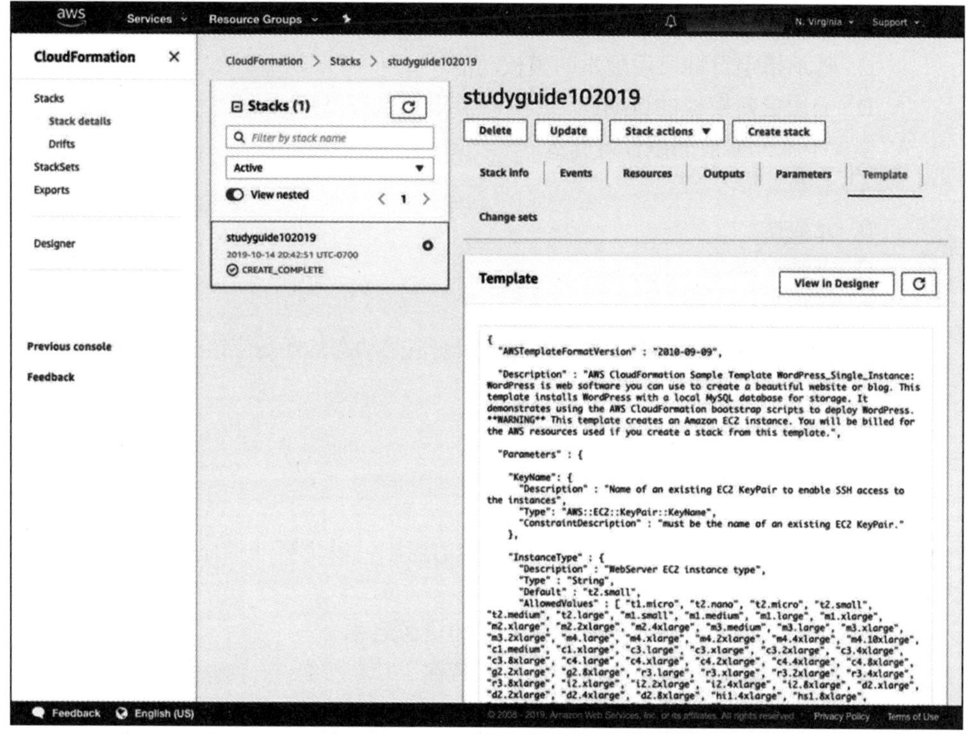

图 18.1　可以单击 Template 选项卡查看创建堆栈的 JSON 模板

18.11　复习题

附录中有答案。

1. 以下哪些方式可以通过使用 AWS 服务来自动化和最小化 IaaS 环境中的开销？(选择两项)

   A. 确保所有环境的部署都是相同的

   B. 在所有环境中以相同的方式构建实例

   C. 使用 JavaScript 替换手动步骤，以尽量减少控制台的使用

   D. 使用 XML 而不是基于控制台的手动步骤定义环境

2. 以下哪个 AWS 工具和服务与 CloudFormation 没有紧密的联系？

   A. YAML

   B. AWS API

   C. AWS SDK

   D. JSON

3. CloudFormation 模板的 AWSTemplateFormatVersion 部分表示什么？

   A. 最初编写模板的日期

B. 上次处理模板的日期

C. 基于指定日期可用版本的模板功能

D. 上次更新模板的日期

4. 模板中唯一需要的组件是什么?

A. 参数

B. 元数据

C. 资源

D. 输出

5. 在CloudFormation模板的哪个部分中指明值是动态的还是应该在运行时处理的?

A. 输入

B. 参数

C. 变量

D. 元数据

6. 关于 CloudFormation 的资源以及它们的名称，以下哪些描述是正确的?(选择两项)

A. 可以在创建资源时为其指定实际的资源名称

B. 可以在创建资源时为其分配逻辑名称

C. 可以将逻辑名称映射到模板中指定的 AWS 资源名称

D. 无法通过 CloudFormation 对 AWS 资源分配实际的资源名称

7. 你想创建多个不同的环境，但允许通过计费轻松地将这些环境分开。如何最好地使用 CloudFormation 来实现这一点?

A. 为每个环境指定不同的名称

B. 为环境中的每个资源分配一个集合前缀(如 dev-[resource name])

C. 为环境中的每个资源分配标记

D. 不能区分在单个 CloudFormation 模板中创建的资源

8. 你在运行一个复杂的 CloudFormation 堆栈，并且在大部分堆栈执行之后才遇到错误。你发现，在重新尝试之前，需要将近一个小时来清理堆栈创建的所有资源。你如何能减少清理时间?

A. 启用发生错误时自动回滚

B. 构建第二个 CloudFormation 模板删除所有资源，然后根据需要运行这些资源

C. 禁用发生错误时自动回滚

D. 在模板中启用 CleanupResources 选项

9. 你有一个堆栈，它创建了许多 EC2 实例，然后在每个实例上启动脚本。但是，堆栈中的下一步失败，因为它们依赖于这些脚本配置的资源，而堆栈在脚本完成之前就执行。你怎样才能解决这个问题?

A. CloudFormation 不能解决这个问题

B. 需要使用 WaitCondition 资源来阻止进一步的执行，直到实例上的脚本完成

C. 需要一个单独的 CloudFormation 堆栈，并且必须设置初始堆栈来调用第二个堆栈

D. 需要一个单独的 CloudFormation 堆栈，在实例上的脚本完成后才手动运行该堆栈

10. 以下哪个不能通过 CloudFormation 创建？

A. VPC

B. NACL

C. 弹性 IP

D. 可以使用 CloudFormation 创建所有这些

11. 以下哪项不能执行 CloudFormation 堆栈？

A. AWS CLI

B. AWS API

C. AWS SDK

D. 可以通过所有这些执行 CloudFormation

12. CloudFormation 的实例和模板之间有什么区别？

A. 模板指定应该发生什么，而实例是该模板的指定运行

B. 实例指定应该发生什么，而模板是该实例的指定运行

C. 实例是运行模板的函数

D. 模板是运行实例的函数

13. 以下哪项不允许作为参数的数据类型？

A. 列表

B. 逗号分隔列表

C. 数组

D. 数字

14. 你想要接受自定义 CIDR 块作为 CloudFormation 堆栈的输入。可以使用什么样的验证方法来确保 CIDR 块作为输入参数的格式正确？

A. AllowedValues

B. MinLength

C. ValueMask

D. AllowedPattern

15. AWS 将模板实例创建的资源集称为什么？

A. 堆栈集

B. 堆栈

C. 实例

D. 运行实例

16. 你构建了许多 CloudFormation 模板，这些模板将由操作团队的几个成员执行。但是，这些模板需要一些敏感的密码，你不想在模板执行时显示这些密码。如何防止

显示这些值？

A. 将参数标记为 NoEcho

B. 将参数标记为 EchoOff

C. 将参数标记为 NoOutput

D. 将参数标记为 OutputOff

17. 你想要确保捕获 CloudFormation 堆栈创建的 Web 应用的 URL。可以使用哪些元素来完成此操作？

A. 模板参数

B. 输出值

C. 查找数据表

D. 一组资源的配置值

18. 你想要提供一个指向堆栈的网站 URL，这个堆栈有 API 进行调用作为设置 EC2 实例的一部分。可以使用哪些元素来完成此操作？

A. 模板参数

B. 输出值

C. 查找数据表

D. 一组资源的配置值

19. 你想要使用最新的 AWS 支持的 SUSE Linux AMI 版本创建几个新的 EC2 实例。可以使用哪些元素完成此操作？

A. 模板参数

B. 输出值

C. 查找数据表

D. 一组资源的配置值

20. 你想要一个堆栈在创建数据库时弹出一个对话框，用于输入数据库用户名。可以使用哪些元素完成此操作？

A. 模板参数

B. 输出值

C. 查找数据表

D. 一组资源的配置值

第 19 章

Elastic Beanstalk

本章涵盖的 AWS Certified SysOps Administrator-Associate 考试主题包含但不局限于以下内容：

✓ 知识点 2.0 高可用性
- 2.1 基于用例实现可延展性和弹性
- 2.2 认识和区分 AWS 的高可用性和弹性环境

✓ 知识点 3.0 部署和供给
- 3.1 确定并执行提供云资源所需的步骤
- 3.2 确定并修正部署问题

✓ 知识点 7.0 自动化和优化

✓ 知识点 7.1 使用 AWS 服务和特性来管理和评估资源利用率

✓ 知识点 7.2 采用成本优化策略有效利用资源

✓ 知识点 7.3 自动化手动或可重复的过程，以最小化管理开销

对于使用 Web 应用的组织，必须选择如何支持这些 Web 应用。对于需要高可用性或者高性能的关键型业务应用，选择起来可能会变得更加复杂。

AWS 引入了 AWS Elastic Beanstalk 简化了 Web 应用的架构和管理。通过 Elastic Beanstalk，可以让你专注于 Web 应用，而不是软件或硬件。同时，从一个控制台中构建高可用性或计划性能要求变得非常简单。

本章涵盖：
- Elastic Beanstalk 简介
- 使用 Elastic Beanstalk 的部署选项
- 部署选项排错

19.1 什么是 Elastic Beanstalk

你可能会想知道，为什么我们要在一本为 SysOps 管理员助理认证编写的书中介绍 Elastic Beanstalk(可以说是一种面向开发人员的工具)。原因其实很简单：需要了解 Elastic Beanstalk 是如何工作的，因为可能会被要求为开发人员进行部署，或者可能会

在工作不正常的某些情况下被叫来解决问题。如果在一个较小的组织中，你自己甚至可能是应用开发者。了解 Elastic Beanstalk 的工作原理及其选项对于组织成功部署应用至关重要。

作为系统管理员，你可能已经了解如何管理 AWS 基础设施。你知道如何配置各个组件，比如 Amazon EC2 实例、弹性负载均衡器、自动伸缩组、数据库等。但问题是：当有一个业务关键的 Web 应用时，你只关心让它运行起来。考虑到目前大多数 Web 应用使用相同的基本分层架构，这个要求可以通过手动或自动完成。每当想要自动化一些事情时，就值得研究了。这就让我们想到 Elastic Beanstalk。

Elastic Beanstalk 是一种受管服务，它简化了 AWS 中 Web 应用的管理和部署。它利用 AWS CloudFormation 提供成功运行 Web 应用所需的所有资源。你依然可以在很大程度上自定义这些资源；完全控制配置。但是，你不必设计网络、构建 EC2 实例、子网和自动伸缩组，而只需要指定要运行的 Web 应用的类型。Elastic Beanstalk 负责实例配置，以及操作系统的安装和配置。更好的是，Elastic Beanstalk 是一个免费服务。你只为使用的资源付费。

通过 Elastic Beanstalk 部署基础设施时，应该了解 3 种架构模型。

单实例部署　使用单个 EC2 实例和所支持的基础设施来支持 Web 应用。对于开发环境来说，这是一个很好的解决方案。

负载均衡器和自动缩放组　EC2 实例，它们不仅是负载均衡的，而且是在自动缩放组中设置的。对于生产或预生产环境来说，这是一个很好的解决方案。

仅自动缩放组　EC2 实例放入一个自动缩放组中，但是没有使用负载均衡器。此模型最适合于生产环境中不基于 Web 的应用。

19.1.1　平台和语言

如果你正在开发自己的应用，或者开发人员询问 Elastic Beanstalk 支持哪些语言，你会发现它支持的语言和平台非常多。在撰写本文时，支持以下的语言和平台。

- Packer Builder
- Single Container Docker
- Multicontainer Docker
- Preconfigured Docker
- Go
- Java SE
- Java with Tomcat
- .NET on Windows Server running IIS
- Node.js
- PHP
- Python

- Ruby

Elastic Beanstalk 使用 CloudFormation 部署所需要提供的资源。通常几乎任何提供的资源都可以在 Elastic Beanstalk 中使用，包括 EC2 实例、Amazon RDS 实例等。Elastic Beanstalk 可以进行较高级别的定制，包括选择实例类型、大小和 Amazon 机器镜像(AMIs)的能力。这些功能在 Elastic Beanstalk 中的 Create A Web App 屏幕上选择 Configure More 选项时，很容易看到，如图 19.1 所示。

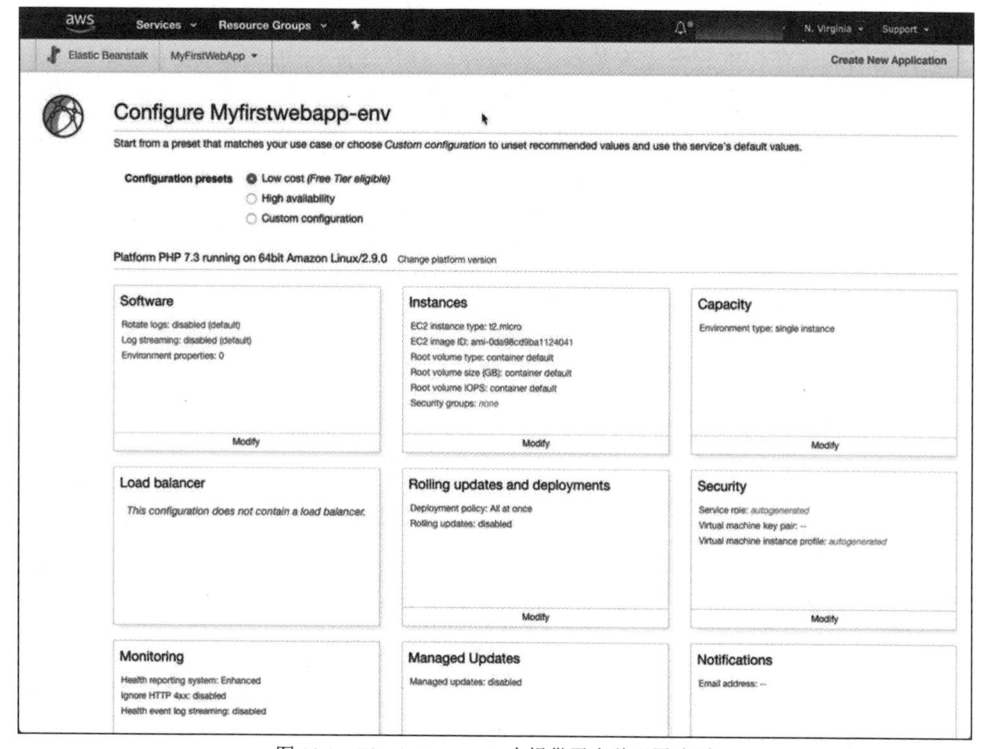

图 19.1　Elastic Beanstalk 中提供了多种配置选项

确认所选项之后，选择 Create App，Elastic Beanstalk 会以你设置的方式通过 Cloud Formation 部署所需的基础设施。Elastic Beanstalk 部署应用的基本流程是：

(1) Elastic Beanstalk 使用所选的基础 AMI 构建 EC2 实例。

(2) Elastic Beanstalk 把应用的新代码发送到 EC2 实例。

(3) 解决 EC2 实例与应用的依赖关系(这个过程可能很长，取决于需要安装依赖项的个数)。

(4) 应用在 EC2 实例上安装后，可以使用。

19.1.2　创建自定义平台

正如在 19.1.1 节“平台和语言”中看到的，可以选择较大范围的平台。但如果需要一个没有在列表中提供的平台，那怎么办呢？当然，可以创建一个自定义平台！我知道这说起来简单。创建定制平台是一个高级主题，但如果 Elastic Beanstalk 本身不提供支持，那么可以从头开始创建一个完整的平台来支持工作负载。我说的不仅仅是定制 AMI。你可以将定制的 AMI 与 Elastic Beanstalk 一起使用，而不必做进一步的修改，Elastic Beanstalk 会使用脚本，像平常一样构建平台堆栈。创建自定义平台时，需要指定镜像和脚本以及构建平台所需的自定义配置进行设置。

创建自定义平台时，可以使用 Packer。Packer 是由 HashiCorp 推出的一个工具，它允许使用脚本在你的镜像上安装和配置软件。你在 Elastic Beanstalk 中创建了一个 Packer 平台，在上传了平台档案文件后，AWS 会管理 Packer 平台。平台档案是一个 zip 压缩文件，它包含构建平台所需的所有配置文件和脚本。稍后将详细讨论这个过程。

创建自定义平台，需要向 Elastic Beanstalk 提供一个 Packer 模板，以及该模板在构建 AMI 时所需的脚本或文件。所有配置组件都在名称为 platform.yaml 的平台定义文件中指定，此文件包括用于创建镜像的构建器、需要哪个 AMI 等。下面是一个用于提供最新版本 Amazon Linux 的示例：

```
version: "1.0"
provisioner:
  type: packer
  template: custom_platform.json
  flavor: amazon
```

注意：

platform.yaml 文件中唯一必需的字段是版本号、供应商类型和供应商模板。其他都是可选的。

如果不想使用最新版本的 Amazon Linux，可以在平台.yaml 文件的元数据部分指定你想要安装的版本，以及其他认为重要的信息。

```
metadata:
  maintainer: John Doe
  description: My Awesome Platform
  operating_system_name: Amazon linux
  operating_system_version: 2018.03.0
```

现在你有了 platform.yaml 文件，让我们看看 Packer 模板。在第一个代码示例中，你可以看到这里的 template:custom_platform.json。它告知 Elastic Beanstalk 模板 Packer 的名称；你可以随意起名，只要在 platform.yaml 文件中引用正确的名称。JSON 的前几行设置了脚本的所有变量。Elastic Beanstalk 创建了 3 个环境变量：AWS_EB_PLATFORM_NAME、AWS_EB_PLATFORM_VERSION 和 AWS_EB_PLATFORM_ARN。这些变量映射到 custom_platform.json 文件中的 platform_name、platform_version 和 platform_arn。platform_name 和 platform_version 的值从 platform.yaml 文件中获得，platform_arn 由构建脚本设置(builder.sh)，我们很快会讨论。

构建模板时需要 env，因为它告诉 Elastic Beanstalk 你正在引用一个环境变量。

```
"variables": {
  "platform_name": "{{env `AWS_EB_PLATFORM_NAME`}}",
  "platform_version": "{{env `AWS_EB_PLATFORM_VERSION`}}",
  "platform_arn": "{{env `AWS_EB_PLATFORM_ARN`}}"
},
```

在 JSON 的 builders 部分，你提供一些基本的配置参数。如果使用的是一个 AWS 模板，则需要添加区域和源 AMI，因为它们在模板中没有填写。

```
"builders": [
  {
    "type": "amazon-ebs",
    "name": "HVM AMI builder",
    "region": "us-east-1",
    "source_ami": "ami-00eb20669e0990cb4",
    "instance_type": "t2.micro",
    "ssh_username": "ec2-user",
    "ssh_pty": "true",
    "ami_name": "AmazonLinux_Packer (built on {{isotime \"20191028150405\"}})",
    "tags": {
      "eb_platform_name": "{{user `platform_name`}}",
      "eb_platform_version": "{{user `platform_version`}}",
      "eb_platform_arn": "{{user `platform_arn`}}"
    }
],
```

custom_platform.json 文件的最后一部分是供应商部分。在这个部分，定义可用于在所选计算机镜像上安装和配置软件的供应商。在本例中，可以看到定义了两个供应器：一个用于文件，一个用于 shell。

```
"provisioners": [
  {
    "type": "file",
    "source": "builder",
    "destination": "/tmp/"
  },
  {
    "type": "shell",
    "execute_command": "chmod +x {{ .Path }}; {{ .Vars }} sudo {{ .Path }}",
    "scripts": [
      "builder/builder.sh"
    ]
  }
]
```

这些是定制 custom_platform.json 文件的基本组件：变量、生成器和供应器。保存文件后，就可以开始了。

如果已经下载了一个预先制作的模板，那么就拥有了下面的结构。首先，我强烈建议在第一次使用自定义平台时，使用模板，这样可以帮助学习使用基本的组件。解压模板时，解压后的文件夹将包含以下基本组件。

- builder：该文件夹包含 Packer 创建自定义平台所需的所有文件。
- custom_platform.json：这是我们前面讨论的模板文件。
- platform.yaml：这是前面讨论的定义文件。
- ReadMe.txt：此文件用于文档，并应描述平台/模板要执行的操作。

完成编辑后，再次压缩文件夹，然后打开 AWS 管理控制台。选择 Elastic Beanstalk，在构建应用时，选择 Elastic Beanstalk Packer Builder。选择 Upload Code 并选择你先前创建的 zip 文件。你的屏幕应该类似于图 19.2。

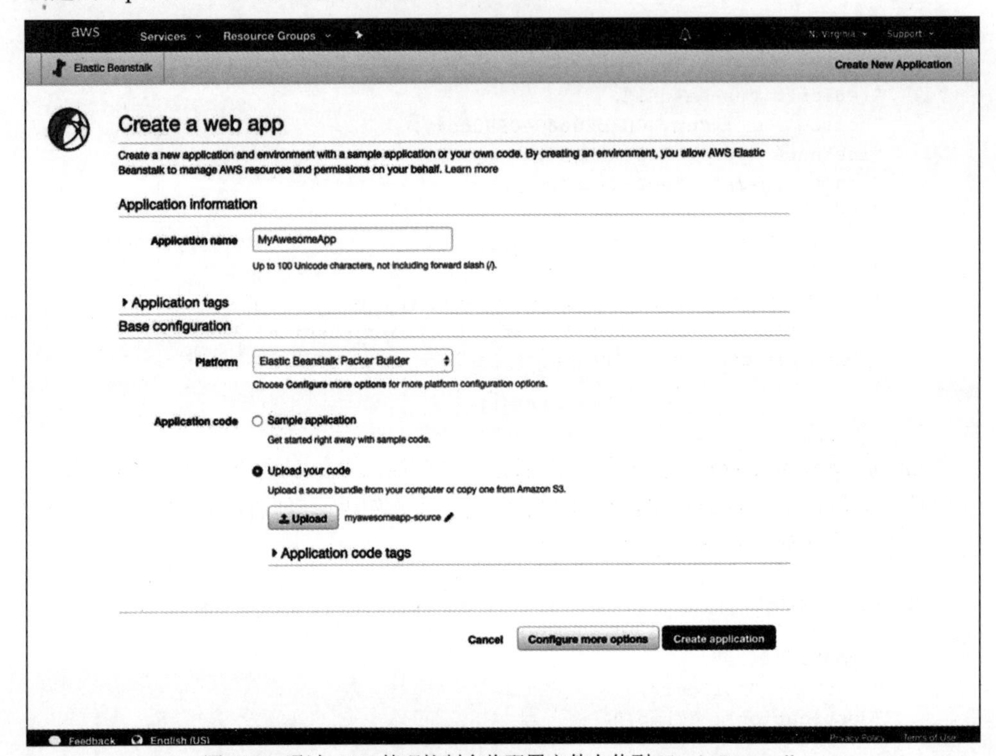

图 19.2　通过 AWS 管理控制台将配置文件上传到 Elastic Beanstalk

19.2　Elastic Beanstalk 更新

上一节介绍了基本的架构模型以及 Elastic Beanstalk 部署应用的详细步骤。在需要更新代码时会发生什么情况呢？更新代码时可以使用 4 种类型的部署选项，这些选项在考试中出现的频率非常高。这 4 种部署类型如下：

- 一次性部署

- 滚动部署
- 带有额外批处理的滚动部署
- 不可变部署

下面详细地讨论每个模型。

19.2.1　一次性部署

当处于开发环境中时，通常需要快速刷新的应用代码。传统上，开发环境的正常运行时间要求与生产部署上的要求不同，这使得一次性部署成为一个完美的选择。

一次性部署停止所有应用，部署新的应用，然后启动它。这是迄今为止最快的部署模型，而且它不会产生任何额外的成本，因为在更新前后运行的实例数量相同。

19.2.2　滚动部署

在生产环境中，如果有其他替代方案，一般不太可能获得批准关闭应用进行更新。一种适合生产环境的替代方案是滚动部署。当使用滚动部署时，可以选择一定百分比数量的 EC2 实例一起进行升级。这种方法的确会造成应用在低于正常处理容量能力下运行，因此最好在应用使用不频繁的时候进行这种类型的部署。应用的两个版本最终将同时运行，而且由于没有添加实例，因此使用此部署方法不会产生额外的成本。

19.2.3　带有额外批处理的滚动部署

如果喜欢滚动模型，但不能在容量不足的情况下运行，那么可以使用带有额外批处理的滚动部署。此部署模型在对旧实例更新应用之前，会启动一些新的 EC2 实例以支持应用升级。应用更新完成以后，批处理系统终止。这种部署会导致更长的部署周期，以及由额外实例而产生的成本增加。但是，如果这是一个业务关键型应用，它可以确保应用始终在期望容量下运行，而不是像普通滚动部署那样在低容量下运行。

19.2.4　不可变部署

在 4 种部署类型中，不可变部署需要最长时间完全部署。对于生产环境，如果可以接受一些额外成本，这可能是一个非常好的模型。当部署新代码时，Elastic Beanstalk 会创建带有一个新实例的临时自动缩放组。当该实例报告健康时，它会构建额外的实例，直到它与生产环境中的数量匹配为止。当应用从所有新实例报告为正常时，Elastic Beanstalk 将它们转移到生产自动缩放组，然后终止旧实例和临时自动缩放组。

这种部署的好处是绝对没有停机时间，而且可以对部署成功率信心十足。如果出现故障，还可以很快回滚到旧版本。实际上，如果新实例无法正常运行，Elastic Beanstalk 则会在将该实例放入生产自动缩放组之前终止它们。

19.3　使用蓝/绿部署测试应用

蓝/绿部署不是 Elastic Beanstalk 的一个正式部署选项；但是，本章仍进行讨论，因为它们是针对生产数据流测试应用新版本的一个重要方法。

蓝/绿部署指的是同时使用生产环境(蓝色)和暂时环境(绿色)来测试具有实际生产数据流的新代码。这是一种很好的方法，可以发现测试期间未发现的代码问题。如果发现这样的问题，就可以减少对客户可能发生的影响。

理解蓝/绿部署并不是 Elastic Beanstalk 提供的一个直接特性是很重要的。需要创建两个环境，然后使用 Amazon Route53 通过权重策略将一定百分比的数据流分配给蓝色部署，另一部分百分比分配给绿色部署。这需要两个不同的 URL，它们是由 Elastic Beanstalk 自动创建的。在验证新版本的所有内容没有问题后，对于旧环境，可以将 Route 53 策略中的权重更改为 0，或者将其从路由策略中完全删除。如果新部署出现问题，则可以通过将其添加回路由策略中的方式，在几秒钟内快速回复故障到应用的工作版本。验证应用后，可以删除第二个(暂时)环境以降低成本；只需要确保 Route 53 策略首先指向新的生产环境。

AWS 建议在进行蓝色/绿色部署前克隆你的环境，生成第二个环境，然后在第二个环境上进行更新。克隆生产环境的好处是可以获得生产环境的完全相同的副本。这样就能够对新的应用执行最准确、可靠的测试。

19.4　配置 Elastic Beanstalk

当创建一个新的环境时，即使选择了一个预配置的应用，还是可能需要对应用进行一些定制。当提供应用时，你有机会这样做。选择要使用的平台后，单击 Configure More Option 按钮。首先注意的是一些预设。低成本的方法使用免费的分层可用服务，并将配置复杂性降至最低。这对于开发或测试实验室负载非常有用。另一方面，高可用性为应用负载均衡器提供了一个自动伸缩组，默认情况下允许 1～4 个实例。如果更改任何设置，配置预设将自动更改为自定义配置。我选择了一个带有示例代码的 Tomcat Web 应用。作为一个例子，假设我需要一个 RDS 数据库来支持我的 Web 应用。可以向下滚动到 Database 并单击 Modify，如图 19.3 所示。

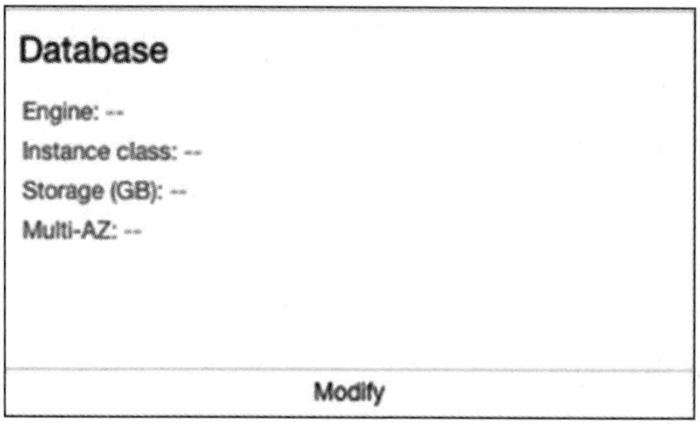

Database

Engine: --
Instance class: --
Storage (GB): --
Multi-AZ: --

Modify

图 19.3 修改 Elastic Beanstalk 中的数据库设置

甚至可以在部署应用之前自定义多个设置。其中包括：

- 软件
- 实例类型和尺寸
- 容量
- 负载均衡器
- 更新和部署类型
- 安全
- 监控
- 管理更新
- 通知
- 网络
- 数据库
- 标签

你不需要为考试记住这些，但是你应该知道它们的存在，如何获取它们，以及如何配置它们。我建议单击各种选项，看看在 Elastic Beanstalk 中可以做什么。它是可定制的功能是难以置信的，考试中你可能会被问到与 Elastic Beanstalk 定制设置有关的问题。

19.5 保护 Elastic Beanstalk

在本书前面了解到的共担责任模型仍然适用于 Elastic Beanstalk，尽管它是一种受管服务。提醒一下，AWS 负责云的安全，你负责云中的安全。需要考虑几个组件；让我们看看每个组件。

19.5.1 数据保护

尽管 AWS 负责云的安全，但是你仍然有责任保护自己的数据，即使像在 Elastic

Beanstalk 这样的受管服务中也是如此。这些建议与手动创建环境是一样的。它们包括添加多因素身份验证(MFA)来保护根账户和用户账户，对静态和传输中的数据进行加密，并使用 AWS CloudTrail 记录由控制台或通过 AWS API 访问的所有活动。

19.5.2　身份和访问管理

Elastic Beanstalk 提供两个受管策略：一个提供只读访问，另一个提供完全访问。可将这些策略附加到 IAM 组，以便更轻松地管理访问。

- AWSElasticBeanstalkFullAccess 是授予完全访问权限的管理策略。它允许配置、添加或删除 Elastic Beanstalk 应用及其所有资源。
- AWSElasticBeanstalkReadOnlyAccess 是授予读访问权限的管理策略。具有此策略的用户可以查看 Elastic Beanstalk 中的所有资源，但不能进行任何更改。

19.5.3　日志和监控

对 AWS 基础设施中使用的日志记录和监控服务也可用于 Elastic Beanstalk。Amazon CloudWatch、AWS CloudTrail 甚至 Amazon EC2 实例日志都可以用来帮助进行故障排除，通过 Cloud Trail，还能够满足审计跟踪的需要。

19.5.4　合规

ElasticBeanstalk 定期由 AWS 之外的审计员检查许多流行的合规性框架和程序，包括 HIPAA、PCI-DSS、SOC 和 FedRAMP。你可以随时通过 AWS Artifact 下载这些合规性报告，可从以下网址获得：https://console.aws.amazon.com/artifact/。注意需要 AWS 登录才能访问这些报告。如果当前没有登录，可以免费创建一个。你会被要求提供信用卡，但不需要缴费。仅当在 AWS 内发生费用时，才会使用此卡。

19.5.5　弹性恢复

Elastic Beanstalk 使用与其他服务相同的全球基础设施：区域和可用性区域。可以在使用 Elastic Beanstalk 构建基础设施的同时，充分利用这些功能。

19.5.6　配置和漏洞分析

AWS 通过一个名为受管更新的功能，使你能够轻松地保持平台的最新状态。此功能自动对平台应用修补程序和小更新，这样你就不必担心它了。可以使用像 Amazon Inspector 这样的工具来评估环境，以确保减少漏洞，AWS Trusted Advisor 也可以提供对安全最佳实践的建议。

19.5.7　安全最佳实践

Elastic Beanstalk 的安全最佳实践与手动部署的基础设施类似。保持平台的最新状态可以减少漏洞，实现最少权限可以确保只有授权用户才能在 Elastic Beanstalk 中执行任务。确保不仅监控日志和 API 调用，而且还要监控配置基线，这对组织的总体安全性也很重要。

19.5.8　对 Elastic Beanstalk 使用安全最佳实践

配置 Elastic Beanstalk 时，可以在创建环境之前更改安全设置。当选择配置更多选项时，或者在构建环境后单击 Configuration 时，提醒需要注意的一些事项。

- **安全性：**允许更新 IAM 设置并设置用于 Amazon EC2 实例的密钥对。
- **监控：**允许设置基本或详细的 Amazon CloudWatch 日志记录。
- **受管更新：**允许自动修补 Amazon EC2 实例。

19.6　Elastic Beanstalk CLI

虽然你不需要对 Elastic Beanstalk 中的命令行界面(CLI)了解太多，但是还是应该了解一些基本知识，这样就不会在考试中感到意外。如果以前使用过 AWS CLI，那么现在仍然可以在 Elastic Beanstalk 中使用它。然而，这里的 AWS CLI 命令行长度可能会变得有些笨拙，特别是对于脚本函数。AWS 发布了 EB CLI 来解决这个问题。

EB CLI 包含了许多特定于 Elastic Beanstalk 的命令，允许通过命令行轻松地创建、修改和删除环境。EB CLI 使通过脚本构建应用环境变得更加容易。

例如，使用 AWS CLI 检查应用环境的状态，可输入以下命令。

```
aws elasticbeanstalk describe-environment-health --environment-name
< environment_name > --attribute-names All
```

但如果使用 EB CLI，这个命令要简单得多。

```
eb status < environment_name >
```

注意：

安装 EB CLI 并不十分复杂；但应该注意的是，在撰写本文时，它还不能与 Python 3.8 一起使用。需要安装 Python 3.7 才能使 EB CLI 正常工作。可以查看 AWS 文档确认是否仍然推荐 Python 3.7，或者是否可以使用更高的版本。

在参考资料部分有一个关于 EB CLI 参考指南的链接，它提供了一些可用命令。

19.7 Elastic Beanstalk 排错

支持 Elastic Beanstalk 可能是你工作职责的一部分；如果是这样的话，这一部分会对你很有价值。重点是要理解它是如何工作的，同时，理解在事情以预期的方式工作时该做什么也同样重要。

最常见的问题之一是解决依赖关系的时间太长。甚至可能会遇到超时问题，因为在安装应用前需要时间来解决依赖关系。最简单的解决方案是创建一个已经安装了所有依赖项的黄金镜像。这种策略大大缩短了部署时间，特别是存在大量依赖关系的情况下。

如果发现命令超时，可以调整部署更长的超时时间。虽然这不像引起问题的依赖关系那样常见，但它确实是可能的。

如果需要访问外部资源，请确保已配置正确的安全组，以允许必要的数据流进出。

最后，同样重要的一点是，如果应用的运行状况为红色，请务必检查 CloudWatch 中最近的日志文件条目，这些条目可能提供关于发生问题的线索，以及环境事件的审查。如果无法确定应用的健康检查失败的原因，可以随时回滚到应用的前一个正常工作版本。

19.8 本章小结

Elastic Beanstalk 是一种受管服务，提供专注应用部署的功能，而不是管理基础设施服务。Elastic Beanstalk 支持多种语言和平台，还有一些架构模型。

4 种部署选项可用：一次性部署、滚动部署、带有额外批处理的滚动部署和不可变部署。一次性部署非常适合于开发部署，其他 3 种非常适合于预生产和生产。一次性部署和滚动部署不会产生额外的成本，而使用带有额外批处理的滚动部署和不可变部署会产生额外的成本，因为需要额外的实例来支持。

Elastic Beanstalk 中的安全性类似于传统基础设施的安全性。可以使用许多已经熟悉的工具来监控、评估和修正环境。

如果遇到 Elastic Beanstalk 的问题，使用黄金镜像或修改超时时间可能会提供帮助。此外，安全组和 Amazon CloudWatch 等传统工具也可以使用。安全组必须具有适当的权限，Amazon CloudWatch 日志有助于找到产生问题的根源。

19.9 复习资源

AWS Elastic Beanstalk 常见问题答疑：

https://aws.amazon.com/elasticbeanstalk/faqs/

Elastic Beanstalk 入门：

https://docs.aws.amazon.com/elasticbeanstalk/latest/dg/GettingStarted.html

AWS Elastic Beanstalk 自定义平台：

https://docs.aws.amazon.com/elasticbeanstalk/latest/dg/custom-platforms.html

部署策略和设置：

https://docs.aws.amazon.com/elasticbeanstalk/latest/dg/using-features.rolling-version-deploy.html

AWS Elastic Beanstalk 安全：

https://docs.aws.amazon.com/elasticbeanstalk/latest/dg/security.html

EB CLI 命令行参考：

https://docs.aws.amazon.com/elasticbeanstalk/latest/dg/eb3-cmd-commands.html

使用 Setup 脚本安装 EB CLI：

https://docs.aws.amazon.com/elasticbeanstalk/latest/dg/eb-cli3-install.html

排错：

https://docs.aws.amazon.com/elasticbeanstalk/latest/dg/troubleshooting.html

19.10 考试要点

记住你要负责管理应用。Elastic Beanstalk 的最大好处是你负责管理应用，而 AWS 负责维护底层服务，因为 Elastic Beanstalk 是一个受管服务。你仍需确保平台已打好补丁，打补丁是一个可以由受管更新进行的简单任务。

记住应用的部署模式。部署模式是考试中的热门的提问方式。记住一次性部署、滚动部署、带有额外批处理的滚动部署，以及不可变部署的区别和用例。

19.11 练习

做这个练习时，只需要一个 AWS 登录账户。使用默认的 VPC 即可。

练习 19.1

在 Elastic Beanstalk 中部署示例应用

(1) 登录到 AWS Management Console。

(2) 单击 Services；然后单击 Compute 下的 Elastic Beanstalk。

(3) 在 Elastic Beanstalk 控制台中单击 Get Started，如图 19.4 所示。

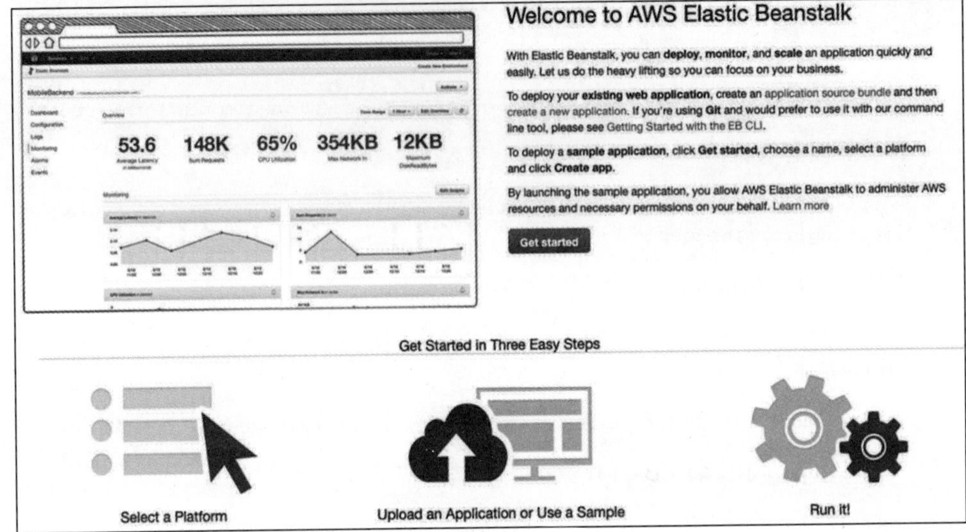

图 19.4　Elastic Beanstalk 控制台是在 AWS 中构建应用的起点

(4) 输入 MyFirstEBApp 作为 Application Name。

(5) 单击 Platform 下拉列表并选择 PHP。

(6) 对于 Application Code，保留 Sample Application 处于选中状态，然后单击 Configure More Options。

(7) 保留 Low Cost 为选中状态，下拉窗口，然后单击 Create App。

部署实例需要几分钟的时间。如果切换到 CloudFormation，如前一章中所述，你会看到构建堆栈的进度。

(8) 当构建完成并且看到仪表板上的应用时，单击扩展菜单区域中的 URL。URL 将以<region name>.elasticbeanstalk.com 结尾。

(9) 当看到祝贺屏幕时，第一个应用就已部署完毕！

若要删除应用，避免今后付费，单击应用仪表板中的 Actions 按钮，然后选择 Terminate Environment。系统要求输入要确认的环境名称。输入名称并单击 Terminate 按钮。进入应用仪表板后，并且看到灰色的名称(已终止)，再次单击 Actions 按钮并选择 Delete Application。输入应用的名称，然后单击 Delete 按钮。

19.12 复习题

附录中有答案。

1. Elastic Beanstalk 支持以下哪些 AWS 架构模型？(选择两项)
   A. 单实例部署
   B. 多实例部署
   C. 负载均衡器和自动缩放组
   D. 冗余部署
2. 以下哪种架构模型是针对基于 Web 生产环境的？
   A. 单实例部署
   B. 多实例部署
   C. 负载均衡器和自动缩放组
   D. 仅自动缩放组
3. 以下哪种架构模型是针对生产环境中数据库实例的？
   A. 单实例部署
   B. 多实例部署
   C. 负载均衡器和自动缩放组
   D. 仅自动缩放组
4. platform.yaml 文件中需要以下哪些项？(选择两项)
   A. 供应商模板
   B. 需要部署的实例个数
   C. 所定义的自定义平台名称
   D. 版本号
5. 在自定义平台时使用的 custom_platform.json 文件定义的目的是什么？(选择两项)
   A. 它定义了要使用的 AMI 源、名称和区域
   B. 它定义要创建的实例个数
   C. 它定义了自定义平台所使用的变量
   D. 它定义了自定义平台中支持的语言
6. Elastic Beanstalk 支持以下哪些部署模型？(选择两项)
   A. 带有额外批处理的滚动部署
   B. 带有增量更新的滚动部署
   C. 可变部署
   D. 不可变部署
7. 为什么会选择使用带有额外批处理的滚动部署？(选择两项)
   A. 不想应用在更新时停止
   B. 想要最便宜的部署模式

C. 必须始终保持运行实例的最大容量

D. 不想应用的两个版本同时运行

8. 你负责一个必须始终保持运行状态的关键生产应用。成本不是问题，但在接受数据流之前需要确保新实例都是健康的。应该使用哪种部署模型？

A. 带有额外批处理的滚动部署

B. 一次性部署

C. 滚动部署

D. 不可变部署

9. 你运行一个支持成千上万个客户的生产环境。更新时不能停机，但允许在一天中应用使用量最少时执行多次更新。在这种情况下，哪种部署方法最具成本效益？

A. 带有额外批处理的滚动部署

B. 一次性部署

C. 滚动部署

D. 不可变部署

10. 使用 Elastic Beanstalk 时，以下哪项不能进行自定义？

A. 负载均衡器属性

B. 监控策略

C. 用于实例的 AMIs

D. 这些都可以配置

11. 设置蓝色/绿色部署需要以下哪些项？(选择两项)

A. Amazon Route 53

B. Elastic Beanstalk

C. 多个应用环境

D. Amazon RDS

12. Elastic Beanstalk 环境中的安全性与手动管理环境中的安全性有何不同？

A. Elastic Beanstalk 完全管理你的环境的安全性

B. Elastic Beanstalk 自动使用 MFA 保护根账户

C. Elastic Beanstalk 同时管理云的安全和云中的安全

D. 两种环境中的安全性是相同的

13. 以下哪些项是 Elastic Beanstalk 提供的受管策略？(选择两项)

A. AWSElasticBeanstalkWriteAccess

B. AWSElasticBeanstalkReadOnlyAccess

C. AWSElasticBeanstalkReadWriteAccess

D. AWSElasticBeanstalkFullAccess

14. 以下关于默认的 Elastic Beanstalk 部署，哪项是正确的？

A. 所有创建的实例都是私有的

B. 创建自定义的 VPC

C. 所有数据库实例都是私有的

D. 创建应用的端点是公共可用的

15. 应该如何管理对 Elastic Beanstalk 应用和部署的访问？

A. 通过 Elastic Beanstalk 用户管理控制台

B. 通过 Elastic Beanstalk CLI 工具

C. 通过 IAM 权限和角色的 AWS 控制台

D. 通过 EB 权限和角色的 AWS 控制台

16. 访问 Elastic Beanstalk API 需要以下哪些项？(选择两项)

A. 用户的访问密钥

B. Elastic Beanstalk 用户名

C. AWS 用户名

D. 用户密钥

17. 哪些数据库可用于 Elastic Beanstalk？

A. MySQL、PostgreSQL、DynamoDB 和 SQL Server

B. 任何通过 AWS 的可用数据库，只要它支持读副本

C. 任何通过 AWS 的可用关系数据库，但不是 NoSQL 数据库

D. AWS 提供的任何数据库

18. 谁负责底层 Elastic Beanstalk 环境的更新，比如 Java 或 Tomcat 更新？

A. AWS

B. 作为用户的你

C. AWS 负责主要更新，而你负责次要更新

D. 你负责主要更新，AWS 负责次要更新

19. 为什么要在 Elastic Beanstalk 中使用 Clone AnEnvironment 选项？(选择两项)

A. 你想对环境中的 Java 版本执行次要版本更新

B. 你想创建一个新环境并对其进行更改，而不影响现有的运行环境

C. 在将 Java 版本部署到运行环境之前，需要测试 Java 版本的主要版本更新

D. 你想在推出一组 IAM 权限之前测试它们

20. Elastic Beanstalk 将以下哪些项存放在 S3 中？(选择两项)

A. 服务器日志文件

B. 数据库交换文件

C. 应用文件

D. Elastic Beanstalk 日志文件

附　录

复习题答案

第 1 章：AWS 系统操作简介

1. B.　AWS Organizations 是用于管理和组织多个账户的 AWS 服务。

2. A.　CloudTrail 为 AWS 交互服务提供了 API 调用跟踪器。它提供了合规性和跟踪功能，也非常适合简单地监控 API 数据流量使用。

3. B.　CloudWatch 是 AWS 的核心监控工具。CloudTrail 提供 API 跟踪，CloudWatch 是对应用进行全面监控的理想选择。

4. C.　AWS 中的自动缩放是一个过程，通过这个过程可以向组中添加或从组中删除应用资源，并根据需要进行伸缩。

5. A, C. 这里最明显的答案是自动缩放组，它是 AWS 可伸缩性解决方案的核心。此外，弹性负载均衡是将数据流路由到各种实例的关键。虽然 CloudFront 和 Lambda 可以用于可伸缩的应用，但实际上这两者都不是必需的。

6. A, C.　这里的关键是理解缩写词。EBS 是弹性块存储。RDS 是 AWS 关系数据库服务，两者都是存储服务。EC2 是弹性计算云，是一种计算服务。VPC 代表 Virtual Private Cloud(虚拟私有云)，着重网络。

7. B.　选项 B，身份和访问管理，是 AWS IAM 服务，通常简称为 IAM。它是 AWS 用户管理以及对组、角色、权限、策略等提供的处理方法。

8. A, D. 责任共担模型做出了这样的区分：你负责云中安全，而 AWS 负责云的安全。这意味着 AWS 提供了安全的资源和基础设施，而你作为客户提供了部署到云中的资源和应用的安全性。

9. A.　看起来似乎责任共担模型是最好的答案(选项 D)，但客户实际上无法深入访问区域或可用性区域中的基础设施。因此，这些结构的安全完全取决于 AWS。

10. A.　AWS VPC 是 AWS 的基本网络构建块。VPC 包含子网和子网中的实例。

11. B.　CloudFormation 是 AWS 的部署机制。CloudFormation 是用 JSON 编写的，它提供了可用于创建标准化应用的部署模板。

12. A.　AWS 提供 4 个支持计划：Basic、Developer、Business 和 Enterprise。虽然有一个免费的 AWS 访问层，但没有免费的计划。

13. A.　网络访问控制列表(ACL)的行为与本地架构中的防火墙有些相似。网络 ACL(NACL)不能替代防火墙，因为云组件和本地组件之间没有精确的 1 对 1 映射。但是，NACL 明确地确定允许进出 Amazon VPC 的数据流类型和端口，因此在本质上类似于防火墙。

14. B. 与 AWS 进行实时管理交互的主要资源有两个：控制台和 CLI(命令行界面)。控制台是基于 Web 的，因此这里最好使用 CLI。

15. A, C. 这个问题的关键是术语“网络环境”。虽然可以通过 RDS 使用 EC2 实例和数据库来托管 Web 应用，但这个问题特别询问如何创建实际的托管环境本身。对于该任务，需要一个 Virtual Private Cloud(VPC)来构建实际的网络空间(包括子网)和 CloudFormation，以便对该基础设施进行可重复部署。

16. D. AWS 服务级别协议(SLA)定义了 AWS 如何对中断和服务降级做出响应，它包括每个服务在响应和正常运行时间方面的细节。

17. B. AWS 责任共担模型列出了用户和 AWS 本身在云环境中的角色和责任。

18. B. 区域是一个独立的地理区域，AWS 在其中包含了可用性区域，并在此运行服务。

19. D. AWS 区域中没有设置固定数量的可用性区域(AZ)。事实上，区域通常会根据使用情况添加或删除 AZ。

20. C. AWS 区域是 AWS 中的地理区域。在每个区域中都有可用性区域，它们可以当作虚拟数据中心。

第 2 章：Amazon CloudWatch

1. C. 默认情况下，CloudWatch 每 5 分钟收集一次指标，尽管可以修改此频率低至 1 分钟。

2. D. CloudWatch 提供了许多指标，而且它们的名称并不容易记住。这里，VolumeThroughputPercentage 是正确的。

3. B. 这里第一步要认识的是大多数 CloudWatch 指标报告是以秒而不是以分钟为单位的。这意味着可以排除选项 A 和 C。剩余选项 B 和 D 中，B 是正确的：VolumeIdleTime 报告卷没有发生 I/O 的空闲时间。

4. C. CloudWatch 在计算上最基本也是最有用的指标是 CPUUtilization，它使用实例 CPU 当前使用量的百分比做报告。

5. C. 资源组主要用于将需要查看、指标和响应的资源作为单个单元进行分组，理想情况下是在单个仪表板上(选项 C)。资源组与多区域或多 AZ 设置无关(而且 CloudWatch 也不受这两者的限制)，它们与默认和非默认指标(选项 D)也没有任何关系。

6. B. 不需要停止或终止正在运行的实例即可启用详细监控。只需要在 AWS 管理控制台中选择实例，然后选择 Enable Detailed Monitoring(在 Actions | CloudWatch Monitoring 菜单下)。

7. A. 资源组是根据附加到资源的用户定义标记组织的。

8. A. 内存不是标准的 CloudWatch 指标，需要创建一个自定义的指标来报告它。

9. B. CloudWatch 可以对自定义指标或详细监控(如果该指标是标准的话)以 1 分

钟的频率进行状态检查。高分辨率指标可以创建为自定义指标，并且更加频繁地对它进行检查。

10. B, D.　CloudWatch 提供两个监控级别：基本和详细。

11. A, D.　默认情况下，CloudWatch 不提供内存报告，吞吐量不是 EC2 报告的指标，EC2 与计算相关，而与网络无关。

12. B.　这道题相当深奥，但遗憾的是，这是 AWS 在考试中可能会问及的事情。通过控制台创建的自动缩放组使用基本监控，而通过 CLI 创建的组默认使用详细监控。这虽然有些奇怪，却是真实的。

13. C.　CloudWatch 报告内存使用情况的能力有限，因此内存不是默认的 CloudWatch 指标。选项 C，对线程计数响应，CloudWatch 不能对它监控，但它与内存有关。对于这类指标，需要一个第三方的工具。

14. C.　选项 A 和 B 可以立刻排除，因为 CloudWatch 收集指标的频率不能超过每分钟一次。这样就剩下选项 C 和 D。选项 D 被排除，因为它肯定会影响系统的整体性能；关闭进程通常被视为中断。最后留下了选项 C：添加一个指标，查看可疑的 EC2 实例流量是否与 DynamoDB 实例的流量相关。

15. B.　启用详细监控后，CloudWatch 将每分钟更新一次。这是最常见的选项；默认选项是以 5 分钟为增量。

16. C.　这里的关键是所讨论的指标是高分辨率的。高分辨率指标是自定义的，不受标准 CloudWatch 指标规则的约束。他们可以每秒发布一次(虽然不会更频繁)。

17. D.　CloudWatch 事件由资源状态的更改(如 EC2 实例启动，选项 B)、登录控制台或访问 AWS API(选项 C)、计划触发器(选项 A)或基于代码的触发器触发。这样就剩下了选项 D；代码中对编程 API 的 API 调用最好由 CloudTrail 监控，并且不会生成 CloudWatch 事件。

18. B.　AWS 使用(毫不奇怪)AWS 前缀作为其命名空间：AWS/DynamoDB、AWS/S3 等。

19. D.　CloudWatch 根据预定义的绝对阈值(而不是相对于现有条件)定义警报。换言之，虽然可以监控达到特定高值或低值的指标(例如延迟超过 10 毫秒或输出为 0 字节)，但不能定义一个指标来衡量在较早时间点相对于同一指标的使用情况，这正是选项 D 所描述的。需要编写自定义代码来读取一个指标，并将其与先前时间点相同指标中的存储值进行比较，以完成选项 D。所以本题答案需要自定义编程完成。

20. A.　规则指明应如何路由事件。它可能匹配事件，如果匹配成功，则将该事件发送到目标。

第 3 章：AWS Organizations

1. B, C.　AWS Organizations 在一个地方提供多账户管理(选项 C)。它通常汇总账户成本，较高的汇总成本有资格获得 AWS 的批量折扣(选项 B)。

2. B, C. IAM 提供用户、组、角色和权限。AWS Organizations 提供组织单位和服务控制策略，以及合并计费功能。AWS Organizations 的组件不是 IAM 的一部分(反之亦然)。

3. B. AWS Organizations 将账户以组织单位(OU)进行分组，允许对权限和角色进行分组。

4. A. AWS Organizations 中的 SCP 是一种服务控制策略，可以对组织单位(OU)中的所有用户生效。它可以在组织级别上有效地应用权限，就像组在用户级别应用权限一样。

5. C. 服务控制策略(SCP)应用于 AWS Organizations 中的组织单位(OU)。

6. A. 服务控制策略(SCP)是可应用于账户和组织单位的权限文档。

7. B, C. 组织单位和账户是可以使用 SCP 的 AWS Organizations 结构。用户和组是可以应用策略的 IAM 构造。

8. B. AWS Organizations 不提供批量或自动创建账户的功能，尽管它的确对创建具有相似组织和结构的多个账户进行了简化。

9. A. IAM 应用于访问管理，特别是在处理单个账户时，如本问题中所述。

10. C. 这是一个权限问题，因此与 IAM 相关，但是当拥有公司范围(或组织范围)策略的内容时，AWS Organizations 很可能是最好的方式。在这里，可以对所有限制访问 SSH 的账户使用服务控制策略。

11. D. 标记资源和使用这些标记来管理计费的最大问题是，许多 AWS 服务很难标记，因为它们是系统级服务，不会以像 EC2 实例、容器和托管服务等资源那样的方式公开。另外，有些服务不容易识别，造成混乱。AWS Organizations 解决了这些问题。

12. C. 你不会收到任何标准 AWS 费用的折扣，包括与跨区域移动数据相关的费用(选项 C)。但是，你可以合并所有账户的费用并获得这些费用的折扣，而不是分开对待每个账户(选项 D 暗示了这一点)。

13. B. 在 AWS Organizations 多账户设置中，所有保留实例使用组织中任何账户的最低每小时价格。这意味着所有账户实际上都能从任何会员账户的最低利率中受益。这是 AWS Organizations 鲜为人知的优势，但如果使用大量保留实例，则可能会产生明显的成本影响。

14. A, B. 这是 AWS Organizations 的一个经典用例。通过组织单位来组织账户和服务控制策略，以实现资源权限和访问的标准化。合并计费在这里可能提供了实用价值，但它不是设置了就可以从中受益。资源标记不合适，因为你会使用 AWS Organizations 进行计费管理。

15. C, D. 合并计费和资源标记都有助于多个账户的集中计费。从系统管理的角度来看，组织单元和服务控制策略对管理有用，但从计费的角度来看，它不是那么有用。

16. B. AWS Organizations 中的每个组织都应该只有一个主账户。所有其他账户由该账户控制和组织。

17. A. 使用组织归根结底是多账户管理，每个组织都应该有一个主账户和一个或多个成员账户。虽然可以创建只有一个主账户的组织，但这并没有多大意义，而且也违背了 AWS 的最佳实践。

18. A.　这道题的答案不是很直观(很遗憾)。单个账户只能属于单个组织单位。例如，这意味着你不能同时在生产和东海岸 OU 中拥有同一个账户。

19. B.　可以在 AWS Organizations 中嵌套 OU，但这种嵌套功能类似于 OU 中的账户成员身份。一个 OU 任何时候只能属于另一个 OU，但不能超过一个。

20. A, D.　AWS Organizations 已经取代了合并账单，成为管理多个账户的首选方案。如果需要通过一个账单管理账户，需要设置 AWS Organizations(选项 A)，这将要求为你的组织选择或创建主账户(选项 D)。

第 4 章：AWS Config

1. C, D.　AWS Config 提供持续监控和持续评估。持续部署和持续集成是 AWS 开发人员工具集的一部分。

2. C.　向组织中的人员通知配置更改的最佳方法是将 AWS Config 直接连接到 SNS(简单的通知服务)。然后，该服务可以向相关方发送文本和其他通知类型。虽然 CloudWatch 可以接收消息并发送，但它没有 SNS 直接和简单。CloudTrail 用于审计和 API 日志记录，SQS 是队列服务。

3. B.　AWS Config 规范化配置并将其存储在 Amazon 简单存储服务(S3)中。在这里需要注意，因为 DynamoDB 是一个有用的配置信息服务；它存储键值对。但是，AWS Config 在这里使用 S3。

4. B, D.　这个问题很难回答，需要仔细阅读。配置项包含有关资源的基本信息、资源的配置数据(选项 C)、相关资源的映射(选项 A)、AWS CloudTrail 事件 ID(不是选项 B 中的 CloudWatch ID)和有关配置项本身的元数据(不是有关连接的资源)。所以 B 和 D 都是正确的选择，因为它们都不是配置项的一部分。

5. B, C.　这是另一个难题。解密配置项的关键是资源的配置、有关资源的内部或标识信息以及有关配置项的信息。在本例中，它转义为 EC2 实例的实例类型(它是资源内在的)和捕获配置项的时间(关于配置项本身的元数据)。虽然创建实例的用户和实例运行的时间也很重要，但它们并不特定于实例的配置，也不能唯一标识实例。因此，它们不是配置项的一部分(请注意，由于创建资源的时间会被报告，因此可以计算实例的运行时间，但不会直接报告该值)。

6. B.　用于计算自定义规则的代码应存放在 Lambda 函数中。然后，该函数可以与 AWS Config 中的规则相关联。

7. A, C.　规则可以通过两种方式触发：通过配置更改或通过设置的周期性频率。在这两种情况下，触发时都会评估规则。

8. A，C.　AWS Config 提供了对资源所做更改的相关信息。这样，它包括谁进行了更改的记录(A)以及请求更改的源 IP 地址(C)。API 调用(B)是 AWS CloudTrail 的范畴，AWS 控制台登录会反映在日志中，而不是 AWS Config 中。

9. D. AWS Config 并不影响用户实际使用 AWS 的方式，包括他们对配置所做的更改。它只能在进行这些更改之后评估配置。需要使用 IAM 权限和角色以及 AWS 服务目录防止任何更改的发生。

10. C. AWS Config 是基于每个区域启用的。但是，可以先启用，然后禁用，然后重新启用。因此，选择 C 是正确的。

11. A. 持续集成涉及将新代码推入版本信息库时对其进行自动测试，在本例中是选项 A。在这组答案中，你要查找对实际代码的引用，然后再对该代码进行测试。其他选项涉及部署或配置，因此不正确。

12. D. AWS 允许为每个账户创建多达 150 条规则。如果需要的话，你可以要求提高这个限制。

13. A，B. AWS 中的规则需要几条信息：规则是基于更改的还是定期的(选项 A)以及资源 ID 或类型(选项 B)。你可以指定要匹配的标记键(选项 C)，但这不是必需的，并且不需要在规则中配置规则通知(选项 D)。

14. B，C. 定期规则可以每 1、3、6、12 或 24 小时触发一次。较小和较大的频率是不允许的。

15. D. AWS Config 本身就是提供 API 的 AWS 资源。这意味着可以使用 AWS CloudTrail 查看这些 API 调用的日志，包括创建新规则的调用。

16. C. AWS Config 返回一个资源的单个评估，并且仅在应用于该资源的所有规则都符合时该资源才符合。在这种情况下，由于并非所有规则都合规，评估将返回不符合(选项 C)。

17. C. AWS Config 主要涉及提供关于资源的时间点信息(选项 A)和提供被认为是可接受的基线配置(选项 B 和 D)。CloudTrail 用于确定资源 API 的调用者。

18. B, C. AWS Config 允许使用多账户多区域数据聚合来跨账户和区域处理配置(选项 C)。虽然不需要使用 AWS Organizations，但 AWS 建议将其作为提供配置报告中央账户收据的一种方式(选项 B)。

19. A，B. 其中 3 个选项是有效的：需要一个用于存储聚合信息的 S3 存储桶(选项 A)、允许写入该存储桶的 IAM 策略(选项 B)以及可以使用 SNS 主题发送通知(选项 C)。但是，前两个是必需的，而设置 SNS 主题是可选的，这样正确的选项是 A 和 B。没有 AWS 日志聚合器(选项 C)这样的服务。

20. C. AWS Config 本身就是提供 API 的 AWS 资源。这意味着可以使用 AWS CloudTrail 查看这些 API 调用的日志，包括创建新规则的调用。

第 5 章：AWS CloudTrail

1. A. CloudWatch 是性能指标的选择。性能与 API 日志不同。虽然通过 CloudTrail 的 API 日志有助于排除性能故障，但它们本身并不是性能的指标。

2. B.　审核是 CloudTrail 和 AWS Config 的关键词。不过，对于 API 的使用，CloudTrail 是正确的选择。

3. C.　配置应该非常清楚地指向 AWS Config，这绝对是这里正确的答案。

4. B.　这道题有点复杂，但 CloudTrail 非常适合记录对服务和 AWS Config 服务的访问。请记住，审计和日志跟踪适用于所有 AWS 服务，包括监控服务本身。

5. D.　这里的关键是要理解 CloudTrail 跟踪的默认设置在所有区域中运行。因此，新区域中的任何新的 Lambda 函数都将被自动获取。你不需要执行任何其他配置。

6. B.　在需要提高任何预定义限制之前，AWS 允许每个区域有 5 个跟踪。

7. D.　可以将 AWS CloudTrail 中的日志写入任何区域中的任何 S3 存储桶，而不必考虑其他日志的写入位置或写入日志的跟踪是否位于不同的区域。

8. A.　EU West 2 已经达到了允许的最大跟踪个数：3 个跨区域跟踪和 2 个特定区域跟踪，加起来一共 5 个，这是预定义的限制。

9. D.　这里的问题是 EU West 1。该区域有 3 个跨区域的跟踪，以及另外 2 个特定于区域的跟踪，总共有 5 个。因此你将无法添加更多跨区域或特定于 EU West 1 的跟踪，除非删除其中一条现有跟踪。

10. B.　这并不难，但可能会迷惑你，特别是如果已经在考虑 AWS CloudTrail。虽然 AWS CloudTrail 会记录与 API 访问相关的事件，但它不会发送通知或警报。那是 SNS 的功能。

11. A, D.　CloudTrail 显然是答案的一部分，因为它记录了 API 访问。但你还会想用类似 SNS 的服务发送通知。SWF 是针对工作流的，这里不合适。CloudWatch 确实提供了监控和警报，但它的目的是被资源使用，而不是 API 访问。

12. A, B.　CloudTrail 提供 API 日志记录并可用于监控，CloudWatch 监控底层 AWS 资源。两者都可以用于检测异常或异常访问模式。SWF 是一个工作流工具，Trusted Advisor 提供建议，但不提供实时监控。

13. B.　CloudTrail 是用于日志记录的 AWS 服务，特别有助于审计和合规性。

14. C.　在 AWS 账户中，CloudTrail 默认处于启用状态。只要登录就可查看长达 90 天的账户活动，而不需要任何其他设置(选项 C)。

15. D.　AWS CloudTrail 支持所有这些服务，事实上，几乎支持所有可用的 AWS 服务。

16. D.　当一个跟踪应用于所有区域时，会在每个区域中创建一个新的跟踪(选项 D)，并且所有的跟踪活动传递到 S3 存储桶。这里不需要额外的跟踪。

17. D.　默认情况下，CloudTrail 生成的日志文件使用 S3 SSE 加密(选项 A)。也可以选择启用 S3 MFA Delete 来进一步保护 S3 中的文件(选项 C)，并对 CloudTrail 日志文件使用 SSE-KMS(选项 B)。使用客户管理的密钥对于 CloudTrail 日志不是一个选项(选项 D)，因此 D 是正确的答案。

18. C.　CloudTrail 记录的事件包括发出请求人(选项 A)、使用的服务、执行的操作、操作的参数(选项 B)和服务返回的响应(选项 D)。这使得选项 C 不会被报告：请求者的用户名。

19. D. 日志由 Amazon S3 自动解密，不需要任何特殊的步骤进行解密。

20. C, D. 所有这些服务都有可能以某种方式帮助这种监控。但是，这个问题特别询问了警报和 CLI，CLI 是 Amazon 的 API 客户端。因此，可以由 CloudTrail 记录 API 调用(选项 C)，并将其推送到 CloudWatch 日志(选项 D)进行处理或通知。虽然通知由 SNS 使用，但这个问题并没有特别要求通知机制。

第 6 章：Amazon 关系数据库服务(RDS)

1. A. Amazon RDS 主要提供增加数据库实例大小的能力。这转化为可延展性：可以扩展数据库实例以处理不断增长的使用(选项 A)。然而，这不是弹性的；这个过程不能自动(选项 C)或在使用量增加的瞬间完成(选项 B)。数据库的网络访问与 RDS 没有直接关系(选项 D)。

2. D. 选项 A，B 和 C 都适用于自动缩放策略，但不适用于 Amazon RDS。虽然 Amazon RDS 可以容易地增加数据库实例的大小和初始配置，但它不提供实例自动更改或动态弹性。因此，选项 D 是正确的。

3. A. 这里的关键是要记住 Amazon RDS 不会自动处理缩放。因此，如果不手动缩放数据库实例，则使用率很可能达到 100%(选项 A)。

4. C. Amazon RDS 会自动修补系统，但条件是只有当被认为是关键的安全性或可靠性修补程序时(选项 C)。这意味着次要补丁或不影响安全性或可靠性的补丁将被推迟(选项 B)。

5. A, B. 限制对数据库实例的访问可以有几种形式。IAM 角色(选项 A)可以对 Amazon RDS 实例提供服务级别限制，NACL(选项 B)可以在子网或 VPC 级别提供限制。选项 C 看起来是正确的，但是用户权限适用于用户已经访问了实例上的数据库，因此是不正确的。堡垒机(选项 D)在此不适用。

6. B, C. Amazon RDS 提供自动快照，这些快照是每天完成的(选项 B)。还可以随时创建数据库的快照(选项 C)。这里也没有维护窗口的限制(选项 D)。

7. B. 默认情况下，Amazon RDS 设置自动备份，保留期为 7 天。

8. B. 默认情况下，读副本没有配置备份，主实例通常是备份的实例。

9. D. 在多 AZ 配置中，备用实例不能与主实例位于同一个可用性区域。

10. A. 在多 AZ 配置中，复制是同步完成的，而不是异步完成的。

11. A, C. 在多 AZ 配置中，失败会触发许多事件。备用实例成为主实例，任何对数据库的 DNS 请求都将解析为备用实例。

12. A. 这应该是一个简单的问题。任何时候如果需要提高读取性能，读副本都会显著提高性能。

13. D. 读副本可以与主实例位于同一可用性区域中，也可以与同一区域中的主实例位于不同的可用性区域中，或者与主实例完全位于不同的区域中。

14. C. 在多 AZ 配置中，备用实例必须与主数据库实例位于不同的可用性区域中，但必须与主数据库实例位于同一区域中。

15. A, B. 读副本是在高负载读情况下(选项 A)提高性能的理想选择，但在高负载写情况下(选项 C)则不理想。它们也非常适合读和报告相关的数据(选项 B)。它们不是故障转移解决方案(选项 D)。

16. C. Amazon Aurora 卷可以大到 64TB，这个大小限制同样适用于 Aurora 表。

17. C,D. Amazon Aurora 可以作为 MySQL 和 PostgreSQL 的替代品。

18. A,D. AWS 会修补数据库实例并提供自动备份(选项 A 和 D)。但是，AWS 不会优化查询，也不知道组织的合规性要求。

19. B. 所有这些选项都可能有助于解决问题，但问题特别提到了写请求的问题。ElastiCache(选项 A)和读副本(选项 C)专门用于改进读请求。虽然这可能会减轻数据库实例的总体负载并对写请求产生影响，但只有选项 B 可以更大的重量级实例类型来直接解决问题。

20. D. 与失败实例的任何活动连接通常会失败或异常终止，因为它们所连接的实例无法满足这些请求(选项 D)。

第 7 章：自动缩放

1. D. EC2 自动缩放只能缩放实例。使用启动模板，可以同时使用按需(选项 A)和现场实例(选项 B)来缩放组，这样正确的答案为选项 D。

2. A, B. 启动配置包含用于启动实例的 AMI ID(选项 A)、任何块映射(选项 B)、用于连接的密钥对、要启动的实例类型以及实例的一个或多个安全组。

3. D. 如果有任何问题要求你确定在给定时间内一个组运行了多少个实例，那就要小心。即使将所需容量设置为 3，组中的实例数也会根据触发器而波动。例如，该组可能已扩展到 5 个，但仍在继续缩减到新的所需容量 3 个。由于这种不确定性，正确答案是选项 D。

4. B, C. 启动模板只能从头创建或从启动配置中创建，而不能从 EC2 实例创建，因此选项 A 不正确(你可以从实例复制参数，但不能直接从实例创建模板)。模板允许版本控制和副本中的细微变化(选项 B)，以及同时使用按需实例和现场实例(选项 C)。但是，它们不允许像启动配置一样将多个版本分配给同一组。

5. C. 这种类型的问题是你期望在考试中遇到的，基础而且直接，同时也简单。唯一能自动改变的参数是预期容量。因此，如果发生网络饱和以在峰值流量时提供额外实例(或更多实例)，这个值则可能会增加。

6. D. 启动模板不提供目标可用性区域的指示。你可以指定在自动缩放组中使用的 AZ，但启动模板关注在组内要启动的单个实例上。然后，该组就可以将这些实例放在适当的 AZ 中。

7. D. 启动模板中的所有参数都是可选的。例如，启动模板中没有 AMI ID 或密钥对，虽然这不是普遍的，并且可以说没有太大的帮助，但是 AWS 允许这样做。

8. D. 一般来说，自动缩放组越大，静态缩放策略的效果就越差。想象一下，将一个实例添加到一个由 50 个成员组成的集群中，期望得到的结果肯定是微不足道的！在实例数量很大的情况下，PercentChangeInCapacity 通常是最有效的方法，因为它可以按比例扩展。如果使用百分比不合适，那么下一个最好的选择是使用更高数量的 ChangeInCapacity，或者为不同层次的更改设置缩放策略。

9. C. 首先，排除选项 D；除非新实例是在几秒钟前启动的，否则这不是最佳答案。其他选项都基于一个共同的情况：和正常工作的实例相比，新实例发生了变化。密钥对(选项 A)可能会影响 SSH 访问，但不会影响 Web 访问。不同的可用性区域不影响访问，因为自动缩放组和负载均衡器会自动处理此问题。但是，选项 C 是有效的：不同的安全组可能会导致禁用 Web 数据流，从而导致没有连接。

10. A, D. 重复定期计划的活动激增使得选项 A 成为一个不错的首选。事先知道活动在 4 点增加而在 8 点减少意味着你可以相应地调整组所需的能力。选项 D 也是正确的，尽管有点棘手。在 4 个小时中，如果组的最大值足以处理流量，则只可能在第一个访问时间段(可能是 4 点到 4 点半)出现问题。然后，你期望启动足够多的实例来解决任何问题。那个问题一直存在，直到需求在 8 点下降，这表明该组从未启动足够的实例。在这种情况下，应该调整最大值来解决。

11. B. 默认情况下，EC2 自动缩放组的冷却时间为 300 秒或 5 分钟。

12. B. 除了选项 B 外，所有这些选项都可以用于启动模板和启动配置。只有启动模板可以进行版本控制。

13. A, C. 较长的冷却期(选项 A)可能导致实例启动不够迅速而无法满足需求。此外，可能会发生缩放事件，但步长不够大(选项 C)，这意味着必须产生多个缩放事件以快速扩展，每个事件都包含实例启动和冷却时间。

14. A, C. 只有启动模板允许使用按需实例和现场实例，而启动配置只允许按需实例。另外，T2 实例只能与启动模板一起使用。

15. D. 自动缩放组不会重新启动失败的实例(选项 D)。相反，如果实例的运行健康检查失败，则会启动一个新的实例(选项 C)。

16. C. 新实例一旦进入 InService 状态，就开始对其进行运行状况检查。这可以确保实例在执行健康检查之前完全能够响应该检查。

17. C. 考虑到健康检查正在进行，这里最有可能的答案是导致现场实例终止的现场价格变化。无论现场实例是否存在于自动缩放组中，都会发生这种情况。

18. A, B. 当一个实例变换为 Standby 状态时，自动缩放组都会假定这个更改是有意的。因此，它会停止运行健康检查并将所需容量减 1，直到实例恢复到 InService 状态。

19. C. 终止实例的第一个标准是可用区域中的实例数。由于区域 3 拥有最多的实例，因此它将是实例终止的区域。然后，遵循常规优先顺序，如选项 C 所列。

20. B, D. 选项 B 和 D 都反映了特定类型实例的终止策略。选项 B 仅对具有启动模板的实例有效(这不是必需的)，而选项 D 仅在使用现场和按需实例这样的混合分配策略时有效。

第 8 章：中央、分支和堡垒主机

1. B.　VPC 伙伴连接总是以 pcx 开头，然后是破折号，随后是随机数字串。这里唯一匹配此格式的连接名是选项 B。

2. A.　堡垒主机是私有 VPC 之外的主机，它提供对 VPC 内资源的访问(选项 A)。它不分配任何 IP 地址，但它本身有一个公有 IP 地址(通常是弹性 IP)。

3. A, D.　堡垒主机应尽可能安全。在提供的选项中，使用多因素身份验证和白名单地址是有效的两个选项。堡垒主机通常不在端口 80 上访问，因此选项 B 在这个方面没有道理。选项 C 没有帮助，因为访问堡垒主机的不仅仅是管理员。

4. A.　VPC 伙伴可以通过防止出口节省成本(选项 A)。在两个伙伴 VPC 之间移动的数据将不会被输出，而是在 AWS 网络中流动，从而降低总体出口成本。

5. B.　无论两个 VPC 是否在同一个账户中(选项 B)，都可以跨区域建立伙伴 VPC 连接。

6. A, C.　遗憾的是，这道题只能死记硬背。区域间伙伴 VPC 不支持巨型帧(选项 C)或 IPv6 流量(选项 A)。

7. B，D.　堡垒主机必须允许从互联网上访问才有用。这要求它们存在于公有子网(选项 B)中并具有公有 IP 地址(选项 D)。尽管堡垒主机通常有一个弹性 IP 地址(选项 C)，但这不是必须的。

8. C.　伙伴 VPC 的 IP 地址不能有冲突，这意味着 CIDR 块不能重叠。

9. A, D.　堡垒主机通常使用各种机制进行保护，特别是安全组(选项 A)。它们也应该存在于自动缩放组中，以确保它们在需要时始终可用(选项 D)。

10. A.　AWS 不允许转递路由，即流量从一个伙伴 VPC 到另一个 VPC，然后从该 VPC 流向第三个伙伴 VPC。

11. D.　这个问题的重点是表示了两种不同的传输方式。第一，允许从 VPC B 到 VPC A；第二，允许从 VPC A 到 VPC C。如果数据直接从 VPC B 流向 VPC C 时，这是不允许的。

12. D.　这个问题有点棘手，但提出了一个很好的应试技巧：如果被问及限制，答案提供了一个默认限制，但说可以提高默认值，这很可能是正确的答案。在这种情况下，答案是选项 D。

13. D.　VPC 伙伴连接不需要设置或运行任何硬件。

14. A.　堡垒主机和 NAT 设备非常相似，主要的区别在于数据流向。堡垒主机允许从互联网进入私有资源，而 NAT 设备允许私有资源访问互联网。

15. C.　选项 A 和 B 都不能帮助保护或改进你接管的网络。在选项 C 和 D 中，两者都很有价值，但是 C 提供了安全性，应该在添加日志(另一个重要步骤)之前完成。

16. A, D.　堡垒主机不用于 Web 访问(选项 B、C)，而是用于直接访问，通常通过 SSH(选项 A)和/或 RDP(选项 D)。

17. D. 边缘到边缘路由正是本问题中描述的场景：有两个伙伴 VPC，其中一个 VPC 还连接到另一个网络。AWS 中不允许从一个“边缘”(私有附加网络)通过中间 VPC 到伙伴 VPC。

18. B. 在中央分支模型中，有一个中央 VPC，所有其他 VPC 都可以与它建立伙伴连接。这意味着对于一个有 *n* 个 VPC 的模型，你有(*n*-1)个伙伴连接。在本例中，一共有 5 个 VPC，因此可以建立 4 个与中央 VPC 的伙伴连接。

19. B. 这个问题需要仔细阅读，甚至值得画个图。但是，只有选项 B 提供了一个有效、合法的 AWS 解决方案：日志从 B 和 C 移到 VPC A，每个都有自己的 VPC 伙伴连接，并且不允许传递路由。然后 VPC D 有自己的伙伴网络 A 来加载数据。这实际上是一个典型的中央-分支模型，使用 VPC(在本例中是 A)作为共享服务 VPC 进行日志整合。

20. A. 这道题概念上并不难，但需要仔细阅读。你希望通过与伙伴 VPC 的伙伴连接来路由任何在伙伴 VPC 内具有目标 IP 地址的内容。对这个问题唯一匹配的答案是选项 A。

第 9 章：AWS Systems Manager

1. D. 虽然 AWS Systems Manager 确实可以通过打补丁的方式防止许多重要漏洞，但它本身并不是一种提醒用户注意重要漏洞的服务。

2. D. 所有从 Amazon 应用市场上安装 Windows 或 Linux 的 AMI 都会预装 AWS Systems Manager。任何其他不同操作系统(如 macOS)或来自第三方的操作系统都需要安装 AWS Systems Manager。

3. B. 任何运行 SSM 代理的实例都需要默认的 IAM 角色，以便连接到 AWS Systems Manager 服务(选项 B)。没有 AWSSystemsManager 这样的策略(选项 C)。

4. A. 这道题纯粹需要死记硬背。策略的名称是 AmazonEC2RoleforSSM。

5. A, B. 只有 AWS 实例、本地实例或某些情况下其他云提供商实例可以由 AWS Systems Manager 管理。它不能管理容器或 Lambda 函数。

6. A, D. 可以使用标记创建资源组(选项 A)，这反过来也意味着你可以使用标记指示环境、应用等(选项 D)。不能基于 IAM 角色或账号创建资源组。

7. C. 资源组可以根据标记或环境筛选资源，也可以基于标记进行查询。但是，它们不能跨越多个区域。

8. A, C. AWS Systems Manager 支持命令、策略和自动化文档。

9. A, B. AWS Systems Manager 支持 JSON 和 YAML 格式的文档。

10. D. 所有这些文档类型都可以与状态管理器交互。

11. A. 选项中唯一真正的命令是 Run 命令(选项 A)，这是命令文档与之交互的命令。

12. B.　AWS KMS 是会话管理器支持的唯一加密协议。

13. C, D.　状态管理器的目的是合规性，这反过来又可以帮助在实例上提供有用的安全措施。

14. B, D.　AWS CodeBuild 和 AWS CodeDeploy 都可以和参数库一起使用。

15. B.　补丁程序基线存放自动部署到实例中的修补程序。如果想避免某个补丁，只需要将它从基线中删除即可。

16. A, B.　在维护窗口期间，可以更新补丁、运行 PowerShell 命令、执行 Lambda 和步进函数以及构建 AMI。不能删除补丁程序或重启实例。

17. D.　AWS Systems Manager 文档可以跨平台使用，不需要任何更改(选项 D)。

18. D.　这里不需要任何操作，因为 AWS 系统管理器已经是开源的，其代码可以在 GitHub 上找到。注意，选项 C 不正确，因为只有 Linux 和 Windows AMI(而不是 macOS)和来自 Amazon 应用市场的 AMI，才预装 Systems Manager 代理。

19. B.　Run 命令允许在实例上执行脚本和其他命令。因此，Run 命令可以执行所需的合规性脚本。

20. B, C.　可以通过编写自动化文档或编写自己的 AWS Systems Manager 命令(选项 B 和 C)来更改默认的修补行为。

第 10 章：Amazon Simple Storage Service (S3)

1. D.　S3 允许文件上传的最大大小是 5 TB，因此没有任何问题与文件大小限制有关(选项 B，C)。相反，Multipart Upload 选项将上载更大的文件，AWS 建议将任何大于 100MB 的文件分成多个部分，通常可以解决这个问题。

2. A.　这是另一个很棘手的问题，除非你一点一点地检查 URL 的每个部分。第一个线索是，这是一个托管在 S3 上的网站，而不是直接访问 S3 存储桶。对于网站托管，存储桶的名称是完全限定域名(FQDN)的一部分；对于直接存储桶访问，桶名称位于 FQDN 之后。这是一个本质的区别。这意味着选项 B 和 C 无效。然后，需要记住，FQDN 的 S3 网站部分始终连接到区域；换句话说，它不是子域。在这种情况下，唯一的选择是选项 A。

3. C, D.　新对象的 PUT 具有写盘后的读一致性。DELETE 和覆盖 PUT 在 S3 中具有最终的一致性。

4. C.　首先，请注意，“在标准类 S3”是一个醒目的标题，但是与问题无关。其次，S3 上的对象可以是 0 字节。这相当于创建了一个文件，然后将这个 0 字节的文件上传到 S3。

5. C.　这是一个需要仔细查看每个 URL 的问题。存储桶名称在不用做网站时总是在完全限定域名(FQDN)之后；换句话说，在正斜杠之后。这就排除了选项 A。另外，区域在 FQDN 中总是出现在 amazonaws.com 之前，排除选项 D。这就剩下选项 C 和 B。在这两个选项中，选项 C 正确地拥有完整的区域 us-east-2。

6. B. 这里的关键是短语“通常访问多次”，你多么希望 S3 Standard(最容易访问但成本最高)和 S3 Standard-IA(访问频率低、成本低的文档)的混合体。Intelligent Tiering(选项 B)提供了这一点；它将在未被访问时将文档移到 S3 Standard-IA 中，但在被访问时，它们将移回 Standard(并在那里进行其他访问)。

7. A. S3 Standard 提供 99.99%的可用性。

8. D. 所有 S3 存储类别都提供相同的耐久性：11 个 9，即 99.999999999%。

9. C. S3 One Zone IA 提供 99.5%的可用性。

10. D. 除了 S3 One Zone-IA 外，所有 S3 存储类别至少在 3 个可用区中存储数据，而且通常更多(取决于区域和 AZ 可用性)。

11. A. 当创建一个新的 S3 存储桶时，只有桶的创建者才可以访问该桶及其资源。

12. A, D. 有 4 种方法控制访问：IAM 策略(选项 A)、存储桶策略、访问控制列表(选项 D)和查询字符串身份验证。

13. B, C. SSE-IAM(选项 A)和 Amazon 客户端加密工具不是有效的 Amazon 或 AWS 工具或服务。SSE-S3 和 SSE-KMS 是，并且都可用于加密。

14. B. Amazon S3 加密客户端提供完整的密钥控制。

15. A, C. Amazon Glacier Deep Archive 比标准的 Glacier 便宜，同时提供更少的访问选项。

16. B, C. S3 Intelligent-Tiering 是未知或不断变化的访问模式的理想选择，因为它将根据文件在 S3 Standard 和 S3 Standard-IA 之间的使用情况进行调整。

17. A, D. 记住所有 S3 存储类别都具有相同的持久性；这意味着选项 A 是正确的。然后，需要知道从 S3 Standard 到 S3 Standard-IA 再到 S3 One Zone-IA 的可用性逐级降低。这意味着选项 B 和 C 不对，选项 D 正确。

18. A. 尽管 S3 Intelligent-Tiering 在 S3 Standard 和 S3 Standard-IA 之间移动数据，但其性能与 S3 Standard 相同。

19. B. S3 Intelligent-Tiering 提供 99.9%的可用性。

20. B. 这很简单。由于不想将数据移出 Glacier，因此启用快速检索是访问数据的最快方式。

第 11 章：EBS

1. B. IOPS 表示每秒的输入/输出操作数。

2. B. 特供 IOPS SSD 支持 32 000 IOPS，远远超过任何其他卷类型。

3. D. 所有 EBS 卷类型都可以达到 16 TB 字节。

4. A. 通用 SSD 是一般用途的理想选择，包括系统启动卷。

5. C. 吞吐量优化的 HDD 非常适合数据仓库，因为工作负载需要一致地传输和处理大数据集。

6. B. 数据库工作负载将需要支持大量的 IOPS，而特供 IOPS SSD 是这些类型工作负载的最佳选择。

7. C, D.　吞吐量优化的 HDD 和冷 HDD 都不能作为引导卷。

8. A.　通过控制台创建的默认卷是通用 SSD。

9. A. 只有两种 SSD 类型可以作为引导(选项 A 和 B)。在这两种类型中，通用 SSD 是更便宜的选择。

10. A.　通过控制台创建的默认卷是通用 SSD。

11. A, B.　EBS 卷的快照都是递增的(选项 A)并且存储在 S3 上(选项 B)。但是，它们只能通过 EC2 API 而不是 S3 API 访问，快照是在卷运行时获得的，而不是在卸载状态下。

12. B.　始终可以从加密卷创建快照，这些快照也会被加密。

13. C.　未加密的快照可以通过在 AWS 控制台中复制快照并选择加密副本的选项来加密。

14. C. 快照不包含使用此卷应用的所有数据的唯一原因是应用或应用的操作系统缓存内容。其他选项都不正确；卷和实例不需要卸载或停止，选项 D 完全是杜撰的。

15. B.　加密密钥始终是一个唯一的 256 位的 AES 密钥。

16. A, C.　你可以将未加密的快照复制到加密快照，然后从中启动新实例(选项 C)，也可以在创建时选择加密实例的选项(选项 A)。

17. A.　对于任何设置为在 EC2 实例的生存期之后保留的 EBS 卷，该卷上的数据将保留，无论实例的状态如何。

18. D.　默认情况下，根卷将在连接的实例终止时删除。但是，通过将“终止删除”标志设置为假，可以防止这种行为，并在实例的生命周期内保持该卷上的数据。

19. D.　可以使用控制台、API 或 CLI 更改正在运行的卷的卷类型。

20. C.　有点令人惊讶的是，AWS 声明从 1TB 到 16TB 的任何卷大小的快照平均需要相同的时间。可能会有一些小的不一致，但总的来说，所有快照的设计的时间是相同的。

第 12 章：Amazon Machine Image (AMI)

1. C.　AMI 可以是公有的、私有的或共享的。没有受保护的可访问性级别。

2. C.　AMI 只在一个地区提供。但是，可以将它们复制到其他区域(选项 C)。在这个问题中，只需要将所需的 AMI 从 US-West-1 复制到 US-East-2，就可以使用它了。

3. A, C.　AMIs 可以由 Amazon 通过 AWS、AWS 应用市场(选项 C)、AWS 社区创建，以及从实例创建 AMI(选项 A)。全球 AMI Marketplace(选项 B)是不存在的，供应商通过 AWS 而不是外部 GitHub 存储库(选项 D)来提供 AMI。

4. A, D.　AMI 可以是实例支持的，也可以是 EBS 支持的。没有卷支持的 AMI 或 EMS 支持的 AMI。

5. A.　共享 AMI 可广泛使用，但使用这种 AMI 的权限必须由 AMI 的所有者授予。

6. A, B. 私有 AMI 不能跨账户共享。需要将 AMI 转换为共享 AMI(选项 B)，然后作为 AMI 的所有者，向你的同事授予使用该 AMI 的权限(选项 A)。

7. A. 如果期望的工作负载是短暂的，比如在问题中描述的易变性自动伸缩组，那么支持实例的 AMI 是最佳选择。EBS 支持的 AMI 更适合于将数据保存更长时间，没有临时支持的 AMI 这种类型。

8. B. EBS 支持的 AMI 是持久性作业的理想选择。答案列表中唯一短暂的实例是基于容器的应用(选项 B)，因此对于 EBS 支持的 AMI 来说，它是一个最差的选项。

9. C. 无论 AMI 的创建者或所有者是谁，只有启动 AMI 的账户才会被计费(选项 C)。

10. B，D. 你可以将一个 AMI 复制到一个新的区域，但是生成的 AMI 不同于源 AMI(选项 B)，并且有自己的唯一标识符(选项 D)。

11. D. 取消注册的 AMI 不能用于启动实例。但是，可以从 EBS 快照中注册新的 AMI。

12. A, C. 支持 EBS 的 AMI 可以使用指定的 KMS 客户主密钥或客户管理的密钥进行加密。

13. B. 从 AMI 启动 EC2 实例的操作称为 RunInstances。

14. C. 这道题有点棘手，必须记住。除非另行指定，否则新实例将设置为使用 AMI 源快照的加密状态。这将保留从 AMI 到实例的加密。

15. A，B. 可以在默认情况下设置加密(选项 A)，也可以在实例启动时提供加密指令(选项 B)。尽管可以在启动后对实例进行加密，但这并不能满足始终加密实例的问题要求，而且使用不同的 AMI 也不是一个有效的选择。

16. B. Amazon 镜像很容易区分，因为它们一直使用 amazon 作为账户字段中的所有者。

17. B. 通过向 AMI 的权限添加账户 ID，可以轻松地与其他 AWS 账户共享 AMI。你不需要公开 AMI 来实现这一点。

18. D. 可以与 AMI 共享和使用的 AWS 账户数量是没有限制的。

19. D. 当 AMI 从一个区域复制到另一个区域时，AWS 实际上不会复制启动权限、用户定义的标记或 S3 存储桶权限。所有这些都必须在新的 AMI 上重新创建。

20. B. 当一个 AMI 被复制到一个新账户时，这个 AMI 的一个副本将在新账户中创建。新的 AMI 由新账户的所有者拥有，在本例中是你的同事。

第 13 章：IAM

1. C. AWS 的用户负责云中的安全，而 AWS 负责云的安全。

2. A, D. AWS 负责云的安全，这意味着他们维护和保护 AWS 内部的物理服务器和实际的网络设备。个人用户必须处理应用安全以及网络端口配置(后者通常通过网络 ACL 和安全组完成)。

3. A, B.　AWS 的用户负责云中的安全，在这种情况下，包括任何 EC2 实例的操作系统，以及加密(或选择加密)数据。AWS 管理 RDS 实例安全和操作系统以及物理数据中心。

4. C.　共担责任表示用户和 AWS 都有一些重要的责任。对于 EC2 实例(选项 C)，AWS 修补并维护主机 EC2 实例，而用户维护和修补运行在这些主机上的操作系统。

5. B.　当使用 AWS 提供的加密选项(如 SSE-S3 和 SSE-KMS)时，AWS 处理实际的加密过程。但是，用户必须指定要加密的内容，这就造成了责任共担。

6. B, C.　AWS 账户中的两类用户是根(root)用户和 IAM 用户。只能有一个根用户，但可以根据需要创建多个 IAM 用户。

7. C.　最少权限原则意味着用户只有足够的权限来完成他们的工作。虽然选项 A 和 B 是可靠的 AWS IAM 设置中的有效原则，但它们没有定义最少权限原则。

8. A, B.　用户可以通过 Web 控制台的用户名(选项 A)和 AWS API 和 SDK 的访问密钥(选项 B)来标识自己。

9. D.　密钥对的创建主要是为了访问 AWS 资源，特别是 EC2 实例。通过用户名和密码访问 Web 控制台，而访问 CLI 和 SDK 是通过访问密钥实现的。

10. C.　需要一个有效的密钥对访问正在运行的 EC2 实例。通过这个密钥对，可以使用 SSH 或 RDP 来访问和认证正在运行的实例。

11. C.　与组不同，通过角色授予的权限对用户来说是临时的。

12. B.　EC2 实例不能分配组成员身份，只能通过 IAM 角色分配策略。不过，IAM 策略可以直接分配给实例。

13. D.　可以将 IAM 策略分配给用户、组和角色。

14. A, D.　AWS 建议使用受管策略(选项 D)，而不是内联策略，因为受管策略只需要定义一次，然后可以分配给多个用户、组和/或角色(选项 A)。

15. D.　策略版本所指的是策略中使用的语言(选项 D)，而不是与特定策略或策略作者相关的任何内容。

16. A, B.　有效的策略包含版本、语句、SID(选项 B)、Effect(选项 A)、主体、操作、资源和条件。它们没有 Id 或 Affect。

17. B, D.　策略中指示的主体应引用 IAM 用户(选项 B)、角色或联邦用户(选项 D)，并为该用户提供对资源的访问权限。

18. A, B.　密码都会过期，并受 AWS 控制台或其他地方设置的密码策略的约束。另一方面，访问密钥是长期存在的(选项 A)，不受密码策略的控制(选项 B)。粗心地监管和控制将使它们存在更大的潜在危险。

19. C, D.　在 AWS 术语中，access key 是指访问密钥 ID 和秘密访问密钥。两者作为一对提供了对 AWS CLI 和 SDK 的编程访问。

20. A, C.　可以将自己的密钥导入 AWS KMS(选项 C)或允许 AWS KMS 创建密钥(选项 A)。

第 14 章：报告和日志

1. D.　AWS 中的监控和报告提供了可用于安全性、合规性和性能的信息。所有这些在特定的环境中都同等重要，因此最佳答案是 D。

2. B.　对于收集指标，Amazon CloudWatch(选项 B)是最佳选择。AWS Config 收集有关配置和合规性的信息，AWS CloudTrail 监控 API 调用。

3. C.　AWS CloudTrail 提供了对 API 调用的深入了解，与 REST API 交互的客户机正是如此。

4. B.　Amazon CloudWatch 日志代理安装在一个实例上时，提供了其他任何方式都没有的指标，包括使用基本的 Amazon CloudWatch 功能。

5. B.　默认情况下，AWS CloudTrail 收集的 API 调用数据保存 90 天，不过这个设置可以更改。

6. D.　AWS CloudTrail 收集有关在 AWS 服务之间进行的任何 API 调用的信息，比如选项 C 中的在 AWS 内。D 选项(登录控制台)是唯一不是 API 调用的选项。这些信息是收集的，但不是由 AWS CloudTrail 收集的。

7. B, D.　默认情况下，AWS CloudTrail 跟踪应用于单个区域(选项 D)，但可以应用于所有区域(这意味着选项 A 和 C 都不对)。它们还收集管理和数据事件(选项 B)。

8. C.　AWS CloudTrail 中的管理事件涉及安全性、注册设备、配置安全规则、路由和设置日志记录。在选项中，这些包括 A、B 和 D。选项 A 是安全事件，B 是为路由设置安全规则，D 是路由数据规则。另一方面，选项 C 与数据相关，是数据事件而不是管理事件。

9. A, C.　由于数据事件捕获数据的移动、创建和删除，因此它们的数量通常比管理事件大得多(选项 A)。默认情况下，数据事件被禁用(选项 C)，这与管理事件不同。

10. A, C.　RunInstances 和 TerminateInstances 事件被视为写入事件。这是最容易记住的，因为它们不是读事件，而 AWS 只提供两个选项：读和写。收集这些事件需要将跟踪设置为仅写(Write Only)或 All(收集所有事件)。

11. A.　AWS CloudTrail 对一个地区内收集任何管理事件的第一个副本是免费的。但是，任何额外的副本都会产生成本，数据事件的所有副本(包括第一个副本)也是需要收费的。

12. A.　一个 Amazon CloudWatch 警报一次只能监控一个指标。

13. D.　CloudWatch 警报有 3 种状态：正常(OK)、警报(ALARM)和数据不足(INSUFFICIENT_DATA)。无效数据(INVALID_DATA)不是有效的报警状态。

14. A, C.　在这种情况下，需要在 10 分钟的评估期内有 3 个超出阈值的数据点来触发警报。这意味着选项 A 和 C 都会触发警报。请注意，选项 D 中的场景可能会触发警报，这取决于超出阈值指标的时间(10 分钟内)，但从答案中没有明确，因此选项 A 和 C 是更好的答案。

15. A, C.　有 4 种可能设置处理丢失的数据点：notBreaching(A)、breaching、ignore 和 missing(C)。

16. C.　日志流是来自单个源(选项 C)的事件集合。选项 A 和 B 描述了一个日志组，没有选项 D 的 CloudWatch analog 一说。

17. A.　AWS Config 不提供调解机制。可以编写代码来通过 AWS Config 修正导致通知的情况，但是修正功能并不是 AWS Config 本身的标准配置。

18. A, C.　如果存储桶被授予了公有访问权限，AWS Config 会通知你(前提是你已经在 AWS Config 中设置了该基线)。然后需要修正访问，这需要 AWS Lambda(选项 C)。

19. C.　配置项不包括 IAM 相关信息(选项 C)。它们确实包括了事件 ID(选项 A)、有关资源的配置数据、有关资源的基本信息(如标记)、资源关系图(选项 B)和有关 CI 的元数据，包括 CI 本身的版本(选项 D)。

20. D.　每次更改资源时，都会评估对更改即触发的规则，这意味着它是可用的最直接的评估。定期规则是根据特定的周期进行评估的。标记和即时评估不是 AWS 概念。

第 15 章：附加安全工具

1. B, D.　Amazon Inspector 提供两种类型的评估：网络评估和主机评估。

2. C.　Amazon Inspector 使用评估模板来确定在评估和评估环境时应该使用哪些规则。

3. B.　主机评估要求安装代理，但网络评估不需要。

4. D.　运行时行为分析包可以识别风险行为，包括打开和未使用的端口。尽管安全性最佳实践包也与此方面相关，但运行时行为分析包会专门识别开放端口。

5. D.　网络可达性规则包涵盖所有这些领域，以及安全组、NACL、子网、VPC、直接连接和互联网网关。

6. B, C.　Amazon GuardDuty 寻找侦察、实例漏洞和账户漏洞。

7. A, D.　漏洞扫描通常查找 IP 地址、主机名、开放端口和配置错误的协议。这些是保护系统时需要重点关注的领域。

8. C.　Amazon GuardDuty 将安全调查结果存储在其使用的区域中，因此对于 3 个区域，会有 3 组不同的结果集。

9. B.　在多账户设置中，结果保留在单个账户中，但也会汇总到主账户中。

10. A, B.　Amazon GuardDuty 分析 AWS CloudTrail、VPC 流日志和 AWS DNS 日志。

11. A, C.　安全发现结果按区域进行保存。如需跨区域汇总结果，需要使用 AWS CloudWatch 事件并将结果推送到公有数据存储区，如 Amazon S3。现在，你可以在单个 S3 存储桶使用这些发现结果。

12. D.　Amazon GuardDuty 分析 AWS CloudTrail、VPC 流日志和 AWS DNS 日志。它不直接提供对 EC2 实例日志的分析(尽管其中一些数据可以通过流日志获得)。

13. C. Amazon GuardDuty 不是日志存储服务，因此不提供保留日志的选项。

14. C. 可以暂停和禁用 GuardDuty 服务。但是，只有禁用服务后才会删除发现和配置。

15. A, C. Amazon GuardDuty 向两个地方提供发现：GuardDuty 控制台和 AWS CloudWatch 事件。没有 Amazon GuardDuty CLI，Amazon Inspector 无法访问 GuardDuty 的发现结果。

16. A. Amazon GuardDuty 威胁情报存储已知被互联网上的恶意攻击者使用的 IP 地址(以及域)。

17. B. 你可以在不访问主机的情况下运行网络评估。但是，如果不在主机上安装 Amazon Inspector 代理，则无法运行主机评估，这需要主机访问。

18. A. 可以设置 Amazon CloudWatch 事件来监控缩放事件，然后根据该事件启动评估。

19. D. Amazon Inspector 提供了 4 个严重级别：高、中、低和信息性。

20. A. 指标通过 Amazon Inspector 发布到 Amazon CloudWatch。

第 16 章：Virtual Private Cloud(VPC)

1. A, D. AWS 不支持 IPv6 NAT 设备，包括 NAT 实例(选项 A)和 NAT 网关(选项 D)。

2. C. 这个需要记忆，/16 是一个常见的 CIDR 块掩码(与/24 一起)。但是，也可以从/32(单个 IP)开始，从/32 到/31 到/30，一直到/16 时，将 IP 数量变为两位数。因此一个/24 有 256 个 IP 地址，/20 有 4 096 个，一直到/16 有 65 536 个地址(选项 C)。

3. D. 这里的关键是需要 16 个可用的 IP 地址。但是，AWS 会使用任何给定网络范围的第一个和最后一个地址(从技术上讲，AWS 保留使用这些 IP 的权利，但并不总是使用这些 IP 地址)。因此，/28 有 16 个地址，只提供 14 个可用地址。下一个大小将是/27(选项 D)，在本例中这个是正确的。

4. C. CIDR 符号中斜杠后面的数字提供网络地址的可用位数；主机地址的剩余位数是 32 减去已经使用的位数。在这里，主机地址的可用位是 32–20(in /20)，因此是 12 位(选项 C)。

5. A, D. 任何响应 IPv6 请求的实例都应该有一个 IPv6 地址，并驻留在一个 VPC 内，通过 CIDR 块可以使用 IPv6 地址。因此，需要一个分配给 VPC 的 CIDR 块(选项 A)和分配给实例的 IPv6 地址(选项 D)。

6. C. AWS 中的所有 IPv6 CIDR 块都是/56。

7. D. 在 AWS 中使用 IPv6 时，不能选择特定的 IPv6 地址。地址是自动从 Amazon 的 IPv6 地址池中分配的。

8. D. 在 AWS 中使用 IPv6 时，不能选择特定的 IPv6 地址。地址是自动从亚马逊的 IPv6 地址池中分配的。

9. B. AWS 限制 VPC 使用/16 网络掩码，这样就产生 65 536 个 IP 地址。

10. B.　这个问题提供的信息有限，但它确实提供了解决此问题所需的一切。首先，有 9 个应用，每个应用有 3 个环境。这意味着需要 27 个应用环境(因为它们不能混合使用)。但是很明显你可以共享 VPC 和子网，每个 VPC 中可以包含 3 个应用，而且在同一个环境中没有共享空间的限制。这意味着 27 个应用可以减少到 9 个“逻辑块”，但是每个应用需要一个私有子网和一个公有子网。这意味着总共需要 18 个子网：9 个应用公有子网和 9 个应用私有子网。

11. A, D.　公有子网必须有一个通向互联网网关(选项 D)的路由，并且该网关必须连接到子网所在的 VPC(选项 A)。

12. B, D.　只有当拥有 IPv6 地址(选项 D)并且具有这些地址的主机位于需要访问互联网的私有子网中时，才需要仅出口互联网网关(选项 B)。这是因为 IPv6 地址不能使用 NAT 设备连接互联网。

13. B.　来自私有实例的数据流应该从私有实例流向 NAT 设备，然后 NAT 设备将数据流路由到互联网网关，最后输出到互联网(选项 B)。

14. A.　几乎在每一个私有实例需要访问互联网的场景中，AWS 都倾向于使用 NAT 网关进行管理。但是，如果有非常高的带宽需求(本问题就是这样的情况)，NAT 实例更合适，因为它允许定制大小和管理。

15. C.　一般来说，这是 VPC 端点的情况。选项 B 和 C 都是 VPC 端点的类型，但是 S3 需要网关端点(选项 C)，而不是接口端点，因此 C 是正确的。

16. B.　对于大多数服务，接口端点是正确的 VPC 端点类型。但是，对于 Amazon S3 或 Amazon DynamoDB，需要使用网关端点。因此选项 B 在这里是正确的。

17. C, D.　AWS 中的 VPN 隧道需要虚拟私有网关(选项 D)和客户网关(选项 C)。

18. C.　这个问题并不像看上去那么难，因为许多答案在技术上是不正确的。如果允许来自另一个子网的资源并希望保留这些资源的安全性，则可以将安全组链接起来，只需要将另一个安全组用作数据流的源(选项 C)。

19. C.　注意！尽管 AWS 通常会重新排列 NACL 规则，以从上到下的视觉顺序从低到高，但重要的是规则编号，而不是 NACL 表中的“位置”。NACL 从最低编号规则到最高编号规则进行评估。

20. D.　默认的 NACL 总是有一个编号为 100 的规则，它允许所有入站流量。需要通过删除它或添加规则来抵消此规则，这个正是这个问题要做的。同时还要确保规则的编号低于规则 100 以获得更高优先级。

第 17 章：Route 53

1. B.　DNS 在端口 53(B)上运行，这实际上比知道它也是 AWS 中 Route 53 服务命名来历更为重要。

2. D.　虽然 Route 53 的确支持文本记录，但记录类型是 TXT，而不是 TEXT，因此 D 不正确。Route 53 确实支持 NAPTR、NS 和 SPF 记录。

3. A, B. 需要一个 A 记录来映射传入主机名(如 wisdompetmedicine.com)到 S3 存储桶。还需要一个 CNAME 记录映射子域，例如 www.wisdompetmedicine.com，到裸域名。

4. A. 需要一个 AAAA 记录集，因为这是 IPv6 地址。A 记录将域名指向 IPv4 地址，AAAA 记录将域名指向 IPv6 地址。

5. C. 每当需要将域名与 AWS 服务(如 CloudFront、S3 或 VPC 端点)关联时，必须使用别名(Alias)记录，而不是 A 或 AAAA 记录。这是因为大多数 AWS 服务都不公开静态 IP 地址，但是 A 记录依赖静态 IP。

6. B. 这是故障转移路由策略的教科书案例。如果数据流无法到达主实例或服务，Route 53 将路由“故障转移”到备份或辅助实例。

7. D. 当有多个主机可以响应数据流并且只关心主机的健康时，可以使用多值应答策略。在这种情况下，响应指向不同的应用负载均衡器(ALB)。

8. C. 这道题比较简单：基于延迟路由策略根据网络延迟返回用户的响应。

9. D. 所有选项都允许多个主机。容易忘记的是简单路由策略允许输入多个主机；它随机返回响应，而不需要使用在大多数策略中用到的逻辑。

10. C. 这是一个很好的权重路由用例。可以使用权重值将(例如)10%的数据流发送到新的站点，并将剩余的数据流发送到现有站点。

11. C. 权重路由策略中的数字表示与所有权重数之和相关的路由到该主机的数据流量百分比。在这种情况下，选项 C 的总和为 50，因此将每个值翻一番，以获得其流量百分比：主机 1 为 20%，主机 2 为 50%，主机 3 为 30%。这是问题的要求，因此 C 是正确答案。

12. A. Route 53 使用 VPC 管理私有托管地区，因此需要使用带有私有 DNS 的 VPC。这样，选项 A 是不可能的。私有 DNS 的确支持将记录公开到其他 VPC、区域和账户。

13. C，D. 私有 DNS 的限制很少，在大多数情况下，可以做任何公有托管地区所能做的事情。但是，在只公开私有 IP 地址的实例上，不能进行健康检查，并且在任何情况下都无法向互联网公开私有记录。

14. B, C. 为了使用 Amazon Route 53 Traffic Flow，需要一个数据流策略(选项 B)和一个策略记录(选项 C)。数据流策略是定义数据流应该如何流动的规则，而策略记录将该流量策略连接到应用的 DNS 名称。

15. A, C. 如果想要将一个 DNS 名称指向另一个 DNS 名称，则通常使用 CNAME(选项 A)。只有当 CNAME 打算接收对地区顶点(zone apex)记录的请求(比如 example.com 网站)而不是子域(比如 www.example.com 网站)时才可能出现问题，从而重新引导它们。还可以使用 AWS 别名记录将请求指向已设置策略的现有域(选项 C)。

16. C. 可以在 Amazon Route 53 中设置健康检查来检查端点，以及其他已设置好的健康检查或者是 CloudWatch 报警的健康检查。尽管可以监控由 CloudTrail 事件触发的警报，但是不能直接通过 CloudTrail(选项 C)进行监控。

17. A, B.　Amazon Route 53 停止向故障主机发送请求，并在该主机再次正常响应时重新发送请求(选项 A 和 B)。虽然可以在 CloudWatch 中设置重试和警报，但是在默认情况下没有设置，因此选项 C 和 D 都不正确。

18. B.　基于延迟的策略侧重于延迟(顾名思义)。这并不代表离请求者最近的区域，因为有些区域可能更靠近请求者，但是延迟时间较长。

19. A.　与地理位置策略一样，地理邻近策略将用户路由到最近的地理区域。这意味着选项 B 和 C 不正确，因为这两种类型对所有路由策略都是通用的。选项 D 意味着使用基于延迟的路由，所以只剩下选项 A。这是地理邻近策略的目的：可以应用偏差向特定区域发送更多或更少的数据流量。

20. B, C.　在 Amazon Route 53 中，健康检查并不总是打开的(默认情况下通常也是不打开的)，因此这是首先要检查的(选项 B)。所有策略都可以使用健康检查，因此选项 A 不正确，在使用健康检查时不需要 ALB (自动负载均衡器)，因此 D 也不正确。在默认情况下，健康检查连续 3 次失败才停止主机，因此选项 C 也是一个答案。

第 18 章：CloudFormation

1. A, B.　AWS 提供了 CloudFormation 这样的服务，允许捕捉环境，尽管是 JSON 和 YAML 格式而不是 XML(因此选项 D 是不正确的)。不过，这的确允许完全相同的部署(选项 A)，以及构建相同的环境(选项 B)。可以用代码替换手动步骤，但不是通过 JavaScript(因此选项 C 不正确)。

2. C.　CloudFormation 使用 JSON 和 YAML 作为实际的表示法，因此选项 A 和 D 是相关联的(但不是正确的选择)。在剩下的两个选项中，CloudFormation 经常使用 AWS API 而不是 AWS SDK 进行交互。因此方案 C 与 CloudFormation 无关。

3. C.　AWSTemplateFormatVersion 通过指示与该版本关联的日期来指示模板的版本，从而指明其功能。

4. C.　CloudFormation 模板允许所有提供的答案选项，但是只有资源组件是必需的。

5. B.　模板中的参数部分提供了在整个模板的其余部分中使用的值的标识。

6. B, D.　你可以在 CloudFormation 模板中为资源分配一个逻辑名称(选项 B)，但不能指定实际的 AWS 名称(因此选项 D 也是正确的)。然后，AWS 将逻辑名称映射到实际的 AWS 资源名称。

7. C.　虽然可以使用名称或前缀分隔资源，但 AWS 推荐的方法是使用标记(选项 C)。

8. A.　CloudFormation 提供了一个错误时自动回滚选项，如果整个堆栈没有成功完成，则删除创建的所有 AWS 资源。

9. B.　可以使用 CloudFormation 的 WaitCondition 资源作为下一步操作块，直到从应用接收到信号(本例中，当实例脚本完成运行时)。

10. D.　CloudFormation 允许创建所有这些资源类型(以及更多)。

11. D.　可以使用 AWS CLI、API、SDK 和控制台来执行 CloudFormation 堆栈。

12. A. 可以创建 CloudFormation 模板并指示应该发生什么。实例就是这些模板的特定运行。

13. C. 参数可以是列表、逗号分隔的列表、数字和字符串。它们不能是数组(选项 C)。

14. D. CIDR 块有特定的模式，因此应该使用 AllowedPattern 确保正确地提供了它们。

15. B. 在 AWS 术语中，堆栈是由 CloudFormation 模板创建和管理的 AWS 资源集。

16. A. 可以将参数标记为 NoEcho，以确保在执行模板时不会显示某个参数值。

17. B. 由堆栈创建的 Web 应用的 URL 是一个输出值。也可以这样考虑，这个值只有堆栈运行以后才能看到。

18. A. 这是一个输入值，因为它是用户在运行时提供和需要的模板。

19. C. 在这里，不要使用模板参数。相反，最好让 CloudFormation 通过始终保存当前值的查找表去查找 AMI 的名称和位置。

20. A. 模板参数是在堆栈创建期间允许用户输入的首选方法。

第 19 章：Elastic Beanstalk

1. A, C. 虽然 Elastic Beanstalk 支持所有这些概念，但 AWS 特别强调了单实例部署(A)、负载均衡器和自动缩放组(C)作为被支持模型。Elastic Beanstalk 还支持仅自动缩放组模型。

2. C. 负载均衡器和自动缩放组模型非常适合于生产(因为可扩展性)和基于 Web 的环境，因为多个请求可以分布到多个主机。

3. D. 需要注意的是，AWS 认为负载均衡环境是基于 Web 的实例的理想环境，但不一定是数据库或后台服务的理想环境。这是因为数据库应当扩展，但在它们前面不一定有负载均衡器。对于数据库，你可能想要使用自动缩放组允许自动缩放，但不希望在数据库服务器前面安装负载均衡器。这类问题可能会在考试中出现，但答案并不是那么明显。

4. A, D. platform.yaml 需要 3 个字段：版本号(D)、供应商类型和供应商模板(A)。

5. A, C. custom_platform.json 包含了自定义平台所需的一切，例如 AMI 详细信息(A)和自定义变量(C)。但是，它没有定义非静态的项，例如可能使用的实例数和支持的语言。

6. A, D. Elastic Beanstalk 支持多种部署模型，包括带有额外批处理的滚动部署和不可变部署(A 和 D)。另外两个选项是虚构的术语。

7. A, C. 滚动部署和带有批处理的滚动部署模型都确保应用始终运行(A)。但是可以使用带有批处理选项确保在整个过程(C)中保持最大容量。

8. D. 不可变部署通常比其他模型慢，成本更高，但是可以确保新部署的健康和最大的信心度。

9. C.　滚动部署和不可变部署这两个版本都满足不停机要求。然而，滚动部署是成本最低的选择。另外，因为不需要维护容量，所以可以避免使用带有批处理部署或不可变部署所带来的额外成本。

10. D.　所有这些都是 Elastic Beanstalk 的可配置选项。实际上，在使用 Elastic Beanstalk 时，几乎没有什么不能配置的。

11. A, C.　蓝色/绿色部署需要多个可并行运行的环境(C)，并且可与 Route 53(或类似的)实现权重路由策略。虽然可以使用 Elastic Beanstalk，但这不是必需的，Amazon RDS 与此无关。

12. D.　Elastic Beanstalk 环境和手动环境在安全性上没有区别。对这两种情况，都有建议，但你最终必须在云中管理和设置安全性。

13. B, D.　Elastic Beanstalk 提供的两个策略是 AWSElasticBeanstalkReadOnlyAccess 和 AWSElasticBeanstalkFullAccess。

14. D.　ElasticBeanstalk 在默认部署中自动为应用创建一个公共可用的端点。

15. C.　Elastic Beanstalk 的权限通过 IAM 管理，就像 AWS 中的其他权限一样。

16. A, D.　正如需要使用 IAM 权限访问 Elastic Beanstalk 以及 AWS 平台的其他部分一样，使用访问密钥(A)和用户密钥(D)访问 Elastic Beanstalk API，这个方法与访问任何其他 AWS API 的方式相同。

17. D.　Elastic Beanstalk 允许使用任何 AWS 支持的数据库。

18. D.　Elastic Beanstalk 将自动执行次要版本更新，但你必须执行主要更新，以确保向下兼容性以及应用功能不会发生中断。

19. B, C.　Elastic Beanstalk 自动处理次要更新(A)，IAM 权限适用于所有环境(D)，不会“退休”。但是，可以使用克隆环境测试新功能(B)或主要版本更新(C)。

20. A, C.　Elastic Beanstalk 在 S3 中存放应用文件和服务器日志文件。